チョイス新標準問題集

数学II

六訂版　河合塾講師 中森信弥[著]

CHOICE

河合出版

━━━ は じ め に ━━━

　本書は，数学Ⅱをひととおり学習して，これから大学入試をめざそうという人向けの数学Ⅱの問題集です．ですから，収録した問題の中には教科書にある問題よりはレベルが高いものや，いくつかの単元や他の科目にまたがるものも含まれています．しかし，教科書とのスムーズな接続を念頭において，いたずらに難しかったり，枝葉末節にこだわったり，夾雑物が多い問題はなるべく避け，基本レベルから標準レベルにかけての，そのテーマの中でできるだけシンプルな頻出問題を選ぶよう心がけました．それほど停滞することもなく比較的短期間で入試数学Ⅱの全容がつかめるものと思います．（意欲のある人であれば，より早い段階からの使用も可能でしょう．）以上が本書の特色の一点です．

　特色のもう一点は，解答にあります．問題集は自力ですべて解くというのがたてまえですが，受験生には時間の余裕がありません．いくつかの問題では，解答を参照しながら学習を進めていくというのが実情のようです．また，自力で解く場合でも，定義もちゃんと知っている，重要な定理，命題も十分に理解している，解かないといけない問題もなすべきことはわかっている…なのに答案がうまくつくれない．こうした症状を訴える受験生は少なくないものです．（とくに，答案の書き出しの部分をていねいに書いてもらいたいという意見をいただいています．その後は，その流れ・指針にのって自力でも答案をつくれるということなのでしょうか．）

　こうした事情があるところに，解答とはいうものの方針だけであったり，採点者がよしとするような，いわゆる模範解答がつけられていたりするようでは，問題点の解消にはいたりません．本書では以上をふまえ，

1°　式の変形の方法から計算の仕方にいたるまで列挙するという，解説に重きをおいた解答のスタイルをとり，

2°　解答の方針についても，用いる事実をしぼった自然に入っていくことができるものを採用し，とくに応用範囲の広い例外を除いて，ハードルの高いものは排除しました．

　なお，解答するのに必要な数学Ⅱ以外の科目としては，

数学Ⅰ，数学A

4

を想定しています．数学Ⅲの分野である，微分・積分や数学Cの分野である，ベクトル，平面上の曲線と複素数平面を用いる方がすっきりするケースもあるのですが，解答 では数学Ⅱの範囲に限定した解答を採用しました．

構成と使い方

●問題編

基本のまとめ

各節のはじめに設け，その項目に関する定義や公式を整理した．

問題演習

各分野について，基本から標準までの，よく出題されている大学入試問題197題である．解くことにより充足感が得られる問題を，達成感が得られるほどよい分量となるよう選出した．「チョイス新標準問題集」と命名した理由はここにある．

出題大学名の右上に＊のついた問題は，一部に手が加えられていることを示す．

問題Ａ　基本的・基礎的大学入試問題を収めた．

問題Ｂ　問題Ａと同じ分野の大学入試問題で，問題Ａよりは程度が高く，おおよそ標準レベルまでをカバーする．問題Ａを内容的に補完するもの，いくつかの単元の事実を利用するものも採用した．選抜試験で合格の決め手ともなり得る，発想が難しい問題の紹介，いわゆる「難所めぐり」も随所で行った．

ヒント　解法の手がかりがある方がよい問題には，巻末の「答えとヒント」の中で設けた．

この問題集の進め方について．問題Ａは，すでに数学Ⅱに習熟している人以外は解く．同時に同じ分野の問題Ｂを解き進めてもよい．問題Ａをすべて解き終えてから，問題Ｂにチャレンジしてもよい．問題Ｂから何題かをあらかじめ選んでおき，それらについては，時間をかけて，とことん自力で解くようにすることをすすめる．その数は少なくてもよい．

●解答・解説編

考え方　解き方の指針や問題の具体例を示した．

解答　標準的な解法による解答である．ただし，標準的な解法が複数にわたる場合には，［解答1］，［解答2］というように，それぞれの解法による解答を与えることにした．解答中の小さい文字の部分（［……］の部分）は補助的説明であり，入試の答案としては不要な部分である．なお，空欄補充式の問題につ

いては，記述式に準じた解答をとった．

［**別解**］　別の視点でとらえた解答である．

［**注**］　解答の際に注意すべき点や補足事項を示した．

［**解 説**］　解答に関連する深い内容や複数の問題に共通する事実について説明した．

も く じ

第1章　式と証明，方程式

1　恒等式，整式・分数式

●―――― **基本のまとめ** ――――●

1 **恒等式の条件**

(1)
$$ax^n + bx^{n-1} + \cdots + c = 0$$

が x についての恒等式であるための条件は，

$$a=0, \ b=0, \ \cdots, \ c=0$$

(2)　次の (i), (ii) はそれぞれ
$$ax^n + bx^{n-1} + \cdots + c = a'x^n + b'x^{n-1} + \cdots + c'$$

が x についての恒等式であるための条件である．

(i)　次の等式がすべて成り立つ．

$$a=a', \ b=b', \ \cdots, \ c=c'$$

(ii)　どの2つも異なる $n+1$ 個の x の値に対して，両辺の値が一致
する．

[注]　(1)　$n=3$ の場合のこの事実の証明については，*16* を参照.

(2)　恒等式では文字に代入できるものは，たとえば全部で1個とか2個
しかないというのではなく無数にあると考えるのがふつうである．

2 **二項定理**
$$(a+b)^n = {}_nC_0 a^n + {}_nC_1 a^{n-1}b + {}_nC_2 a^{n-2}b^2 + \cdots + {}_nC_r a^{n-r}b^r + \cdots$$
$$+ {}_nC_{n-1}ab^{n-1} + {}_nC_n b^n$$

ここで現れた項 ${}_nC_r a^{n-r}b^r$ を $(a+b)^n$ の展開式の**一般項**という．

ただし，$(0^0$ は定義されていないので，$)$ $a^0=1$, $b^0=1$ と約束する．

[注]　$(a+b+c)^n$ の展開式では，$a^p b^q c^r$（ただし，p, q, r は負で
ない整数で，$p+q+r=n$）の係数は，

$$\frac{n!}{p!\,q!\,r!}$$

である．ただし，$a^0=1$，$b^0=1$，$c^0=1$ と約束する．

③ 商と余りの関係

1つの文字についての整式 A, B に対し，B が 0 でないとき，

$$A=BQ+R \quad (R \text{ は } 0, \text{ または } (R \text{ の次数}) < (B \text{ の次数}))$$

をみたす整式 Q, R があり，しかもそれは1組に限る（つまり，Q, R と同じ条件をみたす整式 Q', R' がそれぞれあれば，その文字の恒等式として，$Q'=Q$，$R'=R$）．Q, R をそれぞれ A を B で割ったときの**商**，**余り**という．

④ 剰余の定理，因数定理

(1) （剰余の定理）　整式 $P(x)$ を $x-\alpha$ で割ったときの余り R は，

$$R=P(\alpha)$$

(2) （因数定理）　整式 $P(x)$ が $x-\alpha$ で割り切れるための条件は，

$$P(\alpha)=0$$

問題A

1　次の等式が x についての恒等式となるように，定数 a, b, c, d の値を定めよ．

(1)　$ax^2+2x+4=a(x-b)(x-2)$

（四国大）

(2)　$(a+2)x^2+(2a+b+c)x+3a+2c=0$

（高崎商科大*）

(3)　$x^3=a(x+2)^3+b(x+2)^2+c(x+2)+d$

（東京家政学院大　家政）

(4)　$x^2+x+2=ax(x+1)+bx(x-1)+c(x+1)(x-1)$

（中部大　経営情報）

(5)　$x^3=ax(x-1)(x-2)+bx(x-1)+cx+d$

（武庫川女子大　文・家政）

2 (1) 次の式を展開せよ.

(i) $(x+2)^3$ （聖学院大）

(ii) $(2x-3y)^3$ （びわこ学院大，埼玉学園大）

(iii) $(x-\sqrt{7})(x^2+\sqrt{7}x+7)$ （東邦学園大）

(iv) $(3x+y)(9x^2-3xy+y^2)$ （立正大　経・経営）

(2) 次の式を実数の範囲で因数分解せよ.

(i) $27x^3+8y^3$ （北海道医療大　薬・歯）

(ii) x^3-27y^3 （山梨英和大，京都産業大　経・経営・法・外国語・文化）

(iii) x^6-y^6 （西日本工業大）

3 次の $\boxed{}$ にあてはまる数値を記せ.

$x=\dfrac{\sqrt{2}}{\sqrt{5}+\sqrt{3}}$, $y=\dfrac{\sqrt{2}}{\sqrt{5}-\sqrt{3}}$ のとき, $x^3+y^3={}^{\mathcal{T}}\boxed{}$ である.

（宇部フロンティア大）

4 (1) (i) 整式 $(x-3)^4$ を展開せよ.

（東邦学園大）

   (ii) 次の $\boxed{}$ にあてはまる整数値を記せ.

$$(1+\sqrt{2}\,)^6 = {}^{\mathcal{P}}\boxed{} + {}^{\mathcal{A}}\boxed{}\,\sqrt{2}$$

（文教大）

(2) (i) $(x^2+x)^7$ の展開式における x^9 の係数を求めよ.

（富士常葉大）

   (ii) 次の $\boxed{}$ にあてはまる数値を記せ.

$(2a+3b)^5$ の展開式における a^3b^2 の係数は ${}^{\mathcal{\dot{\mathcal{}}}}$ ${}^{ウ}\boxed{}$，a^2b^3 の係数

は ${}^{エ}\boxed{}$ である.

（東海女子大）

   (iii) 次の $\boxed{}$ にあてはまる数値を記せ.

$\left(3x^2-\dfrac{1}{x}\right)^5$ の展開式における x の項の係数は ${}^{オ}\boxed{}$ である.

（大阪学院大　流通科学・経営・企業情報・経済・法・国際・情報・外国語）

(3) 101^{50} の下位5桁を求めよ.

（活水女子大）

5 $(a+b)^2$, $(a+b)^3$, $(a+b)^4$ の展開式は次のようになる.

$(a+b)^2 = a^2 + 2ab + b^2$

$(a+b)^3 = a^3 + 3a^2b + 3ab^2 + b^3$

$(a+b)^4 = a^4 + 4a^3b + 6a^2b^2 + 4ab^3 + b^4$

展開式の係数を並べると，図のようなパスカルの三角形を得る.

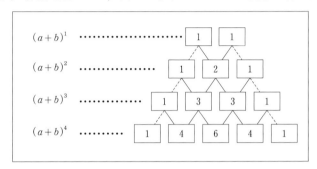

(1) パスカルの三角形を利用して，$(a+b)^5$ の展開式を求めよ.

(2) (1)を用いて，$(2x-1)^5$ の展開式を求めよ.

(仁愛大)

6 (1) 次の整式 A を整式 B で割った商と余りを求めよ.

　(i) $A = x^2 + x + 2$, $B = x^2 + 3x - 1$ 　　　　　　（関東学園大）

　(ii) $A = x^3$, 　　　　　$B = x^2 + x + 1$ 　　　　　　（天使大）

(2) 次の □ にあてはまる式を記せ.

　$2x^2 - 4x - 5$ で割ると商が $2x-1$，余りが -3 となる整式は $^{ア}\boxed{}$.

（聖隷クリストファー看護大）

(3) 次の □ にあてはまる数値を記せ.

　$2x^3 - 3x^2 + ax + b$ が $x^2 - x + 1$ で割り切れるとする. このとき，

　$a = {}^{イ}\boxed{}$, $b = {}^{ウ}\boxed{}$ である.

（京都橘大）

7 (1) (i) 整式 $P(x)$ を1次式 $x-a$ で割ったときの剰余（余り）を R とすれば $R=P(a)$ となることを示せ.

（鳥取大　教, 中央大　文）

(ii) 次の ☐ にあてはまる数値を記せ.

整式 $f(x)=x^2-6x$ を整式 $x-\alpha$ で割ったときの余りが -9 であるとき, 定数 α の値は ^ア☐ である.

（常葉学園大）

(2) 整式 $P(x)$ が $x=a$ で0になる条件は $P(x)$ が $x-a$ を因数にもつこと（因数定理）を証明せよ.

（大阪工業大*）

8 (1) 次の ☐ にあてはまる数値を記せ.

ax^3+bx^2+cx+d を $x-2$ で割った余りは,

$$^{ア}\boxed{}a+^{イ}\boxed{}b+^{ウ}\boxed{}c+d$$

である.

（駒澤大　経・文・法）

(2) $2x^3-13x^2-8x+7$ を因数分解せよ.

（島根県立大　総合政策）

(3) 整式 $P(x)$ を $x-1$ で割ったときの余りは3, $x+2$ で割ったときの余りは -3 であるとする. $P(x)$ を $(x-1)(x+2)$ で割ったときの余りを求めよ.

（作新学院大）

(4) x^{10} を x^2-3x+2 で割ったときの余りを求めよ.

（東京電機大　工・理工・システムデザイン工・未来科, 追手門学院大　文）

9 次の式を計算し，簡単にせよ．

(1) $\dfrac{18a^2xy^4}{81ax^2y^3}$ （金沢星稜大）

(2) $\dfrac{x^2-4x+3}{x^2-9}$ （金沢星稜大）

(3) $\dfrac{x^2+x-2}{x^2-2x+1} \div \dfrac{x^2-x-6}{x^2+2x-3}$ （久留米工業大）

(4) $\dfrac{1}{x+1}-\dfrac{1}{x+2}$ （西日本工業大）

(5) $\dfrac{2x-1}{x^2-3x+2}-\dfrac{x-5}{x^2-5x+6}$ （浜松大　経営情報）

(6) $\dfrac{x+1}{x+2}-\dfrac{x+2}{x+3}-\dfrac{x+3}{x+4}+\dfrac{x+4}{x+5}$ （南九州大，県立広島女子大）

(7) $\dfrac{a^2}{(a-b)(c-a)}+\dfrac{b^2}{(b-c)(a-b)}+\dfrac{c^2}{(c-a)(b-c)}$

（姫路獨協大　経済情報）

(8) $\dfrac{\dfrac{1}{1-x}+\dfrac{1}{1+x}}{\dfrac{1}{1-x}-\dfrac{1}{1+x}}$ （広島経済大，山梨学院大　法）

10 (1) 次の □ にあてはまる数値を記せ．

等式

$$\frac{2}{x(x+1)}=\frac{a}{x}+\frac{b}{x+1}$$

が x についての恒等式であるように定数 a, b の値を定めると，

$$a=\text{}^{\text{ア}}\boxed{}, \ b=\text{}^{\text{イ}}\boxed{}$$

（拓殖大　工*）

(2) 次の式を計算し，簡単にせよ．

$$\frac{1}{x(x+1)}+\frac{1}{(x+1)(x+2)}+\frac{1}{(x+2)(x+3)}$$

（美作大，北海道情報大　経営情報）

問題B

11　(1)　次の $\boxed{}$ にあてはまる式を記せ．

$(a+b+c)(a^2+b^2+c^2-ab-bc-ca)$ を展開すると，$^{\mathcal{P}}\boxed{}$ になる．

（立命館大　薬，関西学院大　理工）

(2)　次の $\boxed{}$ にあてはまる数値を記せ．

　$x+y+z=1$，$xy+yz+zx=-5$，$xyz=\sqrt{5}$ のとき

$x^3+y^3+z^3$ の値は $^{\mathcal{I}}\boxed{}$．

（千里金蘭大）

(3)　$(b-c)^3+(c-a)^3+(a-b)^3$ を因数分解せよ．

（女子栄養大，早稲田大　政治経済）

12　次の $\boxed{}$ を埋めよ．

$(a+b+c)^9$ を展開したとき，係数を除いた一般項は $a^p b^q c^r$ と表される．ただし，p，q，r は $0\leqq p\leqq9$，$0\leqq q\leqq9$，$0\leqq r\leqq9$，および，$p+q+r=9$ をみたす整数である．このとき，

(1)　一般項 $a^p b^q c^r$ の係数は $^{\mathcal{P}}\boxed{}$ で表される．

(2)　項 $a^2 b^3 c^4$ の係数は $^{\mathcal{I}}\boxed{}$ である．

（帝京科学大*）

13 (1) 次の ☐ を埋めよ.

一般に ${}_nC_0 + {}_nC_1 x + {}_nC_2 x^2 + \cdots + {}_nC_n x^n$ (n は正の整数)という和の結果を利用すれば,

$$ {}_nC_0 + {}_nC_1 + {}_nC_2 + \cdots + {}_nC_n = {}^{\text{ア}}\boxed{} $$

であることがわかる. また, 前式の各項に交互に正負をつけた次のような場合も簡単になる.

$$ {}_nC_0 - {}_nC_1 + {}_nC_2 - {}_nC_3 + \cdots + (-1)^n \cdot {}_nC_n = {}^{\text{イ}}\boxed{} $$

(武庫川女子大 薬)

(2) ${}_{2n+1}C_0 + {}_{2n+1}C_1 + \cdots + {}_{2n+1}C_n$ を求めよ. (ただし, n は正の整数とする)

(甲子園大 現代経営・人文)

(3) n を正の偶数とするとき, ${}_nC_0 + {}_nC_2 + {}_nC_4 + \cdots + {}_nC_n$ を n の式で表せ.

(図書館情報大)

14 次の ☐ にあてはまる数値を記せ.

x の整式 $f(x)$ を $x+2$ で割ると余りが 30 となり, $(x-1)^2$ で割ると余りが $x+5$ となる. $f(x)$ を $(x+2)(x-1)^2$ で割ったときの余りは ${}^{\text{ア}}\boxed{} x^2 - {}^{\text{イ}}\boxed{} x + {}^{\text{ウ}}\boxed{}$ である.

(武蔵野大 薬)

15 次の ☐ にあてはまる数値を記せ.

2次方程式 $x^2 + 4x - 2 = 0$ の2つの解のうち, 大きい方の解を a とすると, $a^3 + 7a^2 - 9a - 10$ の値は ${}^{\text{ア}}\boxed{}$ である.

(聖徳大)

16　2つの x の3次式 $P(x)$, $Q(x)$ が x の相異なる4つの値 a, b, c, d で等しいならば，$P(x)$ と $Q(x)$ とは恒等的に等しいことを，因数定理を用いて証明せよ．

（大阪工業大*）

[注]　「相異なる」とは「どの2つも異なる」ということである．

17
$$P(0)=1,$$
$$P(x+1)-P(x)=2x$$
をみたす整式 $P(x)$ を求めよ．

（一橋大）

2　方程式

● 基本のまとめ ●

1 **2次方程式の解の判別**

(1) 実数を係数とする2次方程式 $ax^2 + bx + c = 0$ …① で,
$D = b^2 - 4ac$ をこの2次方程式の**判別式**という.

(2) ① が異なる2つの実数解をもつ条件は $D > 0$ …(*₁)

① が 重解をもつ条件は $D = 0$ …(*₂)

① が異なる2つの虚数解をもつ条件は $D < 0$

(*₁), (*₂)から, ① が実数解をもつ条件は $D \geqq 0$

2 **2次方程式の解と係数の関係**

実数(複素数でもよい)を係数とする2次方程式 $ax^2 + bx + c = 0$ の2つの解(重解の場合も含む)を α, β とすると,

(1) (解と係数の関係) $\alpha + \beta = -\dfrac{b}{a}$, $\alpha\beta = \dfrac{c}{a}$

(2) (2次式の因数分解) $ax^2 + bx + c = a(x - \alpha)(x - \beta)$

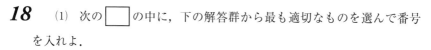

18 (1) 次の ☐ の中に，下の解答群から最も適切なものを選んで番号を入れよ．

a, b を実数，i を虚数単位とするとき，a + bi という形で表される数のことを^ア☐ という．これは b=0 のとき^イ☐，b≠0 のとき^ウ☐ である．

① 実数　　② 複実数　　③ 無理数

④ 虚数　　⑤ 平方数　　⑥ 複素数

（上武大　経営情報）

(2) 複素数 α と共役な複素数を $\overline{\alpha}$ で表すとき，次の各式が成り立つことを示せ．

(ⅰ) $\alpha = a + bi$ （a, b は実数，i は虚数単位）に対し，
$$\alpha \overline{\alpha} = a^2 + b^2$$
（東京電機大*）

(ⅱ) 複素数 α, β に対し，

(a) $\overline{\alpha + \beta} = \overline{\alpha} + \overline{\beta}$　　　　　　　（大阪教育大）

(b) $\overline{\alpha\beta} = \overline{\alpha}\,\overline{\beta}$　　　　　　　（日本女子大，上智大　経）

(3) 次の計算をせよ．ただし，i は虚数単位とする．

(ⅰ) $(2+i)(1-i)$　　　　　　　（筑波技術大　産業技術）

(ⅱ) $i + i^2 + i^3 + i^4 + \dfrac{1}{i}$　　　　　　　（大阪体育大）

(ⅲ) $\dfrac{2-i}{1+2i}$　　　　　　　（高崎経済大）

(ⅳ) $\left(\dfrac{1+i}{1-i}\right)^3$　　　　　　　（沖縄国際大，第一工業大）

(ⅴ) $\dfrac{5}{2+i} - \dfrac{10i}{2-i}$　　　　　　　（愛知淑徳大）

19　次の等式をみたす実数 x, y の値を求めよ. ただし, i は虚数単位とする.

(1)　$2(x-3i)-3(y+xi)=0$　　　　　　　　　（日本女子体育大）

(2)　$(3+2i)(x+yi)=12-5i$　　　　　　　　（日本文理大　工）

(3)　$(x+yi)^2=i$　　　　　　　　　　　　　（会津大, 創価大　文）

20　(1)　次の推論の誤りを指摘せよ.

$$\sqrt{-1}=\sqrt{-1} \quad \therefore \quad \sqrt{\frac{-1}{1}}=\sqrt{\frac{1}{-1}} \quad \therefore \quad \frac{\sqrt{-1}}{\sqrt{1}}=\frac{\sqrt{1}}{\sqrt{-1}}$$

$$\sqrt{-1}\sqrt{-1}=\sqrt{1}\sqrt{1} \qquad -1=1 \qquad \therefore \quad 2=0$$

（桃山学院大　経営）

(2)　次の □ にあてはまる数値を記せ.

$(\sqrt{3}+\sqrt{-4})(1-\sqrt{-3})$ を $a+bi$ （ただし, a, b は実数, i は虚数単位とする）の形で表すと, ${}^{ア}\boxed{}+{}^{イ}\boxed{}i$ となる.

（帝京大　医）

(3)　a, b は実数であるとする. $\sqrt{a}\times\sqrt{b}$ と $\sqrt{ab}$ は必ずしも等しいとは限らないことを, 簡潔に示せ.

（京都教育大）

21　(1)　2次方程式 $x^2+4x+7=0$ を解け.

（久留米工業大）

(2)　x に関する方程式 $kx^2+8x+k-6=0$ が異なる2つの実数解をもつとき，k の値の範囲を求めよ.

（國學院大*）

(3)　2次方程式 $kx^2-(k+2)x-k+4=0$ が重解をもつような定数 k の値を求めよ. また, そのときの重解を求めよ.

（共愛学園前橋国際大）

(4)　a を実数とする2つの2次方程式

$$x^2-2ax+3a=0, \quad x^2+ax+1=0$$

について, いずれか一方だけが虚数解をもつような a の値の範囲を求めよ.

（麗澤大）

22　(1)　次の □ にあてはまる式を記せ.

実数係数の2次方程式 $x^2+sx+t=0$ の2つの解（重解を含む）を α, β とする. このとき α, β と s, t の間に, $\alpha+\beta={}^{\text{ア}}$ □,

$\alpha\beta={}^{\text{イ}}$ □ の関係がある.

（大阪医科薬科大　薬*）

(2)　(i)　次の □ にあてはまる数値を記せ.

2次方程式 $3x^2-4x+5=0$ の2つの解を α, β とすると,

$\alpha+\beta={}^{\text{ウ}}$ □, $\alpha^2+\beta^2={}^{\text{エ}}$ □ である.

（北海道科学大　工）

(ii)　2次方程式 $x^2+2x+3=0$ の2つの解を α, β とするとき, 次の値を求めよ.

(a)　$\dfrac{\alpha^2}{\beta}+\dfrac{\beta^2}{\alpha}$

(b)　$\alpha^4+\beta^4$

（岐阜聖徳学園大）

(3) (i) 次の □ にあてはまる数値を記せ.

2次方程式 $2x^2+px+q=0$ において,2つの解の和が $\dfrac{5}{2}$,積が

$-\dfrac{3}{2}$ になるように定数 p, q の値を求めると,

$$p=-{}^{オ}\boxed{}, \quad q=-{}^{カ}\boxed{}$$

である.

(十文字学園女子大)

(ii) 次の □ にあてはまる数値を記せ.

和が -5,積が 3 である 2 つの実数は ${}^{キ}\boxed{}$, ${}^{ク}\boxed{}$ である.

(玉川大　工・農・経営・芸術・教育・リベラルアーツ・観光)

(iii) 次の連立方程式を解け.

$$\begin{cases} x^2+y^2=10 \\ \quad\ xy=3 \end{cases}$$

(阪南大　商)

23 (1) $\alpha=3-\sqrt{5}\,i$, $\beta=3+\sqrt{5}\,i$ (i は虚数単位) とするとき,α, β を 2 つの解とする x の 2 次方程式をつくれ (x^2 の係数は 1 とする).

(文化女子大)

(2) 2 次方程式 $2x^2+x+5=0$ の 2 つの解を α, β とする.$\dfrac{2\beta}{\alpha}$, $\dfrac{2\alpha}{\beta}$ を 2 つの解とし,x^2 の係数が 5 である 2 次方程式をつくれ.

(追手門学院大　文)

(3) 2 次方程式 $x^2+3px-5p-2=0$ の 1 つの解が他の解の 2 倍であるとき,定数 p の値を求めよ.

(共愛学園前橋国際大)

24 次の □ にあてはまる数値を記せ.

(1) 方程式 $x^2-2(k-1)x-k+3=0$ が異なる 2 つの正の解をもつための実数 k の範囲は $^{ア}\boxed{}<k<^{イ}\boxed{}$ である.

（跡見学園女子大）

(2) x についての 2 次方程式 $x^2-ax-4a=0$（a は実数）が正の解と負の解をもつような a の値の範囲は $a>^{ウ}\boxed{}$ である.

（ものつくり大）

25 x^4+2x^2-15 を次のそれぞれの場合について，因数分解せよ.

(1) 有理数の範囲　　(2) 実数の範囲　　(3) 複素数の範囲

（日本福祉大　経）

26 次の方程式を解け.

(1) $x^3-8=0$ （第一工業大）
(2) $x^3-2x^2-5x+6=0$ （東北生活文化大）
(3) $x(x+2)(x+4)=2\cdot4\cdot6$ （摂南大　薬）
(4) $x^4-13x^2+36=0$ （大谷大）
(5) $(x^2+4x-1)(x^2+4x+2)-4=0$ （阪南大　経）
(6) $(x+1)(x+2)(x+3)(x+4)=3$ （島根大）
(7) $x^4+2x^2+4=0$ （愛知学院大　文）

27 次の □ にあてはまる数値を記せ.

3 次方程式 $x^3-x+^{ア}\boxed{}=0$ の 3 つの解は，$1, ^{イ}\boxed{}, ^{ウ}\boxed{}$ である.

（立正大　経）

問題B

28 (1) 次の ☐ にあてはまる数値を記せ.

i は虚数単位を表す.

等式 $2(1+i)x^2-(3-i)x+1-i=0$ をみたす実数 x の値は

$x={}^{ア}$ ☐ である.

(同志社女子大 薬)

(2) 次の ☐ にあてはまる数値を記せ.

2つの2次方程式 $x^2+ax+5=0$, $x^2+x+5a=0$ が実数解を共有するとき実数 a の値は ^{イ} ☐ ，共通解は ^{ウ} ☐ ．

(大阪産業大 経)

(3) x に関する4次方程式 $(x^2+2ax+3)(x^2+3x+2a)=0$ が4つの相異なる実数解をもつような実数 a の値の範囲を求めよ.

(早稲田大 社会科学)

29 a を実数の定数とする. 方程式 $x^2-ax+a^2-6=0$ が実数解をもつとする.

(1) 解がすべて正であるような a の値の範囲を求めよ.

(2) 少なくとも1つ正の解が存在するような a の値の範囲を求めよ.

(広島修道大 人文・商)

30 方程式 $x^3=1$ の虚数解の1つを ω とする.

(1) 他の虚数解は ω^2 であることを示せ. (岡山大 文系)

(2) 次の値を求めよ.

 (i) $\omega^2+\omega+1$ (東京女子大，名古屋学院大 経)

 (ii) $\omega^4+\omega^2+1$ (鹿児島大，豊橋技術科学大)

 (iii) $1+\omega+\omega^2+\omega^3+\cdots+\omega^{18}$ (関東学院大 経)

31 (1) a, b, c, d を実数とするとき，x についての3次方程式 $ax^3 + bx^2 + cx + d = 0$ の1つの解が虚数 $p + qi$（p, q は実数，$q \neq 0$）ならば，$p - qi$ も解となることを証明せよ．ただし，$i^2 = -1$ とする．

（杏林大　医，和歌山県立医科大）

(2) 3次方程式 $x^3 + ax^2 + bx - 12 = 0$ の1つの解が $1 + \sqrt{2}\,i$ のとき，実数 a, b の値と残りの解を求めよ．ただし，$i^2 = -1$．

（関東学院大　経）

32 次の ☐ にあてはまる数値を記せ．

x の3次方程式 $x^3 - (a+2)x + 2(a-2) = 0$ の3つの解のうち2つの解がたがいに等しいとき，実数 a は ^{ア}☐ または ^{イ}☐ （ただし，^{ア}☐ $<$ ^{イ}☐ ）である．

（国際医療福祉大　保健）

33 (1) 次の □ にあてはまる式を記せ.

3次方程式 $x^3 + px^2 + qx + r = 0$ (p, q, r は定数) の3つの解を α, β, γ とするとき, どんな x に対しても

$$(x - \alpha)(x - \beta)(x - \gamma) = x^3 + px^2 + qx + r$$

が成立する. 両辺の係数を比較して $p = $ ^{ア}□, $q = $ ^{イ}□,

$r = $ ^{ウ}□ を得る.

(桃山学院大 経)

(2) 次の □ にあてはまる数値を記せ.

連立方程式

$$\begin{cases} x + y + z = 11 & \cdots① \\ xy + yz + zx = 31 & \cdots② \\ xyz = 21 & \cdots③ \end{cases}$$

をみたす, x, y, z を3つの解とする3次方程式は,

$$t^3 + {}^{エ}\boxed{} t^2 + {}^{オ}\boxed{} t + {}^{カ}\boxed{} = 0$$

となる.

したがって, $x < y < z$ とすると, 上記連立方程式の解は

$$x = {}^{キ}\boxed{}, \quad y = {}^{ク}\boxed{}, \quad z = {}^{ケ}\boxed{}$$

となる.

(日本社会事業大)

34 次の(1), (2), (3)に答えよ.

(1) $t = x + \dfrac{1}{x}$ とおく. このとき, $x^2 + \dfrac{1}{x^2}$ と $x^3 + \dfrac{1}{x^3}$ をそれぞれ t についての多項式で表せ.

(2) $\dfrac{2x^4 - 3x^3 - 5x^2 - 3x + 2}{x^2}$ を t についての多項式で表せ.

(3) 4次方程式 $2x^4 - 3x^3 - 5x^2 - 3x + 2 = 0$ の解をすべて求めよ.

(鹿児島大 教育・理・医・歯・工・農・共同獣医・水産)

MEMO

3 式と証明

━━━━● **基本のまとめ** ●━━━━

① **等式の証明**

等式 $A = B$ の証明

(1) 一方の辺を変形して，もう一方の辺を導く．

(2) A, B のそれぞれを変形して同じ式を導く．

(3) $A - B$ を変形して 0 になることを示す．

② **不等式の証明**

(1) 不等式 $A > B$ の証明

(ⅰ) $A - B$ を変形して，$A - B > 0$ になることを示す．

(ⅱ) $A \geqq 0$, $B \geqq 0$ ならば，$A^2 > B^2$ を示す．

(2) 相加平均と相乗平均の大小関係

$a \geqq 0$, $b \geqq 0$ のとき，

$$\frac{a+b}{2} \geqq \sqrt{ab} \quad (\text{等号条件は } a = b)$$

$$\boxed{\text{問題A}}$$

35 (1) $a+b+c=0$ のとき，次の等式が成り立つことを証明せよ．
$$a^2-bc=b^2-ca=c^2-ab$$

（第一薬科大）

(2) $\dfrac{a}{b}=\dfrac{c}{d}$ のとき $\dfrac{a-b}{a+b}=\dfrac{c-d}{c+d}$ が成り立つことを証明せよ．

ただし，a, b, c, d は正の数とする．

（福岡教育大）

(3) 次の $\boxed{}$ にあてはまる数値を記せ．

$a:b=4:5$ のとき，次の値を求めよ．

$$\frac{a^2+b^2}{ab}={}^{\text{ア}}\boxed{}$$

$$\frac{a^2+b^2}{a^2-b^2}={}^{\text{イ}}\boxed{}$$

（西九州大）

(4) $\dfrac{2x+y}{5}=\dfrac{3y+2z}{11}=\dfrac{z+x}{4}\neq0$ のとき，$x:y:z$ を最も簡単な整数比で表せ．

（藤女子大　人間生活）

［注］ $\dfrac{x}{x'}=\dfrac{y}{y'}=\dfrac{z}{z'}$ のとき，$x:y:z=x':y':z'$ とかく．$x:y:z$ を x, y, z の

連比という．

36 (1) a, b が任意の実数値をとるとき，つねに $a^2+ab+b^2 \geqq 0$ が成り立つことを示せ．また，この不等式で等号が成り立つ場合は $a=0$，$b=0$ に限ることを示せ．

（神奈川工科大）

(2) a, b, c を実数とし，$F=a^2+b^2+c^2-bc-ca-ab$ とする．F は
$$F=\frac{1}{2}(2a^2+2b^2+2c^2-2bc-2ca-2ab)$$ と変形できることに注意して，不等式 $F \geqq 0$ が成り立つことを証明せよ．また，等号が成り立つのはどのような場合か答えよ．

（東京慈恵会医科大）

(3) $x+y+z=1$ をみたす実数 x, y, z に対して，不等式 $x^2+y^2+z^2 \geqq \dfrac{1}{3}$ が成立することを示せ．また，等号が成立するのはどのような場合か．

（電気通信大，公立はこだて未来大 システム情報科学）

37 $a \leqq b$，$x \leqq y$ のとき，不等式
$$\frac{ax+by}{2} \geqq \frac{a+b}{2} \cdot \frac{x+y}{2}$$
が成り立つことを証明し，かつ等号が成立するのはどのような場合であるかを調べよ．

（東京女子大）

38　(1)　$x \geqq 0$, $y \geqq 0$ とするとき，$x + y \geqq 2\sqrt{xy}$ を示せ．また等号はいつ成り立つか．

（稚内北星学園大）

(2)　次の □ にあてはまる数値を記せ．

x がすべての正の数をとるとき，$x + \dfrac{25}{x}$ がとり得る値の最小値は ${}^{\text{ア}}\boxed{}$ であり，最小値となるのは $x = {}^{\text{イ}}\boxed{}$ のときである．

（名古屋文理大）

(3)　次の □ にあてはまる数値を記せ．

$x > 0$, $y > 0$ のとき，$\left(x + \dfrac{9}{y}\right)\left(y + \dfrac{4}{x}\right)$ の最小値は ${}^{\text{ウ}}\boxed{}$ である．

（畿央大　健康科学）

39　(1)　$a > 0$, $b > 0$ に対して，次の命題が成り立つことを証明せよ．

$$a^2 - b^2 \geqq 0 \ \text{ならば} \ a - b \geqq 0 \ \text{である．}$$

（公立はこだて未来大*）

(2)　次の不等式が成り立つことを証明せよ．ただし，文字はすべて正の実数とする．

$$\frac{\sqrt{a} + \sqrt{b}}{2} \leqq \sqrt{\frac{a + b}{2}}$$

（高知大，明治薬科大）

40　$0 < a < b$, $a + b = 1$ であるとき，$\dfrac{1}{2}$, $2ab$, $a^2 + b^2$ の大小を比較せよ．

（職業能力開発総合大学校*）

32

問題B

41 $x + y + z = \dfrac{1}{x} + \dfrac{1}{y} + \dfrac{1}{z} = 1$ のとき，x, y, z のうち少なくとも1つ

は1に等しいことを示せ．

（奈良県立医科大，法政大　経営）

42 (1) 任意の実数 a, b に対して，不等式

$$|a + b| \leqq |a| + |b|$$

が成り立つことを示せ．

また，等号が成り立つ条件を求めよ．

（愛知大，愛知学院大　文）

(2) $x \geqq y \geqq 0$ のとき，不等式

$$\frac{x}{1+x} \geqq \frac{y}{1+y}$$

が成り立つことを示せ．

（九州大）

(3) $p \geqq 0$, $q \geqq 0$ とするとき，$\dfrac{p}{1+p} + \dfrac{q}{1+q}$ と $\dfrac{p+q}{1+p+q}$ との大小関係

を決定せよ．

（東邦大　薬）

(4) 実数 a, b に対して，不等式

$$\frac{|a+b|}{1+|a+b|} \leqq \frac{|a|}{1+|a|} + \frac{|b|}{1+|b|}$$

が成り立つことを示せ．また，等号が成り立つための条件を求めよ．

（学習院大　文）

43 (1) 次の $\boxed{}$ にあてはまる式を 1 つ求めよ.

$$(a^2+b^2)(x^2+y^2)=(ax+by)^2+\left(^{\text{ア}}\boxed{}\right)^2$$

(足利工業大*)

(2) a, b, c, x, y, z を実数とするとき，次の不等式を証明せよ. また，等号はどのような場合に成り立つか.

 (i) $(a^2+b^2)(x^2+y^2) \geqq (ax+by)^2$ (東海女子大，奈良大)

 (ii) $(a^2+b^2+c^2)(x^2+y^2+z^2) \geqq (ax+by+cz)^2$ (宮城大，上智大　経)

44 a, b, c を $|a|<1$, $|b|<1$, $|c|<1$ をみたす実数とするとき，次の不等式を証明せよ.

(1) $ab+1>a+b$

(2) $abc+1>a+bc$

(3) $abc+2>a+b+c$

(専修大　経)

45 a は正の有理数とする. 3 つの数 $\sqrt{2}$, a, $\dfrac{a+2}{a+1}$ を大きさの順に並べたとき，まん中にくる数は $\sqrt{2}$ であり，残りの 2 つの数のうち $\sqrt{2}$ に近い数は $\dfrac{a+2}{a+1}$ であることを示せ.

(姫路獨協大　経済情報*)

第2章　図形と方程式

4　点と直線

─● 基本のまとめ ●─

1 **座標平面上の点の座標**

座標平面上の 3 点を $A(x_1, y_1)$, $B(x_2, y_2)$, $C(x_3, y_3)$ とする.

(1) 2 点 A, B 間の距離 AB は,
$$AB = \sqrt{(x_2 - x_1)^2 + (y_2 - y_1)^2}$$

(2) m, n を正の数とするとき, 線分 AB を $m : n$ に内分する点の座標は,
$$\left(\frac{nx_1 + mx_2}{m + n}, \frac{ny_1 + my_2}{m + n} \right)$$

m, n を異なる正の数とするとき, 線分 AB を $m : n$ に外分する点の座標は,
$$\left(\frac{-nx_1 + mx_2}{m - n}, \frac{-ny_1 + my_2}{m - n} \right)$$

(3) A, B, C を 3 頂点とする三角形の重心の座標は,
$$\left(\frac{x_1 + x_2 + x_3}{3}, \frac{y_1 + y_2 + y_3}{3} \right)$$

2 **直線の方程式**

(1) (i) 傾きが m, y 切片 (この直線と y 軸の交点の y 座標) が n のとき,
$$y = mx + n$$

(ii) x 軸と垂直で, x 切片 (この直線と x 軸の交点の x 座標) が p のとき,
$$x = p$$

(iii) 点 (x_1, y_1) を通り, 傾きが m のとき,
$$y - y_1 = m(x - x_1)$$

(iv)　異なる 2 点 (x_1, y_1), (x_2, y_2) を通るとき，

$$y - y_1 = \frac{y_2 - y_1}{x_2 - x_1}(x - x_1) \quad (x_1 \neq x_2)$$

$$x = x_1 \qquad\qquad (x_1 = x_2)$$

(2)　方程式 $ax + by + c = 0$ $(a \neq 0,\ \text{または}\ b \neq 0)$ の表す図形は，

(i)　$b \neq 0$ のとき，傾きが $-\dfrac{a}{b}$，y 切片が $-\dfrac{c}{b}$ の直線，

(ii)　$b = 0$ のとき，x 軸と垂直で，x 切片が $-\dfrac{c}{a}$ の直線．

［注］　$x,\ y$ の方程式をみたす点 (x, y) 全体の集合がつくる図形を，その**方程式の表す図形**または**方程式のグラフ**という．この図形に対し，その方程式をその**図形の方程式**という．

3　**2 直線の平行条件，垂直条件**

　2 直線 $y = mx + n$, $y = m'x + n'$ について，

(i)　平行（一致する場合も含める）となる条件は，

$$m = m'$$

(ii)　垂直となる条件は，

$$mm' = -1$$

［注］　一致する条件は，$m = m'$, かつ $n = n'$

4　**2 直線の交点を通る直線**

　2 直線 $ax + by + c = 0$, $a'x + b'y + c' = 0$ が 1 点で交わるとき，その交点を通る直線の方程式は，k を定数として，

$$(ax + by + c) + k(a'x + b'y + c') = 0$$

という形で表されるか，または，

$$a'x + b'y + c' = 0$$

5　**点と直線の距離**

　点 (x_1, y_1) と直線 $ax + by + c = 0$ の距離は，

$$\frac{|ax_1 + by_1 + c|}{\sqrt{a^2 + b^2}}$$

問題A

46 数直線上の2点を A(-5), B(11) とするとき,

(1) 2点 A, B の間の距離を求めよ.

(2) 線分 AB を $5:3$ に内分する点 P の座標を求めよ.

(3) 線分 AB を $7:11$ に外分する点 Q の座標を求めよ.

(4) 線分 PQ の中点 M の座標を求めよ.

(広島女学院大　生活科学)

47 (1) 点 (a, b) が第1象限内の点であるとき, 点 $(-a, b)$ は第何象限の点か.

(中央大　理工〈外国人留学生〉)

(2) 次の □ にあてはまる数値を記せ.

2点 A$(2, 1)$, B$(5, 4)$ 間の距離は ^{ア}□ である.

(鈴鹿国際大)

(3) 次の □ にあてはまる数値を記せ.

2点 $(-1, 1)$, $(1, 5)$ から等距離にある x 軸上の点の x 座標は ^{イ}□.

(昭和薬科大)

48 次の □ にあてはまる数値を記せ.

(1) 平面上の 2 点 A(1, 3),B(4, 5) について,線分 AB を 4 : 1 に内分する
点の座標は,(^{ア}□,^{イ}□)であり,4 : 1 に外分する点の座標は,
(^{ウ}□,^{エ}□)である.

（名古屋商科大　商）

(2) 2 点 A(3, 5),B(−2, −4) があるとき,点 B を中心にして点 A と対
称な点 A′ の座標を求めよ.

（流通経済大　経）

(3) A(2, 1),B(1, 4),C(4, 0) とし,AB,AC を 2 辺とする平行四辺形の
第 4 の頂点 D の座標は,(^{オ}□,^{カ}□)である.

（山梨学院大　商）

(4) 座標平面上の 3 点 O(0, 0),A(2, 0),B(−1, 4) を頂点とする三角形の
重心の座標を求めよ.

（法政大　追試）

49 (1) 次の ☐ にあてはまる数値を記せ.

点 $(3, -4)$ を通り，傾き 6 の直線の方程式は

$y = {}^{ア}\boxed{}x + {}^{イ}\boxed{}$ である.

（西武文理大）

(2) 点 $(3, -1)$ を通り，x 軸に平行な直線の方程式を求めよ.

（新潟産業大　経）

(3) 次の ☐ にあてはまる数値を記せ.

2 点 $(2, 4), (5, -2)$ を通る直線の方程式は $y = {}^{ウ}\boxed{}x + {}^{エ}\boxed{}$

である.

（朝日大　経）

(4) 次の ☐ にあてはまる数値を記せ.

xy 平面上にある直線が 3 点 $(2, 17), (k, 2), (-8, -13)$ を通る．このとき，k の値は ${}^{オ}\boxed{}$ である.

（健康科学大　看護）

50 (1) 座標平面上において，2直線
$y=mx+n$ と $y=m'x+n'$ とが垂直で
あるための必要十分条件は $mm'=-1$ で
あることを右図を用いて証明せよ.

（四日市大 経*)

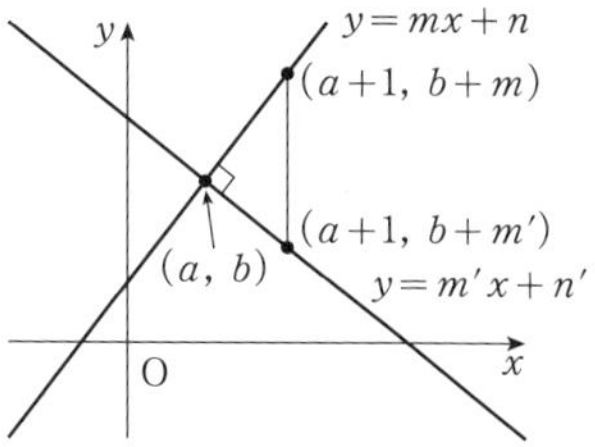

(2) 次の ☐ にあてはまる数値を記せ.

点 $(-2, 1)$ を通り，直線 $2x+3y+4=0$ に平行な直線および垂直な直
線の方程式を求めると，

平行な直線は $2x+{}^{ア}\boxed{}y+{}^{イ}\boxed{}=0$

垂直な直線は $3x-{}^{ウ}\boxed{}y+{}^{エ}\boxed{}=0$

となる.

（長岡造形大)

(3) 2直線 $mx+y=1$，$(m+2)x+my=2$ がある. ただし，$m \neq 0$ とす
る. このとき，この2直線が次の関係になるように m の値を定めよ.

(i) 垂直.

(ii) 平行（一致は除く).

（奈良大)

(4) 次の ☐ にあてはまる数値を記せ.

2点 A$(2, 1)$，B$(6, 3)$ の中点 M の座標は $\left({}^{オ}\boxed{}, {}^{カ}\boxed{}\right)$ であ
る. また，線分 AB の垂直二等分線の方程式は ${}^{キ}\boxed{}x+y={}^{ク}\boxed{}$
である.

（長浜バイオ大)

[注] 2点 A，B の中点とは，線分 AB の中点のことである.

51

(1)　2直線

$$4x + 11y = 19$$
$$2x + 3y = 7$$

の交点を通り，点 $(5, 4)$ を通る直線の方程式を求めよ．

（南九州大）

(2)　次の □ にあてはまる数値を記せ．

直線 $(a+2)x + (a-3)y = 2(3a+1)$ は，a の値にかかわらず定点

$\left(^{\text{ア}} \boxed{}, {}^{\text{イ}} \boxed{}\right)$ を通る．

（明海大　不動産）

52 (1) 次の□にあてはまる式を記せ.

点 $P(x_1, y_1)$ から，直線
$$l : ax + by + c = 0 \qquad \cdots ①$$
に下ろした垂線 PH の長さを求めてみよう．ただし，ここでは $ab \neq 0$ とし，P は l 上にないものとする.

まず，点 H の座標を (x_0, y_0) とする．直線 l の傾きは $^{\text{ア}}\boxed{}$ であるから，これに垂直な直線の傾き $^{\text{イ}}\boxed{}$ と，x_1, y_1, x_0, y_0 との間には次の関係式が成り立つ.

$$^{\text{イ}}\boxed{} = \frac{^{\text{ウ}}\boxed{}}{x_0 - x_1} \qquad \cdots ②$$

②式を変形して，

$$\frac{^{\text{エ}}\boxed{}}{a} = \frac{^{\text{オ}}\boxed{}}{b}$$

この式の値を k とおくと，

$$x_0 = {}^{\text{カ}}\boxed{}, \quad y_0 = {}^{\text{キ}}\boxed{} \qquad \cdots ③$$

を得る．点 $H(x_0, y_0)$ は直線 l 上にあるから，

$$ax_0 + by_0 + c = 0 \qquad \cdots ④$$

よって，③，④式から，

$$k = {}^{\text{ク}}\boxed{} \qquad \cdots ⑤$$

ところで，

$$PH = \sqrt{(x_0 - x_1)^2 + (y_0 - y_1)^2} = {}^{\text{ケ}}\boxed{}\,|k|$$

よって⑤式を代入して k を消去すると，

$$PH = {}^{\text{コ}}\boxed{} \qquad \cdots ⑥$$

を得る.

（札幌学院大　法）

(2) 次の□にあてはまる数値を記せ.

点 $(3, 3)$ と直線 $x + 2y - 4 = 0$ との距離は $\sqrt{^{\text{サ}}\boxed{}}$ である.

（大分県立看護科学大）

53　2つの直線 $3x+4y=4$ と $3x+4y=14$ の距離を求めよ.

（神戸国際大　経）

[注]　平行な2直線 l と m の距離とは, l 上のもっとも考えやすそうな1点と m の距離と考えればよい.

54　放物線 $y=x^2+6$ …① 上の点Pと, 直線 $y=2x$ …② の距離の最小値と, そのときのPの座標を求めよ.

（福山大　経*, 東京経済大　経営）

55　3点 O$(0, 0)$, P(p_1, p_2), Q(q_1, q_2) を頂点とする三角形OPQの面積を求めよ.

（東京農業大, 龍谷大　経）

56　3直線 $x-y-3=0$, $x-2y-2=0$, $x+2y+6=0$ で囲まれた三角形の面積を求めよ.

（九州保健福祉大　薬）

57　次の ☐ の中に，下の解答群から正しいものを選んで番号を入れよ．

次の定理は三角形 ABC の垂心の存在を示すものである．

定理：三角形 ABC において，各頂点から対辺またはその延長上に下ろした 3 つの垂線は 1 点で交わる．この 3 垂線の交点 H を垂心というのである．

この証明のために，B，C からその対辺またはその延長上に下ろした垂線の足をそれぞれ E，F とし，直線 BE，CF の交点を H とし，直線 AH と直線 BC の交点を D とする．

証明：xy 平面上で，A を y 軸上に，辺 BC を x 軸上にとる．A，B，C の座標をそれぞれ $(0, a)$，$(b, 0)$，$(c, 0)$ とする．$b=0$ のとき，∠B が直角となるので，明らかに 3 垂線は B で交わる．$c=0$ のときも同様である．$bc \neq 0$ のとき，AC の傾きは $-\dfrac{a}{c}$ だから BE の傾きは ^{ア}☐．よって，直線 BE の方程式は ^{イ}☐．同様にして，直線 CF の方程式は ^{ウ}☐．よって H の座標は $\left(0, \,^{エ}☐\right)$．D は原点．

（証明終り）

①　$\dfrac{c}{a}$　　　　②　$-\dfrac{bc}{a}$　　　　③　$-\dfrac{c}{a}$

④　$bx - ay = bc$　　⑤　$cx - ay = bc$　　⑥　$ax + by = c$

（拓殖大　商*）

［注］　点 P を通り直線 l に垂直な直線と l の交点を P から l に下ろした**垂線の足**という．

問題B

58　平面上に，2 点 A(1, 5)，B(5, 0) と直線 $l : x + y = 3$ がある．

(1)　点 A の l に関する対称点 A′ の座標を求めよ．

(2)　点 P が l 上を動くとき，AP+PB の最小値を求めよ．

（愛知学泉大　経営*）

5 円

> ● **基本のまとめ** ●
>
> ここで扱う円とは円周のことである.
>
> ### 1 円の方程式
>
> (1) 点 (a, b) を中心とし，半径が r の円の方程式は，
> $$(x-a)^2+(y-b)^2=r^2$$
>
> (2) 方程式 $x^2+y^2+lx+my+n=0$ …① の表す図形については，
> ① が，
> $$\left(x+\frac{l}{2}\right)^2+\left(y+\frac{m}{2}\right)^2=\frac{l^2+m^2-4n}{4}$$
>
> と変形されるので，次が成り立つ.
>
> (ⅰ) $l^2+m^2-4n>0$ のとき，円，
>
> (ⅱ) $l^2+m^2-4n=0$ のとき，1点，
>
> (ⅲ) $l^2+m^2-4n<0$ のとき，図形を表さない.
>
> ### 2 円と直線の位置関係
>
> | 円と直線の位置関係 | 異なる2点で交わる | 1点で接する | 共有点をもたない |
> |---|---|---|---|
> | r は円の半径 d は円の中心 C と直線の距離 | $d<r$ | $d=r$ | $d>r$ |
> | D は円と直線の方程式から，たとえば，y を消去して得られる x の2次方程式の判別式 | $D>0$ | $D=0$ | $D<0$ |
>
> ### 3 円の接線の方程式
>
> 円 $x^2+y^2=r^2$ 上にある点 (x_1, y_1) での，この円の接線の方程式は，
> $$x_1 x+y_1 y=r^2$$

④　2つの円の位置関係

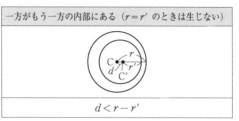

2つの円の位置関係	ともにもう一方の外部にある	外接する
2つの円の中心をそれぞれ C, C′, 半径をそれぞれ r, $r'(r \geqq r')$ とし, C, C′の距離を d とする.		
	$d > r + r'$	$d = r + r'$

異なる2点で交わる	内接する（$r=r'$ のときは一致）
$r - r' < d < r + r'$	$d = r - r'$

一方がもう一方の内部にある（$r=r'$ のときは生じない）
$d < r - r'$

⑤　円と直線の交点を通る円

　円 $x^2 + y^2 + lx + my + n = 0$ と直線 $ax + by + c = 0$ が2つの交点をもつとき, その2つの交点を通る円の方程式は, k を定数として,

$$(x^2 + y^2 + lx + my + n) + k(ax + by + c) = 0$$

という形で表される.

⑥　2つの円の交点を通る円と直線

　2つの円 $x^2 + y^2 + lx + my + n = 0$, $x^2 + y^2 + l'x + m'y + n' = 0$ が2つの交点をもつとき, その2つの交点を通る円または直線の方程式は, k を定数として,

$$(x^2 + y^2 + lx + my + n) + k(x^2 + y^2 + l'x + m'y + n') = 0$$

という形で表される（$k = -1$ のとき, 直線の方程式である. それ以外は円の方程式である）か, または,

$$x^2 + y^2 + l'x + m'y + n' = 0$$

問題A

59 　点 $(0, 1)$，点 $(2, 3)$ を直径の両端とする円がある．

(1) 半径はいくらか．

(2) 中心の座標を求めよ．

(3) この円の方程式を求めよ．

（文化女子大）

60 　次のそれぞれの円の方程式を

$$(x-a)^2+(y-b)^2=r^2 \quad (r>0)$$

の形で表せ．

(1) 中心が点 $(1, 2)$ で，点 $(-2, -2)$ を通る円． （作新学院大）

(2) 2点 $(5, 2)$，$(3, 4)$ を通り，中心が x 軸上にある円． （中京学院大）

(3) 3点 $(4, 1)$，$(6, -3)$，$(-3, 0)$ を通る円． （中京学院大）

61 　(1) 次の $\boxed{}$ にあてはまる数値を記せ．

　　　$x^2-4x+y^2-2y+2=0$ で表される図形は，点 $\left({}^{ア}\boxed{}, {}^{イ}\boxed{}\right)$

　　を中心にもつ半径 ${}^{ウ}\boxed{}$ の円である．

（旭川大　経）

　(2) 次の $\boxed{}$ にあてはまる式を記せ．

　　　$x^2+y^2-2ax-2ay+3a^2-2a=0$ のグラフが円であるとき，実数 a の

　　とり得る値の範囲は ${}^{エ}\boxed{}$ である．

（豊橋創造大）

62　(1)　次の □ にあてはまる数値を記せ.

$x^2+y^2=5$ と $2x+y=5$ との共有点の座標は $\left({}^{ア}\boxed{},\ {}^{イ}\boxed{}\right)$

である.

（昭和女子大）

(2)　円 $C:x^2+y^2=1$ と直線 $l:y=2x+k$ について,

　(i)　C と l が異なる 2 点で交わるような実数 k の値の範囲を求めよ.

　(ii)　l が C に接するような実数 k の値をすべて求めよ.

　(iii)　C と l が共有点をもたないような実数 k の値の範囲を求めよ.

（道都大　社会福祉）

(3)　直線 $y=-x-1$ が円 $x^2+y^2=25$ によって切りとられる線分の長さはいくらか.

（東京造形大）

63　(1)　円 $x^2+y^2=r^2$ 上の点 (a,b) における接線の方程式が

$$ax+by=r^2$$

となることを証明せよ.

（東京国際大　商，麻布大　獣医）

(2)　次の □ にあてはまる数値を記せ.

円 $x^2+y^2=4$ がある.

点 $\left(\sqrt{3},1\right)$ を通る接線の方程式は,　　　${}^{ア}\boxed{}x+y={}^{イ}\boxed{}$

点 $\left(-\sqrt{2},\sqrt{2}\right)$ を通る接線の方程式は,　　　$x-y={}^{ウ}\boxed{}$

点 $(0,-2)$ を通る接線の方程式は,　　　$y={}^{エ}\boxed{}$

である.

（つくば国際大）

64 (1) 点 $(6, 3)$ から，円 $x^2+y^2=9$ にひいた接線の方程式を求めよ．

（四天王寺国際仏教大*）

(2) 次の □ にあてはまる数値を記せ．

点 $(7, 1)$ から円 $C : x^2+y^2=5$ に 2 本の接線をひく．このとき，2 接点を通る直線の方程式は，$y={}^\mathcal{P}\boxed{}x+{}^\mathcal{イ}\boxed{}$ である．

（鳥取環境大*）

(3) 円 $x^2+y^2-8x-4y=0$ 上の点 $\mathrm{A}(2, -2)$ における接線の方程式を求めよ．

（和光大　経）

65 (1) 中心が直線 $y=2x-1$ の上にあって，x 軸，y 軸の両方に接する円の方程式を求めよ．

（呉大　社会情報）

(2) 点 $(1, 2)$ を中心とし，直線 $y=2x-5$ に接する円の半径 r を求めよ．

（倉敷芸術科学大　産業科学技術）

66 2 つの円
$$C_1 : (x-1)^2+(y-1)^2=4$$
$$C_2 : (x-3)^2+(y-3)^2=r^2 \quad (r>0)$$
について，

(1) C_1 と C_2 が接するときの r の値をすべて求めよ．

(2) C_1 と C_2 が異なる 2 点で交わるときの r の値の範囲を求めよ．

（志學館大　文*）

67 円 $x^2+y^2+8ax-6ay-25=0$ は，実数 a がどのような値をとってもつねに 2 つの定点を通る．この 2 つの定点の座標を求めよ．

（北星学園大）

問題B

68　円 $x^2+y^2-x-2y-1=0$ と直線 $x+2y-1=0$ の2交点と原点とを通る円の方程式を求めよ.

（常磐大　人間科学）

69　次の ☐ にあてはまる数値を記せ.

2つの円 $C_1 : (x-1)^2+y^2=9$, $C_2 : x^2+(y-2)^2=4$ がある. 2円 C_1 と C_2 は中心間の距離が $\sqrt{5}$ で半径の和5より小さく, 半径の差の絶対値1より大きいので, 2点で交わる.

(1)　2円 C_1 と C_2 の交点を通る直線は実数 a, b $(a \neq 0$ または $b \neq 0)$ を用いて, 次の方程式で表すことができる.

$$a\{(x-1)^2+y^2-9\}+b\{x^2+(y-2)^2-4\}=0 \qquad \cdots(A)$$

この方程式が直線を表すのは, a と b の関係が, $a+{}^{\text{ア}}\boxed{}b=0$ のときであり, その直線の方程式は

$$x-{}^{\text{イ}}\boxed{}y+{}^{\text{ウ}}\boxed{}=0$$

となる.

(2)　2円 C_1 と C_2 の交点を通る任意の円も方程式(A)で表すことができる. そのうちで, 点 $(3, 1)$ を通るのは, a と b の関係が, $2a-{}^{\text{エ}}\boxed{}b=0$ のときで, 次の方程式で表される.

$$\left(x-{}^{\text{オ}}\boxed{}\right)^2+\left(y-{}^{\text{カ}}\boxed{}\right)^2={}^{\text{キ}}\boxed{}$$

（麗澤大　国際経済）

70　次の □ にあてはまる数値を記せ.

円 $x^2+y^2+6x-8y-24=0$ の中心の座標は $\left(^{\text{ア}}\boxed{},\ ^{\text{イ}}\boxed{}\right)$, 半径は $^{\text{ウ}}\boxed{}$, また, 点 P がこの円周上を動くとき, 原点 O と P の距離の最大値は $^{\text{エ}}\boxed{}$, 最小値は $^{\text{オ}}\boxed{}$.

(愛知淑徳大)

71　直線 $x+2y=5$ に関して, 円 $(x-1)^2+y^2=1$ と対称な円の方程式を求めよ.

(千歳科学技術大)

72　次の □ を下記の指示にしたがい, 埋めよ.

2 つの円 $x^2+y^2=1$ …①, $(x-4)^2+y^2=4$ …② に共通な接線の方程式を求めたい. 求める接線の方程式を $y=mx+b$ …③ とすると, ① と③および②と③がそれぞれ接するためには, b と m との間に $^{\text{ア}}\boxed{}-1=0$, $^{\text{イ}}\boxed{}-4=0$ という関係が成り立たねばならない. この 2 つの関係より m を求めると, $m=^{\text{ウ}}\boxed{}$, $^{\text{エ}}\boxed{}$, $^{\text{オ}}\boxed{}$, $^{\text{カ}}\boxed{}$ を得る. それぞれの m に対応する b を計算することによって, 求める共通接線の方程式が得られる.

空欄ア, イの中へは b と m とについての整式を入れよ.

空欄ウ～カの中へは小なる数から大なる数の順に書け.

(大阪医科薬科大　薬)

6　軌跡と方程式

● 基本のまとめ ●

1 軌跡

　与えられた条件をみたす点全体の集合がつくる図形を，その条件をみたす点の **軌跡** という.

　一般に，与えられた条件をみたす点の軌跡が，ある図形 F であることを証明するには，次の (A), (B) を示せばよい.

　　(A)　与えられた条件をみたすすべての点は，F 上にある.

　　(B)　F 上の任意の点は，与えられた条件をすべてみたす.

　[注]　(B) は明らかな場合，省略することもできる.

2 座標を用いて軌跡を求める手順

　1°　必要ならば，座標軸を適切にとる.

　2°　条件をみたす点の座標を (x, y) とし，与えられた条件を x, y の方程式で表す.

　3°　2° で得られた x, y の方程式を表す図形を求める.

　4°　3° で求めた図形上の任意の点が，与えられた条件をすべてみたしているか確認する.

　[注]　4° は明らかな場合，省略することもできる.

3 図形の平行移動

　ある x, y の方程式で，x, y をそれぞれ $x - p, y - q$ におきかえて得られる x, y の方程式の表す図形は，もとの方程式の表す図形を，

$$x \text{ 軸方向に } p, \ y \text{ 軸方向に } q$$

だけ平行移動したものである.

問題Ａ

73 (1) 次の□にあてはまる数値を記せ.

2つの定点 O(0, 0), A(6, 0) からの距離の比が 2：1 であるような点 P の軌跡は，中心が $\left(\overset{ア}{\boxed{}},\ \overset{イ}{\boxed{}}\right)$, 半径が $\overset{ウ}{\boxed{}}$ の円である.

(東京工芸大, 九州国際大　商)

(2) (i) 平面上の2定点 A, B からの距離の2乗の和が一定値 k $\left(k > \dfrac{1}{2}\mathrm{AB}^2\right)$ であるような点の軌跡を求めよ.

(ii) 平面上の2定点 A, B からの距離の2乗の差が一定値 $k'(k' > 0)$ であるような点の軌跡を求めよ.

(皇學館大*)

(3) 円 $x^2 + y^2 = 1$ 上の動点 P と定点 Q(3, 0) を結ぶ線分 PQ を，2：1 に内分する点 R の軌跡を求めよ.

(宮崎産業経営大　法・経・経営)

74 次の□にあてはまる数値を記せ.

定点 A(0, 2) と定直線 $l : y = 4$ がある. いま, 線分 PA の長さと, P と直線 l の距離が等しくなるように点 P(x, y) が動くとき, 点 P の軌跡は, 放物線 $y = \overset{ア}{\boxed{}}x^2 + \overset{イ}{\boxed{}}$ である.

(成安造形大)

75 円 $x^2 + y^2 = 4$ と点 A(2, 0) がある. 点 Q がこの円の周上を動くとき, 原点 O, 点 A, 点 Q を頂点とする三角形 OAQ の重心 P はどのような軌跡をえがくか.

(新潟経営大)

問題B

76 次の□にあてはまる数値を記せ.

a を実数とするとき, 放物線 $y=x^2+2ax+6a-5$ について,

(1) 頂点の y 座標は, $-a^2+{}^{\text{ア}}\boxed{}a-{}^{\text{イ}}\boxed{}$ である.

(2) a の値が変化するとき, 頂点のえがく曲線は, 放物線

$$y=-x^2-{}^{\text{ウ}}\boxed{}x-{}^{\text{エ}}\boxed{}$$

である.

(江戸川大　社会*)

77 xy 平面上で, 点 P から 2 つの円

$$(x+2)^2+y^2=4$$
$$(x-4)^2+(y-3)^2=1$$

にひいた接線の接点をそれぞれ S, T とする. PS＝PT となる点 P の軌跡を求めよ.

(大東文化大　法)

78 放物線 $y=x^2+1$ と直線 $y=x+k$ (k は定数) について, 次の問に答えよ.

(1) これらの放物線と直線とが異なる 2 点で交わるための k の範囲を求めよ.

(2) k が(1)で求めた範囲を動くとき, 放物線と直線との 2 交点の中点がつくる軌跡を求めよ.

(神奈川大　工)

79   次の $\boxed{}$ にあてはまる数値を記せ.

2本の直線

$$mx - y = 0 \qquad \cdots ①$$
$$x + my - m - 2 = 0 \qquad \cdots ②$$

の交点をPとする.

m が実数全体を動くとき,Pの軌跡は,円

$$\left(x - {}^{\text{ア}}\boxed{}\right)^2 + \left(y - {}^{\text{イ}}\boxed{}\right)^2 = {}^{\text{ウ}}\boxed{}$$

から1点 $\left({}^{\text{エ}}\boxed{}, {}^{\text{オ}}\boxed{}\right)$ を除いたものとなる.

(獨協医科大)

MEMO

7 不等式の表す領域

--- ● **基本のまとめ** ● ---

1 **不等式の表す領域**

(1) 不等式と曲線（直線を含む）の上側・下側

$y > f(x)$ の表す領域は，曲線 $y = f(x)$ の上側，

$y < f(x)$ の表す領域は，曲線 $y = f(x)$ の下側.

(2) 不等式と円の内部・外部

$(x-a)^2 + (y-b)^2 < r^2$ の表す領域は，円 $(x-a)^2 + (y-b)^2 = r^2$ の内部,

$(x-a)^2 + (y-b)^2 > r^2$ の表す領域は，円 $(x-a)^2 + (y-b)^2 = r^2$ の外部.

［注］ x, y の不等式をみたす点 (x, y) 全体の集合がつくる図形を，その**不等式の表す領域**という.

2 **領域と最大・最小**

条件が x, y の不等式で与えられているとき，ある x, y の式の最大値，最小値（とり得る値の範囲）を次のようにして求めることがある.

1° 与えられた不等式の表す領域 D を図示する.

2° k を実数の定数とするとき，

$$（最大値, 最小値を求めたい x, y の式）= k$$

という方程式を考える. もしもこれをみたす x と y の実数値があれば，この方程式は座標平面上のある図形を表している.

3° 「2° の $(x, y$ の式$) = k$ という方程式が平面上の図形を表し，かつその図形と 1° の領域 D が共有点をもつ」という条件のもとで，k の最大値，最小値があれば求める.

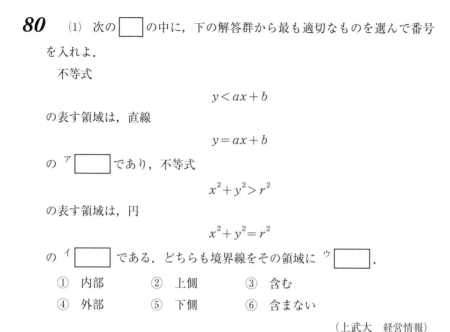

$$\boxed{問題A}$$

80 (1) 次の □ の中に，下の解答群から最も適切なものを選んで番号を入れよ．

不等式

$$y < ax + b$$

の表す領域は，直線

$$y = ax + b$$

の ^{ア} □ であり，不等式

$$x^2 + y^2 > r^2$$

の表す領域は，円

$$x^2 + y^2 = r^2$$

の ^{イ} □ である．どちらも境界線をその領域に ^{ウ} □ ．

　① 内部　　　② 上側　　　③ 含む

　④ 外部　　　⑤ 下側　　　⑥ 含まない

（上武大　経営情報）

(2) 下の不等式 (a), (b), (c), (d), (e) が表す領域を次の図から選び，記号 ①，
② などで答えよ．

(a) $x^2+y^2<1$ (b) $x<1$ (c) $y-x^2<1$

(d) $x-2y<1$ (e) $y-2x<1$

不等式の表す領域は斜線部，境界を含まない．

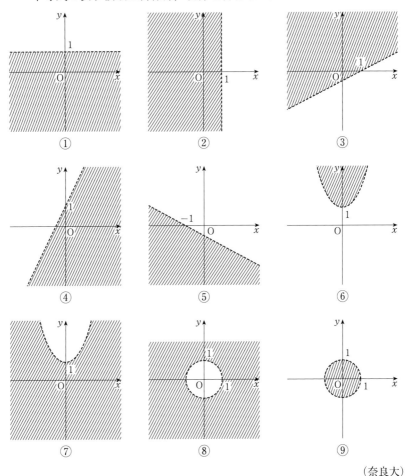

(奈良大)

(3) 次の不等式の表す領域を図示せよ．

(i) $1<\dfrac{x}{5}+\dfrac{y}{2}$ (横浜国立大*)

(ii) $x^2+y^2-2x+4y-4<0$ (大阪学院大　経)

81 (1) 次の連立不等式の表す領域を図示せよ.

(ⅰ) $\begin{cases} y < x+1 \\ 2x+3y < 1 \end{cases}$ （高野山大）

(ⅱ) $\begin{cases} y \geqq x^2-4x+3 \\ x+y \leqq 7 \end{cases}$ （呉大　社会情報）

(ⅲ) $\begin{cases} x^2+y^2 \geqq 9 \\ y \leqq x+3 \\ 2y \geqq -3x+6 \end{cases}$ （佛教大）

(2) 次の不等式を満足する点 (x, y) の存在する範囲を図示せよ.

$$(2x-3y+6)(x+y-4) > 0$$

（京都市立芸術大）

(3) 次の □ を埋めよ.

右の図の斜線部分は3つの不等式

ア □ ，イ □ ，ウ □ で

表される. ただし, 境界線は含まな

いものとする.

（獨協大　法・経・国際教養）

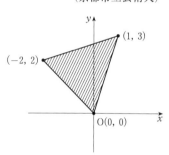

82 (1) 連立不等式 $x \geqq 0,\ y \geqq 0,\ x+2y \leqq 4,\ x+y \leqq 3$ をみたす点

(x, y) の存在する領域を図示せよ.

(2) (1)の連立不等式をみたす (x, y) に対し, $2x+3y$ の最大値を求めよ.

（吉備国際大　社会）

83 (1) 次の □ の中に，それぞれ下の選択肢から正しいものを選んで番号を入れよ．

連立不等式 $2x+y \geqq 0$, $x^2+y^2 \leqq 25$ の表す領域を D とする．

(i) 領域 D を表す図として適切なものは ^{ア} □ である．

^{ア} □ の選択肢

①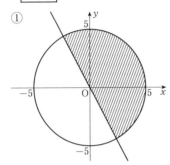

②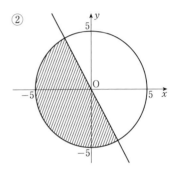

③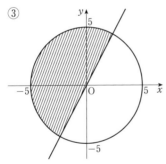

④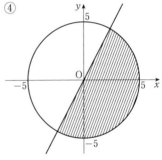

点 (x, y) が領域 D 内を動くとき，$x+y$ の最大値，最小値を求めたい．そのため，$x+y=k$（k：定数）として，xy 平面で表した領域 D を用いて考える．

(ii) $x+y$ の最小値は ^{イ} □ である．

^{イ} □ の選択肢

① $\sqrt{5}$ ② $-\sqrt{5}$ ③ $2\sqrt{5}$

④ $-2\sqrt{5}$ ⑤ $3\sqrt{5}$ ⑥ $-3\sqrt{5}$

(iii) $x+y$ の最大値は，$x+y=k$ が ^ウ□ ときであり，その値は

^エ□ である．

^ウ□ の選択肢

① $(0,\ 5)$ を通る ② $(0,\ -5)$ を通る ③ $(5,\ 0)$ を通る

④ $(-5,\ 0)$ を通る ⑤ 第1象限で接する ⑥ 第4象限で接する

^エ□ の選択肢

① $5\sqrt{2}$ ② $5\sqrt{5}$ ③ 5

④ -5 ⑤ $-5\sqrt{2}$ ⑥ $-5\sqrt{5}$

（医療創生大 薬）

(2) 実数 $x,\ y$ が $x-7y+20\leqq0$ をみたすとき，x^2+y^2 の最小値を求めよ．

（千葉工業大）

問題B

84 不等式 $|x|+|y|\leqq1$ の表す領域を図示せよ．

（近畿大 九州工）

85 $x^2+y^2\leqq1$ ならば $y\geqq x+a$ であるような実数 a の値の範囲を求めよ．

（奈良産業大 法*）

86 ある工場で2種類の製品 A，B を製造している．製品 A を1kg つくるのに原料 M_1 が5kg，原料 M_2 が2kg 必要で，製品 B を1kg つくるには原料 M_1 が2kg，原料 M_2 が5kg 必要である．原料の使用制限は M_1 が90kg，M_2 が120kg である．

製品 A，B を1kg 生産するときに得られる利益がそれぞれ5万円，6万円とするとき，A，B を何kg ずつにすれば利益が最大となるか．

（産業能率大）

87　a がどのような実数をとっても直線 $y=2ax+2-2a^2$ が通らない領域を図示せよ.

（鈴鹿医療科学大）

88　(1)　u, v が実数であるとき,

$$x+y=u$$
$$xy=v$$

をみたす x, y が実数であるための条件を u, v を用いて表せ.

(2)　実数 x, y が不等式

$$x^2+y^2\leqq 4$$

をみたしている.

$$x+y=u$$
$$xy=v$$

とおくとき, 点 (u, v) はどのような範囲にあるか. uv 平面に図示せよ.

（白鷗大*）

MEMO

第3章　指数関数と対数関数

8　指数関数，対数関数

● 基本のまとめ ●

1　指数の拡張

(1)　$a \neq 0$ で，n を正の整数とするとき，$a^0 = 1$，$a^{-n} = \dfrac{1}{a^n}$ と定める.

(2)　$a > 0$ で，m を整数，n を正の整数とするとき，$a^{\frac{m}{n}} = \sqrt[n]{a^m}$ と定める．つまり，$x^n = a^m$ をみたす正の数 x はただ1つあるが，それを $a^{\frac{m}{n}}$ とする.

さらに，r を正の有理数とするとき，$a^{-r} = \dfrac{1}{a^r}$ と定める.

[注]　$a > 0$ で，p を無理数とするときも a^p の意味は定められる．たとえば，$p = \sqrt{2} = 1.4142 \cdots$ に近づいていく有理数の1つの列，

$$1, \ 1.4, \ 1.41, \ 1.414, \ 1.4142, \ \cdots$$

を考えると，これらを指数とする累乗の列，

$$a^1, \ a^{1.4}, \ a^{1.41}, \ a^{1.414}, \ a^{1.4142}, \ \cdots$$

はある一定の値に近づいていくことが示される．$\sqrt{2}$ に近づいていくこれとは別の有理数の列からつくられる累乗の列もこの値に近づいていくことが示される．この値を $a^{\sqrt{2}}$ と定める.

2　指数法則

$a > 0$，$b > 0$ で，x，y を実数とするとき，

(1)　$a^x \cdot a^y = a^{x+y}$，　　(2)　$(a^x)^y = a^{xy}$，　　(3)　$(ab)^x = a^x b^x$

3　指数関数 $y = a^x$（底 a は1でない正の定数）の性質

(1)　定義域は実数全体，値域は正の数全体.

(2)　グラフは点 $(0, 1)$ を通り，x 軸が漸近線（つまり，ある点がこのグラフにそってかなたに遠ざかるにつれ，x 軸に近づいていく）.

(3) $p=q$ ならば $a^p=a^q$. 逆も成り立つ.

(4) (ⅰ) $a>1$ のとき，x の値が増加すると y の値も増加する．つまり，$p<q$ ならば $a^p<a^q$. 逆も成り立つ.

　(ⅱ) $0<a<1$ のとき，x の値が増加すると y の値は減少する．つまり，$p<q$ ならば $a^p>a^q$. 逆も成り立つ.

[注] x の値が増加すると y の値も増加する関数を**増加関数**という．また，x の値が増加すると y の値は減少する関数を**減少関数**という．

4 **累乗** の大小関係

$a>0$，$b>0$ で，n を正の整数とするとき，

$$a<b \text{ ならば } a^n<b^n. \text{ 逆も成り立つ.}$$

[注] n が正の実数の場合でも，これは成り立つ．

5 **対数の定義**

$a>0$，$a \neq 1$ のとき，どのような正の数 M に対しても，$a^p=M$ をみたす実数値 p がただ 1 つ定まる．この p を，$p=\log_a M$ と表し，a を**底**とする M の**対数**という．また，M をこの対数の**真数**という．

　つまり，$p=\log_a M$ と $a^p=M$ は同じことを表している．

6 **対数の基本的性質**

$a>0$，$a \neq 1$，$b>0$，$b \neq 1$ で，M，N は正の数，t は実数とする．

(1) $\log_a 1=0$，$\log_a a=1$

(2) $\log_a MN=\log_a M+\log_a N$

(3) $\log_a \dfrac{M}{N}=\log_a M-\log_a N$

(4) $\log_a M^t=t\log_a M$

(5) $\log_a M=\dfrac{\log_b M}{\log_b a}$ 　（底の変換公式）

7 **対数関数 $y=\log_a x$**（底 a は 1 でない正の定数）**の性質**

(1) 定義域は正の数全体，値域は実数全体．

(2) グラフは点 $(1, 0)$ を通り，y 軸が漸近線．

(3) $0<p=q$ ならば，$\log_a p=\log_a q$. 逆も成り立つ，

(4) (ⅰ) $a>1$ のとき，$y=\log_a x$ は増加関数である．つまり，$0<p<q$ ならば $\log_a p<\log_a q$. 逆も成り立つ.

　(ⅱ) $0<a<1$ のとき，$y=\log_a x$ は減少関数である．つまり，

$$0 < p < q \text{ ならば } \log_a p > \log_a q. \text{ 逆も成り立つ.}$$

問題A

89 次の ☐ にあてはまる数値を記せ.

(1) $(2^{-3})^2 \times 3^{-2} \div \left(\dfrac{1}{6}\right)^5 = {}^{\text{ア}}\boxed{}$ （上武大　商）

(2) $(a^2 b^{-1})^3 \div \{(a^3)^{-5} a^4 b^{-2}\} = a^{\text{イ}}\boxed{} b^{\text{ウ}}\boxed{}$ （新潟国際情報大）

90 次の式を簡単にせよ.

(1) $\dfrac{\sqrt[4]{1536}}{\sqrt[4]{3}\,\sqrt[4]{32}}$ （千葉商科大）

(2) $\sqrt[3]{-8}$ （北海道医療大　薬・歯）

[注] n が奇数のとき，負の数 a に対して $x^n = a$ をみたす負の数 x がただ1つあるが，それも $\sqrt[n]{a}$ と表す.

(3) $\dfrac{\sqrt{a^3}\,\sqrt[6]{a}}{\sqrt[3]{a^2}}$ （静岡理工科大）

(4) $\sqrt[7]{\sqrt{a}\,\sqrt[4]{\dfrac{a}{\sqrt[3]{a^2}}}}$ （東京医科大）

91 (1) 次の計算をせよ.

(i) $64^{-\frac{1}{3}}$ （長崎総合科学大）

(ii) $\left(8^{\frac{2}{3}} \times 2^{-\frac{1}{2}}\right)^{-\frac{1}{3}}$ （杏林大　保健）

(iii) $\left(1000^{-\frac{3}{4}}\right)^{-\frac{8}{9}} \div 64^{\frac{2}{3}} \times \left(\dfrac{1}{8}\right)^{\frac{2}{3}}$ （女子栄養大）

(2) 次の式を簡単にせよ.

$$a^{\frac{4}{3}} b^{-\frac{1}{2}} \times a^{-\frac{2}{3}} b^{\frac{1}{3}} \div \left(a^{-\frac{1}{3}} b^{-\frac{1}{6}}\right)$$ （久留米工業大）

92 (1) 次の ☐ を埋めよ.

$a>0$, $a\neq1$ のとき任意の ア ☐ b に対して $a^c=b$ となる実数 c がただ 1 つ定まる. この c を イ ☐ の対数といい, $\log_a b$ とかく. またこのとき b をこの対数の ウ ☐ という.

(甲南大　法*)

(2) 次の ☐ にあてはまる式を記せ.

指数法則 $a^p\times a^q=a^{p+q}$ $(a>0,\ a\neq1)$ を仮定すると, 対数の性質
$$\log_a(M\times N)=\log_a M+\log_a N$$
は以下のようにして導かれる.

いま, $\log_a M=u, \log_a N=v$ とおくと, $M=$ ア ☐ , $N=$ イ ☐ となる. したがって, 指数法則より $M\times N=$ ウ ☐ である. よって, 対数の定義より $\log_a(M\times N)=$ エ ☐ $=\log_a M+\log_a N$ となる.

(専修大　商)

93 (1) 次の表の空欄を埋めよ.（求め方を示せ）

数	1	2	3	4	5	6	7	8	9	10
常用対数		0.3010	0.4771				0.8451			

(山口大)

(2) 次の ☐ にあてはまる数値を記せ.

(i) $\log_3 27=$ ア ☐ 　　　　　　　　　　　(杏林大　社会科学)

(ii) $\log_{10} 0.001=$ イ ☐ 　　　　　　　　　　(東北公益文科大)

(iii) $\log_{10} 0.25-\log_{10}\dfrac{1}{40}=$ ウ ☐ 　　　　　　(千葉科学大)

(iv) $\dfrac{1}{2}\log_{10}\dfrac{5}{6}+\log_{10}\sqrt{7.5}-\log_{10}\dfrac{1}{4}=$ エ ☐ 　　(大阪体育大)

94　次の □ にあてはまる数値を記せ.

$2^x = 5^y = 100$ のとき, $\dfrac{1}{x} + \dfrac{1}{y} = {}^{ア}\boxed{}$ となる.

（西日本工業大　工・デザイン，大阪医科薬科大　薬）

95　(1)　a, b を 1 に等しくない正の数とする. 正の数 R に対する等式 $b^x = R$ の両辺について a を底とする対数をとることによって，次の公式を証明せよ.

$$\log_b R = \frac{\log_a R}{\log_a b}$$

（島根大　教・理・農，尾道大）

(2)　次の □ にあてはまる数値を記せ.

$$\log_2 5 + 2\log_4 10 = \log_2 {}^{ア}\boxed{}$$

（駿河台大　経）

(3)　次の □ にあてはまる式を記せ.

$\log_2 3 = p$, $\log_3 5 = q$ とおくとき, $\log_2 5$ を p, q を用いて表すと ${}^{イ}\boxed{}$ となるので, $\log_{10} 6$ は, p, q を用いて, ${}^{ウ}\boxed{}$ と表される.

（岐阜女子大　家政）

(4)　$\log_2 3 \cdot \log_3 7 \cdot \log_7 16$ の値を求めよ.

（福島県立医科大　保健科学）

問題B

96　$x = \sqrt[3]{-\dfrac{q}{2} + \sqrt{\dfrac{q^2}{4} + \dfrac{p^3}{27}}} + \sqrt[3]{-\dfrac{q}{2} - \sqrt{\dfrac{q^2}{4} + \dfrac{p^3}{27}}}$ （p, q は実数）

なるとき $x^3 + px + q$ の値を求めよ.

（関西学院大　商）

97　次の □ にあてはまる数値を記せ.

$a^{2x}=3$ のとき, $\dfrac{a^{3x}+a^{-3x}}{a^{x}+a^{-x}}={}^{\text{ア}}\boxed{}$ である.

（東洋大　社会, 西日本工業大）

98 (1) 次の □ の中に，それぞれ下の解答群から正しいものを選んで番号を入れよ．

(i) グラフ(a)を表す関数は ^{ア} □ である．

(ii) グラフ(b)を表す関数は ^{イ} □ である．

(iii) グラフ(c)を表す関数は ^{ウ} □ である．

① $y=2^x$ ② $y=2^{-x}$ ③ $y=3^x$

④ $y=2^{-x}-1$ ⑤ $y=2^x-1$ ⑥ $y=3^{-x}-1$

⑦ $y=\log_2 x^2$ ⑧ $y=\log_2 x$ ⑨ $y=\log_3 x$

グラフ(a)

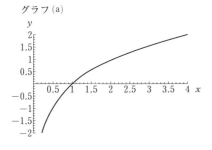

グラフ(b)

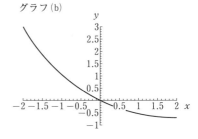

グラフ(c)

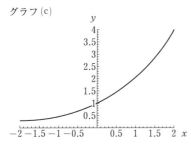

（帝京科学大）

(2) 次の関数のグラフの概形をかけ．

$$y=\log_{10}(x-1)^2$$

（京都教育大）

99 (1) 次の □ にあてはまる数を記せ.

4つの数 $\sqrt[3]{2}$, $4^{\frac{1}{4}}$, $\sqrt[4]{8}$, $16^{\frac{1}{6}}$ を大きさの順に並べると,

$$^{\text{ア}}\boxed{} < {}^{\text{イ}}\boxed{} < {}^{\text{ウ}}\boxed{} < {}^{\text{エ}}\boxed{}$$

である.

(北陸大)

(2) $0<a<b$ とし, n を自然数とする. 次の不等式を証明せよ.

 (i) $a^n < b^n$

 (ii) $\sqrt[n]{a} < \sqrt[n]{b}$

(鳴門教育大)

(3) 次の □ の中に, それぞれ下の解答群から正しいものを選んで番号を入れよ.

 (i) 3つの数 $a=2^{\frac{1}{2}}$, $b=3^{\frac{1}{3}}$, $c=5^{\frac{1}{5}}$ の大小は $^{\text{ア}}\boxed{}$ である.

 ① $a<b<c$　　② $a<c<b$　　③ $b<a<c$

 ④ $b<c<a$　　⑤ $c<a<b$　　⑥ $c<b<a$

 (ii) $2^x=3^y=5^z$ (ただし, x, y, z は正の実数) のとき, $2x$, $3y$, $5z$ の大小は $^{\text{イ}}\boxed{}$ である.

 ① $2x<3y<5z$　　② $2x<5z<3y$　　③ $3y<2x<5z$

 ④ $3y<5z<2x$　　⑤ $5z<2x<3y$　　⑥ $5z<3y<2x$

(東京薬科大　男子部)

100 (1) a, b を 1 に等しくない正の数とする. このとき, 次の公式を証明せよ.

$$b=a^{\log_a b}$$

(同志社大　工, 明治薬科大)

(2) 次の □ にあてはまる数値を記せ.

$$\left(\frac{1}{4}\right)^{\log_2 3} = {}^{\text{ア}}\boxed{}$$

である.

(慶應義塾大　看護)

101 (1) 次の ▭ にあてはまる数を記せ.

$\dfrac{1}{2}\log_5 2,\ \dfrac{1}{3}\log_5 3,\ \dfrac{1}{6}\log_5 6$ を小さい順に並べると

$$\overset{ア}{▭} < \overset{イ}{▭} < \overset{ウ}{▭}$$

である.

(福井大 工)

(2) $\log_{10} 4$ と $\dfrac{3}{5}$ の大小を比べよ.

(浜松医科大)

102 $1 < a < b < a^2$ のとき,

$$\log_a b,\ \log_b a,\ \log_a\!\left(\dfrac{a}{b}\right),\ \log_b\!\left(\dfrac{b}{a}\right),\ 0,\ \dfrac{1}{2},\ 1$$

を小さい順に並べよ.

(自治医科大 2次)

103 数学において, 本来は無意味なものを合理的に約束することがある. $a^0\ (a \neq 0)$ はどのように約束するか. また, なぜそのように約束するかを説明せよ.

(京都薬科大)

104　$a>0$ とする. 正整数 m, n について,
$$a^{m+n}=a^m a^n, \quad (a^n)^m=a^{nm}$$
が成り立つ.

(1)　$\sqrt[n]{a}$ を n 乗すると a になる正数とするとき,
$$(\sqrt[n]{a})^m=\sqrt[n]{a^m}$$
が成り立つことを証明せよ.

(2)　前問において $\sqrt[n]{a^n}$ を $a^{\frac{m}{n}}$ と書くとき, 正の有理数 p, q について, 次の各命題が成り立つことを証明せよ.

(i)　$a^{p+q}=a^p a^q$

(ii)　$a^{p-q}=\dfrac{a^p}{a^q}$　$(p>q)$

(iii)　$(a^p)^q=a^{pq}$

(和歌山県立医科大)

9　指数関数，対数関数の応用

―● 基本のまとめ ●―

1 整数の桁数と小数の首位

(1)　1以上の数 M の整数部分が n 桁ならば，
$$10^{n-1} \leqq M < 10^n,$$
つまり，
$$n-1 \leqq \log_{10} M < n$$
が成り立つ．

(2)　1より小さい正の数 M を小数で表すとき，小数第 n 位にはじめて 0 でない数字が現れるならば，
$$\frac{1}{10^n} \leqq M < \frac{1}{10^{n-1}},$$
つまり，
$$-n \leqq \log_{10} M < -(n-1)$$
が成り立つ．

問題A

105　次の方程式，不等式を解け．

(1)　$9^{2x-5} = 1$ （阪南大　商）

(2)　$3^{2x+1} + 2 \cdot 3^x - 1 = 0$ （金沢医科大，星薬科大）

(3)　$\left(\dfrac{1}{27}\right)^x \geqq \dfrac{1}{9}$ （大妻女子大）

106　次の方程式を解け.

(1)　$\log_5 x = 3$　　　　　　　　　　　　　　　（いわき明星大　理工）

(2)　$\log_2(x+3) + \log_2(x-1) = 5$　　　　　　（第一工業大）

(3)　$(\log_3 x)^2 - \log_3 x^2 - 3 = 0$　　　　　（天理大，常葉学園大）

(4)　$x^{\log_2 x} = \dfrac{x^5}{64}$　　　　　　　　　　（早稲田大　人間科学）

(5)　$\log_2(\log_3 x) = 1$　　　　　（北海道科学大　工，芝浦工業大　工）

107　次の方程式を解け.

(1)　$\log_2(x-4) = \log_4(x-2)$　　　　　　　（釧路公立大）

(2)　$\log_3 x = 4\log_x 3$　　　　　　　　　　（愛知工業大）

108　次の不等式を解け.

(1)　$\log_2 x < 3$　　　　　　　　　　　　　　（東和大　工）

(2)　$-1 < \log_{0.25} x < 0.5$　　　　　　　　（明治大　商）

(3)　$\log_3(x-2) + \log_3 x < 1$　　　　　（茨城県立医療大）

(4)　$2\log_{\frac{1}{2}}(x-3) > \log_{\frac{1}{2}}(x+3)$　　　　　（星薬科大）

109 (1) 次の各関数の ( ) の範囲における最大値と最小値を求めよ.

(i) $\left(\dfrac{1}{5}\right)^x$ $(-1 \leqq x \leqq 1)$ （松本歯科大）

(ii) $\log_5 x$ $(1 \leqq x \leqq 625)$ （昭和女子大）

(2) 次の関数の最小値およびそのときの x の値を求めよ.

(i) $f(x) = x^2 - x - 3$ ただし, $x > 0$

(ii) $f(x) = 4^x - 2^x - 3$ ただし, x は任意の実数.

（神戸親和女子大*）

(3) 次の ☐ にあてはまる数値を記せ.

$\dfrac{1}{4} \leqq x \leqq 4$ のとき, x の関数 $f(x) = (\log_{\frac{1}{2}} x)^2 - \log_{\frac{1}{2}} x^2 + 5$ の最大値は

$^{\text{ア}}\boxed{}$, 最小値は $^{\text{イ}}\boxed{}$ である.

（福島大*）

(4) 次の ☐ にあてはまる数値を記せ.

$\log_{10}(x-10) + \log_{10}(30-x)$ の最大値は $^{\text{ウ}}\boxed{}$ である.

（桜美林大 経営政策）

問題B

110 次の連立方程式を解け.

(1) $\begin{cases} 2^x - 3^{y+1} = -19 \\ 2^{x+1} + 3^y = 25 \end{cases}$ （高知工科大）

(2) $\begin{cases} \log_2 x + \log_2(y-1) = 3 \\ 2x - y = 5 \end{cases}$ （関西学院大 経）

111 (1) 次の □ を埋めよ.

$1>a>0$ のとき, 不等式

$$a^{2x}+2a^{x+2}-3a^4\geqq 0$$

を満足する x の値の範囲は ^{ア} □ である.

（早稲田大　政治経済）

(2) 次の x についての不等式を解け.

$$\log_a(2x-4)^2<2\log_a(x+1)\quad(a>0,\ a\neq 1)$$

（名古屋市立大）

112 不等式 $\log_x y>2$ をみたす点 $(x,\ y)$ の存在する範囲を図示せよ.

（東京工芸大）

113 $x\geqq 10,\ y\geqq 10,\ xy=10^3$ のとき, $z=\log_{10}x\cdot\log_{10}y$ の最大値と最小値を求めよ. また, そのときの $x,\ y$ の値を求めよ.

（鳥取大　医・工, 北海道薬科大）

114 関数 $f(x)=2^{2x}+2^{-2x}-5(2^x+2^{-x})+3$ について,

(1) $t=2^x+2^{-x}$ とおいて, $f(x)$ を t の式で表せ.

(2) $f(x)$ の最小値を求めよ. また, そのときの x の値を求めよ.

（東京歯科大）

115 1日につき1回分裂して2倍の個数に増殖するバクテリアがある. 最初に20個だったとき以下の問に答えよ. ただし, $\log_{10}2=0.3010$ とする.

(1) 7日後のバクテリアの個数を求めよ.

(2) 8億個以上になるのは何日後か.

（東北福祉大）

_116_　$\log_{10}2=0.3010$, $\log_{10}3=0.4771$ のとき,

(1)　3^{20} は何桁の数であるか.

（県立広島女子大, 埼玉工業大）

(2)　$\left(\dfrac{2}{9}\right)^{30}$ を小数で表すと, 小数第何位にはじめて 0 でない数字が現れるか.

（徳島文理大　薬）

MEMO

第4章 三角関数

10 三角関数

────── ● 基本のまとめ ● ──────

<u>1</u> 一般角と弧度法

(1) （一般角）従来の角 AOB は動径が始線
OA から半直線 OB へといたるときの回転移
動で表される．この回転移動も角として扱う
ことにすれば，動径が正の向きに回転し，何
度も始線を通過したり，負の向きに回転した

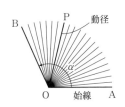

りするもので表される角も考えることができる．このような考え方に
立つ角を（従来の角と区別したいようなときは，）**一般角**という．動
径 OP と始線 OA のなす角の1つを α とすると，OP の表す一般角 θ
は，

$$\theta = \alpha + 360° \times n \quad (n \text{ は整数})$$

(2) （弧度法）

(i) 半径 r の円周上で，長さ r の弧に対する中心角の大きさを **1 ラ
ジアン**（または**弧度**）という．

(ii) $180° = \pi$ ラジアン，1 ラジアン $= \dfrac{180°}{\pi}$

(iii) 半径が r，中心角が θ ラジアンの扇形の弧の長さを l，面積を S
とすると，

$$l = r\theta, \quad S = \frac{1}{2}r^2\theta = \frac{1}{2}rl$$

［注］ ふつう単位名のラジアンは省略する.

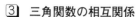

2 一般角の三角関数

右図のとき,

$$\sin\theta = \frac{y}{r}, \ \cos\theta = \frac{x}{r}, \ \tan\theta = \frac{y}{x}$$

3 三角関数の相互関係

(1) $\tan\theta = \dfrac{\sin\theta}{\cos\theta}$ 　　　　　(2) $\sin^2\theta + \cos^2\theta = 1$

(3) $1 + \tan^2\theta = \dfrac{1}{\cos^2\theta}$

4 三角関数の性質

(1) $\begin{cases} \sin(\theta + 2n\pi) = \sin\theta \\ \cos(\theta + 2n\pi) = \cos\theta \\ \tan(\theta + 2n\pi) = \tan\theta \end{cases}$ 　(2) $\begin{cases} \sin(-\theta) = -\sin\theta \\ \cos(-\theta) = \cos\theta \\ \tan(-\theta) = -\tan\theta \end{cases}$

（n は整数）

(3)
(i) $\begin{cases} \sin(\pi + \theta) = -\sin\theta \\ \cos(\pi + \theta) = -\cos\theta \\ \tan(\pi + \theta) = \tan\theta \end{cases}$ 　(ii) $\begin{cases} \sin(\pi - \theta) = \sin\theta \\ \cos(\pi - \theta) = -\cos\theta \\ \tan(\pi - \theta) = -\tan\theta \end{cases}$

(4)
(i) $\begin{cases} \sin\left(\dfrac{\pi}{2} + \theta\right) = \cos\theta \\ \cos\left(\dfrac{\pi}{2} + \theta\right) = -\sin\theta \\ \tan\left(\dfrac{\pi}{2} + \theta\right) = -\dfrac{1}{\tan\theta} \end{cases}$ 　(ii) $\begin{cases} \sin\left(\dfrac{\pi}{2} - \theta\right) = \cos\theta \\ \cos\left(\dfrac{\pi}{2} - \theta\right) = \sin\theta \\ \tan\left(\dfrac{\pi}{2} - \theta\right) = \dfrac{1}{\tan\theta} \end{cases}$

5 **基本的な三角関数を含む方程式の解法**

	(i)　$\sin x = k$ ($|k| \leqq 1$) の解	(ii)　$\cos x = k$ ($|k| \leqq 1$) の解	(iii)　$\tan x = k$ の解
(1) 単位円による解法			
	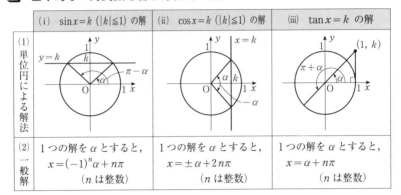		
(2) 一般解	1つの解を α とすると，$$x = (-1)^n \alpha + n\pi$$ （n は整数）	1つの解を α とすると，$$x = \pm\alpha + 2n\pi$$ （n は整数）	1つの解を α とすると，$$x = \alpha + n\pi$$ （n は整数）

　(1)の解法のかわりにグラフを用いる解法もある．たとえば，(i)では $y = \sin x$ のグラフと直線 $y = k$ の共有点の x 座標を求める．

　[注]　原点を中心とする半径1の円を**単位円**という．

問題A

117　(1)　度数法で $x°$ の角が弧度法では y ラジアンであるとき，x と y の間に成り立つ関係式をかけ.

（福島県立医科大）

(2)　次の $\boxed{}$ の中に，下の解答群から正しいものを選んで番号を入れよ.

　　単位円で長さ 1 の弧に対する中心角を 1 ラジアンという. 単位円の円周の長さは $\overset{ア}{\boxed{}}$ であるから，全円周に対する中心角は $\overset{イ}{\boxed{}}$ ラジアンである. 半径 r の円において，θ ラジアンに対応する円弧の長さは $\overset{ウ}{\boxed{}}$ である. 扇形の面積は中心角 θ に比例し，中心角が 2π のとき扇形の面積は $\overset{エ}{\boxed{}}$ である. よって，中心角が θ のとき扇形の面積は $\overset{オ}{\boxed{}}$ である.

①　2π　　②　$2\pi r$　　③　$r\theta$　　④　$\dfrac{1}{2}r\theta$　　⑤　πr

⑥　$\dfrac{1}{2}\pi r$　　⑦　πr^2　　⑧　$\dfrac{1}{2}\pi r^2$　　⑨　θr^2　　⓪　$\dfrac{1}{2}\theta r^2$

（高崎健康福祉大）

118 (1) 角 x（ラジアン）が与えられたとき，これに対する正弦 $\sin x$ はどのように定義されるか.

（下関市立大）

(2) 次の値を求めよ.

(i) $\sin 225°$ （北海道医療大 薬・歯, 芝浦工業大）

(ii) $\cos(-240°)$ （麻布大）

(iii) $\tan\dfrac{11}{6}\pi$ （神奈川大 経）

(iv) $\sin(-3000°)$ （立正大 経）

(v) $\cos\dfrac{15}{4}\pi$ （静岡理工科大）

(vi) $\tan 855°$ （足利工業大）

119 $1+\tan^2\theta=\dfrac{1}{\cos^2\theta}$ であることを証明せよ.

（静岡福祉大）

120 (1) 次の □ にあてはまる数値を記せ.

θ は第3象限の角で $\sin\theta=-\dfrac{2}{3}$ とするとき，

$$\cos\theta=\,^{\text{ア}}\boxed{},\quad \tan\theta=\,^{\text{イ}}\boxed{}$$

（八戸工業大）

(2) $\tan\theta=-5\left(-\dfrac{\pi}{2}<\theta<\dfrac{\pi}{2}\right)$ のとき，

(i) $2\sin\theta+\cos\theta$ の値を求めよ. （日本大 工）

(ii) $\dfrac{1-\sin\theta}{\cos\theta}+\dfrac{\cos\theta}{1-\sin\theta}$ の値を求めよ. （熊本学園大 経）

(3) 次の □ の中にあてはまる数値を記せ.

$\sin\theta+\cos\theta=\dfrac{1}{2}$ のとき，$\sin\theta\cos\theta=\,^{\text{ウ}}\boxed{}$ である.

（埼玉県立大 保健医療福祉, 愛知工科大）

121 (1) 次の ☐ の中に，下の解答群から正しいものを選んで番号を入れよ．

$$\cos(-\theta) = {}^{\mathcal{T}}\boxed{}, \quad \cos(\pi-\theta) = {}^{\mathcal{A}}\boxed{}, \quad \sin(-\theta) = {}^{\mathcal{P}}\boxed{}$$

$$\sin\left(\frac{\pi}{2}-\theta\right) = {}^{\mathcal{I}}\boxed{}, \quad \tan\left(\frac{\pi}{2}+\theta\right) = {}^{\mathcal{A}}\boxed{}, \quad \tan(\pi+\theta) = {}^{\mathcal{D}}\boxed{}$$

① $\sin\theta$ ② $-\sin\theta$ ③ $\cos\theta$ ④ $-\cos\theta$

⑤ $\tan\theta$ ⑥ $-\tan\theta$ ⑦ $\dfrac{1}{\tan\theta}$ ⑧ $-\dfrac{1}{\tan\theta}$

（明治大　商）

(2) $\sin(90°+\theta)\cos(180°+\theta) - \cos(90°-\theta)\sin(180°-\theta)$ を簡単にせよ．

（慶應義塾大　医〈帰国子女〉*）

122 次の ☐ にあてはまる数値や記号を記せ．

$y=\cos(2\theta-60°)$ の周期は ${}^{\mathcal{T}}\boxed{}°$ であり，そのグラフは下の図の ${}^{\mathcal{A}}\boxed{}$ である．

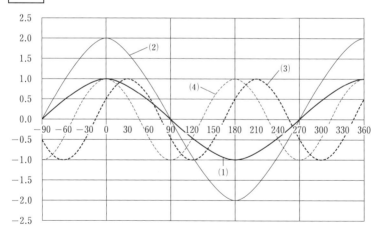

（獨協大）

123 $0 \leq \theta < 2\pi$ のとき，次の方程式を解け．次に，θ の範囲に制限がない場合の解をすべて求めよ．

(1) $\sin\theta = \dfrac{\sqrt{3}}{2}$ （明治大　商）

(2) $\cos\theta = \dfrac{\sqrt{2}}{2}$ （近畿大　工〈二部〉）

(3) $\tan\theta = -\dfrac{1}{\sqrt{3}}$ （福井工業大）

124 次の不等式を（　　）の範囲で解け．

(1) $-\dfrac{\sqrt{2}}{2} < \sin\theta$ （$0 \leq \theta < 2\pi$） （東京学芸大）

(2) $-\dfrac{\sqrt{2}}{2} \leq \cos\theta \leq -\dfrac{1}{2}$ （$0 \leq \theta < 2\pi$） （佐賀大　教・農*）

(3) $-1 \leq \tan\theta \leq \sqrt{3}$ $\left(-\dfrac{\pi}{2} < \theta < \dfrac{\pi}{2}\right)$ （桃山学院大　経）

125 (1) 次の ☐ にあてはまる数値を記せ．

$\dfrac{\pi}{2} < x < \pi$ のとき，$\sin\left(2x + \dfrac{\pi}{3}\right) = -\dfrac{\sqrt{3}}{2}$ の解は，^{ア}☐ である．

（福岡大　人文・法・経・商）

(2) $\cos(2x + 55°) \geq \dfrac{\sqrt{2}}{2}$ を解け．ただし，$0° \leq x \leq 180°$ とする．

（酪農学園大　獣医）

126 (1) 次の方程式を解け．
$$2\cos^2 x + 3\sin x - 3 = 0 \quad (0 \leq x < 2\pi)$$

（中村学園大）

(2) 次の不等式を解け．
$$2\cos^2 x + \cos x - 1 \leq 0 \quad (-180° < x \leq 180°)$$

（福山大　工）

127　次の □ にあてはまる数値を記せ.

(1)　関数 $y=\sin\theta$ は, 周期が ^{ア}□ $^{\circ}$ である周期関数で, 角度 θ を

$0^{\circ}\leqq\theta<360^{\circ}$ に制限すると, $y=\sin\theta$ は $\theta=$ ^{イ}□ $^{\circ}$ で最大値

^{ウ}□ をとり, $\theta=$ ^{エ}□ $^{\circ}$ で最小値 ^{オ}□ をとる.

（帝京平成大　情報）

(2)　関数 $f(x)=2\cos\left(x+\dfrac{\pi}{3}\right)-1$ の $0\leqq x\leqq\pi$ における最大値は

^{カ}□, 最小値は ^{キ}□ である.

（川崎医科大）

128　$0^{\circ}\leqq\theta\leqq360^{\circ}$ とするとき,

$$f(\theta)=\sin^2\theta-\sqrt{3}\,\sin\theta+1$$

の最大値および最小値を求めよ. また, このときの θ の値も求めよ.

（中国学園大）

問題B

129　連立方程式

$$\begin{cases} \cos x+\sin y=1 \\ \sin x+\cos y=0 \end{cases}$$

の解で, $0\leqq x<2\pi$, $0\leqq y<2\pi$ となるものをすべて求めよ.

（埼玉医科大）

11 加法定理

● 基本のまとめ ●

① **加法定理**

$\sin(\alpha+\beta)=\sin\alpha\cos\beta+\cos\alpha\sin\beta$ $\qquad$ $\sin(\alpha-\beta)=\sin\alpha\cos\beta-\cos\alpha\sin\beta$

$\cos(\alpha+\beta)=\cos\alpha\cos\beta-\sin\alpha\sin\beta$ $\qquad$ $\cos(\alpha-\beta)=\cos\alpha\cos\beta+\sin\alpha\sin\beta$

$\tan(\alpha+\beta)=\dfrac{\tan\alpha+\tan\beta}{1-\tan\alpha\tan\beta}$ $\qquad$ $\tan(\alpha-\beta)=\dfrac{\tan\alpha-\tan\beta}{1+\tan\alpha\tan\beta}$

② **2倍角の公式**

$\sin 2\alpha=2\sin\alpha\cos\alpha$

$\cos 2\alpha=\cos^2\alpha-\sin^2\alpha=2\cos^2\alpha-1=1-2\sin^2\alpha$

$\tan 2\alpha=\dfrac{2\tan\alpha}{1-\tan^2\alpha}$

③ **半角の公式**

$\sin^2\dfrac{\alpha}{2}=\dfrac{1-\cos\alpha}{2}$, $\quad$ $\cos^2\dfrac{\alpha}{2}=\dfrac{1+\cos\alpha}{2}$, $\quad$ $\tan^2\dfrac{\alpha}{2}=\dfrac{1-\cos\alpha}{1+\cos\alpha}$

④ **三角関数の合成**

$a\sin\theta+b\cos\theta=\sqrt{a^2+b^2}\sin(\theta+\alpha)$

$\qquad\qquad\qquad (a^2+b^2\neq0)$

ただし, $\cos\alpha=\dfrac{a}{\sqrt{a^2+b^2}}$, $\sin\alpha=\dfrac{b}{\sqrt{a^2+b^2}}$

$\boxed{\text{問題A}}$

130　(1)　(i)　角 α, β に対して2点

$$(\cos\alpha,\ \sin\alpha),\ \ (\cos(-\beta),\ \sin(-\beta))$$

間の距離を求めよ.

(ii)　2点 $(1,\ 0)$, $(\cos(\alpha+\beta),\ \sin(\alpha+\beta))$ 間の距離を求めよ.

(iii)　前問(i), (ii)で求めた距離が等しいことに注意して, 角 α, β に対して,

$$\cos(\alpha+\beta)=\cos\alpha\cos\beta-\sin\alpha\sin\beta$$
$$\cos(\alpha-\beta)=\cos\alpha\cos\beta+\sin\alpha\sin\beta$$

を示せ.

(長岡技術科学大*)

(2)　次の式(a), (b)は正弦と余弦の加法定理である.

$$\text{(a)}\quad \sin(\alpha+\beta)=\sin\alpha\cos\beta+\cos\alpha\sin\beta$$
$$\text{(b)}\quad \cos(\alpha+\beta)=\cos\alpha\cos\beta-\sin\alpha\sin\beta$$

(b)の式は成り立つものとして, その中の α のかわりに $\alpha+\dfrac{\pi}{2}$ を入れることによって, (a)の式も成り立つことを証明せよ.

(鳥取大*)

(3)　次の $\boxed{}$ の中に, 下の選択肢から正しいものを選んで番号を入れよ. ただし, 正しいものが複数ある場合はそのうちの適当な1つを記入せよ.

$\sin(\alpha+\beta)$, $\cos(\alpha-\beta)$ を $\sin\alpha$, $\cos\alpha$, $\sin\beta$, $\cos\beta$ で表す公式がある. この公式を忘れてしまったが,

$$\sin(\alpha+\beta)={}^{\mathcal{T}}\boxed{} \qquad \cdots(*_1)$$
$$\cos(\alpha-\beta)={}^{\mathcal{I}}\boxed{} \qquad \cdots(*_2)$$

という公式の右辺は, 選択肢 ①, ②, ③, ④ のどれかだということは覚えている.

$(*_1)$ 式と $(*_2)$ 式で, $\alpha=0°$ とおいたときに左辺＝右辺になる必要がある. また, $(*_2)$ 式で $\alpha=\beta$ とおくと, 右辺＝$\cos0°$ になる必要がある.

$\sin 0° = {}^{ウ}\boxed{}$, $\cos 0° = {}^{エ}\boxed{}$, $\cos(-\alpha) = {}^{オ}\boxed{} \cos\alpha$ を使い,

性質 ${}^{カ}\boxed{}$ を使うと, $(*_1)$ 式の右辺は ${}^{ア}\boxed{}$ であり, $(*_2)$ 式の

右辺は ${}^{イ}\boxed{}$ であることがわかる.

$\quad (*_2)$ 式を使うと, $\cos 15° = \cos(45° - 30°) = {}^{キ}\boxed{}$ である.

① $\sin\alpha\cos\beta + \cos\alpha\sin\beta$ ② $\sin\alpha\cos\beta - \cos\alpha\sin\beta$ ③ $\cos\alpha\cos\beta + \sin\alpha\sin\beta$

④ $\cos\alpha\cos\beta - \sin\alpha\sin\beta$ ⑤ 1 ⑥ 0

⑦ $-$ ⑧ $+$ ⑨ $\cos^2\alpha - \sin^2\alpha = 0$

⑩ $\cos^2\alpha - \sin^2\alpha = 1$ ⑪ $\cos^2\alpha + \sin^2\alpha = 1$ ⑫ $\cos^2\alpha + \sin^2\alpha = 0$

⑬ $\dfrac{\sqrt{6} - \sqrt{2}}{4}$ ⑭ $\dfrac{\sqrt{6} + \sqrt{2}}{4}$ ⑮ $\dfrac{\sqrt{2} - \sqrt{6}}{4}$

(帝京平成大　情報*)

(4) 次の $\boxed{}$ にあてはまる数値を記せ.

$$\sin\alpha = \frac{3}{5}, \quad \cos\beta = -\frac{4}{5},$$

$$ただし, \; 0 < \alpha < \frac{\pi}{2}, \; \frac{\pi}{2} < \beta < \pi$$

とする. このとき,

$$\sin(\alpha + \beta) = {}^{ク}\boxed{}$$

である.

(日本文理大　工, 武蔵大　経)

131 (1) 次の □ を埋めよ.

$$\tan(\alpha+\beta) = \frac{\sin(\alpha+\beta)}{\cos(\alpha+\beta)} = \frac{\sin\alpha\,{}^{\mathcal{P}}\boxed{}+\cos\alpha\,{}^{\mathcal{A}}\boxed{}}{\cos\alpha\,{}^{\mathcal{\dot{D}}}\boxed{}-\sin\alpha\,{}^{\mathcal{I}}\boxed{}}$$

右辺の分母分子を $\cos\alpha\cos\beta$ で割ると,

$$\tan(\alpha+\beta) = \frac{\dfrac{\sin\alpha}{\cos\alpha}+{}^{\mathcal{\dot{\pi}}}\dfrac{\boxed{}}{{}^{\mathcal{\dot{D}}}\boxed{}}}{1-\dfrac{\sin\alpha\,{}^{\mathcal{\dot{+}}}\boxed{}}{\cos\alpha\,{}^{\mathcal{\dot{D}}}\boxed{}}}$$

$$= \frac{\tan\alpha+{}^{\mathcal{\dot{f}}}\boxed{}}{1-\tan\alpha\,{}^{\mathcal{\dot{J}}}\boxed{}}$$

（広島国際学院大）

(2) 次の □ にあてはまる数値を記せ.

$\tan 105°$ の値は, ${}^{\mathcal{\dot{T}}}\boxed{}$ である.

（津田塾大 学芸, 東海大 工・第二工）

132 (1) 三角関数の加法定理を利用して，次の等式を証明せよ．

(ⅰ) $\cos 2\alpha = 2\cos^2 \alpha - 1$ （順天堂大 医*）

(ⅱ) $\sin 2\alpha = 2\sin \alpha \cos \alpha$ （香川大）

(2) $\sin \alpha = \dfrac{3}{5}$ $\left(\dfrac{\pi}{2} < \alpha < \pi \right)$ のとき，$\sin 2\alpha$ の値を求めよ．

（武蔵野美術大，帝京科学大）

(3) 2つの角 α と β に対する加法定理

$$\cos(\alpha + \beta) = \cos \alpha \cos \beta - \sin \alpha \sin \beta$$

において，$\alpha = \beta$ とおけば2倍角の公式が得られる．また，正接は $\tan \alpha = \dfrac{\sin \alpha}{\cos \alpha}$ と定義される．以上のことおよび公式 $\sin^2 \alpha + \cos^2 \alpha = 1$ を用いて，正接の半角公式を導け．

（明星大 情報）

(4) 次の □ にあてはまる数値を記せ．

$$\sin^2 22.5° = \frac{^{\text{ア}}\boxed{} - \sqrt{^{\text{イ}}\boxed{}}}{4}$$

（東京工科大 工）

(5) 次の □ にあてはまる数値を記せ．

$90° < \alpha < 180°$ で $\cos 2\alpha = \dfrac{2}{3}$ のとき，

$$\sin \alpha = {}^{\text{ウ}}\boxed{}, \quad \cos \alpha = {}^{\text{エ}}\boxed{}$$

である．

（四條畷学園大）

(6) $\tan \theta = 4$ のとき，$\sin 2\theta$，$\cos 2\theta$ の値を求めよ．

（聖マリアンナ医科大）

133 (1) 次の□にあてはまる数値を記せ.

$$\sin 3x = {}^{\text{ア}}\boxed{}\sin x + {}^{\text{イ}}\boxed{}\sin^3 x$$

である.

（桐蔭横浜大　工）

(2) 次の□を埋めよ.

$4x^3 - 3x - \cos 3\alpha = 0$ の解は,

$${}^{\text{ウ}}\boxed{} , {}^{\text{エ}}\boxed{} , {}^{\text{オ}}\boxed{}$$

である.

（青山学院大　理工）

134 (1) 次の方程式を解け.

$$\sin 2x + \sin x = 0 \quad (0 \leqq x < 2\pi)$$

（東京電機大　工）

(2) 次の不等式を解け.

$$\cos 2x + \cos x \geqq 0 \quad (0 \leqq x < 2\pi)$$

（北陸大*）

135 次の□にあてはまる数値を記せ.

等式

$$\sqrt{3}\sin\theta + \cos\theta = r\sin(\theta + \alpha) \quad \left(0 < r,\ 0 < \alpha < \frac{\pi}{2}\right)$$

が成り立つように, r と α を定めると, $r = {}^{\text{ア}}\boxed{}$, $\alpha = {}^{\text{イ}}\boxed{}$ である.

よって, $y = \sqrt{3}\sin\theta + \cos\theta \ (0 \leqq \theta < 2\pi)$ は $\theta = {}^{\text{ウ}}\boxed{}$ のとき, 最大値 ${}^{\text{エ}}\boxed{}$ をとる.

（湘南工科大，北見工業大）

136　次の □ にあてはまる数値を記せ.

$0°\leq x \leq 180°$ のとき, $\sin x - \sqrt{3}\cos x = \sqrt{2}$ の解は, $x = {}^{\mathcal{T}}\boxed{}°$ である.

(日本歯科大)

問題B

137　(1) (i) 次の三角関数の加法定理を完成させよ.

$$\sin(\alpha+\beta) = {}^{\mathcal{T}}\boxed{}$$

$$\cos(\alpha+\beta) = {}^{\mathcal{A}}\boxed{}$$

(ii) (i)の結果, および $\sin(-\alpha) = -\sin\alpha$, $\cos(-\alpha) = \cos\alpha$ を用いて, 正弦・余弦の和を積に変形する次の2つの公式を証明せよ.

$$\sin A + \sin B = 2\sin\frac{A+B}{2}\cos\frac{A-B}{2}$$

$$\cos A + \cos B = 2\cos\frac{A+B}{2}\cos\frac{A-B}{2}$$

(鈴鹿医療科学大　医用工学)

(2)　$\sin 20° + \sin 40° = \sin 80°$ であることを示せ.

(信州大　工)

138　次の □ にあてはまる数値を記せ.

$5\alpha = \dfrac{\pi}{2}$ のとき,

$$\sin 2\alpha = \cos^{ア}\boxed{}\alpha$$

であるから,

$$2\sin\alpha\cos\alpha = {}^{イ}\boxed{}\cos^3\alpha - {}^{ウ}\boxed{}\cos\alpha$$

$\cos\alpha \neq 0$, $\cos^2\alpha = 1 - \sin^2\alpha$ であるから,

$$4\sin^2\alpha + {}^{エ}\boxed{}\sin\alpha - {}^{オ}\boxed{} = 0$$

$0 < \sin\alpha < 1$ であるから, これを解くと,

$$\sin\alpha = \frac{-1 + \sqrt{{}^{カ}\boxed{}}}{4}$$

を得る.

（滋賀医科大）

139 (1) 次の ☐ のそれぞれに数字 0, 1, 2, 3, 4, 5, 6, 7, 8, 9 の
いずれか 1 つを記入せよ. ただし, 分数形が得られた場合には, それ以上
約分できない形で答えよ. また, 0 から 9 までの整数値が得られた場合に
は, その数を分子に記入し, 分母には 1 を記せ.

直線 $l : 2y - x = 0$ と x 軸のなす角を α とすると, $\tan\alpha = \dfrac{\boxed{ア}}{\boxed{イ}}$

であり, l と直線 $y - 4x = 0$ のなす角を β とすると, $\tan\beta = \dfrac{\boxed{ウ}}{\boxed{エ}}$

である.

(千葉工業大)

[注] 2 つの直線のなす角としては, その大きさが 0° 以上 90° 以下の範囲にあるもの
をとるのが通例である.

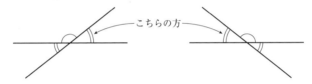

(2) 直線 $y = 7x + 3$ を l_1, 直線 $y = \dfrac{3}{4}x - 5$ を l_2 とするとき, l_1, l_2 のなす
角 θ を求めよ. ただし, $0° \leqq \theta \leqq 90°$ とする.

(兵庫大)

(3) 原点 O から O を通らない直線 l に引いた垂線 OH の長さを p, OH が
x 軸の正の向きとなす角を α とすれば, 直線 l は次の方程式で表されるこ
とを証明せよ.

$$x\cos\alpha + y\sin\alpha = p$$

(松山大 経)

140　$\alpha,\ \beta$ は $0<\alpha<\beta<2\pi$ をみたす実数とする．すべての実数 x について，$\cos x+\cos(x+\alpha)+\cos(x+\beta)=0$ が成立するような $\alpha,\ \beta$ の値を求めよ．

（信州大　理・医）

141　次の 　　 にあてはまる数値を記せ．

$\sin x+\sin\left(x+\dfrac{\pi}{3}\right)\ (0\le x<2\pi)$ の最大値は ^{ア} 　　 である．

（工学院大）

142　関数 $y=\sin x+\cos x-\sin x\cos x$ について，

(1)　$\sin x+\cos x=t$ とおいて，y を t で表せ．

(2)　$0\le x<2\pi$ のとき，t のとり得る値の範囲を求めよ．

(3)　y の最大値 M，最小値 m を求めよ．

（防衛大）

143　関数 $y=2\cos^2\theta-3\sin\theta\cos\theta+5\sin^2\theta$ について，$0\le\theta\le\dfrac{\pi}{2}$ のとき，y の最大値と最小値を求めよ．また，そのときの θ の値を求めよ．

（静岡文化芸術大　デザイン）

144　図のような中心角 $60°$ の扇形 OAB に内接する長方形 PQRS を考える．なお，OA $=1$ とする．

(1)　$\angle\text{AOP}=\theta$ とするとき，RS の長さを θ を用いて表せ．

(2)　長方形 PQRS の面積の最大値とそのときの θ の値を求めよ．

（中央大　商）

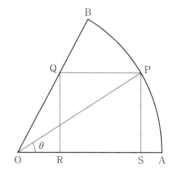

145　長さ 2 の線分 AB を直径とする半円周上の A，B とは異なる点を P とする.

(1)　∠PAB=θ とするとき，2AP+BP を θ の式で表せ.

(2)　2AP+BP の最大値を求めよ. また，そのときの $\sin\theta$ と $\cos\theta$ の値を求めよ.

（鳥取大　教・農）

146　$\tan A \tan B = 1$ が成立する三角形 ABC はどのような三角形か.

（大阪工業大）

MEMO

第5章　微分と積分

12　微分係数と導関数

━━━━●　基本のまとめ　●━━━━

1 微分係数

関数 $y=f(x)$ について,

(1)　$\dfrac{f(b)-f(a)}{b-a}$ を x の値が a から b まで変化するときの $f(x)$ の

平均変化率という.

(2)　x の値が a から $a+h$ まで変化するときの $f(x)$ の平均変化率に
ついて考える. h が 0 でない値をとりながら 0 に限りなく近づくとき,
この平均変化率がある値に限りなく近づくならば, その極限値を,
$f(x)$ の $x=a$ での**微分係数**といい, $f'(a)$ で表す. つまり,

$$f'(a)=\lim_{h \to 0}\frac{f(a+h)-f(a)}{h}$$

2 導関数

関数 $y=f(x)$ が, その定義域または定義域に含まれるある範囲の x
の各値 a に対して微分係数 $f'(a)$ をもつとする. このとき, a に
$f'(a)$ を対応させて得られる関数を $f(x)$ の**導関数**といい,

$$f'(x),\ y',\ \frac{dy}{dx},\ \frac{d}{dx}f(x)$$

で表す. つまり,

$$f'(x)=\lim_{h \to 0}\frac{f(x+h)-f(x)}{h}$$

$f(x)$ から $f'(x)$ を求めることを, $f(x)$ を（x について）**微分す
る**という.

以下, 3, 4 の $f(x)$, $g(x)$ は定数関数, または n 次関数（$n=1$, 2, 3, …）と

する. また, $x^0=1$ と約束する.

③　導関数の公式

(1)　$(x^n)'=nx^{n-1}$　$(n=1,\ 2,\ 3,\ \cdots)$　　$(k)'=0$　$(k$ は定数$)$

(2)

　(ⅰ)　$\{kf(x)\}'=kf'(x)$　$(k$ は定数$)$

　(ⅱ)　$\{f(x)\pm g(x)\}'=f'(x)\pm g'(x)$　（複号同順）

［注］　次の公式は数学Ⅲの範囲であるが, 知っておくと便利である.
(ⅲ)　$\{f(x)g(x)\}'=f'(x)g(x)+f(x)g'(x)$
(ⅳ)　$\{(ax+b)^n\}'=na(ax+b)^{n-1}$　$(n=1,\ 2,\ 3,\ \cdots)$

④　曲線の接線

　曲線 $C：y=f(x)$ 上にある点 $(a,\ f(a))$ での C の接線の方程式は,
$$y-f(a)=f'(a)(x-a)$$

［注］　次の結果は知っておくと便利である.
　　$f(x)$ を 2 次以上の整式で表される関数とする. 直線 $y=kx+l$ が曲線
　　$C：y=f(x)$ 上の点 $\mathrm{P}(a,\ f(a))$ での C の接線であるための必要十分条件は,
$$整式\quad f(x)-(kx+l)\ が\ (x-a)^2\ で割り切れる$$
　　ことである.
　　$f(x)$ が 3 次関数の場合のこの事実の証明については, *154* を参照.

$$\boxed{問題A}$$

147　次の $\boxed{}$ にあてはまる式を記せ.

　2 次関数 $f(x)=px^2+qx+r$ （ただし, $p,\ q,\ r$ は定数で, $p\neq0$）にお
いて, $x=a$ から $x=b$ $(a<b)$ までの平均変化率は $^{\mathcal{P}}\boxed{}$ で, これ
は $x={}^{\mathcal{A}}\boxed{}$ における $f(x)$ の微分係数に等しい.

（新潟薬科大）

148 定数 a を含む開区間で定義された関数 $y=f(x)$ の $x=a$ における微分係数 $f'(a)$ の定義を書け.

また，その定義にしたがって，実数全体で定義された関数 $f(x)=x^2$ の $x=a$ における微分係数 $f'(a)$ を求めよ.

（高知工科大）

[注]「開区間」という用語については **13 基本のまとめ** 1 [注] (1) を参照

149 (1) $f(x)=x^2+x-5$ の導関数を求めよ.

（多摩大）

(2) 次の □ にあてはまる数値を記せ.

実数 a に対し，関数 $f(x)=9x^3+a(1-x)^3$ を考える.

$$f'(0)={}^{\mathcal{T}}\boxed{}a, \quad f'(1)={}^{\mathcal{A}}\boxed{}$$

である.

（上智大　外国語）

150 (1) 放物線 $y=x^2$ 上の点 $(2, 4)$ における接線の方程式を求めよ.

（青森大　工, 公立はこだて未来大　システム情報科学）

(2) 次の □ にあてはまる数値を記せ.

関数 $f(x)=x^3-2x^2+x$ について以下の問に答えよ.

$y=f(x)$ の導関数は

$$f'(x)={}^{\mathcal{T}}\boxed{}x^2+{}^{\mathcal{A}}\boxed{}x+1$$

で，

$$f\left(\frac{1}{2}\right)={}^{\mathcal{P}}\boxed{}, \quad f'\left(\frac{1}{2}\right)={}^{\mathcal{I}}\boxed{}$$

なので，$y=f(x)$ のグラフ上の点 $\left(\dfrac{1}{2}, {}^{\mathcal{P}}\boxed{}\right)$ を通る接線の方程式は

$$y={}^{\mathcal{A}}\boxed{}x+{}^{\mathcal{D}}\boxed{}$$

となる.

（帝京平成大　情報）

問題B

151　(1)　曲線 $y=x^3+x^2+x+1$ について，傾きが 2 となる接線の方程式を求めよ．

（諏訪東京理科大　システム工）

(2)　曲線 $y=x^3-4x+2$ に原点からひいた接線の方程式を求めよ．

（東京電機大　理工）

152　次の □ にあてはまる数値を記せ．

(1)　曲線 $y=x^3-3x^2$ について，接線の傾きが最小になるのは

$x={}^{\mathcal{P}}\boxed{}$ のときであり，その接線の方程式は

$y={}^{\mathcal{I}}\boxed{}x+{}^{\mathcal{\dot{\mathcal{D}}}}\boxed{}$ である．

（明治学院大　文）

(2)　曲線 $y=x^3-3x^2$ とこの曲線の接線との共有点の個数は 1 個であるという．このとき，l の方程式は $y={}^{\mathcal{I}}\boxed{}x+{}^{\mathcal{J}}\boxed{}$ である．

（八戸工業大）

153　次の □ にあてはまる数値を記せ．

2 つの曲線 $y=ax^2+b$, $y=x^3+cx$ が点 $(-1, 0)$ で共通な接線をもつならば，$a={}^{\mathcal{P}}\boxed{}$, $b={}^{\mathcal{I}}\boxed{}$, $c={}^{\mathcal{\dot{\mathcal{D}}}}\boxed{}$ である．

（日本獣医畜産大）

154　$f(x)=ax^3+bx^2+cx+d$ は 3 次関数とする．曲線 $y=f(x)$ 上の点 $(\alpha, f(\alpha))$ における接線の方程式を $y=g(x)$ とするとき，整式 $f(x)-g(x)$ は $(x-\alpha)^2$ で割り切れることを示せ．

（京都教育大）

13 関数の値の増減

● 基本のまとめ ●

$f(x)$ は定数関数または n 次関数（$n=1,\ 2,\ 3,\ \cdots$），またはそれらの関数の一部分をつぎはぎしてつくった関数とする.

1 導関数の符号と関数の値の増減

関数 $f(x)$ について，

(1) 区間 $a<x<b$ でつねに $f'(x)>0$ ならば，区間 $a\leqq x\leqq b$ で x の値が増加すると $f(x)$ の値も増加する.

(2) 区間 $a<x<b$ でつねに $f'(x)<0$ ならば，区間 $a\leqq x\leqq b$ で x の値が増加すると $f(x)$ の値は減少する.

(3) 区間 $a<x<b$ でつねに $f'(x)=0$ ならば，$f(x)$ は区間 $a\leqq x\leqq b$ で一定の値をとる.

［注］ (1) 不等式

$a<x<b,\ a\leqq x\leqq b,\ a<x\leqq b,\ a\leqq x<b,\ x<b,\ x\leqq b,\ a<x,\ a\leqq x$（$a,\ b$ は定数）をみたす実数 x の値の範囲や実数全体を**区間**という. とくに，$a<x<b,\ a\leqq x\leqq b$ をみたす実数 x の値の範囲をそれぞれ，**開区間**，**閉区間**という. （開区間，閉区間は数学Ⅲでとり上げられることになる用語である.）

(2) 上記の(1)，(2)，(3)で，$a<x<b,\ a\leqq x\leqq b$ のかわりにそれぞれ，$a<x$，$a\leqq x$ としたものなども成り立つ.

2 関数の極大・極小

(1) 定義

関数 $f(x)$ が $x=a$ で**極大**であるとは，a を含む開区間をうまくとると，この区間内では，$x\neq a$ であるならば，$f(x)<f(a)$ が成り立つよう

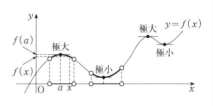

にできるときをいう. このとき，$f(a)$ を**極大値**という.

関数 $f(x)$ が $x=a$ で**極小**であるとは，a を含む開区間をうまくとると，この区間内では，$x\neq a$ であるならば，$f(x)>f(a)$ が成り立つようにできるときをいう. このとき，$f(a)$ を**極小値**という.

極大値と極小値をまとめて，**極値**という.

［注］　たとえば，$f(x)=|x|$ は $x=0$ で極小である.

(2)　極大，極小の判定法

　　関数 $f(x)$ について，

　(i)　x の値が増加するとき，

　　　(ア)　$f(x)$ の値が $x=a$ で増加から減少の状態に変わるならば，
　　　　$f(x)$ は $x=a$ で極大.

　　　(イ)　$f(x)$ の値が $x=a$ で減少から増加の状態に変わるならば，
　　　　$f(x)$ は $x=a$ で極小.

　(ii)　$f'(a)=0$,

　　　かつ x の値が増加するとき，

　　　(ア)　$f'(x)$ の符号が $x=a$ で正から負に変わるならば，$f(x)$ は
　　　　$x=a$ で極大.

　　　(イ)　$f'(x)$ の符号が $x=a$ で負から正に変わるならば，$f(x)$ は
　　　　$x=a$ で極小.

［注］　(ii)によれば，$f(x)$ が $x=a$ で極値をとれば，$f'(a)$ が存在する限り
　　$f'(a)=0$ である. しかし，逆は必ずしも成り立つとは限らない.
　　　たとえば，$f(x)=x^3$ の場合，$f'(x)=3x^2$ であるから，$f'(0)=0$ になって
　　いるが，$x=0$ の前後で $f'(x)$ の符号はつねに正であるから，$f(x)$ の値はつ
　　ねに増加することになり，$x=0$ で $f(x)$ は極値をとらない.

3　区間 $a \leqq x \leqq b$ で定義された関数 $f(x)$ の最大・最小

　　極値（存在する場合）と区間の両端の値 $f(a)$, $f(b)$ を比較して求
　める.

問題Ａ

155 (1) 関数 $y = \dfrac{1}{3}(x^3 - 9x^2 + 15x)$ の極値を求めよ.

(鎌倉女子大)

(2) Ａ群はいずれもある 3 次関数のグラフであり,それぞれの関数の導関
数のグラフを Ｂ群に示した.この対応を示せ.

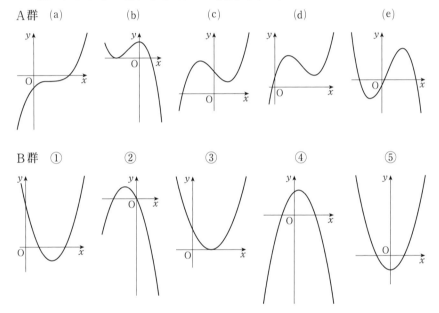

Ａ群 (a) (b) (c) (d) (e)

Ｂ群 ① ② ③ ④ ⑤

(東海大)

(3) 関数 $y = x^3 + 3x^2 - 9x + 5$ の増減表をつくり,極値を求めよ.また,
そのグラフをかけ.

(鶴見大 歯)

156 (1) 次の □ にあてはまる数値を記せ.

3 次関数 $f(x)=-x^3+x^2+ax+1$ がすべての実数 x に対して単調に減少するような実数 a の範囲は, $a \leqq {}^{7}\boxed{}$ である.

(沖縄県立看護大)

(2) $f(x)=x^3+ax^2+bx+c$ が極値をもつための必要十分条件を求めよ.

(岐阜大 工)

157 3 次関数 $f(x)=x^3+ax^2+bx+2$ が, $x=1$ で極小値 -3 をとるとき, 定数 a, b の値を求めよ.

(神戸市看護大)

158 次の関数の最大値と最小値を求めよ.
$$f(x)=2x^3-3x^2-12x+1 \quad (-2 \leqq x \leqq 4)$$

(高千穂大)

159 次の □ にあてはまる数値を記せ.

x の関数 $f(x)=ax^3-3ax^2+b$ の $-1 \leqq x \leqq 4$ における最大値が 40 で最小値が -20 であるとき, $a={}^{7}\boxed{}$, $b={}^{4}\boxed{}$ である. ただし, $a>0$ とする.

(昭和大 薬)

160 次の □ にあてはまる数値または式を記せ.

放物線 $y=8-2x^2$ と x 軸で囲まれた部分に内接し, 1 辺が x 軸上にある長方形について, 横の辺の長さが $2x$ (ただし, $0<x<2$) であるような長方形の面積 S は x の関数として $S={}^{7}\boxed{}$ と表される. S が最大になる長方形の横の長さは ${}^{4}\boxed{}$, 縦の長さは ${}^{ウ}\boxed{}$ である.

(摂南大 薬)

問題B

161　関数 $y=2x^2|x-1|$ の極値を求めよ.

（国士舘大　工）

162　(1)　次の $\boxed{}$ にあてはまる数値を記せ.

関数 $f(x)=x^4-3x^2-2x+2$ が増加する x の範囲は,

$^{ア}\boxed{}<x<^{イ}\boxed{}$, $^{ウ}\boxed{}<x$

である.

（東日本国際大）

(2)　$y=\dfrac{1}{4}x^4-\dfrac{1}{3}x^3-x^2$ の極大値・極小値を求めよ. なお, このグラフの

略図をかけ.

（福岡工業大）

163　(1)　次の $\boxed{}$ を埋めよ.

$y=ax^3+bx^2+cx+d$ のグラフが右図のよう

になるとき, a, b, c, d の符号は,

$a>0$, $b^{ア}\boxed{}0$, $c^{イ}\boxed{}0$, $d>0$

である.

（愛知教育大）

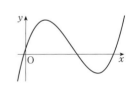

(2)　関数 $y=ax^4+bx^3+cx^2+dx+e$ のグラフが

右図で表されるとき, 係数 a, b, c, d, e の符

号を判定し, その理由を述べよ.

（東京電機大）

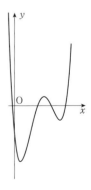

164　k を実数の定数として，x の 3 次関数
$$f(x)=x^3-3x^2+kx+7$$
について，

(1)　$f(x)$ が極大値と極小値をもつときの k の値の範囲を求めよ．

(2)　$f'(x)=0$ の 2 つの解を s，t とするとき，$(t-s)^2$ を k を用いて表せ．

(3)　$f(x)$ の極大値と極小値の差が 32 のとき，定数 k の値を求めよ．

（西南学院大）

165　係数 a, b, c, d が実数である x の 3 次関数
$y=ax^3+bx^2+cx+d$ が極大値と極小値とをとり，かつ，この関数の表すグラフの上の，極大値，極小値を与える点が原点に関して対称ならば，このグラフは原点に関して対称であることを証明せよ．

（九州大　文・教育・法・経済，順天堂大　医）

166　次の ☐ にあてはまる数値を記せ．

(1)　関数 $y=x(x-3)^2$ は，$x={}^{ア}\boxed{}$ のとき極大値 ${}^{イ}\boxed{}$，
$x={}^{ウ}\boxed{}$ のとき極小値 ${}^{エ}\boxed{}$ をとる．

(2)　x の変域を $0\leqq x\leqq t$（$t>0$）とする．この変域における関数
$y=x(x-3)^2$ の最大値は，$0<t<{}^{オ}\boxed{}$ または ${}^{カ}\boxed{}<t$ のとき
$t(t-3)^2$，${}^{オ}\boxed{}\leqq t\leqq{}^{カ}\boxed{}$ のとき ${}^{キ}\boxed{}$ である．

（流通科学大　情報・サービス産業）

167　xy 平面上に定点 A(3, 0) が与えられており，点 P は放物線 $y=x^2$ 上を動くものとする．

(1)　点 P の x 座標を p とするとき，線分 AP の長さの 2 乗を，p の関数として表せ．

(2)　線分 AP の長さの最小値を求めよ．

（杏林大　社会）

168 次の ☐ にあてはまる数値を記せ.

1つの頂点から出る3辺の長さが x, y, z であるような直方体において, x, y, z の和が6, 全表面積が18であるとき,

(1) x のとり得る値の範囲を求めよう. 条件より,

$$y+z=6-{}^{\text{ア}}\boxed{}x, \quad yz={}^{\text{イ}}\boxed{}x^2-{}^{\text{ウ}}\boxed{}x+9$$

であるから, y, z はある2次方程式の2つの正の実数解（重解の場合も含む）と考えられる. このことから, 求める x のとり得る値の範囲は,

$${}^{\text{エ}}\boxed{}<x\leqq{}^{\text{オ}}\boxed{} \quad \left(\text{ただし, } x={}^{\text{カ}}\boxed{} \text{を除く}\right)$$

である.

(2) このような直方体の体積 V の最大値を求めよう.

$$V=xyz$$
$$=x\left({}^{\text{イ}}\boxed{}x^2-{}^{\text{ウ}}\boxed{}x+9\right)$$

であるから, V の最大値は ${}^{\text{キ}}\boxed{}$ である.

（神戸学院大　薬*）

MEMO

14 方程式，不等式への応用

> **● 基本のまとめ ●**
>
> 1 **方程式 $f(x)=a$ の実数解**
>
>   関数 $y=f(x)$ のグラフと直線 $y=a$ の共有点（の x 座標）を調べる.
>
> 2 **関数の値の増減を利用した不等式の証明**
>
> $f(x),\ g(x)$ は定数関数，または n 次関数（$n=1,\ 2,\ 3,\ \cdots$）とする.
>
>   不等式 $f(x)>g(x)$（または $f(x)\geqq g(x)$）の関数の値の増減を利用した証明は，次の手順で行うことが多い.
>
>   1° $f(x)-g(x)$ を $F(x)$ とする.
>
>   2° $F'(x)$ を求めて，$F(x)$ の増減を調べる.
>
>   3° 2° で得られた $F(x)$ の増減をもとに，
>
>   (i) $F(x)$ の最小値が正（または 0 以上）であることを示す.
>
>   または,
>
>   (ii) 区間 $a<x$ で不等式 $f(x)>g(x)$ が成り立つことを示す場合，
>
>   　　　　　区間 $a\leqq x$ で x の値が増加すれば
>
>   　　　　　　　$F(x)$ の値も増加し，かつ $F(a)\geqq 0$
>
>   であることを示す.

問題A

169　$y=x^3-3x-3$ について，

(1) y の極大値と極小値を求めよ.

(2) 方程式 $x^3-3x-3=0$ の異なる実数の解はいくつあるか.

（東洋大　工）

170　次の□を埋めよ.

　3次方程式 $x^3 - x = a$ (a は実数の定数) の異なる実数解の個数が2となるのは $a = ^\mathcal{P}\boxed{}$ のときである.

（京都産業大　理・工）

問題B

171　x の3次方程式 $x^3 - 3a^2x + 2 = 0$ が異なる3つの実数解をもつように, 実数の定数 a の範囲を求めよ.

（岩手医科大　医）

172　方程式

$$2x^3 - 3x^2 - 12x - p = 0$$

は異なる3つの実数解 α, β, γ をもつ.

(1)　実数 p の値の範囲を求めよ.

(2)　$\alpha < \beta < \gamma$ であるとき, α, β, γ の値の範囲を不等式で表せ.

（近畿大　九州工）

173　次の□を埋めよ.

　曲線 $y = x^3 - 4x^2 + 3x$ に対して, 点 $(0, p)$ から異なる3本の接線がひけるとき, p は $^\mathcal{P}\boxed{}$ の範囲になければならない.

（久留米大　医）

174　$a>0,\ b>0,\ c>0$ とする.

(1)　$f(x)=x^3-3abx+a^3+b^3$ の $x>0$ における増減を調べ，極値を求めよ．

(2)　(1)の結果を利用して不等式 $a^3+b^3+c^3 \geqq 3abc$ が成り立つことを示せ．また，等号が成立するのは $a=b=c$ のときに限ることを示せ．

（学習院大　経）

175　すべての x の実数値に対して $x^4-4p^3x+12>0$ となる実数 p の範囲を求めよ．

（早稲田大　理工）

MEMO

15　不定積分と定積分

● **基本のまとめ** ●

$f(x)$, $g(x)$ は実数全体で定義された定数関数または n 次関数（$n=1$, 2, 3, $\cdots$），またはそれらの関数の一部分をつぎはぎしてつくった関数とする．定義域を実数全体ではなく，ある区間にとることもできる．また，$x^0=1$ と約束する．

① 不定積分

関数 $f(x)$ に対して，微分すると $f(x)$ になるような 1 つの関数，つまり，

$$F'(x)=f(x)$$

となる関数 $F(x)$ を $f(x)$ の**原始関数**（または不定積分）という．

$f(x)$ の原始関数は無数にあり，$F(x)$ をそのうちの 1 つとすると，$f(x)$ の原始関数は，いずれも C を定数として，

$$F(x)+C$$

と表されることが知られている．したがって，$f(x)$ の原始関数全体の集まりは，定数を表す文字 C にどのような実数値もとり得るという意味をもたせることにすれば，

$$F(x)+C$$

と表される．これを $f(x)$ の**不定積分**といい，$\displaystyle\int f(x)dx$ とかく．C を**積分定数**という．$f(x)$ の不定積分を求めることを，$f(x)$ を（x について）**積分する**という．

② 不定積分の公式

(1) $\displaystyle\int x^n dx=\frac{1}{n+1}x^{n+1}+C$　（C は積分定数）　（$n=0$, 1, 2, $\cdots$）

(2) (i) $\displaystyle\int kf(x)dx=k\int f(x)dx$　（k は定数）

(ii) $\displaystyle\int\{f(x)\pm g(x)\}dx=\int f(x)dx\pm\int g(x)dx$　（複号同順）

［注］　次の公式は数学Ⅲの範囲であるが，知っておくと便利である．

(iii) $\displaystyle\int(ax+b)^n dx=\frac{(ax+b)^{n+1}}{(n+1)a}+C$　（$a\neq 0$, C は積分定数）　（$n=0$, 1, 2, $\cdots$）

3 **定積分の定義**

　関数 $f(x)$ の原始関数の 1 つを $F(x)$ とするとき，実数 a, b に対して，$F(b)-F(a)$ の値は，$f(x)$ の原始関数の選び方によることなく，関数 $f(x)$ と a, b により定まる．この値を，$f(x)$ の a から b までの**定積分**といい，

$$\int_a^b f(x)\,dx$$

と表す．a をこの定積分の**下端**，b を**上端**という．また，この定積分を求めることを，$f(x)$ を **a から b まで積分する**という．

　なお，$F(b)-F(a)$ を，$\Big[F(x)\Big]_a^b$ ともかく．

[注] (1) 上の a, b は，$a<b$ とは限らない．$a=b$ でも，$a>b$ でもよい．

　　(2) $\int_a^b f(x)\,dx$ で，文字 x に他の文字を用いてもその値は変わらない．

4 **定積分の基本的性質，基本的公式**

(1) $\displaystyle\int_a^a f(x)\,dx=0$

(2) $\displaystyle\int_b^a f(x)\,dx=-\int_a^b f(x)\,dx$

(3) $\displaystyle\int_a^b f(x)\,dx=\int_a^c f(x)\,dx+\int_c^b f(x)\,dx$

(4) $\displaystyle\int_a^b kf(x)\,dx=k\int_a^b f(x)\,dx$ （k は定数）

(5) $\displaystyle\int_a^b \{f(x)\pm g(x)\}\,dx=\int_a^b f(x)\,dx\pm\int_a^b g(x)\,dx$ （複号同順）

(6) $n=0,\ 1,\ 2,\ \cdots$ に対し，

$$\int_{-a}^a x^{2n-1}\,dx=0,\ \ \int_{-a}^a x^{2n}\,dx=2\int_0^a x^{2n}\,dx$$

5 **微分と積分の関係**

　a が定数のとき，

$$\frac{d}{dx}\int_a^x f(t)\,dt=f(x)$$

つまり，x の関数 $\displaystyle\int_a^x f(t)\,dt$ は $f(x)$ の原始関数の 1 つである．

問題A

176 (1) 次の不定積分を求めよ.

$$\int (x-2)(2x+1)\,dx$$

（広島国際学院大　工）

(2) 次の ☐ にあてはまる式を記せ.

$$f'(x)=2x-3,$$
$$f(5)=5$$

のとき,

$$f(x)={}^{\mathcal{T}}\boxed{}$$

（藤田保健衛生大　医）

(3) 曲線 $y=f(x)$ は，点 A(2, 1) を通る．また，この曲線上の任意の点 P(x, y) における接線の傾きは $f'(x)=3x-2$ である．この曲線の方程式を求めよ.

（日本工業大）

177 次の定積分を求めよ.

(1) $\displaystyle\int_{-1}^{1} dx$ 　　　　　　　　　　　（高知女子大）

(2) $\displaystyle\int_{-3}^{1} (x+1)(x-3)\,dx$ 　　　　　（福井県立大　経・生物資源）

(3) $\displaystyle\int_{0}^{3} (x^3-4x+3)\,dx$ 　　　　　　（三重大）

(4) $\displaystyle\int_{-2}^{2} |x|\,dx$ 　　　　　　　　　（千葉科学大）

(5) $\displaystyle\int_{0}^{2} |x^2-4x+3|\,dx$ 　　　　　（甲南大　理工, 奥羽大　歯）

178 a を実数とするとき，$\displaystyle\int_{0}^{1}(x^2+ax+a^2)\,dx$ の最小値を求めよ.

（東京女子医科大）

179 (1) 次の □ にあてはまる数値を記せ.

$$\int_{-1}^{2}(t^2+2at)\,dt=6 \text{ が成り立つならば, 実数 } a \text{ の値は } ^{\text{ア}}\boxed{}$$

（明治大　経営）

(2) 関数 $f(x)$ が $f(x)=3x^2+\int_{-1}^{1}f(t)\,dt$ で与えられるとき, $f(2)$ の値を求めよ.

（兵庫医療大　薬）

180 (1) 次の等式をみたす関数 $f(x)$, および定数 a を求めよ.

$$\int_{a}^{x}f(t)\,dt=x^2-1$$

（佐賀大　文化教育）

(2) 関数 $f(x)=\int_{-4}^{x}(t^2+3t-4)\,dt$ の極値を求めよ.

（静岡文化芸術大　デザイン）

問題B

181 (1) 次の □ にあてはまる式を記せ.

$\alpha,\ \beta$ を実数の定数とするとき,

$$\int_{\alpha}^{\beta}(x-\alpha)(x-\beta)\,dx=^{\text{ア}}\boxed{}$$

（東北文化学園大　科学技術）

(2) 次の □ にあてはまる数値を記せ.

$$\int_{3}^{2}(x^2-5x+6)\,dx=^{\text{イ}}\boxed{} \text{ である.}$$

（就実大　薬）

(3) $b-a=l$ として定積分 $\int_{a}^{b}(x-a)^2(b-x)\,dx$ の値を l を用いて表せ.

（順天堂大　医）

182 $\displaystyle\int_0^1 (ax+b)^2\,dx$ と $\left\{\displaystyle\int_0^1 (ax+b)\,dx\right\}^2$ との大小関係を調べよ. ただし, a, b は実数の定数とする.

（日本女子大）

183 次の □ にあてはまる数値を記せ.

$I(a)=\displaystyle\int_0^1 |x(x-a)|\,dx \ (0\le a\le 1)$ とおくとき, $I(a)$ は

$$I(a)={}^{\text{ア}}\boxed{}\,a^3+{}^{\text{イ}}\boxed{}\,a^2+{}^{\text{ウ}}\boxed{}\,a+{}^{\text{エ}}\boxed{}$$

と表され, a の関数 $I(a)$ の最大値は ${}^{\text{オ}}\boxed{}$, 最小値は ${}^{\text{カ}}\boxed{}$ である.

（北陸大 薬）

184 次の □ にあてはまる式を記せ.

関係式

$$f(x)=1+\int_0^1 (x-t)f(t)\,dt$$

をみたす関数 $f(x)$ は ${}^{\text{ア}}\boxed{}$ である.

（東北学院大 工）

MEMO

16 面 積

● 基本のまとめ ●

$f(x), g(x), g(y)$ は下記の区間を含むある区間で定義された，定数関数または n 次関数 $(n=1, 2, 3, \cdots)$，またはそれらの関数の一部をつぎはぎしてつくった関数とする．

1 面積と積分

(1) 曲線 $y=f(x)$ と x 軸および 2 直線 $x=a$, $x=b$ $(a<b)$ で囲まれた図形の面積を S とすると，

(ⅰ) 区間 $a \leqq x \leqq b$ で，つねに $f(x) \geqq 0$ が成り立つとき，

$$S=\int_a^b f(x) dx$$

(ⅱ) 区間 $a \leqq x \leqq b$ で，つねに $f(x) \leqq 0$ が成り立つとき，

$$S=\int_a^b \{-f(x)\} dx$$

(2) 区間 $a \leqq x \leqq b$ で，つねに $g(x) \leqq f(x)$ が成り立つとき，2 つの曲線 $y=f(x)$, $y=g(x)$ および 2 直線 $x=a$, $x=b$ で囲まれた図形の面積を S とすると，

$$S=\int_a^b \{f(x)-g(x)\} dx$$

(3) 曲線 $x=g(y)$ と y 軸および 2 直線 $y=c$, $y=d$ $(c<d)$ で囲まれた図形の面積を S とすると，区間 $c \leqq y \leqq d$ で，つねに $g(y) \geqq 0$ が成り立つとき，

$$S=\int_c^d g(y) dy$$

[注]

(1) 放物線と直線で囲まれた図形の面積

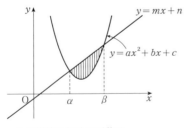

上の縦線の部分の面積は，

$$\frac{|a|}{6}(\beta-\alpha)^3$$

(2) 2 つの放物線で囲まれた図形の面積

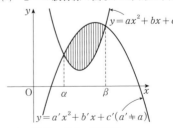

上の縦線の部分の面積は，

$$\frac{|a'-a|}{6}(\beta-\alpha)^3$$

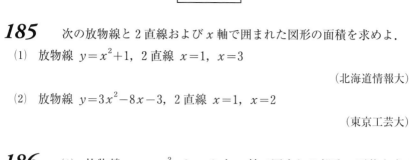

$\boxed{\text{問題A}}$

185　次の放物線と 2 直線および x 軸で囲まれた図形の面積を求めよ.

(1)　放物線 $y = x^2 + 1$, 2 直線 $x = 1$, $x = 3$

（北海道情報大）

(2)　放物線 $y = 3x^2 - 8x - 3$, 2 直線 $x = 1$, $x = 2$

（東京工芸大）

186　(1)　放物線 $y = -x^2 - 2x + 8$ と x 軸で囲まれる部分の面積を求めよ.

（東京情報大）

(2)　放物線 $y = x^2 - 2x + 2$　…① と直線 $y = x + 2$　…② に対して,

(i)　放物線 ① と直線 ② との交点の座標を求めよ.

(ii)　放物線 ① と直線 ② で囲まれる部分の面積を求めよ.

（鹿児島純心女子大　看護）

(3)　次の □ にあてはまる数値を記せ.

2 曲線 $C_1 : y = x^2$, $C_2 : y = -x^2 + 4x$ の原点以外の交点の座標は
$\left(^{\text{ア}}\boxed{},\ ^{\text{イ}}\boxed{} \right)$ であり, 2 曲線で囲まれた部分の面積を S とすると, $S = ^{\text{ウ}}\boxed{}$ である.

（長浜バイオ大）

187　次の □ にあてはまる数値を記せ.

$y^2 = 6x$ と直線 $y = 9$ および y 軸で囲まれる部分の面積 S は,

$S = \displaystyle\int_0^{^{\text{ア}}\boxed{}} x\,dy$ で求められ, その値は $\dfrac{^{\text{イ}}\boxed{}}{2}$ である.

（武蔵大　経）

問題B

188　$y=ax^2+bx+c$ $(a \neq 0)$ と x 軸とで囲まれた部分の面積を S とするとき，a^2S を 2 次方程式 $ax^2+bx+c=0$ の判別式で表せ.

（名城大　理工・農・薬*）

189　次の □ にあてはまる数値を記せ.

2 曲線 $y=x^2$, $y=x+1$ の交点の x 座標を α, β $(\alpha<\beta)$ とするとき，

$$\alpha+\beta={}^{\text{ア}}\boxed{}, \quad \alpha\beta={}^{\text{イ}}\boxed{}, \quad \beta-\alpha=\sqrt{{}^{\text{ウ}}\boxed{}}$$

で，これらの 2 曲線で囲まれた部分の面積は

$$\frac{5}{{}^{\text{エ}}\boxed{}}\sqrt{{}^{\text{オ}}\boxed{}}$$

である.

（中部大　工）

190　(1)　曲線 $y=x^3-3x+2$ と x 軸とで囲まれる部分の面積を求めよ.

（南山大　経）

(2)　(i)　曲線 $y=x^3$ 上の点 $(-1, -1)$ における接線 l の方程式を求めよ.

(ii)　曲線 $y=x^3$ と (i) で求めた接線 l で囲まれる部分の面積を求めよ.

（東亜大　工）

191　曲線 $y=|x^2-2x|$ と直線 $y=x$ で囲まれた 2 つの部分の面積の和を求めよ.

（中央大　文）

192　(1)　点 $(1, 2)$ を通り，傾き m の直線の方程式を求めよ．

(2)　(1)の直線と放物線 $y=x^2$ は 2 点で交わる．その座標を (α, α^2)，(β, β^2) $(\alpha<\beta)$ とするとき，$\alpha+\beta$，$\alpha\beta$，$\beta-\alpha$ を m を用いて表せ．

(3)　(1)の直線と放物線 $y=x^2$ で囲まれる部分の面積 S を m を用いて表し，S を最小にする m の値を求めよ．

（成城大　経）

193　(1)　関数 $y=x^3-3x^2$ の増減を調べて，グラフをかけ．

(2)　上のグラフを x 軸の正の方へ $2h$，y 軸の正の方へ $2h^3$ だけ平行移動したものと，もとのグラフとの間にはさまれる部分の面積を求めよ．ただし，$h>0$ とする．

（富山大）

194　次の □ を埋めよ．

$0<a<1$ のとき，曲線 $y=x(x-a)(x-1)$ と x 軸で囲まれる 2 つの部分の面積の和を $S(a)$ とする．

(1)　$S(a)$ を a の式で表すと，^{ア} □ となる．

(2)　$S(a)$ は，$a=^{イ}$ □ のとき，最小値 ^{ウ} □ をとる．

（昭和薬科大）

195　(1)　放物線 $y=2x-x^2$ と x 軸とで囲まれる図形の面積を求めよ．

(2)　直線 $y=kx$ が(1)の面積を 2 等分するように k の値を求めよ．

（東京海洋大，福岡歯科大）

196　放物線 $y=x^2$ の上に異なる 2 点 P，Q をとる．点 P における接線と点 Q における接線の交点を R とする．線分 PQ と放物線 $y=x^2$ が囲む部分の面積と，三角形 PQR の面積の比は，点 P，Q の位置に関係なく一定であることを証明せよ．

（会津大　コンピュータ理工）

197　2つの放物線 $y=x^2$ と $y=x^2-4x+8$ がある.

(1)　これらの放物線の両方に接する直線 l の方程式を求めよ.

(2)　直線 l とこれら2つの放物線で囲まれる部分の面積を求めよ.

（明星大　理工，京都薬科大）

MEMO

答えとヒント

第1章　式と証明，方程式

1　恒等式，整式・分数式

1
(1) $a=-2$, $b=-1$
(2) $a=-2$, $b=1$, $c=3$
(3) $a=1$, $b=-6$, $c=12$, $d=-8$
(4) $a=2$, $b=1$, $c=-2$
(5) $a=1$, $b=3$, $c=1$, $d=0$

ヒント　(3) 右辺を展開して係数を比較するのが自然であるが，$x+2=t$ とおけば，与えられた等式が x についての恒等式であるということと，
$$(t-2)^3=at^3+bt^2+ct+d$$
が t についての恒等式であるということは同じことである．この事実を用いると，計算が楽になる．

2
(1) (i) $x^3+6x^2+12x+8$
(ii) $8x^3-36x^2y+54xy^2-27y^3$
(iii) $x^3-7\sqrt{7}$　(iv) $27x^3+y^3$
(2) (i) $(3x+2y)(9x^2-6xy+4y^2)$
(ii) $(x-3y)(x^2+3xy+9y^2)$
(iii) $(x+y)(x-y)(x^2+xy+y^2)(x^2-xy+y^2)$

3　ア　$7\sqrt{10}$

4
(1) (i) $x^4-12x^3+54x^2-108x+81$
(ii) ア　99　イ　70
(2) (i) 21
(ii) ウ　720　エ　1080
(iii) オ　-90
(3) 55001

ヒント　(3) $101^{50}=(100+1)^{50}$ に二項定理（1基本のまとめ2）を用いる．

5
(1) $a^5+5a^4b+10a^3b^2+10a^2b^3$
　　　　　　　　$+5ab^4+b^5$
(2) $32x^5-80x^4+80x^3-40x^2+10x-1$

6
(1) (i) 商は 1，余りは $-2x+3$
(ii) 商は $x-1$，余りは 1
(2) ア　$4x^3-10x^2-6x+2$
(3) イ　3　ウ　-1

7
(1) (i) （証明は省略）
(ii) ア　3
(2) （証明は省略）

8
(1) ア　8　イ　4　ウ　2
(2) $(x+1)(2x-1)(x-7)$
(3) $2x+1$　(4) $1023x-1022$

9
(1) $\dfrac{2ay}{9x}$　(2) $\dfrac{x-1}{x+3}$　(3) $\dfrac{x+3}{x-3}$
(4) $\dfrac{1}{(x+1)(x+2)}$
(5) $\dfrac{x+1}{(x-1)(x-3)}$
(6) $\dfrac{-2(2x+7)}{(x+2)(x+3)(x+4)(x+5)}$
(7) -1　(8) $\dfrac{1}{x}$

10
(1) ア　2　イ　-2
(2) $\dfrac{3}{x(x+3)}$

ヒント　(2) 異なる定数 p, q に対し，
$$\frac{1}{(x+p)(x+q)}=\frac{1}{q-p}\left(\frac{1}{x+p}-\frac{1}{x+q}\right)$$
が恒等的に成り立つ．

11
(1) ア　$a^3+b^3+c^3-3abc$
(2) イ　$16+3\sqrt{5}$
(3) $3(b-c)(c-a)(a-b)$

12
(1) ア　$\dfrac{9!}{p!q!r!}$　(2) イ　1260

ヒント　(1) $(a+b+c)^9=\{(a+b)+c\}^9$ として二項定理（1基本のまとめ2）を用いる．

13
(1) ア　2^n　イ　0　(2) 2^{2n}
(3) 2^{n-1}

ヒント　(2) $_{2n+1}C_r=_{2n+1}C_{(2n+1)-r}$ を利用．

14　ア　3　イ　5　ウ　8

ヒント　$f(x)$ を $(x+2)(x-1)^2$ で割ると，
$$f(x)=(x+2)(x-1)^2q(x)+r(x)$$
（$q(x)$ は整式，$r(x)$ は 2 次以下の整式，

または恒等的に 0) と表される.

この $r(x)$ をさらに $(x-1)^2$ で割って得られる,
$$f(x)=(x-1)^2(x+2)q(x)$$
$$+(x-1)^2 \times a+bx+c,$$
つまり,
$$f(x)=(x-1)^2\{(x+2)q(x)+a\}$$
$$+bx+c$$
と, $f(x)$ を $(x-1)^2$ で割ったときの余りが $x+5$ であるということ, つまり,
$$f(x)=(x-1)^2 q_1(x)+x+5$$
($q_1(x)$ は整式) を比べてみる.

15 ア $34-19\sqrt{6}$

16 (証明は省略)

ヒント $P(x)-Q(x)$ が恒等的に 0 になることを示す.

たとえば, $P(a)-Q(a)=0$ であるから, 因数定理 (**1 基本のまとめ** ④ (2)) が使える.

17 $P(x)=x^2-x+1$

ヒント $P(x)$ の次数を n とするとき, 二項定理 (**1 基本のまとめ** ②) を用いて, 整式 $P(x+1)-P(x)$ の次数を n で表す. この結果と整式 $2x$ の次数 1 を比較して, n の値を求める.

2 方程式

18 (1) ア ⑥ イ ① ウ ④
(2) (i) (証明は省略)
(ii) (a) (証明は省略)
(b) (証明は省略)
(3) (i) $3-i$ (ii) $-i$
(iii) $-i$ (iv) $-i$
(v) $4-5i$

ヒント (3), (iii), (iv), $\dfrac{a+bi}{c+di}$ を $A+Bi$ という形にする. ただし, a, b, c, d, A, B は実数で, $c^2+d^2 \neq 0$ である. そのためには, 分母の $c+di$ と共役な複素数 $c-di$ を分母と分子にかけて,
$$\frac{a+bi}{c+di}=\frac{(a+bi)(c-di)}{(c+di)(c-di)}$$

$$=\frac{ac+bci-adi-bdi^2}{c^2-d^2i^2}$$
$$=\frac{ac+bd}{c^2+d^2}+\frac{bc-ad}{c^2+d^2}i$$
と変形するとよい.

19 (1) $x=-2$, $y=-\dfrac{4}{3}$

(2) $x=2$, $y=-3$

(3) $x=\pm\dfrac{\sqrt{2}}{2}$, $y=\pm\dfrac{\sqrt{2}}{2}$

(複号同順)

20 (1) $\sqrt{\dfrac{1}{-1}}$ が $\dfrac{\sqrt{1}}{\sqrt{-1}}$ に等しいとした点が誤り.

(2) ア $3\sqrt{3}$ イ -1

(3) (この事実を示すことは省略)

ヒント (2) $a \geqq 0$ のとき, $\sqrt{-a}$ を
$$\sqrt{-a}=\sqrt{a}\,i$$
と定める.

(3) $a>0$, $b>0$ のとき,
$$\sqrt{a} \times \sqrt{b}=\sqrt{ab} \quad \cdots(*)$$
が成り立つことは中学校で学習したとおり. また, $\sqrt{0}$ は 0 と定めるのであったから, 実数 a, b のうち少なくとも 1 つが 0 のときも (*) は成り立っている.

21 (1) $x=-2\pm\sqrt{3}\,i$

(2) $-2<k<0$, $0<k<8$

(3) $k=\dfrac{2}{5}$, 2

$k=\dfrac{2}{5}$ のとき, 重解は $x=3$,

$k=2$ のとき, 重解は $x=1$

(4) $-2<a \leqq 0$, $2 \leqq a<3$

22 (1) ア $-s$ イ t

(2) (i) ウ $\dfrac{4}{3}$ エ $-\dfrac{14}{9}$

(ii) (a) $\dfrac{10}{3}$ (b) -14

(3) (i) オ 5 カ 3

(ii) キ $\dfrac{-5-\sqrt{13}}{2}$ ク $\dfrac{-5+\sqrt{13}}{2}$

(キ, クは順不同)

（iii） $(x=\pm1,\ y=\pm3)$;
$(x=\pm3,\ y=\pm1)$

（複号同順）

23 (1) $x^2-6x+14=0$
(2) $5x^2+19x+20=0$
(3) $p=-2,\ -\dfrac{1}{2}$

24 (1) ア 2 イ 3
(2) ウ 0

25 (1) $(x^2+5)(x^2-3)$
(2) $(x^2+5)(x+\sqrt{3})(x-\sqrt{3})$
(3) $(x+\sqrt{5}\,i)(x-\sqrt{5}\,i)$
$\times(x+\sqrt{3})(x-\sqrt{3})$

26 (1) $x=2,\ -1\pm\sqrt{3}\,i$
(2) $x=-2,\ 1,\ 3$
(3) $x=2,\ -4\pm2\sqrt{2}\,i$
(4) $x=\pm2,\ \pm3$
(5) $x=-3,\ -1,\ -2\pm\sqrt{6}$
(6) $x=\dfrac{-5\pm\sqrt{3}\,i}{2},\ \dfrac{-5\pm\sqrt{13}}{2}$
(7) $x=\dfrac{-\sqrt{2}\pm\sqrt{6}\,i}{2},\ \dfrac{\sqrt{2}\pm\sqrt{6}\,i}{2}$

ヒント (6) 左辺を
$\{(x+1)(x+4)\}\{(x+2)(x+3)\}$
$=(x^2+5x+4)(x^2+5x+6)$
と変形.
(7) $x^4+2x^2+4=(x^4+4x^2+4)-2x^2$
と変形.

27 ア 0 イ 0 ウ −1
（イ，ウは順不同）

28 (1) ア $\dfrac{1}{2}$
(2) イ −6 ウ 5
(3) $a<-2,\ -2<a<-\sqrt{3}$

ヒント (3) $x^2+2ax+3=0$,
$x^2+3x+2a=0$ がともに異なる 2 つの
実数解をもち，かつこれらが解を共有し
ない場合である.

29 (1) $\sqrt{6}<a\leqq2\sqrt{2}$
(2) $-\sqrt{6}<a\leqq2\sqrt{2}$

ヒント (2) この方程式が少なくとも 1 つ

正の解をもつのは，次のいずれかである.
（i） 2 つの正の解（重解の場合も含む）
をもつ，
（ii） $x=0$ と正の解を 1 つもつ，
（ii） 正の解と負の解を 1 つずつもつ.

30 (1) （証明は省略）
(2) (i) 0 (ii) 0 (iii) 1

ヒント ω と他の虚数解は $x^2+x+1=0$
の 2 解.

31 (1) （証明は省略）
(2) $a=-6,\ b=11$
残りの 2 つの解は 4, $1-\sqrt{2}\,i$

32 ア 1 イ 10

ヒント $x^3-(a+2)x+2(a-2)$ は $x-2$
を因数にもつ.

33 (1) ア $-(\alpha+\beta+\gamma)$
イ $\beta\gamma+\gamma\alpha+\alpha\beta$
ウ $-\alpha\beta\gamma$
(2) エ −11 オ 31
カ −21 キ 1
ク 3 ケ 7

ヒント (2) $x,\ y,\ z$ を 3 つの解とする t
の 3 次方程式で，3 次の項の係数が 1 の
ものは，
$(t-x)(t-y)(t-z)=0$
である.

34 (1) $x^2+\dfrac{1}{x^2}=t^2-2,\ x^3+\dfrac{1}{x^3}=t^3-3t$
(2) $2t^2-3t-9$
(3) $\dfrac{-3\pm\sqrt{7}\,i}{4},\ \dfrac{3\pm\sqrt{5}}{2}$

3 式と証明

35 (1) （証明は省略）
(2) （証明は省略）
(3) ア $\dfrac{41}{20}$ イ $-\dfrac{41}{9}$
(4) $x:y:z=3:4:5$

ヒント (2) $\dfrac{a}{b}=\dfrac{c}{d}=k$ とおく.
(4) $\dfrac{2x+y}{5}=\dfrac{3y+2z}{11}=\dfrac{z+x}{4}=k$ と

おく.

36 (1) （証明は省略）

(2) （証明は省略）

等号成立条件は, $a=b=c$

(3) （証明は省略）

等号成立条件は, $x=\dfrac{1}{3}$, $y=\dfrac{1}{3}$,

$z=\dfrac{1}{3}$

ヒント (3) 1文字を消去する.

37 （証明は省略）

等号成立条件は, $a=b$, または $x=y$

38 (1) （証明は省略）

等号成立条件は, $x=y$

(2) ア 10　イ 5

(3) ウ 25

39 (1) （証明は省略）

(2) （証明は省略）

ヒント (2) 両辺を平方したものの差を考える.

40 $2ab<\dfrac{1}{2}<a^2+b^2$

ヒント たとえば, $a=\dfrac{1}{4}$, $b=\dfrac{3}{4}$ で, この3つの数の大小を予測してから, 2つずつの差をとって調べる.

41 （証明は省略）

ヒント 結論は, $(x-1)(y-1)(z-1)=0$ といいかえられる.

42 (1) （証明は省略）

等号成立条件は, $ab\geqq 0$

(2) （証明は省略）

(3) $\dfrac{p}{1+p}+\dfrac{q}{1+q}\geqq\dfrac{p+q}{1+p+q}$

(4) （証明は省略）

43 (1) ア $ay-bx$ または $bx-ay$

(2) (i) （証明は省略）

等号成立条件は, $ay=bx$

(ii) （証明は省略）

等号成立条件は, $bx=ay$, かつ $cy=bz$, かつ $az=cx$

ヒント (2) (ii) （左辺）−（右辺）を (i) に

ならい,

$$(\quad)^2+(\quad)^2+(\quad)^2$$

の形に変形する.

44 （証明は省略）

ヒント (1), (2) 右辺を移項して得られる式を因数分解.

(3) (2) を利用.

45 （証明は省略）

ヒント $\dfrac{a+2}{a+1}-\sqrt{2}$ を

$$(a\text{ の式})(a-\sqrt{2})$$

の形にする.

第2章　図形と方程式

4　点と直線

46 (1) 16　(2) 5　(3) -33

(4) -14

47 (1) 第2象限の点

(2) ア $3\sqrt{2}$　(3) イ 6

ヒント (1) 座標平面で連立不等式

$$\begin{cases} x>0 \\ y>0 \end{cases} \begin{cases} x<0 \\ y>0 \end{cases} \begin{cases} x<0 \\ y<0 \end{cases} \begin{cases} x>0 \\ y<0 \end{cases}$$

の表す領域をそれぞれ第1象限, 第2象限, 第3象限, 第4象限という. （座標軸上の点はどの象限にも属さない）

48 (1) ア $\dfrac{17}{5}$　イ $\dfrac{23}{5}$　ウ 5

エ $\dfrac{17}{3}$

(2) $(-7, -13)$

(3) オ 3　カ 3

(4) $\left(\dfrac{1}{3}, \dfrac{4}{3}\right)$

49 (1) ア 6　イ -22

(2) $y=-1$

(3) ウ -2　エ 8

(4) オ -3

50 (1) （証明は省略）

(2) ア 3　イ 1　ウ 2

エ 8

(3) (i) -3　(ii) -1

(4) オ 4　　カ 2　　キ 2
　　ク 10

51 (1) $y = x - 1$

　　(2) ア 4　　イ 2

52 (1) ア $-\dfrac{a}{b}$　　イ $\dfrac{b}{a}$

　　ウ $y_0 - y_1$　　エ $x_0 - x_1$

　　オ $y_0 - y_1$　　カ $x_1 + ak$

　　キ $y_1 + bk$

　　ク $-\dfrac{ax_1 + by_1 + c}{a^2 + b^2}$

　　ケ $\sqrt{a^2 + b^2}$

　　コ $\dfrac{|ax_1 + by_1 + c|}{\sqrt{a^2 + b^2}}$

　　(2) サ 5

53 2

54 $\sqrt{5}$　　P(1, 7)

55 $\dfrac{1}{2}|p_1 q_2 - p_2 q_1|$

56 6

ヒント　まず, この三角形の3つの頂点の
座標を求める.

57 ア ①　　イ ⑤　　ウ ④
　　エ ②

58 (1) $(-2, 2)$　　(2) $\sqrt{53}$

ヒント　(2) A'P+PB の最小値を幾何学
的に求める.

5 円

59 (1) $\sqrt{2}$　　(2) $(1, 2)$
　　(3) $(x-1)^2 + (y-2)^2 = 2$

60 (1) $(x-1)^2 + (y-2)^2 = 5^2$
　　(2) $(x-1)^2 + y^2 = \left(2\sqrt{5}\right)^2$
　　(3) $(x-1)^2 + (y+3)^2 = 5^2$
　　（または, $x^2 + y^2 - 2x + 6y - 15 = 0$）

61 (1) ア 2　　イ 1　　ウ $\sqrt{3}$
　　(2) エ $0 < a < 2$

62 (1) ア 2　　イ 1
　　(2) (i) $-\sqrt{5} < k < \sqrt{5}$
　　　　(ii) $k = \pm\sqrt{5}$
　　　　(iii) $k < -\sqrt{5},\ \sqrt{5} < k$

(3) $7\sqrt{2}$

63 (1) （証明は省略）
　　(2) ア $\sqrt{3}$　　イ 4　　ウ $-2\sqrt{2}$
　　エ -2

64 (1) $y = 3,\ y = \dfrac{4}{3}x - 5$

　　(2) ア -7　　イ 5

　　(3) $y = -\dfrac{1}{2}x - 1$

65 (1) $(x-1)^2 + (y-1)^2 = 1,$

　　$\left(x - \dfrac{1}{3}\right)^2 + \left(y + \dfrac{1}{3}\right)^2 = \left(\dfrac{1}{3}\right)^2$

　　(2) $\sqrt{5}$

66 (1) $r = 2(\sqrt{2} - 1),\ 2(\sqrt{2} + 1)$
　　(2) $2(\sqrt{2} - 1) < r < 2(\sqrt{2} + 1)$

67 $(3, 4),\ (-3, -4)$

68 $x^2 + y^2 - 2x - 4y = 0$
　　（または, $(x-1)^2 + (y-2)^2 = \left(\sqrt{5}\right)^2$）

69 (1) ア 1　　イ 2　　ウ 4

　　(2) エ 3　　オ $\dfrac{3}{5}$　　カ $\dfrac{4}{5}$

　　キ $\dfrac{29}{5}$

70 ア -3　　イ 4　　ウ 7
　　エ 12　　オ 2

71 $\left(x - \dfrac{13}{5}\right)^2 + \left(y - \dfrac{16}{5}\right)^2 = 1$

72 ア $b^2 - m^2$　　イ $b^2 + 8mb + 12m^2$

　　ウ $-\dfrac{3\sqrt{7}}{7}$　　エ $-\dfrac{\sqrt{15}}{15}$

　　オ $\dfrac{\sqrt{15}}{15}$　　カ $\dfrac{3\sqrt{7}}{7}$

6 軌跡と方程式

73 (1) ア 8　　イ 0　　ウ 4
　　(2) (i) 線分 AB の中点を中心とし,
半径 $\sqrt{\dfrac{k}{2} - \dfrac{1}{4}\text{AB}^2}$ の円.

　　(ii) 直線 AB 上で, 線分 AB の中点
からの距離が $\dfrac{k'}{2\text{AB}}$ であるような2
点をそれぞれ E, F とするとき, E

を通り直線 AB に垂直な直線と，F
を通り直線 AB に垂直な直線よりな
る図形．

(3) 点 $(2, 0)$ を中心とし，半径 $\frac{1}{3}$
の円．

ヒント (2) 座標軸を適切にとって考える．

74 ア $-\frac{1}{4}$　イ 3

75 点 $\left(\frac{2}{3}, 0\right)$ を中心とし，半径 $\frac{2}{3}$ の円
から 2 点 $(0, 0)$，$\left(\frac{4}{3}, 0\right)$ を除いた部分．

76 (1) ア 6　イ 5
(2) ウ 6　エ 5

77 直線 $y = -2x + 4$

78 (1) $k > \frac{3}{4}$

(2) 直線 $x = \frac{1}{2}$ の $y > \frac{5}{4}$ の範囲の
部分．

79 ア 1　イ $\frac{1}{2}$　ウ $\frac{5}{4}$
エ 0　オ 1

ヒント 与えられた 2 直線の方程式から
m を消去すると，円の方程式が得られ
る．

7 不等式の表す領域

80 (1) ア ⑤　イ ④　ウ ⑥
(2) (a) の表す領域は，⑨，
(b) の表す領域は，②，
(c) の表す領域は，⑦，
(d) の表す領域は，③，
(e) の表す領域は，④
(3) (i) 次の図の斜線部分．ただし，
境界は含まない．

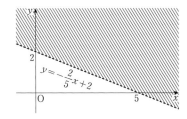

(ii) 次の図の斜線部分．ただし，境
界は含まない．

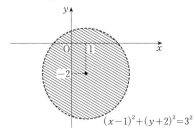

81 (1) (i) 次の図の斜線部分．ただし，
境界は含まない．

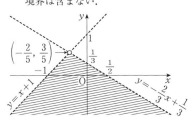

(ii) 次の図の斜線部分．ただし，境
界を含む．

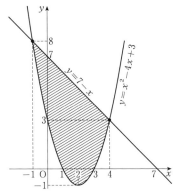

(iii) 次の図の斜線部分．ただし，境

界を含む.

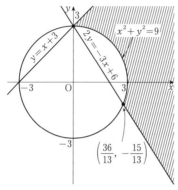

(2) 次の図の斜線部分. ただし, 境界は含まない.

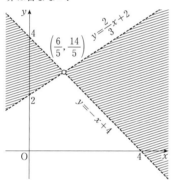

(3) ア, イ, ウ $y>3x$, $y>-x$, $y<\dfrac{1}{3}x+\dfrac{8}{3}$

(順不同)

82 (1) 次の図の斜線部分. ただし, 境界を含む.

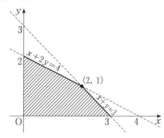

(2) $2x+3y$ の最大値は 7

ヒント k を実数の定数とするとき, 方程式

$$2x+3y=k$$

は, 座標平面上で直線を表している. **7 基本のまとめ 2** を参照するとよい.

83 (1) (i) ア ① (ii) イ ②
(iii) ウ ⑤ エ ①

(2) x^2+y^2 の最小値は 8

ヒント (2) k を実数の定数とするとき, 方程式

$$x^2+y^2=k$$

は, $k\geqq0$ ならば, 座標平面上で円または1点を表している. **7 基本のまとめ 2** を参照するとよい.

84 次の図の斜線部分. ただし, 境界を含む.

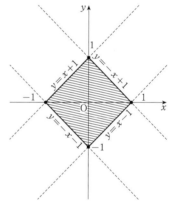

85 $a\leqq-\sqrt{2}$

ヒント 不等式 $x^2+y^2\leqq1$ の表す領域が, 不等式 $y\geqq x+a$ の表す領域に含まれる条件を調べればよい.

86 利益が最大となるのは, A を 10 kg, B を 20 kg 生産するときである.

ヒント A, B それぞれの生産量を x kg, y kg とすると, 利益は $5x+6y$ 万円.

これを原料に課せられた条件のもとで最大にする. **7 基本のまとめ 2** を参照するとよい.

87 次の図の斜線部分. ただし, 境界は含まない.

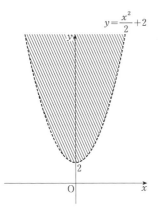

$y=\dfrac{x^2}{2}+2$

ヒント　a の値を変化させて，問題の直線が実際にどのような領域をつくるのかを調べようとすると楽ではない．結論からむかえにいく方がよい．つまり，a の値を変化させるとき問題の直線のどれもが通過できない領域を考え，その領域上の点の座標を (p, q) として，p と q がどのような条件をみたすのかを調べる．

88　(1)　$v \le \dfrac{u^2}{4}$

(2)　次の図の斜線部分．ただし，境界を含む．

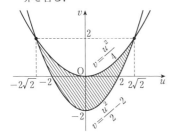

$v \le \dfrac{u^2}{4}$

$v = \dfrac{u^2}{2} - 2$

ヒント　(1)　x, y が実数ということから，2次方程式
$$t^2 - (x+y)t + xy = 0,$$
つまり，$t^2 - ut + v = 0$
は実数解 $t = x, y$ をもつことになる．

これから，u, v 間のかくれた条件を発見できる．

第3章　指数関数と対数関数

8　指数関数，対数関数

89　(1)　ア　$\dfrac{27}{2}$

(2)　イ　17　　ウ　-1

90　(1)　2　　(2)　-2

(3)　a　　(4)　$\sqrt[12]{a}$

91　(1)　(i)　$\dfrac{1}{4}$　(ii)　$\dfrac{\sqrt{2}}{2}$　(iii)　$\dfrac{25}{16}$

(2)　a

92　(1)　ア　正の実数

イ　a を底とする b

ウ　真数

(2)　ア　a^u　　イ　a^v

ウ　a^{u+v}　　エ　$u+v$

93　(1)

数	1	2	3	4	5	6	7	8	9	10
常用対数	0			0.6020	0.6990	0.7781		0.9030	0.9542	1

（求め方は省略）

(2)　(i)　ア　3　(ii)　イ　-3

(iii)　ウ　1　(iv)　エ　1

94　ア　$\dfrac{1}{2}$

95　(1)　（証明は省略）

(2)　ア　50

(3)　イ　pq　　ウ　$\dfrac{1+p}{1+pq}$

(4)　4

ヒント　(3)　底の変換公式（**8基本のまとめ 6** (5)）を用いる．

(4)　底の変換公式（**8基本のまとめ 6** (5)）を用いて，対数の底を 2 にそろえる．

96　0

97　ア　$\dfrac{7}{3}$

ヒント
$$X^3 + Y^3 = (X+Y)^3 - 3XY(X+Y)$$
または，
$$X^3 + Y^3 = (X+Y)(X^2 - XY + Y^2)$$
を用いる．

98 (1) (i) ア ⑧ (ii) イ ④
(iii) ウ ①

(2)

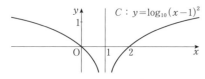

99 (1) ア $\sqrt[3]{2}$ イ $4^{\frac{1}{4}}$

ウ $16^{\frac{1}{6}}$ エ $\sqrt[4]{8}$

(2) (i) (証明は省略)

(ii) (証明は省略)

(3) (i) ア ⑤ (ii) イ ③

ヒント (2) $y=\left(\dfrac{b}{a}\right)^x$ は増加関数である.

(3) (i) a^6 と b^6, a^{10} と c^{10} の大小を比べる.

(ii) 条件を $a^{2x}=b^{3y}=c^{5z}$ といいかえ,
(i)の結果と比較してみる.

100 (1) (証明は省略)

(2) ア $\dfrac{1}{9}$

ヒント $a^{\log_a b}=R$ とおき,対数の定義を用いる.

101 (1) ア $\dfrac{1}{6}\log_5 6$ イ $\dfrac{1}{2}\log_5 2$

ウ $\dfrac{1}{3}\log_5 3$

(2) $\log_{10} 4 > \dfrac{3}{5}$

102 $\log_a\left(\dfrac{a}{b}\right)<0<\log_b\left(\dfrac{b}{a}\right)$

$<\dfrac{1}{2}<\log_b a<1<\log_a b$

ヒント たとえば,条件を満足するように,a が 100,b が 1000,または,a が 4,b が 8 などの場合について,4 つの対数の値を底の変換公式を用いて計算し,大小を予測する.そののち,2 つずつの差をとって大小関係を示す.

103 $a^0=1$ と約束する.

(説明は省略)

104 (1) (証明は省略)

(2) (i) (証明は省略)

(ii) (証明は省略)

(iii) (証明は省略)

ヒント (1) n を正の整数とする.$x^n=a$ をみたす正の数 x はただ 1 つ決まる.これを $\sqrt[n]{a}$ とするのであるが,ここの「ただ 1 つ」というのは,次のようなことである:b, c という正の数があって,

$$b^n=a,\ c^n=a$$

をみたせば,b と c は一致する.つまり,

$$b=c$$

である.

11 指数関数,対数関数の応用

105 (1) $x=\dfrac{5}{2}$ (2) $x=-1$

(3) $x\leqq\dfrac{2}{3}$

106 (1) $x=125$ (2) $x=5$

(3) $x=\dfrac{1}{3}$, 27 (4) $x=4$, 8

(5) $x=9$

107 (1) $x=6$ (2) $x=9$, $\dfrac{1}{9}$

108 (1) $0<x<8$ (2) $\dfrac{1}{2}<x<4$

(3) $2<x<3$ (4) $3<x<6$

109 (1) (i) 最大値は 5,最小値は $\dfrac{1}{5}$

(ii) 最大値は 4,最小値は 0

(2) (i) $f(x)$ は $x=\dfrac{1}{2}$ のとき,

最小値 $-\dfrac{13}{4}$ をとる.

(ii) $f(x)$ は $x=-1$ のとき,

最小値 $-\dfrac{13}{4}$ をとる.

(3) ア 13 イ 4

(4) ウ 2

ヒント (3) $\dfrac{1}{4}\leqq x\leqq 4$ のときの $\log_{\frac{1}{2}} x$ のとり得る値の範囲を調べないといけな

いが，底を $\frac{1}{2}$ から 2 に変換しておく方が考えやすい．

110　(1)　$x=3,\ y=2$
　　　　(2)　$x=4,\ y=3$

ヒント　(1)　$X=2^x,\ Y=3^y$ とすると，この連立方程式は，$X,\ Y$ の連立 1 次方程式となる．

111　(1)　ア　$x\leqq 2$
　　　　(2)　$1<a$ のとき，
$$1<x<2,\ 2<x<5,$$
　　　　　　$0<a<1$ のとき，
$$-1<x<1,\ 5<x$$

ヒント　(1)　$X=a^x$ とすると，X の 2 次不等式になる．これを解き，**8 基本のまとめ③**(4)(ii) の利用を考える．
(2)　真数が正となる条件を調べること．a が $0<a<1$ のときと $1<a$ のときで場合分けし，**8 基本のまとめ⑦** に注意して解く．

112　次の図の斜線部分．ただし，境界は含まない．

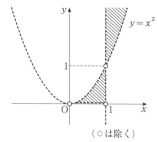

（○は除く）

ヒント　底 x が $0<x<1$ のときと，$1<x$ のときで場合分けする．底を 2 や 10 に変換して考えてもよい．

113　$x=10^{\frac{3}{2}},\ y=10^{\frac{3}{2}}$ のとき，最大値 $\frac{9}{4}$ をとり，$x=10,\ y=100$，または，$x=100,\ y=10$ のとき，最小値 2 をとる．

ヒント　与えられた 3 つの条件式の両辺の常用対数をとり，$\log_{10}x,\ \log_{10}y$ の関係を求めて，z の最大と最小を考える．

114　(1)　t^2-5t+1
　　　　(2)　$x=\pm 1$ のとき，最小値 $-\dfrac{21}{4}$

ヒント　(1)　$2^{2x}+2^{-2x}=(2^x)^2+(2^{-x})^2$
$$=(2^x+2^{-x})^2-2$$
と変形する．

115　(1)　2560 個　　(2)　26 日後

116　(1)　10 桁　　(2)　小数第 20 位

ヒント　**9 基本のまとめ①** を利用する．

第4章　三角関数

10　三角関数

117　(1)　$y=\dfrac{\pi}{180}x$
　　　　(2)　ア　①　　イ　①　　ウ　③
　　　　　　エ　⑦　　オ　⑩

ヒント　(1)　弧度法は，半径 1 の扇形の中心角の大きさを，弧の長さで表すことと考える．

118　(1)　XY 平面上で，X 軸の正の部分を始線として，角 x の動径と原点を中心とする半径 r の円周との交点の座標を $(p,\ q)$ とすると，比 $\dfrac{q}{r}$ の値は半径 r の大きさによることなく角 x で定まる．この値が角 x の正弦である．
　　　　(2)　(i)　$-\dfrac{\sqrt{2}}{2}$　　(ii)　$-\dfrac{1}{2}$
　　　　　　(iii)　$-\dfrac{\sqrt{3}}{3}$　(iv)　$-\dfrac{\sqrt{3}}{2}$
　　　　　　(v)　$\dfrac{\sqrt{2}}{2}$　　(vi)　-1

119　（証明は省略）

120　(1)　ア　$-\dfrac{\sqrt{5}}{3}$　　イ　$\dfrac{2\sqrt{5}}{5}$
　　　　(2)　(i)　$-\dfrac{9\sqrt{26}}{26}$　(ii)　$2\sqrt{26}$
　　　　(3)　ウ　$-\dfrac{3}{8}$

ヒント　(2)　(i)　$1+\tan^2\theta=\dfrac{1}{\cos^2\theta}$，

$\sin\theta = \cos\theta\tan\theta$ を利用する.

(ii) 通分して整理してから, (1)で求めた値を代入する.

121 (1) ア ③　イ ④　ウ ②
　　　エ ③　オ ⑧　カ ⑤

(2) -1

122 ア 180　イ (3)

123 (1) $\theta = \dfrac{\pi}{3},\ \dfrac{2}{3}\pi$ ($0 \le \theta < 2\pi$ のとき),

$\theta = \dfrac{\pi}{3} + 2n\pi,\ \dfrac{2}{3}\pi + 2n\pi$ (n は整数)

あるいは, $\theta = (-1)^m\dfrac{\pi}{3} + m\pi$ (m は整数)

(2) $\theta = \dfrac{\pi}{4},\ \dfrac{7}{4}\pi$ ($0 \le \theta < 2\pi$ のとき),

$\theta = \dfrac{\pi}{4} + 2n\pi,\ \dfrac{7}{4}\pi + 2n\pi$ (n は整数)

あるいは, $\theta = \pm\dfrac{\pi}{4} + 2m\pi$ (m は整数)

(3) $\theta = \dfrac{5}{6}\pi,\ \dfrac{11}{6}\pi$ ($0 \le \theta < 2\pi$ のとき),

$\theta = \dfrac{5}{6}\pi + n\pi$ (n は整数)

124 (1) $0 \le \theta < \dfrac{5}{4}\pi,\ \dfrac{7}{4}\pi < \theta < 2\pi$

(2) $\dfrac{2}{3}\pi \le \theta \le \dfrac{3}{4}\pi,\ \dfrac{5}{4}\pi \le \theta \le \dfrac{4}{3}\pi$

(3) $-\dfrac{\pi}{4} \le \theta \le \dfrac{\pi}{3}$

125 (1) ア $\dfrac{2}{3}\pi$

(2) $130° \le x \le 175°$

126 (1) $x = \dfrac{\pi}{6},\ \dfrac{\pi}{2},\ \dfrac{5}{6}\pi$

(2) $-180° < x \le -60°$,
　　$60° \le x \le 180°$

127 (1) ア 360　イ 90　ウ 1
　　　エ 270　オ -1

(2) カ 0　キ -3

128 $\theta = 270°$ のとき, $f(\theta)$ は最大値 $2 + \sqrt{3}$ をとり, $\theta = 60°,\ 120°$ のとき, $f(\theta)$ は最小値 $\dfrac{1}{4}$ をとる.

129 $\begin{cases} x = \dfrac{\pi}{3} \\ y = \dfrac{5}{6}\pi \end{cases}$ または, $\begin{cases} x = \dfrac{5}{3}\pi \\ y = \dfrac{\pi}{6} \end{cases}$

ヒント　与えられた連立方程式と $\cos^2 y + \sin^2 y = 1$ を用いて y を消去してみる.

11 加法定理

130 (1) (i) $\sqrt{2\{1 - (\cos\alpha\cos\beta - \sin\alpha\sin\beta)\}}$

(ii) $\sqrt{2\{1 - \cos(\alpha + \beta)\}}$

(iii) (証明は省略)

(2) (証明は省略)

(3) ア ①　イ ③　ウ ⑥
　　　エ ⑤　オ ⑧ または ⑤
　　　カ ⑪　キ ⑭

(4) ク 0

131 (1) ア $\cos\beta$　イ $\sin\beta$
　　　ウ $\cos\beta$　エ $\sin\beta$
　　　オ $\sin\beta$　カ $\cos\beta$
　　　キ $\sin\beta$　ク $\cos\beta$
　　　ケ $\tan\beta$　コ $\tan\beta$

(2) サ $-(2 + \sqrt{3})$

132 (1) (i) (証明は省略)

(ii) (証明は省略)

(2) $-\dfrac{24}{25}$

(3) $\tan^2\dfrac{\alpha}{2} = \dfrac{1 - \cos\alpha}{1 + \cos\alpha}$

(導き方は省略)

(4) ア 2　イ 2

(5) ウ $\dfrac{\sqrt{6}}{6}$　エ $-\dfrac{\sqrt{30}}{6}$

(6) $\cos 2\theta = -\dfrac{15}{17},\ \sin\theta = \dfrac{8}{17}$

ヒント　(6) $\sin\theta = \tan\theta\cos\theta$ に注意する.

133 (1) ア 3　イ -4

(2) ウ $\cos\alpha$

エ $\dfrac{-\cos\alpha - \sqrt{3}\sin\alpha}{2}$

オ $\dfrac{-\cos\alpha + \sqrt{3}\sin\alpha}{2}$

(ウ，エ，オは順不同)

134 (1) $x=0$, $\dfrac{2}{3}\pi$, π, $\dfrac{4}{3}\pi$

(2) $0 \leqq x \leqq \dfrac{\pi}{3}$, $x=\pi$,

$\dfrac{5}{3}\pi \leqq x < 2\pi$

135 ア 2　イ $\dfrac{\pi}{6}$　ウ $\dfrac{\pi}{3}$

エ 2

136 ア 105

137 (1) (i) ア $\sin\alpha\cos\beta + \cos\alpha\sin\beta$

イ $\cos\alpha\cos\beta - \sin\alpha\sin\beta$

(ii) (証明は省略)

(2) (証明は省略)

138 ア 3　イ 4　ウ 3

エ 2　オ 1　カ 5

139 (1) ア 1　イ 2　ウ 7

エ 6

(2) $\theta = 45°$

(3) (証明は省略)

ヒント (2) l_1, l_2 のそれぞれに平行で，しかも原点を通るもののなす角の大きさを考える．

(3) l は H（O から l へ下ろした垂線の足）を通り，OH に垂直な直線

140 $\alpha = \dfrac{2}{3}\pi$, $\beta = \dfrac{4}{3}\pi$

ヒント 恒等式であるから，x に 0, $\dfrac{\pi}{2}$ を代入してみると，**129** と似た連立方程式が得られる．十分性のチェックも忘れないこと．

141 ア $\sqrt{3}$

ヒント 正弦の加法定理（**11 基本のまとめ** $\boxed{1}$）で展開し，そののち，三角関数の合成（**11 基本のまとめ** $\boxed{4}$）を行う．

142 (1) $-\dfrac{1}{2}t^2 + t + \dfrac{1}{2}$

(2) $-\sqrt{2} \leqq t \leqq \sqrt{2}$

(3) $M=1$, $m = -\sqrt{2} - \dfrac{1}{2}$

143 最大値 5 $\left(\theta = \dfrac{\pi}{2} \ \text{のとき} \right)$

最小値 $\dfrac{7-3\sqrt{2}}{2}$ $\left(\theta = \dfrac{\pi}{8} \ \text{のとき} \right)$

ヒント 半角の公式と正弦の2倍角の公式（**11 基本のまとめ** $\boxed{3}$, $\boxed{2}$）を用いて，y を $\sin 2\theta$ と $\cos 2\theta$ の1次式にする．そののち，三角関数の合成（**11 基本のまとめ** $\boxed{4}$）を行う．

144 (1) $\cos\theta - \dfrac{\sin\theta}{\sqrt{3}}$

(2) 長方形 PQRS の面積の最大値は $\dfrac{\sqrt{3}}{6}$，そのときの θ の値は $30°$

ヒント (2) 正弦の2倍角の公式と半角の公式（**11 基本のまとめ** $\boxed{2}$, $\boxed{3}$）を用いて，長方形の面積を $\sin 2\theta$ と $\cos 2\theta$ の1次式にする．そののち，三角関数の合成（**11 基本のまとめ** $\boxed{4}$）を行う．

145 (1) $2(2\cos\theta + \sin\theta)$

(2) 最大値 $2\sqrt{5}$，このとき，

$\sin\theta = \dfrac{1}{\sqrt{5}}$, $\cos\theta = \dfrac{2}{\sqrt{5}}$

ヒント (1) $\angle \mathrm{APB} = 90°$ に着目．

(2) (1)の結果に三角関数の合成（**11 基本のまとめ** $\boxed{4}$）を行う．

146 角 C が直角な三角形

ヒント 与えられた等式は

$$\dfrac{\sin A \sin B}{\cos A \cos B} = 1$$

と表される．この分母をはらってみる．

第5章　微分と積分

12 微分係数と導関数

147 ア $p(a+b)+q$　イ $\dfrac{a+b}{2}$

148 (定義は省略)

$f(x) = x^2$ の $x=a$ での微分係数 $f'(a)$ は，$f'(a) = 2a$

149 (1) $f'(x) = 2x+1$

(2) ア -3　イ 27

150 (1) $y = 4x - 4$

(2) ア 3　イ -4　ウ $\dfrac{1}{8}$

エ　$-\dfrac{1}{4}$　　オ　$-\dfrac{1}{4}$

カ　$\dfrac{1}{4}$

151　(1)　$y=2x+2,\ y=2x+\dfrac{22}{27}$

(2)　$y=-x$

ヒント　(1), (2)　いずれも接点に着目する. 接点の x 座標を a とすると, 条件から a の方程式が得られる.

152　(1)　ア　1　　イ　-3　　ウ　1

(2)　エ　-3　　オ　1

153　ア　-1　　イ　1　　ウ　-1

154　(証明は省略)

13　関数の値の増減

155　(1)　y は, $x=1$ のとき極大値 $\dfrac{7}{3}$ をとり, $x=5$ のとき極小値 $-\dfrac{25}{3}$ をとる.

(2)

A群	(a)	(b)	(c)	(d)	(e)
B群	③	②	⑤	①	④

(3)

x	$\cdots$	-3	$\cdots$	1	$\cdots$
y'	$+$	0	$-$	0	$+$
y	↗	32 極大	↘	0 極小	↗

極大値は 32, 極小値は 0
グラフの概形は以下のとおり.

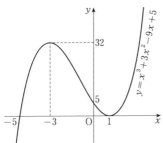

[注]　極値を求めよというときには, 得られた極値が極大値なのか, それとも極小値なのかを明記しておかないといけない.

156　(1)　ア　$-\dfrac{1}{3}$　　(2)　$a^2-3b>0$

157　$a=3,\ b=-9$

ヒント　「$f(1)=-3,\ f'(1)=0$」$\cdots(*)$ は $f(x)$ が $x=1$ で極小値 -3 をとるための必要条件である (13 基本のまとめ ②(2)[注]). したがって, $(*)$ から求めた $a,\ b$ の値に対して, $f(x)$ が $x=1$ で実際に極小となることを確認しないといけない.

158　最大値 33 $(x=4$ のとき$)$
　　　　最小値 -19 $(x=2$ のとき$)$

159　ア　3　　イ　-8

160　ア　$16x-4x^3$　　イ　$\dfrac{4\sqrt{3}}{3}$

ウ　$\dfrac{16}{3}$

161　極大値 $\dfrac{8}{27}$ $\left(x=\dfrac{2}{3}\ \text{のとき}\right)$

極小値 0 $(x=0$ のとき$)$
　　　　　0 $(x=1$ のとき$)$

ヒント　極小の判定法 (13 基本のまとめ ②(2)(ii)(イ)) を用いるのではなく, 極小の定義 (13 基本のまとめ ②(1)) にもどる必要がある. 13 基本のまとめ ②(1) の [注] も参照.

162　(1)　ア　-1　　イ　$\dfrac{1-\sqrt{3}}{2}$

ウ　$\dfrac{1+\sqrt{3}}{2}$

(2)　極大値
　　　　　0 $(x=0$ のとき$)$
　　　極小値
　　　　　$-\dfrac{5}{12}$ $(x=-1$ のとき$)$
　　　　　$-\dfrac{8}{3}$ $(x=2$ のとき$)$

グラフの概形は次のとおり.

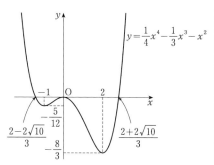

$$y=\frac{1}{4}x^4-\frac{1}{3}x^3-x^2$$

163 (1) ア ＜　イ ＞

(2) $a>0,\ b<0,\ c>0,\ d<0,$
$e<0$

（理由は省略）

（ヒント） (1), (2)ともにグラフと x 軸，y 軸との交点の状況や関数の極値を与える x の値の符号を調べる．

164 (1) $k<3$　(2) $\dfrac{4}{3}(3-k)$

(3) $k=-9$

（ヒント） (3) $s,\ t$ は2次方程式 $f'(x)=0$ の解であるから，解と係数の関係より，

$$s+t=2,\ st=\frac{k}{3}$$

これらと(2)の結果を $f(s)-f(t)$ に用いる．

$$f(s)-f(t)=\int_t^s f'(u)\,du$$

であることを用いてもよい．

165 （証明は省略）

（ヒント） $f(x)=ax^3+bx^2+cx+d$ とするとき，任意の実数 x に対して，

$$f(-x)=-f(x)$$

となることを示す．$f(x)$ が kx^3+lx という形に表されることが示されればよい．

166 (1) ア 1　イ 4　ウ 3
エ 0

(2) オ 1　カ 4　キ 4

（ヒント） (2) $x(x-3)^2$ は $x=1$ のとき極大値4をとる．$x(x-3)^2=4$ となる x の値を求めると1と4を得る．この事実

に注意して，$0<t<1,\ 1\leqq t\leqq 4,\ 4<t$ の3つの場合に分けて考える．

167 (1) p^4+p^2-6p+9　(2) $\sqrt{5}$

168 (1) ア 1　イ 1　ウ 6
エ 0　オ 4　カ 3

(2) キ 4

14　方程式，不等式への応用

169 (1) 極大値 -1 （$x=-1$ のとき）
極小値 -5 （$x=1$ のとき）

(2) 1個

170 ア $\pm\dfrac{2}{9}\sqrt{3}$

171 $a<-1,\ 1<a$

（ヒント） 関数 x^3-3a^2x+2 が極大値と極小値をもち，極大値が正，かつ極小値が負となる a の値の範囲．

172 (1) $-20<p<7$

(2) $-\dfrac{5}{2}<\alpha<-1,\ -1<\beta<2,$
$2<\gamma<\dfrac{7}{2}$

173 ア $0<p<\dfrac{64}{27}$

（ヒント） 3次関数のグラフでは，接線1本に接点（の x 座標）1つが対応し，かつその逆も成り立つので，条件をみたす接点（の x 座標）が3つある条件を調べればよい．

174 (1)

x	0	$\cdots$	$\sqrt{ab}$	$\cdots$
$f'(x)$		$-$	0	$+$
$f(x)$		$\searrow$	極小	$\nearrow$

$f(x)$ は，$x=\sqrt{ab}$ のとき，極小値 $\left(\sqrt{a^3}-\sqrt{b^3}\right)^2$ をとる．

(2) （証明は省略）

175 $-\sqrt{2}<p<\sqrt{2}$

（ヒント） x^4-4p^3x+12 の最小値が正となるような p の値の範囲を求める．

15 不定積分と定積分

176 (1) $\dfrac{2}{3}x^3 - \dfrac{3}{2}x^2 - 2x + C$

  （C は積分定数）

(2) ア $x^2 - 3x - 5$

(3) $y = \dfrac{3}{2}x^2 - 2x - 1$

177 (1) 2 (2) $\dfrac{16}{3}$ (3) $\dfrac{45}{4}$

(4) 4 (5) 2

ヒント (1) $\displaystyle\int_{-1}^{1} dx$ とは $\displaystyle\int_{-1}^{1} 1\,dx$ のことである.

(4) 絶対値をはずしたうえで積分を計算する. または, $y = |x|$ のグラフをかき, その図でこの定積分がどの部分の図形の面積にあたるかを考えてみる.

(5) $x^2 - 4x + 3 = (x-1)(x-3)$ と因数分解できる. これを用い, 絶対値をはずしたうえで積分を計算する.

178 $\dfrac{13}{48}$

179 (1) ア 1 (2) 10

ヒント (2) $\displaystyle\int_{-1}^{1} f(t)\,dt = a$ とおく.

180 (1) $f(x) = 2x,\ a = \pm 1$

(2) $f(x)$ は $x = -4$ のとき極大値 0 をとり, $x = 1$ のとき極小値 $-\dfrac{125}{6}$ をとる.

181 (1) ア $-\dfrac{1}{6}(\beta - \alpha)^3$

(2) イ $\dfrac{1}{6}$

(3) $\dfrac{1}{12}l^4$

182 $a \neq 0$ のとき,

$$\int_0^1 (ax+b)^2 dx > \left\{\int_0^1 (ax+b)\,dx\right\}^2$$

$a = 0$ のとき,

$$\int_0^1 (ax+b)^2 dx = \left\{\int_0^1 (ax+b)\,dx\right\}^2$$

ヒント $\displaystyle\int_0^1 (ax+b)^2 dx - \left\{\int_0^1 (ax+b)\,dx\right\}^2$

$= \dfrac{1}{12}a^2$

183 ア $\dfrac{1}{3}$ イ 0 ウ $-\dfrac{1}{2}$

  エ $\dfrac{1}{3}$ オ $\dfrac{1}{3}$ カ $\dfrac{2-\sqrt{2}}{6}$

184 ア $\dfrac{12}{13}x + \dfrac{6}{13}$

ヒント

$$f(x) = 1 + x\int_0^1 f(t)\,dt - \int_0^1 t f(t)\,dt$$

と変形できるので, $f(x)$ は,

  $1 + ax - b$ （a, b は定数）

つまり, $ax + 1 - b$ という形をしている.

16 面積

185 (1) $\dfrac{32}{3}$ (2) 8

186 (1) 36

(2) (i) $(0, 2)$, $(3, 5)$

  (ii) $\dfrac{9}{2}$

(3) ア 2 イ 4 ウ $\dfrac{8}{3}$

187 ア 9 イ 81

188 $ax^2 + bx + c = 0$ の判別式を D とすると,

$$a^2 S = \dfrac{1}{6}D^{\frac{3}{2}}$$

189 ア 1 イ -1 ウ 5

  エ 6 オ 5

190 (1) $\dfrac{27}{4}$

(2) (i) $y = 3x + 2$ (ii) $\dfrac{27}{4}$

191 $\dfrac{13}{6}$

192 (1) $y = mx - m + 2$

(2) $\alpha + \beta = m$, $\alpha\beta = m - 2$

  $\beta - \alpha = \sqrt{m^2 - 4m + 8}$

(3) $S = \dfrac{1}{6}(m^2 - 4m + 8)^{\frac{3}{2}}$, S を最小にする m の値は 2

ヒント (3) S を α, β を用いて表す. 次に, それを(2)の結果を用いて m で表す.

193 (1) y は $x=0$ で極大値 0 をとり, $x=2$ で極小値 -4 をとる.
　グラフの概形は次のとおり.

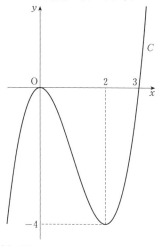

(2) $8h$

194 (1) ア $-\dfrac{1}{6}a^4+\dfrac{1}{3}a^3-\dfrac{1}{6}a+\dfrac{1}{12}$

(2) イ $\dfrac{1}{2}$　ウ $\dfrac{1}{32}$

195 (1) $\dfrac{4}{3}$　(2) $k=2-\sqrt[3]{4}$

ヒント (2) (1)の図形の面積がこの図形の直線 $y=kx$ とその下側にある部分の面積の2倍のときである.

196 （証明は省略）

ヒント P, Q の座標をそれぞれ $(\alpha,\ \alpha^2)$, $(\beta,\ \beta^2)$ $(\alpha<\beta)$ として, 直線 PQ の方程式を求め, 線分 PQ と放物線 $y=x^2$ で囲まれた図形の面積を α, β で表す. また, P, Q での接線の方程式を求め, R の座標と三角形 PQR の面積を α, β で表す.

197 (1) $y=2x-1$　(2) $\dfrac{2}{3}$

ヒント (1) それぞれの放物線上の点での接線の方程式を求め, それらが一致する場合を考える.
(2) 2つの放物線の交点の x 座標 c を求め, l とこれら2つの放物線で囲まれた図形を $x\leqq c$ の範囲と $x\geqq c$ の範囲に分けて考える.

チョイス新標準問題集

数学 II

六訂版 河合塾講師 中森信弥［著］

CHOICE

解答・解説編

河合出版

もくじ

2

第1章 式と証明，方程式

1 恒等式，整式・分数式

1 [解答]

[いずれも，1基本のまとめ①を用いる]

(1) 右辺を展開して整理すると，

$$ax^2-(ab+2a)x+2ab$$

両辺の1次の項の係数と定数項を比較して，

$$\begin{cases} 2=-ab-2a & \cdots ① \\ 4=2ab & \cdots ② \end{cases}$$

② より，

$$ab=2 \qquad \cdots ③$$

これを ① に代入して，

$$2=-2-2a$$

a について解いて，

$$a=-2$$

これを ③ に代入して，

$$b=-1$$

(2) この等式が恒等式となるのは，

$$\begin{cases} a+2=0 & \cdots ④ \\ 2a+b+c=0 & \cdots ⑤ \\ 3a+2c=0 & \cdots ⑥ \end{cases}$$

のときである．

④ より，

$$a=-2 \qquad \cdots ⑦$$

これを ⑥ に代入して，c について解くと，

$$c=-\frac{3}{2}\times(-2)=3 \qquad \cdots ⑧$$

⑦, ⑧ を ⑤ に代入して，b について解くと，

$$b=-2\times(-2)-3=1$$

以上から，

$$a=-2,\ b=1,\ c=3$$

(3) $x^3=a(x+2)^3+b(x+2)^2+c(x+2)+d$
$$\cdots ⑨$$

$t=x+2$ とおくと，⑨ が x についての恒等式であるということと，

$$(t-2)^3=at^3+bt^2+ct+d \quad \cdots ⑩$$

が t についての恒等式であるということは同じことである．

ところが，⑩ の左辺を展開すると，

$$t^3-3\times2t^2+3\times2^2t-2^3=t^3-6t^2+12t-8$$

を得るので，⑩ の両辺の同じ次数の項の係数と定数項を比較し，

$$a=1,\ b=-6,\ c=12,\ d=-8$$

(4) x^2+x+2
$$=ax(x+1)+bx(x-1)+c(x+1)(x-1)$$
$$\cdots ⑪$$

⑪ の x に 1 を代入して，

$$4=2a,\ つまり \quad a=2,$$

⑪ の x に -1 を代入して，

$$2=2b,\ つまり \quad b=1,$$

⑪ の x に 0 を代入して，

$$2=-c,\ つまり \quad c=-2$$

つまり，⑪ が x についての恒等式であるような a, b, c の値の組は，あるとすれば，

$$「a=2,\ b=1,\ c=-2」 \quad \cdots ⑫$$

しかない．

ところが，⑫ のとき，[⑪ の右辺

$$2x(x+1)+x(x-1)-2(x+1)(x-1)$$

を展開し，整理すれば ⑪ の左辺が得られるので，このとき] ⑪ は x についての恒等式である．

以上から，⑫ のように a, b, c の値を定めればよい．

(5) $x^3=ax(x-1)(x-2)+bx(x-1)+cx+d$
$$\cdots ⑬$$

⑬ の x に 0 を代入して，

$$d=0 \qquad \cdots ⑭$$

⑭ のとき，⑬ の x に 1 を代入して，

$$c=1 \qquad \cdots ⑮$$

⑭ かつ ⑮ のとき，⑬ の x に 2 を代入して，

$$8=2b+2,\ つまり \quad b=3 \quad \cdots ⑯$$

⑭ かつ ⑮ かつ ⑯ のとき，⑬ の x に 3 を代入して，

$$27=6a+18+3,\ つまり \quad a=1$$

つまり，⑬ が x についての恒等式であるような a, b, c, d の値の組は，あるとすれば，

$$「a=1,\ b=3,\ c=1,\ d=0」\cdots ⑰$$

しかない．

ところが，⑰ のとき，[⑬ の右辺

$$x(x-1)(x-2)+3x(x-1)+x$$

を展開し，整理すれば ⑬ の左辺が得られるので，

このとき］⑬は x についての恒等式である.

以上から，⑰のように a, b, c, d の値を定めればよい.

2 [解答]

(1) (i) $(x+2)^3$
$$=x^3+3\cdot x^2\cdot 2+3\cdot x\cdot 2^2+2^3$$
$$=x^3+6x^2+12x+8$$

(ii) $(2x-3y)^3$
$$=(2x)^3-3\cdot(2x)^2\cdot(3y)+3\cdot(2x)\cdot(3y)^2-(3y)^3$$
$$=8x^3-36x^2y+54xy^2-27y^3$$

(iii) $\left(x-\sqrt{7}\right)\left(x^2+\sqrt{7}\,x+7\right)$
$$=x^3+\sqrt{7}\,x^2+7x$$
$$\qquad -\sqrt{7}\,x^2-7x-7\sqrt{7}$$
$$=x^3-7\sqrt{7}$$

(iv) $(3x+y)(9x^2-3xy+y^2)$
$$=27x^3-9x^2y+3xy^2$$
$$\qquad +9x^2y-3xy^2+y^3$$
$$=27x^3+y^3$$

(2) (i) $27x^3+8y^3$
$$=(3x)^3+(2y)^3$$
$$=(3x+2y)\{(3x)^2-(3x)\cdot(2y)+(2y)^2\}$$
$$=(3x+2y)(9x^2-6xy+4y^2)$$

(ii) x^3-27y^3
$$=x^3-(3y)^3$$
$$=(x-3y)\{x^2+x\cdot(3y)+(3y)^2\}$$
$$=(x-3y)(x^2+3xy+9y^2)$$

(iii) x^6-y^6
$$=(x^3)^2-(y^3)^2$$
$$=(x^3+y^3)(x^3-y^3)$$
$$=(x+y)(x^2-xy+y^2)\cdot(x-y)(x^2+xy+y^2)$$
$$=(x+y)(x-y)(x^2+xy+y^2)(x^2-xy+y^2)$$

[注] (2) **30** の ω, つまり1の3乗根のうち虚数であるものの1つについては，**30**でも指摘されているように，
$$\omega^3=1,\quad \omega+\omega^2=-1$$
といった事実が成り立つ. これを利用すると，(i), (ii), (iii) は，係数に虚数を含むような形で因数分解できる.

(i) について，
$$9x^2-6xy+4y^2$$

$$=(3x)^2+(\omega\cdot 2y+\omega^2\cdot 2y)\cdot(3x)+(\omega\cdot 2y)\cdot(\omega^2\cdot 2y)$$
$$=(3x+\omega\cdot 2y)(3x+\omega^2\cdot 2y)$$

(ii) について，
$$x^2+3xy+9y^2$$
$$=x^2-(\omega\cdot 3y+\omega^2\cdot 3y)\cdot x+(\omega\cdot 3y)(\omega^2\cdot 3y)$$
$$=(x-\omega\cdot 3y)(x-\omega^2\cdot 3y)$$

(iii) についても同様であるから，(i), (ii), (iii) の係数に虚数を含む形の因数分解は以下のようになる.

(i) $(3x+2y)(3x+2\omega y)(3x+2\omega^2 y)$

(ii) $(x-3y)(x-3\omega y)(x-3\omega^2 y)$

(iii) $(x+y)(x+\omega y)(x+\omega^2 y)(x-y)(x-\omega y)(x-\omega^2 y)$

なお，入試の解答としては，とくに言及がない限り，[解答]にあるような係数が実数であるようなもので十分である.

3 [解答]

$$(x+y)^3=x^3+3x^2y+3xy^2+y^3$$
$$=(x^3+y^3)+3xy(x+y)$$
であるから，
$$x^3+y^3=(x+y)^3-3xy(x+y) \cdots ①$$
$$x=\frac{\sqrt{2}\left(\sqrt{5}-\sqrt{3}\right)}{\left(\sqrt{5}+\sqrt{3}\right)\left(\sqrt{5}-\sqrt{3}\right)}$$
$$\left[=\frac{\sqrt{2}\left(\sqrt{5}-\sqrt{3}\right)}{5-3}\right]$$
$$=\frac{\sqrt{2}}{2}\left(\sqrt{5}-\sqrt{3}\right)$$
$$y=\frac{\sqrt{2}\left(\sqrt{5}+\sqrt{3}\right)}{\left(\sqrt{5}-\sqrt{3}\right)\left(\sqrt{5}+\sqrt{3}\right)}$$
$$\left[=\frac{\sqrt{2}\left(\sqrt{5}+\sqrt{3}\right)}{5-3}\right]$$
$$=\frac{\sqrt{2}}{2}\left(\sqrt{5}+\sqrt{3}\right)$$
であるから，
$$x+y=\frac{\sqrt{2}}{2}\times 2\sqrt{5}=\sqrt{10},$$
$$xy=\left(\frac{\sqrt{2}}{2}\right)^2\times\left(\sqrt{5}-\sqrt{3}\right)\left(\sqrt{5}+\sqrt{3}\right)$$
$$=\frac{2}{4}\times(5-3)=1$$
これらを①に代入して，

$$x^3+y^3=\left(\sqrt{10}\right)^3-3\times1\times\sqrt{10}$$
$$=10\sqrt{10}-3\sqrt{10}$$
$$=\boxed{7\sqrt{10}}\quad\cdots\text{ア}$$

4　**解 答**

(1) (i) 二項定理［**1 基本のまとめ** ②で n が 4, a が x, b が -3 の場合］を用いると,

$$(x-3)^4=\{x+(-3)\}^4$$
$$={}_4C_0x^4+{}_4C_1x^3(-3)^1+{}_4C_2x^2(-3)^2$$
$$\qquad+{}_4C_3x(-3)^3+{}_4C_4(-3)^4$$
$$=x^4-\left(\frac{4}{1}\times3\right)x^3+\left(\frac{4\times3}{2\times1}\times3^2\right)x^2$$
$$\qquad-\left(\frac{4\times3\times2}{3\times2\times1}\times3^3\right)x+3^4$$
$$=\boldsymbol{x^4-12x^3+54x^2-108x+81}$$

(ii) 二項定理［**1 基本のまとめ** ②で n が 6, a が 1, b が $\sqrt{2}$ の場合］を用いると,

$$\left(1+\sqrt{2}\right)^6={}_6C_01^6+{}_6C_11^5\times\left(\sqrt{2}\right)+{}_6C_21^4\times\left(\sqrt{2}\right)^2$$
$$\qquad+{}_6C_31^3\times\left(\sqrt{2}\right)^3+{}_6C_41^2\times\left(\sqrt{2}\right)^4$$
$$\qquad+{}_6C_51^1\times\left(\sqrt{2}\right)^5+{}_6C_6\left(\sqrt{2}\right)^6$$
$$=1+\frac{6}{1}\times\sqrt{2}+\frac{6\times5}{2\times1}\times2+\frac{6\times5\times4}{3\times2\times1}\times2\sqrt{2}$$
$$\qquad+\frac{6\times5\times4\times3}{4\times3\times2\times1}\times4+\frac{6\times5\times4\times3\times2}{5\times4\times3\times2\times1}\times4\sqrt{2}+8$$
$$=1+6\sqrt{2}+30+40\sqrt{2}+60+24\sqrt{2}+8$$
$$=\boxed{99}+\boxed{70}\sqrt{2}\quad\cdots\text{ア, イ}$$

(iii) $\left(3x^2-\dfrac{1}{x}\right)^5=\{3x^2+(-x^{-1})\}^5$ の展開式の一般項は,

$$
{}_5C_r(3x^2)^{5-r}(-x^{-1})^r
$$
$$={}_5C_r3^{5-r}(-1)^rx^{2(5-r)}\cdot x^{-r}$$
$$={}_5C_r3^{5-r}(-1)^rx^{10-3r}$$
$$\left[\begin{array}{l}x^{2(5-r)}\cdot x^{-r}=x^{10-2r}\cdot x^{-r}\\\qquad=x^{10-2r-r}=x^{10-3r}\end{array}\right]$$

x の項は, $10-3r=1$ を解いて得られる $r=3$ のときで, その係数は,

$$
{}_5C_3(-1)^3\times3^{5-3}=-\frac{5\times4\times3}{3\times2\times1}\times3^2
$$
$$=\boxed{-90}\quad\cdots\text{オ}$$

(2) (i) この展開式の一般項は,

$$
{}_7C_r(x^2)^{7-r}x^r[={}_7C_rx^{2(7-r)}\cdot x^r={}_7C_rx^{(14-2r)+r}]
$$
$$={}_7C_rx^{14-r}$$

ここで, $14-r=9$ を解くと, $r=5$ を得るので, 求める x^9 の係数は,

$$
{}_7C_5=\frac{7\times6\times5\times4\times3}{5\times4\times3\times2\times1}=21
$$

(ii) この展開式の一般項は,

$$
{}_5C_r(2a)^{5-r}(3b)^r={}_5C_r2^{5-r}\times3^ra^{5-r}b^r
$$

ここで, 連立方程式

$$\begin{cases}5-r=3\\r=2\end{cases}$$

を解くと, $r=2$ を得るので, a^3b^2 の係数は,

$$
{}_5C_22^3\times3^2=\frac{5\times4}{2\times1}\times2^3\times3^2=\boxed{720}\quad\cdots\text{ウ}
$$

また, 連立方程式

$$\begin{cases}5-r=2\\r=3\end{cases}$$

を解くと, $r=3$ を得るので, a^2b^3 の係数は,

$$
{}_5C_32^2\times3^3=\frac{5\times4\times3}{3\times2\times1}\times2^2\times3^3
$$
$$=\boxed{1080}\quad\cdots\text{エ}$$

(3)
$$A=101^{50}$$

とおくと,

$$A=(100+1)^{50}$$

これに二項定理［**1 基本のまとめ** ②］を用いて,

$$A=100^{50}+{}_{50}C_1100^{49}\times1^1+{}_{50}C_2100^{48}\times1^2$$
$$\qquad+\cdots+{}_{50}C_{47}100^3\times1^{47}+{}_{50}C_{48}100^2\times1^{48}$$
$$\qquad+{}_{50}C_{49}100^1\times1^{49}+1^{50}$$

ここで,

$$B=100^{47}+{}_{50}C_1100^{46}+{}_{50}C_2100^{45}+\cdots+{}_{50}C_{47}100^0,$$
$$D={}_{50}C_{48}100^2+{}_{50}C_{49}100+1$$

とおくと, B, D はいずれも整数であって,

$$A=(100^3)B+D$$
$$=1000000\times B+D$$

これから, A の下 5 桁の数は D の下 5 桁の数と一致する.

ところが,

$$D=\frac{50\times49}{2}\times10000+50\times100+1$$
$$=12255001$$

であるから, D, したがって, A の下 5 桁の数は,

55001

5 考え方

パスカルの三角形の両端以外の数は，$_n\mathrm{C}_r$ についての等式

$$_n\mathrm{C}_r = {_{n-1}\mathrm{C}_{r-1}} + {_{n-1}\mathrm{C}_r}$$

から，その左上にある数と右上にある数との和に等しい：

解答

(1)

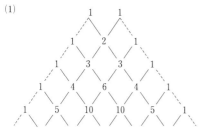

上のパスカルの三角形から，

$$(a+b)^5 = a^5 + 5a^4b + 10a^3b^2 + 10a^2b^3 + 5ab^4 + b^5$$

(2) (1)の a, b がそれぞれ $2x$, -1 の場合であるから，

$$(2x-1)^5 = \{2x+(-1)\}^5$$
$$= (2x)^5 + 5\cdot(2x)^4\cdot(-1) + 10\cdot(2x)^3\cdot(-1)^2$$
$$+ 10\cdot(2x)^2\cdot(-1)^3 + 5\cdot(2x)\cdot(-1)^4 + (-1)^5$$
$$= 32x^5 - 80x^4 + 80x^3 - 40x^2 + 10x - 1$$

6 解答

(1) (i) $A \div B$ を計算すると次のようになる．

$$\begin{array}{r} 1 \\ x^2+3x-1{\overline{\smash{\big)}\,x^2+\ x+2}} \\ \underline{x^2+3x-1} \\ -2x+3 \end{array}$$

したがって，商は **1**，余りは **$-2x+3$**

(ii) $A \div B$ を計算すると次のようになる．

$$\begin{array}{r} x\ -1 \\ x^2+x+1{\overline{\smash{\big)}\,x^3}} \\ \underline{x^3+x^2+x} \\ -x^2-x \\ \underline{-x^2-x-1} \\ 1 \end{array}$$

したがって，商は **$x-1$**，余りは **1**

(2) 求める整式を $P(x)$ とすると，商と余りの関係［1基本のまとめ③］より，

$$P(x) = (2x^2-4x-5)(2x-1) - 3$$
$$= 4x^3 - 8x^2 - 10x$$
$$\qquad -2x^2 + 4x + 5$$
$$\qquad\qquad -3$$
$$= \boxed{4x^3 - 10x^2 - 6x + 2} \quad \cdots ア$$

(3) 商と余りの関係［1基本のまとめ③］より，等式

$$2x^3 - 3x^2 + ax + b$$
$$= (x^2 - x + 1)(cx + d) \quad \cdots ①$$

は x についての恒等式である．ただし，c, d は定数である．

①の3次の項の係数を比較して，$c = 2$

このとき，①の右辺を展開し，整理すると，①は，

$$2x^3 - 3x^2 + ax + b$$
$$= 2x^3 + (d-2)x^2 + (-d+2)x + d$$

両辺の同じ次数の項の係数と定数項を比較して，

$$-3 = d - 2, \qquad\qquad \cdots ②$$
$$a = -d + 2, \qquad\qquad \cdots ③$$
$$b = d \qquad\qquad \cdots ④$$

②より，$d = -1$

これを③，④に代入して，

$$a = \boxed{3}, \quad b = \boxed{-1} \quad \cdots イ, ウ$$

7 解答

(1) (i) $P(x)$ を $x-a$ で割ったときの商を $Q(x)$ とすると，商と余りの関係［1基本のまとめ③］より，次の x についての恒等式が成り立つ．

$$P(x) = (x-a)Q(x) + R$$

x に a を代入して，

$$P(a) = (a-a)Q(a) + R,$$

つまり，

$$R = P(a)$$

（証明終り）

(ii) 剰余の定理，(i)［1基本のまとめ④(1)］より，$f(x)$ を $x-\alpha$ で割ったときの余りは，$f(\alpha)$ であるから，条件より，

$$f(\alpha) = -9,$$

つまり、 $\alpha^2 - 6\alpha = -9$,

移項して、 $\alpha^2 - 6\alpha + 9 = 0$,

因数分解して、 $(\alpha - 3)^2 = 0$

これを解いて、 $\alpha = \boxed{3}$ …ア

(2) $P(x)$ が $x = a$ で 0 になる, つまり $P(a) = 0$ ならば, 剰余の定理, (1), (i) [1基本のまとめ $\boxed{4}$(1)] より $R = 0$ となる. したがって, 商と余りの関係 [1基本のまとめ $\boxed{3}$] より,

$$P(x) = (x-a)Q(x),$$

つまり $P(x)$ は $x-a$ を因数にもつ.

$P(x)$ が $x-a$ を因数にもつ, つまりある整式 $Q_1(x)$ を用いて,

$$P(x) = (x-a)Q_1(x)$$

と表されるならば, この式の x に a を代入して,

$$P(a) = (a-a)Q_1(a),$$

つまり,

$$P(a) = 0$$

(証明終り)

8 解答

(1) $$P(x) = ax^3 + bx^2 + cx + d$$

とすると, $P(x)$ を $x-2$ で割った余りは, 剰余の定理 [1基本のまとめ $\boxed{4}$(1)] より,

$$P(2) = 2^3 a + 2^2 b + 2c + d$$
$$= \boxed{8}a + \boxed{4}b + \boxed{2}c + d$$

…ア, イ, ウ

(2) $P(x) = 2x^3 - 13x^2 - 8x + 7$ とする.

$$P(-1)$$
$$= 2 \times (-1)^3 - 13 \times (-1)^2 - 8 \times (-1) + 7$$
$$= -2 - 13 + 8 + 7 = 0$$

であるから, 因数定理 [1基本のまとめ $\boxed{4}$(2)] より, $P(x)$ は $x-(-1)$, つまり $x+1$ を因数にもつ.

$$
\begin{array}{r}
2x^2 - 15x + 7 \\
x+1 \overline{\smash{\big)}\ 2x^3 - 13x^2 - 8x + 7} \\
\underline{2x^3 + 2x^2} \\
-15x^2 - 8x \\
\underline{-15x^2 - 15x} \\
7x + 7 \\
\underline{7x + 7} \\
0
\end{array}
$$

割り算を行って,

$$P(x) = (x+1)(2x^2 - 15x + 7)$$

さらに因数分解して,

$$2x^3 - 13x^2 - 8x + 7$$
$$= \boldsymbol{(x+1)(2x-1)(x-7)}$$

[注] 因数分解では, 因数の順番が違っていてもよい.

例 $(x+1)(x-7)(2x-1)$

また, 係数を必要に応じて調整してもよい.

例 $2(x+1)\left(x - \dfrac{1}{2}\right)(x-7)$

(3) $P(x)$ を $(x-1)(x+2)$ で割ったときの商を $q(x)$, 余りを $ax + b$ $(a, b$ は定数$)$ とすると, 商と余りの関係 [1基本のまとめ $\boxed{3}$] より,

$$P(x) = (x-1)(x+2)q(x) + ax + b \text{ …①}$$

剰余の定理 [1基本のまとめ $\boxed{4}$(1)] によれば, 条件より,

$$P(1) = 3, \qquad \text{…②}$$
$$P(-2) = -3 \qquad \text{…③}$$

①, ②, および①, ③より,

$$[P(1) =] a + b = 3 \qquad \text{…④}$$
$$[P(-2) =] -2a + b = -3 \qquad \text{…⑤}$$

$\dfrac{1}{3}(④ - ⑤)$ から, $a = 2$

④に代入して, $b = 1$

したがって, 求める余りは,

$$\boldsymbol{2x + 1}$$

(4) $P(x) = x^{10}$ とする. $P(x)$ を $x^2 - 3x + 2$, つまり $(x-1)(x-2)$ で割ったときの商を $Q(x)$, 余りを $ax + b$ $(a, b$ は定数$)$ とすると, 商と余りの関係 [1基本のまとめ $\boxed{3}$] より,

$$P(x)=(x-1)(x-2)Q(x)+ax+b \qquad \cdots ⑥$$

$P(1)=1^{10}=1$ と ⑥ から，
$$[P(1)=]a+b=1 \qquad \cdots ⑦$$

$P(2)=2^{10}=1024$ と ⑥ から，
$$[P(2)=]2a+b=1024 \qquad \cdots ⑧$$

⑧－⑦ から，$a=1023$

これを ⑦ に代入して，$b=-1022$

したがって，求める余りは，
$$\boldsymbol{1023x-1022}$$

9 [解答]

[注]　分数式（A を整式，B を定数でない整式（0でない整式とする立場もある）とするとき，$\dfrac{A}{B}$ の形の式．A をその分子，B をその分母という）の分母と分子をそれらに共通な因数で割ることを**約分**するという．また，2つ以上の分数式の分母を同じものにそろえることを**通分**するという．

(1)　約分して，$\dfrac{\boldsymbol{2ay}}{\boldsymbol{9x}}$

(2)　分母，分子を因数分解し，約分すると，
$$\frac{(x-1)(x-3)}{(x+3)(x-3)}=\frac{\boldsymbol{x-1}}{\boldsymbol{x+3}}$$

(3)　各分数式の分母，分子を因数分解し，左の分数式には約分を行うと，
$$\frac{(x-1)(x+2)}{(x-1)^2} \div \frac{(x-3)(x+2)}{(x-1)(x+3)}$$
$$=\frac{x+2}{x-1} \div \frac{(x-3)(x+2)}{(x-1)(x+3)}$$
$$=\frac{x+2}{x-1} \times \frac{(x-1)(x+3)}{(x-3)(x+2)}$$

さらに，約分して，$\dfrac{\boldsymbol{x+3}}{\boldsymbol{x-3}}$

(4)　通分して，
$$\frac{(x+2)-(x+1)}{(x+1)(x+2)}=\frac{\boldsymbol{1}}{\boldsymbol{(x+1)(x+2)}}$$

(5)　各分数式の分母，分子を因数分解し，通分すると，
$$\frac{2x-1}{(x-1)(x-2)}-\frac{x-5}{(x-2)(x-3)}$$
$$=\frac{(2x-1)(x-3)-(x-1)(x-5)}{(x-1)(x-2)(x-3)}$$

この分子は，
$$(2x^2-7x+3)-(x^2-6x+5)=x^2-x-2$$
$$=(x+1)(x-2)$$
と変形されるので，約分でき，
$$\frac{(x+1)(x-2)}{(x-1)(x-2)(x-3)}=\frac{\boldsymbol{x+1}}{\boldsymbol{(x-1)(x-3)}}$$

(6)　与えられた式は，
$$\frac{(x+2)-1}{x+2}-\frac{(x+3)-1}{x+3}$$
$$-\frac{(x+4)-1}{x+4}+\frac{(x+5)-1}{x+5}$$
$$=\left(1-\frac{1}{x+2}\right)-\left(1-\frac{1}{x+3}\right)$$
$$-\left(1-\frac{1}{x+4}\right)+\left(1-\frac{1}{x+5}\right)$$
$$=\left(-\frac{1}{x+2}+\frac{1}{x+3}\right)+\left(\frac{1}{x+4}-\frac{1}{x+5}\right)$$
と変形される．この2つのかっこ内の分数式についてそれぞれ通分すると，
$$\frac{-(x+3)+(x+2)}{(x+2)(x+3)}+\frac{(x+5)-(x+4)}{(x+4)(x+5)}$$
$$=\frac{-1}{(x+2)(x+3)}+\frac{1}{(x+4)(x+5)}$$
さらに通分して，
$$\frac{-(x+4)(x+5)+(x+2)(x+3)}{(x+2)(x+3)(x+4)(x+5)}$$
この分子は，
$$-(x^2+9x+20)+(x^2+5x+6)=-2(2x+7)$$
となるので，
$$\frac{\boldsymbol{-2(2x+7)}}{\boldsymbol{(x+2)(x+3)(x+4)(x+5)}}$$

(7)　通分して，
$$\frac{a^2(b-c)+b^2(c-a)+c^2(a-b)}{(a-b)(b-c)(c-a)}$$
この分子は，
$$(b-c)a^2-(b^2-c^2)a+b^2c-bc^2$$
$$=(b-c)a^2-(b-c)(b+c)a+(b-c)bc$$
$$=(b-c)\{a^2-(b+c)a+bc\}$$
$$=(b-c)\cdot(a-b)(a-c)$$
$$=(b-c)(a-b)(-1)(c-a)$$
$$=-(a-b)(b-c)(c-a)$$
と変形されるので，与えられた式は，約分して，

$$\frac{-(a-b)(b-c)(c-a)}{(a-b)(b-c)(c-a)}=-1$$

(8) 分母，分子に $(1-x)(1+x)$ をかけると，

$$\frac{(1+x)+(1-x)}{(1+x)-(1-x)}=\frac{2}{2x}=\frac{1}{x}$$

[注] (7) この分子の因数分解は次のようにしてもよい．

整式
$$f(x)=x^2(b-c)+b^2(c-x)+c^2(x-b)$$
を考えると，
$$f(b)=b^2(b-c)+b^2(c-b)+c^2(b-b)=0$$
であるから，因数定理（1 基本のまとめ 4 (2)）より $f(x)$ は $x-b$ を因数にもつ．同様に $f(x)$ は $x-c$ も因数にもつので，$f(x)$ は $(x-b)(x-c)$ で割り切れる．この商と余りの関係（1 基本のまとめ 3）から，k を定数として，

$$f(x)=(x-b)(x-c)\cdot k$$

と表される．いいかえれば，
$$x^2(b-c)+b^2(c-x)+c^2(x-b)$$
$$=k(x-b)(x-c)$$
は x の恒等式であるが，とくに x^2 の係数を比較して，

$$k=b-c$$

つまり，$f(x)=(b-c)(x-b)(x-c)$ とくに，

$$a^2(b-c)+b^2(c-a)+c^2(a-b)$$
$$=f(a)=(b-c)(a-b)(a-c)$$
$$=-(a-b)(b-c)(c-a)$$

10 [解 答]

(1)
$$\frac{2}{x(x+1)}=\frac{a}{x}+\frac{b}{x+1} \qquad \cdots ①$$

が x の恒等式となるように定数 a，b を1組定める．

① の両辺に $x(x+1)$ をかけて得られる等式

$$2=a(x+1)+bx,$$

整理して，$2=(a+b)x+a$ $\qquad \cdots ②$

が x についての恒等式ならば，① も x についての恒等式である．

② が x についての恒等式である条件は，[1 基本のまとめ 1 (2)(i)を用い，] この両辺の1次の項の係数と定数項を比較して，

$$0=a+b, \quad \cdots ③ \quad かつ \quad a=\boxed{2} \quad \cdots ア$$
$$\cdots ④$$

④ を ③ に代入して，b について解くと，
$$b=\boxed{-2} \quad \cdots イ$$

[注] 答えの予想がつく場合は，そちらからむかえにいけばよい．

$\dfrac{2}{x}-\dfrac{2}{x+1}$ を通分し，そののち分子を整理すると，

$$\frac{2}{x}-\frac{2}{x+1}=\frac{2(x+1)-2x}{x(x+1)}$$
$$=\frac{2}{x(x+1)}$$

したがって，等式

$$\frac{2}{x(x+1)}=\frac{2}{x}+\frac{-2}{x+1}$$

は恒等式であるから，条件をみたす a，b の組として，

$$a=2, \quad b=-2$$

がとれる．

なお，問題文は，

$$\frac{2}{x(x+1)}=\frac{a}{x}+\frac{b}{x+1}$$

が恒等式となるようなすべての a，b の組を求めよとはいっていない．「定めよ」とあるので，1組提示すればよい．

(2) [p，q ($p \neq q$) を定数とするとき，

$$\frac{1}{(x+p)(x+q)}=\frac{a}{x+p}+\frac{b}{x+q} \qquad \cdots Ⓐ$$

が x についての恒等式となる a，b を1組定める．

(1)の解答を踏襲する．Ⓐ の両辺に $(x+p)(x+q)$ をかけて得られる等式

$$1=a(x+q)+b(x+p),$$

整理して，$1=(a+b)x+aq+bp$ $\qquad \cdots Ⓑ$

が x についての恒等式ならば，Ⓐ も x についての恒等式である．

ところが，Ⓑ が x についての恒等式である条件は，（1 基本のまとめ 1 (2)(i)を用いると，）Ⓑ の両辺の1次の項の係数と定数項を比較して得られる，

$$0=a+b, \quad \cdots\text{©} \quad \text{かつ} \quad 1=aq+bp \quad \cdots\text{①}$$

である.

①$-p\times$© より, $\qquad 1=(q-p)a$

$p \neq q$ であるから, $\quad a=\dfrac{1}{q-p}$

© より, $\qquad b=-\dfrac{1}{q-p}$

つまり,

$$\dfrac{1}{(x+p)(x+q)}$$
$$=\dfrac{1}{q-p}\left(\dfrac{1}{x+p}-\dfrac{1}{x+q}\right) \quad \cdots\text{©}$$

は x についての恒等式である.

©で, $p=0$, $q=1$; $p=1$, $q=2$; $p=2$, $q=3$ の場合をそれぞれ考えると次を得る.（以上を答案としてかいてもよいが，すでに答えがわかっているので，(1)の[注]のような解答をとる)]

$$\dfrac{1}{x(x+1)}=\dfrac{1}{x}-\dfrac{1}{x+1}, \qquad \cdots\text{⑤}$$
$$\dfrac{1}{(x+1)(x+2)}=\dfrac{1}{x+1}-\dfrac{1}{x+2}, \ \cdots\text{⑥}$$
$$\dfrac{1}{(x+2)(x+3)}=\dfrac{1}{x+2}-\dfrac{1}{x+3} \ \cdots\text{⑦}$$

は x についての恒等式である. なぜならば，各等式の右辺を通分すると左辺が得られるからである.

⑤$+$⑥$+$⑦ から，与えられた等式は，

$$\dfrac{1}{x}-\dfrac{1}{x+1}+\dfrac{1}{x+1}$$
$$-\dfrac{1}{x+2}+\dfrac{1}{x+2}-\dfrac{1}{x+3}$$
$$=\dfrac{1}{x}-\dfrac{1}{x+3}$$

となる. ここで，通分して，

$$\dfrac{(x+3)-x}{x(x+3)}=\dfrac{3}{x(x+3)}$$

11 　解答

(1) $(a+b+c)(a^2+b^2+c^2-ab-bc-ca)$
$$=a^3+ab^2+c^2a-a^2b-abc-ca^2$$
$$+a^2b+b^3+bc^2-ab^2-b^2c-abc$$
$$+ca^2+b^2c+c^3-abc-bc^2-c^2a$$
$$=a^3+b^3+c^3-3abc$$

$$+(ab^2-ab^2)+(a^2b-a^2b)$$
$$+(bc^2-bc^2)+(b^2c-b^2c)$$
$$+(ca^2-ca^2)+(c^2a-c^2a)$$
$$=\boxed{a^3+b^3+c^3-3abc} \quad \cdots\text{ア}$$

(2) $x^3+y^3+z^3$
$$=(x+y+z)(x^2+y^2+z^2-xy-yz-zx)+3xyz$$
$$\cdots\text{①}$$

ここで,
$$(x+y+z)^2$$
$$=(x^2+y^2+z^2)+2xy+2yz+2zx$$

であるから,
$$x^3+y^3+z^3=(x+y+z)[\{(x+y+z)^2$$
$$-2(xy+yz+zx)\}-(xy+yz+zx)]$$
$$+3xyz$$
$$=(x+y+z)\{(x+y+z)^2$$
$$-3(xy+yz+zx)\}+3xyz$$
$$=1\times\{1^2-3\times(-5)\}+3\sqrt{5}$$
$$=\boxed{16+3\sqrt{5}} \quad \cdots\text{イ}$$

(3) ① の x, y, z にそれぞれ $b-c$, $c-a$, $a-b$ を代入すると,
$$x+y+z=(b-c)+(c-a)+(a-b)$$
$$=0$$

であるから,
$$(b-c)^3+(c-a)^3+(a-b)^3$$
$$=3xyz$$
$$=3(b-c)(c-a)(a-b)$$

12 　解答

(1) $\qquad (a+b+c)^9=\{(a+b)+c\}^9$

として二項定理 [1 基本のまとめ 2] を用いるとき，その展開式の c^r を含む項は，

$$_9C_r(a+b)^{9-r}c^r={_9C_r}(a+b)^{p+q}c^r \quad \cdots\text{①}$$

$r \leqq 8$, つまり $p+q \geqq 1$ の場合,
$(a+b)^{p+q}$ の展開式で項 a^pb^q の係数は，これも二項定理 [1 基本のまとめ 2] より，
$$_{p+q}C_p$$
であるから，$(a+b+r)^9$ の展開式で項 $a^pb^qc^r$ の係数は，

$$_9C_r \cdot {_{p+q}}C_p=\dfrac{9!}{r!(9-r)!}\times\dfrac{(p+q)!}{p!q!}$$
$$=\dfrac{9!}{r!(9-r)!}\times\dfrac{(9-r)!}{p!q!}$$

$$= \frac{9!}{p!q!r!} \qquad \cdots ②$$

$r=9$，つまり $p+q=0$ の場合，$p \geqq 0$，$q \geqq 0$ より，$p=0$，$q=0$ であるから，① より，$(a+b+c)^9$ の展開式の c^r を含む項は，

$$_9C_9c^9 = c^9$$

つまり，$(a+b+c)^9$ の展開式で項 $a^0b^0c^9$ の係数は，

$$1 = \frac{9!}{0!0!9!}$$

となって，この場合も ② は成り立つ．

以上から，$(a+b+c)^9$ の展開式で項 $a^pb^qc^r$ の係数は，

$$\boxed{\frac{9!}{p!q!r!}} \quad \cdots ア \qquad \cdots ③$$

である．

(2) ③で，$p=2$，$q=3$，$r=4$ とした場合であるから，この展開式の項 $a^2b^3c^4$ の係数は，

$$\frac{9!}{2!3!4!}\left[= \frac{9 \times 8 \times 7 \times 6 \times 5}{2 \times 1 \times 3 \times 2 \times 1} \right]$$
$$= \boxed{1260} \quad \cdots イ$$

13　解答

(1) 二項定理 ［1基本のまとめ②］を用いると，

$$_nC_0 + {}_nC_1 x + {}_nC_2 x^2 + \cdots + {}_nC_n x^n$$
$$= {}_nC_0 1^n + {}_nC_1 1^{n-1}x + {}_nC_2 1^{n-2}x^2 + \cdots + {}_nC_n 1^0 x^n$$
$$= (1+x)^n \qquad \cdots ①$$

①の x が 1 の場合を考えて，

$$_nC_0 + {}_nC_1 + {}_nC_2 + \cdots + {}_nC_n = (1+1)^n$$
$$= \boxed{2^n} \quad \cdots ア$$
$$\cdots ②$$

また，①の x が -1 の場合を考えると，

$$_nC_0 + {}_nC_1(-1) + {}_nC_2(-1)^2 + {}_nC_3(-1)^3 + \cdots + {}_nC_n(-1)^n$$
$$= \{1 + (-1)\}^n,$$

つまり，

$$_nC_0 - {}_nC_1 + {}_nC_2 - {}_nC_3 + \cdots + (-1)^n {}_nC_n$$
$$= \boxed{0} \quad \cdots イ \qquad \cdots ③$$

(2) (1)の n が $2n+1$ の場合の②から，

$$_{2n+1}C_0 + {}_{2n+1}C_1 + \cdots + {}_{2n+1}C_n + {}_{2n+1}C_{n+1}$$
$$+ \cdots + {}_{2n+1}C_{2n} + {}_{2n+1}C_{2n+1} = 2^{2n+1},$$

つまり，

$$({}_{2n+1}C_0 + {}_{2n+1}C_1 + \cdots + {}_{2n+1}C_n)$$
$$+ ({}_{2n+1}C_{2n+1} + {}_{2n+1}C_{2n} + \cdots + {}_{2n+1}C_{n+1})$$
$$= 2 \times 2^{2n} \qquad \cdots ④$$

ところが，

$$_{2n+1}C_r \left[= \frac{(2n+1)!}{r!\{(2n+1)-r\}!} \right.$$
$$= \left. \frac{(2n+1)!}{\{(2n+1)-r\}![(2n+1)-\{(2n+1)-r\}]!} \right]$$
$$= {}_{2n+1}C_{(2n+1)-r}$$

が成り立つので，

$$_{2n+1}C_{2n+1} + {}_{2n+1}C_{2n} + \cdots + {}_{2n+1}C_{n+1}$$
$$= {}_{2n+1}C_{(2n+1)-(2n+1)} + {}_{2n+1}C_{(2n+1)-2n}$$
$$+ \cdots + {}_{2n+1}C_{(2n+1)-(n+1)}$$
$$= {}_{2n+1}C_0 + {}_{2n+1}C_1 + \cdots + {}_{2n+1}C_n$$

したがって，④ は，

$$2({}_{2n+1}C_0 + {}_{2n+1}C_1 + \cdots + {}_{2n+1}C_n) = 2 \times 2^{2n}$$

となる．この両辺を 2 で割って，

$$_{2n+1}C_0 + {}_{2n+1}C_1 + \cdots + {}_{2n+1}C_n = \boldsymbol{2^{2n}}$$

(3) m を正の整数とするとき，(1)の n が $2m$ の場合の②，③はそれぞれ，

$$_{2m}C_0 + {}_{2m}C_1 + {}_{2m}C_2 + \cdots + {}_{2m}C_r + \cdots + {}_{2m}C_{2m} = 2^{2m}$$
$$\cdots ②'$$
$$_{2m}C_0 - {}_{2m}C_1 + {}_{2m}C_2 - \cdots + {}_{2m}C_r(-1)^r + \cdots + {}_{2m}C_{2m} = 0$$
$$\cdots ③'$$

である．ここで，②'＋③' を考えると，

$$2{}_{2m}C_0 + 2{}_{2m}C_2 + 2{}_{2m}C_4 + \cdots + 2{}_{2m}C_{2m} = 2^{2m}$$

この両辺を 2 で割って，

$$_{2m}C_0 + {}_{2m}C_2 + {}_{2m}C_4 + \cdots + {}_{2m}C_{2m} = 2^{2m-1} \cdots ⑤$$

(3)の n は，正の整数 m を用いて，$n = 2m$ と表されるから，⑤ より，

$$_nC_0 + {}_nC_2 + {}_nC_4 + \cdots + {}_nC_n = \boldsymbol{2^{n-1}}$$

14　解答

$f(x)$ を $(x+2)(x-1)^2$ で割ったときの商と余りをそれぞれ $q(x)$，$r(x)$ とすると，商と余りの関係 ［1基本のまとめ③］より，

$$f(x) = (x+2)(x-1)^2 q(x) + r(x) \quad \cdots ①$$

一方，$f(x)$ を $(x-1)^2$ で割ったときの商を $q_1(x)$ とすると，商と余りの関係 ［1基本のまとめ③］と条件から，

$$f(x)=(x-1)^2 q_1(x)+x+5 \quad\cdots ②$$

いま，$r(x)$ を $(x-1)^2$ で割ると，商と余りの関係［1 基本のまとめ ③］より，

$$r(x)=(x-1)^2 \times a + bx + c \quad\cdots ③$$

と表される．ただし，a, b, c は定数である．これを ① に代入して，

$$f(x)=(x-1)^2\{(x+2)q(x)+a\}+bx+c \quad\cdots ④$$

$f(x)$ を $(x-1)^2$ で割ったとき，余りはただ 1 つに定まる［つまり $f(x)$ を $(x-1)^2$ で割ったときの，2 つの商と余りの関係②，④で，余りは恒等的に等しい（1 基本のまとめ ③）］ので，x についての恒等式として，

$$x+5=bx+c$$

つまり，　　　　$b=1$, $c=5$ 　　　…⑤

④ に代入して，

$$f(x)=(x-1)^2\{(x+2)q(x)+a\}+x+5,$$

つまり，

$$f(x)=(x-1)^2(x+2)q(x)+a(x-1)^2+x+5 \quad\cdots ⑥$$

ところが，条件と剰余の定理［1 基本のまとめ ④(1)］によれば，

$$f(-2)=30 \quad\cdots ⑦$$

であり，⑥ の x に -2 を代入すると，

$$f(-2)=9a+3 \quad\cdots ⑧$$

したがって，⑦，⑧ より，

$9a+3=30$, つまり，

$$a=3 \quad\cdots ⑨$$

⑤，⑨ を ③ に代入し，整理して，求める余りは，

$$r(x)=(x-1)^2\times 3 + x + 5$$
$$=\boxed{3}\,x^2-\boxed{5}\,x+\boxed{8} \quad\cdots ア，イ，ウ$$

15 　解 答

2 つの整式

$$x^3+7x^2-9x-10, \quad x^2+4x-2$$

に対し，

$$(x^3+7x^2-9x-10)\div(x^2+4x-2)$$

を計算すると，

$$
\begin{array}{r}
x+3 \\
x^2+4x-2\ \overline{\smash{\big)}\ x^3+7x^2-\ 9x-10} \\
\underline{x^3+4x^2-\ 2x} \\
3x^2-\ 7x-10 \\
\underline{3x^2+12x-\ 6} \\
-19x-\ 4
\end{array}
$$

となって，商は $x+3$，余りは $-19x-4$ である．したがって，商と余りの関係［1 基本のまとめ ③］より，

$$x^3+7x^2-9x-10$$
$$=(x^2+4x-2)(x+3)-19x-4$$

x に a を代入すると，

$$a^2+4a-2=0$$

であるから，

$$a^3+7a^2-9a-10=-19a-4 \quad\cdots ①$$

実際に，$x^2+4x-2=0$ を解いて，

$$a=-2+\sqrt{6}$$

これを ① の右辺に代入して，

$$a^3+7a^2-9a-10=-19(-2+\sqrt{6})-4$$
$$=\boxed{34-19\sqrt{6}} \quad\cdots ア$$

16 　解 答

$A(x)=P(x)-Q(x)$ とするとき，$A(x)$ が恒等的に 0 になることをいえばよい．

条件より，$P(a)=Q(a)$ であるから，

$$A(a)=P(a)-Q(a)=0 \quad\cdots ①$$

したがって，因数定理［1 基本のまとめ ④(2)］より，ある整式 $B(x)$ を用いて，

$$A(x)=(x-a)B(x) \quad\cdots ②$$

と表される．ここで，$B(x)$ は恒等的に 0 に等しいか，または 2 次以下の整式である．

① と同様に，条件から，

$$A(b)=0$$

ところが，② より，

$$A(b)=(b-a)B(b)$$

であり，条件より，$b-a\neq 0$ であるから，

$$B(b)=0$$

したがって，因数定理［1 基本のまとめ ④(2)］より，ある整式 $C(x)$ を用いて，

$$B(x)=(x-b)C(x),$$

つまり，

$$A(x)=(x-a)(x-b)C(x) \quad \cdots ③$$

と表される．ここで，$C(x)$ は恒等的に 0 に等しいか，または 1 次以下の整式である．

さらに，条件より，
$$A(c)=0$$
ところが，③ より，
$$A(c)=(c-a)(c-b)C(c)$$
であり，条件より，
$$c-a \neq 0, \ \text{かつ} \ c-b \neq 0$$
であるから，
$$C(c)=0$$
したがって，因数定理 ［**1 基本のまとめ 4**(2)］ より，ある定数 k を用いて，
$$C(x)=(x-c)k,$$
つまり，
$$A(x)=k(x-a)(x-b)(x-c) \quad \cdots ④$$
と表される．

このとき，条件より得られる
$$A(d)=0$$
から，
$$k(d-a)(d-b)(d-c)=0 \quad \cdots ⑤$$
条件より，
$$d-a \neq 0, \ d-b \neq 0, \ \text{かつ} \ d-c \neq 0$$
であるから，⑤ より，
$$k=0$$
これを ④ に代入すれば，
$$A(x)=0 \quad (x \text{についての恒等式として})$$
を得る．

（証明終り）

17　解答

$$P(x+1)-P(x)=2x \quad \cdots ①$$

$P(x)$ が定数のとき，① の左辺は 0 であるから，等式 ① が恒等的に成り立つことはない．したがって，$P(x)$ の次数を n とすると，
$$n \geqq 1$$
である．

$P(x)$ を降べきの順に並べると，
$$P(x)$$
$$=ax^n+bx^{n-1}$$
$$+((n-2) \text{次以下の整式または［整式としての］} 0)$$
と表される．ただし，$a, \ b, \ \cdots$ は定数で，

しかも $a \neq 0$ である．

ところで，二項定理 ［**1 基本のまとめ 2**］ を用いると，
$$(x+1)^n$$
$$=x^n+{}_nC_1 x^{n-1}$$
$$+((n-2) \text{次以下の整式または} 0)$$
$$(x+1)^{n-1}$$
$$=x^{n-1}+((n-2) \text{次以下の整式または} 0)$$
と表されるので，
$$P(x+1)$$
$$=a(x+1)^n+b(x+1)^{n-1}$$
$$+((n-2) \text{次以下の整式または} 0)$$
$$=ax^n+{}_nC_1 ax^{n-1}+a((n-2) \text{次以下の整式または} 0)$$
$$+bx^{n-1}+b((n-2) \text{次以下の整式または} 0)$$
$$+((n-2) \text{次以下の整式または} 0)$$
$$=ax^n+(an+b)x^{n-1}+((n-2) \text{次以下の整式または} 0)$$
これを用いれば，
$$P(x+1)-P(x)$$
$$=ax^n+(an+b)x^{n-1}+((n-2) \text{次以下の整式または} 0)$$
$$-\{ax^n+bx^{n-1}+((n-2) \text{次以下の整式または} 0)\}$$
$$=anx^{n-1}+((n-2) \text{次以下の整式または} 0)$$
と表される．とくに，$an \neq 0$ であるから，$P(x+1)-P(x)$ の次数は $n-1$．したがって，① の両辺の次数を比較して，
$$n-1=1$$
これから，
$$n=2$$
となって，
$$P(x)=ax^2+bx+c$$
と表される．ただし，$a, \ b, \ c$ は定数で，しかも $a \neq 0$ である．

ここで，$x=0$ のときを考えると，
$$P(0)=c$$
したがって，条件 $P(0)=1$ より，
$$c=1 \quad \cdots ②$$
次に，
$$P(x+1)-P(x)$$
$$=\{a(x+1)^2+b(x+1)+c\}-(ax^2+bx+c)$$
$$=a\{(x+1)^2-x^2\}+b\{(x+1)-x\}$$
$$=a(2x+1)+b$$
$$=2ax+a+b$$
となるので，［**1 基本のまとめ 1**(2)(i)を用

い,] ① の両辺の 1 次の項の係数と定数項を比較して,

$$\begin{cases} 2a=2 & \cdots\text{③} \\ a+b=0 & \cdots\text{④} \end{cases}$$

③ より,　　　　　　$a=1$　　　　$\cdots$⑤

これを ④ に代入したものを, b について解くと,

$$b=-1 \qquad \cdots\text{⑥}$$

②, ⑤, ⑥ より,

$$\boldsymbol{P(x)=x^2-x+1}$$

2　方程式

18　解答

(1) a, b を実数, i を虚数単位とするとき, $a+bi$ という形で表される数のことを**複素数** $\cdots$アは ⑥ という. これは $b=0$ のとき **実数**, $\cdots$イは ① $b \neq 0$ のとき **虚数** $\cdots$ウは ④ である.

[注] イ, ウも複素数として矛盾はないが, 「最も適切」とはいえないと思う.

(2) (ⅰ) $\alpha\overline{\alpha}=(a+bi)(a-bi)$
$$=a^2-(bi)^2$$
$$=a^2-b^2\times(-1)$$
$$=a^2+b^2$$
（証明終り）

(ⅱ) α, β は実数 a, b, c, d を用いて,
$$\alpha=a+bi, \ \beta=c+di$$
と表される. このとき,

(a) $\alpha+\beta=(a+c)+(b+d)i$

であるから, [$a+c$, $b+d$ が実数であることに注意すると,]
$$\overline{\alpha+\beta}=(a+c)-(b+d)i \ \cdots\text{①}$$
一方,
$$\lceil\overline{\alpha}=a-bi, \ \overline{\beta}=c-di\rfloor \ \cdots\text{②}$$
であるから,
$$\overline{\alpha}+\overline{\beta}=(a-bi)+(c-di)$$
$$=(a+c)-(b+d)i \ \cdots\text{③}$$
①, ③ より,
$$\overline{\alpha+\beta}=\overline{\alpha}+\overline{\beta}$$
（証明終り）

(b) $\alpha\beta=(a+bi)(c+di)$
$$=ac+bci+adi+bdi^2$$
$$=(ac-bd)+(ad+bc)i$$
であるから, [$ac-bd$, $ad+bc$ が実数であることに注意すると,]
$$\overline{\alpha\beta}=(ac-bd)-(ad+bc)i \quad\cdots\text{④}$$
一方, ② より,
$$\overline{\alpha}\ \overline{\beta}=(a-bi)(c-di)$$
$$=ac-bci-adi+(-1)^2bdi^2$$
$$=(ac-bd)-(ad+bc)i \ \cdots\text{⑤}$$
④, ⑤ より,
$$\overline{\alpha\beta}=\overline{\alpha}\ \overline{\beta}$$
（証明終り）

(3) (ⅰ) 展開して, 整理すると,
$$2+i-2i-i^2$$
$$=2-(-1)-i$$
$$=3-i$$

(ⅱ) $\dfrac{1}{i}=\dfrac{i}{i\times i}=\dfrac{i}{-1}=-i$ であるから, 与えられた式は,
$$i+i^2+i^3+i^4-i$$
$$=i^2+i^3+i^4$$
$$=(-1)+(-1)\times i+(-1)\times(-1)$$
$$=-i$$

(ⅲ) [分母と分子に, 分母と共役な複素数 $1-2i$ をかけると,]
$$\frac{(2-i)(1-2i)}{(1+2i)(1-2i)}=\frac{2-i-4i+2i^2}{1^2-4i^2}$$
$$=\frac{(2-2)-5i}{1+4}$$
$$=-i$$

(ⅳ) $\left[\dfrac{1+i}{1-i}\right.$ の分母と分子に分母と共役な複素数 $1+i$ をかけると, $\Bigr]$
$$\frac{1+i}{1-i}=\frac{(1+i)^2}{(1-i)(1+i)}$$
$$=\frac{1+2i-1}{1+1}=i$$
となるので, 与えられた式は,
$$i^3=-i$$

(ⅴ) 通分して,

$$\frac{5(2-i)-10i(2+i)}{(2+i)(2-i)}$$

$$=\frac{\{10-10\times(-1)\}-(5+20)i}{4+1}$$

$$=4-5i$$

[注] 共役は「きょうえき」と読むのが自然な気もするが，そうは読まず「きょうやく」と読む．以下のように，本来は共軛と書くべきところ，「軛」が常用外漢字であるので，同音の「役」におきかえたのがこの共役である．牛馬等の家畜を車両や農耕具につないで，ひかせる際，その家畜の首を押えつけるようなかっこうをした木製の枠をとりつける．この枠を軛（頸木）という．共軛とは，並進する2頭の家畜が軛を共にするということであるが，この同レベルの能力をもつであろう2頭は，軛のために，たがいの行動を干渉しあう．このことから転じて，2つの点，線，数等が何か特別な関係にあり，しかもたとえ両者の間で入れかえを行ったとしても状況になんの変化ももたらさないようなとき，両者を共軛（共役）ということがある．たとえば，ある円周を，その円周上の異なる2点で2つの弧に分けるとき，この2つの弧はたがいに共軛（共役）という．（現在，あまり用いられない．）

19 (考え方) a, b, c, d が実数のとき，$a+bi=c+di$ とは $a=c$ かつ $b=d$ のときをいうのであった．

(解答)

(1) 左辺，つまり $(2x-3y)+\{-3(x+2)\}i$ で，条件によれば $2x-3y$, $-3(x+2)$ はともに実数であるから，この等式より，

$$2x-3y=0, \qquad \cdots ①$$

かつ

$$-3(x+2)=0 \qquad \cdots ②$$

② より，

$$x=-2$$

これを ① に代入し，y について解くと，

$$y=-\frac{4}{3}$$

(2) 両辺を $3+2i$ で割って，

$$x+yi=\frac{12-5i}{3+2i} \qquad \cdots ③$$

③ の右辺は，[分母と分子に，分母と共役な複素数 $3-2i$ をかけて，]

$$\frac{(12-5i)(3-2i)}{(3+2i)(3-2i)}$$

$$=\frac{\{36+10\times(-1)\}-(15+24)i}{9-4\times(-1)}$$

$$=\frac{26-39i}{13}=2-3i$$

と変形されるので，

$$x=2, \quad y=-3$$

(3) $(x+yi)^2=(x^2-y^2)+2xyi$

であるから，条件より，

$$x^2-y^2=0, \quad \cdots ④ \quad \text{かつ} \quad 2xy=1 \quad \cdots ⑤$$

④ より，$(x-y)(x+y)=0$，

つまり，

$$y=x, \quad \cdots ⑥ \quad \text{または} \quad y=-x \quad \cdots ⑦$$

・⑥ のとき．

⑤ より，$x^2=\frac{1}{2}$ であるから，

$$x=\pm\frac{\sqrt{2}}{2}, \quad y=\pm\frac{\sqrt{2}}{2} \quad \text{（複号同順）}$$

・⑦ のとき．

⑤ より，$x^2=-\frac{1}{2}$ であるが，これは x が実数であるという条件に反し，この場合該当する x, y は存在しない．

以上より，

$$x=\pm\frac{\sqrt{2}}{2}, \quad y=\pm\frac{\sqrt{2}}{2} \quad \text{（複号同順）}$$

20 (解答)

(1) 問題文の

「
$$\sqrt{\frac{-1}{1}}=\sqrt{\frac{1}{-1}} \qquad \cdots ①$$

$$\therefore \quad \frac{\sqrt{-1}}{\sqrt{1}}=\frac{\sqrt{1}}{\sqrt{-1}} \qquad \cdots ②$$
」

で，① の右辺から ② の右辺への変形が正しくない．つまり，$\sqrt{\dfrac{1}{-1}}$ が $\dfrac{\sqrt{1}}{\sqrt{-1}}$ に等しいとした点が誤りである．

実際，① の右辺は $\sqrt{-1}$ に等しい.

一方，② の右辺は

$$\frac{\sqrt{1}}{\sqrt{-1}} \times \frac{\sqrt{-1}}{\sqrt{-1}} = \frac{1 \times \sqrt{-1}}{\left(\sqrt{-1}\right)^2} = \frac{\sqrt{-1}}{-1} = -\sqrt{-1}$$

となり，① の右辺と ② の右辺は等しくないからである.

なお，これ以外の変形それ自体にはいずれも問題はない.

(2) $\sqrt{-4} = \sqrt{4}\,i = 2i$ であるから，与えられた式は，

$$\begin{aligned}
&\left(\sqrt{3} + 2i\right)\left(1 - \sqrt{3}\,i\right) \\
&= \sqrt{3} + 2i - \left(\sqrt{3}\right)^2 i - 2\sqrt{3}\,i^2 \\
&= \sqrt{3} + 2i - 3i + 2\sqrt{3} \\
&= \boxed{3\sqrt{3}} + \left(\boxed{-1}\right)i \quad \cdots ア，イ
\end{aligned}$$

(3) $a < 0,\ b < 0$ の場合を考えると，確かに，

$$\sqrt{a} \times \sqrt{b} \neq \sqrt{ab}$$

である.

理由は次のとおり．この場合，

$$|a| = -a,\ つまり，a = -|a|,$$

同様に

$$b = -|b|$$

が成り立つ．したがって，

$$\sqrt{a} = \sqrt{-|a|} = \sqrt{|a|}\,i\ （記号 \sqrt{-|a|}\ の定義）$$

同様に，　　　　　$\sqrt{b} = \sqrt{|b|}\,i$

であるから，

$$\begin{aligned}
\sqrt{a} \times \sqrt{b} &= \left(\sqrt{|a|}\,i\right)\left(\sqrt{|b|}\,i\right) \\
&= \left(\sqrt{|a|} \times \sqrt{|b|}\right)i^2 \\
&= -\sqrt{|a|} \times \sqrt{|b|} \quad \cdots ③
\end{aligned}$$

一方，

$$\sqrt{ab} = \sqrt{(-|a|)(-|b|)} = \sqrt{|a| \cdot |b|}$$

ここで，正の数 $|a|,\ |b|$ については，

$$\sqrt{|a|} \times \sqrt{|b|} = \sqrt{|a| \cdot |b|}$$

　　　　　　　　　　　　［8 基本のまとめ ②(3)］

が成り立つので，

$$\sqrt{ab} = \sqrt{|a|} \times \sqrt{|b|} \quad \cdots ④$$

$\sqrt{|a|} \times \sqrt{|b|} > 0$ であるから，

$$\sqrt{|a|} \times \sqrt{|b|} > -\sqrt{|a|} \times \sqrt{|b|}$$

③，④ より，

$$\sqrt{ab} > \sqrt{a} \times \sqrt{b}$$

とくに，

$$\sqrt{a} \times \sqrt{b} \neq \sqrt{ab}$$

[注]　$a,\ b$ が異符号のときは，

$$\sqrt{a} \times \sqrt{b} = \sqrt{ab}$$

が成り立つ.

$a < 0 < b$ のとき．$a = -|a|$ と表されるので，

$$\begin{aligned}
\sqrt{a} \times \sqrt{b} &= \sqrt{-|a|} \times \sqrt{b} = \left(\sqrt{|a|}\,i\right) \times \sqrt{b} \\
&= \left(\sqrt{|a|} \times \sqrt{b}\right)i = \sqrt{|a|\,b}\,i \\
&\qquad\qquad (|a| > 0,\ b > 0\ より) \\
&= \sqrt{-(|a|b)} = \sqrt{(-|a|)\,b} = \sqrt{ab}
\end{aligned}$$

$b < 0 < a$ のときも同様である.

21 【解答】

(1) ［解の公式を用いて，］

$$\begin{aligned}
x &= -2 \pm \sqrt{(-2)^2 - 7} \\
&= -2 \pm \sqrt{-3} \\
&= -2 \pm \sqrt{3}\,i
\end{aligned}$$

(2) $kx^2 + 8x + k - 6 = 0 \quad \cdots ①$

$k = 0$ のとき，① は 1 つの解 $x = \dfrac{3}{4}$ しかもたないので条件に反する.

$k \neq 0$ のとき，この 2 次方程式 ① の判別式を D とすると，条件は，

$$D > 0 \quad \cdots ② \quad ［2 基本のまとめ ①(2)］$$

ところが，

$$\begin{aligned}
\frac{D}{4} &= 4^2 - k(k - 6) \\
&= -k^2 + 6k + 16 \\
&\left[= -(k^2 - 6k - 16)\right] \\
&= -(k + 2)(k - 8)
\end{aligned}$$

であるから，② は，

$$(k + 2)(k - 8) < 0$$

といいかえられる.

これを解いて，

$$-2 < k < 8,$$

つまり，このとき，

$$-2 < k < 0,\ 0 < k < 8$$

以上より，求める k の値の範囲は，

$$\boldsymbol{-2 < k < 0,\ 0 < k < 8}$$

(3) $kx^2 - (k + 2)x - k + 4 = 0 \quad \cdots ③$

2 次方程式 ③ の判別式を D とすると，③ が重解をもつ条件は，

16

$D = 0$ …④ ［2 基本のまとめ ①(2)］

ところが，

$$D = (k+2)^2 - 4k(-k+4)$$
$$[= k^2 + 4k + 4 + 4k^2 - 16k]$$
$$= 5k^2 - 12k + 4$$
$$= (5k-2)(k-2)$$

であるから，④より，

$$k = \frac{2}{5}, \ 2$$

また，このとき，③の重解は，④を用いれば，

$$x\left[= \frac{k+2 \pm \sqrt{D}}{2k}\right] = \frac{k+2}{2k} = \frac{1}{2} + \frac{1}{k}$$

となるから，

$k = \dfrac{2}{5}$ のとき，③の重解は $x = \dfrac{1}{2} + \dfrac{5}{2} = 3$

であり，

$k = 2$ のとき，③の重解は $x = \dfrac{1}{2} + \dfrac{1}{2} = 1$

である．

(4)
$$x^2 - 2ax + 3a = 0, \qquad …⑤$$
$$x^2 + ax + 1 = 0 \qquad …⑥$$

の判別式をそれぞれ D_1，D_2 とすると，⑤，⑥が虚数解をもつ条件は，それぞれ，

$$D_1 < 0, \ …⑦ \quad D_2 < 0 \ …⑧$$
［2 基本のまとめ ①(2)］

ところが，

$$\frac{D_1}{4} = a^2 - 3a = a(a-3),$$
$$D_2 = a^2 - 4 = (a+2)(a-2)$$

であるから，⑦，⑧はそれぞれ，

$$0 < a < 3, \ …⑦' \qquad -2 < a < 2 \ …⑧'$$

と同値である．

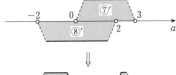

したがって，⑤，⑥のいずれか一方だけが虚数解をもつような a の値の範囲は，

$$-2 < a \leqq 0, \ 2 \leqq a < 3$$

22 〔解答〕

(1) ［解答1］ この2次方程式が $x = \alpha$，β を解にもつので，［2 基本のまとめ ①(2)によれば，］次の恒等式が成り立つ．

$$x^2 + sx + t = (x-\alpha)(x-\beta)$$

右辺を展開して，

$$x^2 + sx + t = x^2 - (\alpha+\beta)x + \alpha\beta$$

［1 基本のまとめ ①(2)(i)を用い，］1次の項の係数と定数項を比較して，

$$s = -(\alpha+\beta), \ t = \alpha\beta,$$

つまり，

$$\alpha+\beta = \boxed{-s}, \ \alpha\beta = \boxed{t} \ …ア, イ$$

［解答2］ この2次方程式の判別式を D とすると，解の公式より，

$$\alpha = \frac{-s \pm \sqrt{D}}{2}, \ \beta = \frac{-s \mp \sqrt{D}}{2}$$

（複号同順）

であるから，

$$\alpha+\beta = \frac{(-s \pm \sqrt{D}) + (-s \mp \sqrt{D})}{2}$$
$$= \frac{-s-s}{2} = \boxed{-s} \ …ア$$

（複号同順）

また，

$$\alpha\beta = \frac{(-s \pm \sqrt{D}) \cdot (-s \mp \sqrt{D})}{4}$$
$$= \frac{(-s)^2 - D}{4}$$

（複号同順）

$D = s^2 - 4t$ であるから，

$$\alpha\beta = \frac{s^2 - (s^2 - 4t)}{4} = \boxed{t} \ …イ$$

(2) (i) この2次方程式の解と係数の関係［2 基本のまとめ ②(1)］より，

$$\alpha+\beta = \boxed{\frac{4}{3}}, \ …ウ \quad \alpha\beta = \frac{5}{3} \ …②$$
$$\alpha^2 + \beta^2 = (\alpha+\beta)^2 - 2\alpha\beta$$

であるから，この右辺に①，②を代入して，

$$\alpha^2 + \beta^2 = \left(\frac{4}{3}\right)^2 - 2 \times \frac{5}{3} = \boxed{-\frac{14}{9}} \ …エ$$

(ii) $$x^2+2x+3=0$$
の解と係数の関係［**2基本のまとめ**②(1)］より，
$$\alpha+\beta=-2, \cdots③ \qquad \alpha\beta=3 \cdots④$$

(a) $$\frac{\alpha^2}{\beta}+\frac{\beta^2}{\alpha}=\frac{\alpha^3+\beta^3}{\alpha\beta}$$
$$=\frac{(\alpha+\beta)^3-3\alpha^2\beta-3\alpha\beta^2}{\alpha\beta}$$
$$=\frac{(\alpha+\beta)^3-3\alpha\beta(\alpha+\beta)}{\alpha\beta}$$
この最後の式に③，④を代入して，
$$\frac{\alpha^2}{\beta}+\frac{\beta^2}{\alpha}\left[=\frac{(-2)^3-3\times3\times(-2)}{3}\right]=\frac{10}{3}$$

(b) $$\alpha^4+\beta^4=(\alpha^2+\beta^2)^2-2\alpha^2\beta^2$$
$$=\{(\alpha+\beta)^2-2\alpha\beta\}^2-2(\alpha\beta)^2$$
この最後の式に③，④を代入して，
$$\alpha^4+\beta^4[=\{(-2)^2-2\times3\}^2-2\times3^2]=-14$$

(3) (i) $$2x^2+px+q=0 \qquad \cdots⑤$$
⑤の2つの解をα，βとすると，条件より，
$$\alpha+\beta=\frac{5}{2}, \cdots⑥ \qquad \alpha\beta=-\frac{3}{2} \cdots⑦$$
一方，⑤の解と係数の関係［**2基本のまとめ**②(1)］より，
$$\alpha+\beta=-\frac{p}{2}, \cdots⑧ \qquad \alpha\beta=\frac{q}{2} \cdots⑨$$
⑥，⑧より，
$$\frac{5}{2}=-\frac{p}{2}, \text{つまり } p=-\boxed{5} \cdots オ$$
⑦，⑨より，
$$-\frac{3}{2}=\frac{q}{2}, \text{つまり } q=-\boxed{3} \cdots カ$$

(ii) この2つの実数をα，βとすると，α，βはxの2次方程式
$$(x-\alpha)(x-\beta)=0 \qquad \cdots⑩$$
の2つの解である．
⑩の左辺は，
$$x^2-(\alpha+\beta)x+\alpha\beta$$
と展開され，これに条件を用いると，
$$x^2+5x+3$$
となる．つまり，
$$⑩: x^2+5x+3=0$$

これを解き，求める2つの実数は，
$$\boxed{\frac{-5-\sqrt{13}}{2}}, \quad \boxed{\frac{-5+\sqrt{13}}{2}}$$
$$\cdots キ, ク \text{（順不同）}$$
である．

(iii) $$x^2+y^2=10, \cdots⑪ \qquad xy=3 \cdots⑫$$
$x+y=u$，$xy=v$とおくと，⑫より，
$$v=3 \qquad \cdots⑬$$
⑪より，
$$(x+y)^2-2xy=10$$
⑫を用いて，
$$(x+y)^2=16,$$
つまり，
$$u^2=4^2$$
これを解いて，
$$u=\pm4 \qquad \cdots⑭$$
⑬，⑭を用いると，解と係数の関係［**2基本のまとめ**②(1)］より，x，yは，［2次方程式$(t-x)(t-y)=0$，つまり，$t^2-ut+v=0$，つまり，］
$$t^2\mp4t+3=0,$$
つまり，
$$(t\mp1)(t\mp3)=0$$
の2つの解．したがって，
$$(x=\pm1, \ y=\pm3);(x=\pm3, \ y=\pm1)$$
$$\text{（以上，複号同順）}$$

(**解説**) (1)で重解の場合，2次方程式$x^2+sx+t=0$ …Ⓐの解（解とは，「Ⓐを成り立たせるxの値」のことである）は，ただ1つである．したがって，問題文の「Ⓐの2つの解」…(*)は重解の場合には生じないと考えるのが自然である．しかし，実際には，そうは考えずに，解の定義の方を次のように修正し，(*)が重解の場合も成り立つと考えるようにする．
「実数（複素数でもよい）を係数とする2次方程式
$$ax^2+bx+c=0 \qquad \cdots Ⓑ$$
の左辺は複素数の範囲で1次式の積に因数分解される．
$$a(x-\alpha)(x-\beta)=0$$
この複素数α，βそれぞれをⒷの（1つの）解という．（実はこれは解とは別の根と

いうものである）」

Ⓐで考えると，左辺が $(x-\alpha)(x-\beta)$ と因数分解されるとすれば，$\alpha \neq \beta$ の場合は，通常の意味の解と同じである．一方，$\alpha=\beta$ の場合，前記の意味での解は，$x=\alpha,\ \alpha$ となり，値の等しいものが2つある．つまり，$\alpha=\beta$ の場合も (*) は意味をもつことになる．しかも，式のとり扱いの際には，$\alpha,\ \beta$ のまま変形し，$\alpha \neq \beta$ ならば異なる2つの解の場合，$\alpha=\beta$ ならば重解の場合と考えればよいので，場合分けもせずにすみ都合がよい．よく用いられる「異なる2つの解」といったときの「異なる」とはこのような意味で用いられている．

高次方程式の場合についても重解に関係した問題では，解を通常の意味ではなく，次のような意味にとる．

「n を正の整数とするとき，実数（複素数でもよい）を係数とする n 次方程式

$$ax^n + bx^{n-1} + \cdots + c = 0 \quad \cdots Ⓒ$$

の左辺は複素数の範囲で1次式の積に因数分解されることが知られている．つまり，Ⓒは，

$$a(x-\alpha)(x-\beta)\cdots(x-\gamma)=0$$

と変形される．このとき，複素数 $\alpha,\ \beta,\ \cdots,\ \gamma$ を Ⓒ の解という．（実際にこの意味での解を使う必要があるのは n が2以上のときである）」

実例として，方程式

$$(x-2)^3(x-1)^2(x+1)^2(x-5)=0$$

を考えると，通常の意味での解は，$x=2,\ 1,\ -1,\ 5$ で，たとえば $x=2$ はただ1つしかないのであるが，この意味での解の方は $x=2,\ 2,\ 2,\ 1,\ 1,\ -1,\ -1,\ 5$ であり，2が3つ重複している．こうしたことから $x=2$ は3重解であるともいう．

23 　解答

(1) $\alpha+\beta=6$，

$\alpha\beta=(3-\sqrt{5}\,i)(3+\sqrt{5}\,i)=9+5=14$

であるから，求める2次方程式

$$x^2-(\alpha+\beta)x+\alpha\beta=0$$

は，

$$x^2-6x+14=0$$

(2) $$2x^2+x+5=0$$

の解と係数の関係［2 基本のまとめ ② (1)］より，

$$\alpha+\beta=-\frac{1}{2},\ \cdots① \qquad \alpha\beta=\frac{5}{2}\ \cdots②$$

$\dfrac{2\beta}{\alpha}=\gamma,\ \dfrac{2\alpha}{\beta}=\delta$ とおくと，①，②を用いて，

$$\gamma+\delta=\frac{2\beta^2+2\alpha^2}{\alpha\beta}=\frac{2\{(\alpha+\beta)^2-2\alpha\beta\}}{\alpha\beta}$$

$$=2\times\frac{\dfrac{1}{4}-5}{\dfrac{5}{2}}=-\frac{19}{5},$$

$$\gamma\delta=\frac{2\beta}{\alpha}\times\frac{2\alpha}{\beta}=4$$

これから，求める2次方程式

$$5\{x^2-(\gamma+\delta)x+\gamma\delta\}=0$$

は，

$$5x^2+19x+20=0$$

(3) $$x^2+3px-5p-2=0 \quad \cdots③$$

条件によれば，③の2つの解は $\alpha,\ 2\alpha$ と表される．

このとき，③の解と係数の関係［2 基本のまとめ ② (1)］より，

$$\begin{cases} \alpha+(2\alpha)=-3p \\ \alpha\times(2\alpha)=-5p-2 \end{cases}$$

つまり，

$$\begin{cases} \alpha=-p & \cdots④ \\ 2\alpha^2=-5p-2 & \cdots⑤ \end{cases}$$

④を⑤に代入して，

$$2(-p)^2=-5p-2$$

整理して，　　$2p^2+5p+2=0$

左辺を因数分解して，　$(p+2)(2p+1)=0$

これを解いて，

$$p=-2,\ -\frac{1}{2}$$

［$p=-2$ ならば，④より，③の2つの解は，2，4，また $p=-\dfrac{1}{2}$ ならば，$\dfrac{1}{2}$，1となっていて，

どちらの場合も本当に ③ の 2 つの解は 1 つの解が他の解の 2 倍になっている.]

24

考え方 実数を係数とする 2 次方程式 $ax^2+bx+c=0$ …Ⓐ の判別式を D, 2 つの解（重解の場合も含む）を α, β とするとき,

(i) α, β がともに正の数となる条件は,

$D \geqq 0$, かつ $\alpha+\beta>0$, かつ $\alpha\beta>0$,

(ii) α, β がともに負の数となる条件は,

$D \geqq 0$, かつ $\alpha+\beta<0$, かつ $\alpha\beta>0$,

(iii) α, β の一方が正の数, もう一方が負の数となる条件は,

$$\alpha\beta<0$$

である.

本問では, この (i) と (iii) を用いる.

(i), (iii) の証明は次のとおりである. (ii) も (i) と同様にして示される.

・(i) について. α, β が実数解である条件は $D \geqq 0$ …Ⓑ である. この条件のもとで,

「$\alpha>0$, かつ $\beta>0$」 …Ⓒ

ならば

「$\alpha+\beta>0$, かつ $\alpha\beta>0$」 …Ⓓ

であることは明らか. 次に, 条件 Ⓑ のもとで Ⓓ が成り立つとする. このとき, α, β に関する条件 $\alpha\beta>0$ は,

Ⓒ, または ($\alpha<0$, かつ $\beta<0$) …Ⓔ

と同値である. Ⓒ, Ⓔ のうちで, さらに, $\alpha+\beta>0$ もみたすものは Ⓒ である. つまり, Ⓓ ならば Ⓒ である.

・(iii) について. α, β が異なる実数解である条件は $D>0$ である. この条件のもとで, (iii) の条件, つまり α, β に関する条件

『「$\alpha>0$, または $\beta<0$」

または「$\alpha<0$, または $\beta>0$」』

は $\alpha\beta<0$ と同値である. つまり, 求める条件は「$D>0$, かつ $\alpha\beta<0$」…Ⓕ である. ところが, $\alpha\beta<0$ ならば, Ⓐ の解と係数の関係より, $\alpha\beta=\dfrac{c}{a}$ であるから,

$$D=b^2-4ac=b^2-4a^2 \cdot \dfrac{c}{a}$$

$$=b^2-4a^2(\alpha\beta)$$

となり, $D>0$ となる. なぜならば, $b^2 \geqq 0$, $-4a^2(\alpha\beta)>0$ であるからである. したがって, このとき, 条件 Ⓕ が成り立つ. つまり, α, β に関する条件 Ⓕ は $\alpha\beta<0$ と同値である.

なお, (i) については $D \geqq 0$ という条件を忘れてはいけない. 実際, この条件がないと, 次のような反例（つまり, Ⓓ はみたすが, Ⓒ はみたさない例）がある.

$$x^2-x+1=0 \quad \text{…Ⓖ}$$

の 2 つの解 α, β について, 解と係数の関係より,

$$\alpha+\beta=1, \quad \alpha\beta=1$$

したがって, 条件 Ⓓ は成り立っている. ところが, Ⓖ を実際に解けば,

$$x=\dfrac{1 \pm \sqrt{3}\,i}{2}$$

となり, Ⓒ は成り立たない.

解答

(1) まず,

$$x^2-2(k-1)x-k+3=0 \quad \text{…①}$$

が異なる 2 つの実数解をもつ条件は, ① の判別式を D とすると,

$D>0$ …② 〔2 基本のまとめ 1 (2)〕

ところが,

$$\dfrac{D}{4}=(k-1)^2-(-k+3)=k^2-k-2$$

$$=(k+1)(k-2)$$

であるから, ②, つまり $(k+1)(k-2)>0$ をみたす k の値の範囲は,

「$k<-1$, または $2<k$」 …③

このとき, ① の 2 つの解 α, β が正の数となる条件は,

「$\alpha+\beta>0$, かつ $\alpha\beta>0$」 …④

ところが, ① の解と係数の関係 〔2 基本のまとめ 2 (1)〕によれば,

$$\alpha+\beta=2(k-1), \quad \alpha\beta=-k+3$$

であるから, ④ は,

$2(k-1)>0$, かつ $-k+3>0$,

つまり, $1<k<3$ …⑤

といいかえられる.

③ かつ ⑤ が求める k の値の範囲で，
$$\boxed{2}<k<\boxed{3} \quad \cdots ア，イ$$

(2) $\qquad x^2-ax-4a=0 \qquad \cdots ⑥$

の 2 つの解 α，β が一方は正の数，もう一方は負の数となる条件は，
$$\alpha\beta<0 \qquad \cdots ⑦$$

ところが，⑥ の解と係数の関係［2 基本のまとめ 2 (1)］より，$\alpha\beta=-4a$ であるから，⑦ は，
$$-4a<0，つまり \quad a>\boxed{0} \quad \cdots ウ$$

といいかえられる．これが求める a の値の範囲である．

25 [解答]

x^4+2x^2-15 は次のように因数分解される．
$$(x^2+5)(x^2-3)$$
$$=(x^2+5)(x+\sqrt{3})(x-\sqrt{3})$$
$$=(x+\sqrt{5}\,i)(x-\sqrt{5}\,i)(x+\sqrt{3})(x-\sqrt{3})$$

したがって，(1)，(2)，(3) の各範囲での因数分解をそれぞれ 1 つ求めると，次のとおりである．

(1) $(x^2+5)(x^2-3)$

(2) $(x^2+5)(x+\sqrt{3})(x-\sqrt{3})$

(3) $(x+\sqrt{5}\,i)(x-\sqrt{5}\,i)(x+\sqrt{3})(x-\sqrt{3})$

26 [解答]

(1) 左辺を因数分解して，
$$(x-2)(x^2+2x+4)=0,$$
つまり，$x-2=0$，または $x^2+2x+4=0$

これを解いて，求める解は，
$$x=2，-1\pm\sqrt{3}\,i$$

(2) $P(x)=x^3-2x^2-5x+6$ とする．
$$P(1)=1^3-2\times1^2-5\times1+6=0$$
であるから，因数定理［1 基本のまとめ 4 (2)］より，$P(x)$ は $x-1$ を因数にもつ．

$$\begin{array}{r} x^2-x-6 \\ x-1\,\overline{\smash{\big)}\,x^3-2x^2-5x+6} \\ \underline{x^3-x^2} \\ -x^2-5x \\ \underline{-x^2+x} \\ -6x+6 \\ \underline{-6x+6} \\ 0 \end{array}$$

割り算を行って，
$$P(x)=(x-1)(x^2-x-6)$$
さらに，因数分解して，
$$P(x)=(x-1)(x+2)(x-3)$$
したがって，$P(x)=0$ の解は，
$$x=-2，1，3$$

(3) $P(x)=x(x+2)(x+4)-2\times4\times6$ とする．
$$P(2)=2\times4\times6-2\times4\times6=0$$
であるから，因数定理［1 基本のまとめ 4 (2)］より，
$$P(x)=x^3+6x^2+8x-48$$
は $x-2$ を因数にもつ．

$$\begin{array}{r} x^2+8x+24 \\ x-2\,\overline{\smash{\big)}\,x^3+6x^2+8x-48} \\ \underline{x^3-2x^2} \\ 8x^2+8x \\ \underline{8x^2-16x} \\ 24x-48 \\ \underline{24x-48} \\ 0 \end{array}$$

割り算を行って，
$$P(x)=(x-2)(x^2+8x+24)$$
したがって，$P(x)=0$ とは，
$$x-2=0，または \quad x^2+8x+24=0$$
ということである．これを解いて，求める解は，
$$x=2，-4\pm2\sqrt{2}\,i$$

(4) 左辺は，
$$(x^2-4)(x^2-9)$$
$$=(x+2)(x-2)(x+3)(x-3)$$
と因数分解されるから，この方程式の解は，
$$x=\pm2，\pm3$$

(5) $x^2+4x=y$ とおくと，与えられた方程式は，

$$(y-1)(y+2)-4=0,$$

つまり，$y^2+y-6=0$ …①

と表される．①の左辺を因数分解して，

$$(y+3)(y-2)=0,$$

つまり，$y+3=0$，または $y-2=0$

x にもどして，

$$x^2+4x+3=0, \quad \text{または} \quad x^2+4x-2=0,$$

つまり，

$$(x+3)(x+1)=0, \quad \text{または} \quad x^2+4x-2=0$$

これを解いて，求める解は，

$$\boldsymbol{x=-3, \ -1, \ -2\pm\sqrt{6}}$$

(6) 与えられた方程式は，

$$\{(x+1)(x+4)\}\{(x+2)(x+3)\}-3=0,$$

つまり，

$$(x^2+5x+4)(x^2+5x+6)-3=0 \quad \text{…②}$$

と変形される．ここで，$x^2+5x=y$ とおくと，②は，

$$(y+4)(y+6)-3=0,$$

つまり，$y^2+10y+21=0$ …③

と表される．③の左辺を因数分解して，

$$(y+7)(y+3)=0,$$

つまり，$y+7=0$，または $y+3=0$

x にもどして，

$$x^2+5x+7=0, \quad \text{または} \quad x^2+5x+3=0$$

これを解いて，求める解は，

$$\boldsymbol{x=\frac{-5\pm\sqrt{3}\,i}{2}, \ \frac{-5\pm\sqrt{13}}{2}}$$

(7) $P(x)=x^4+2x^2+4$ とする．

$$\begin{aligned}P(x)&=(x^4+4x^2+4)-2x^2\\&=(x^2+2)^2-\left(\sqrt{2}\,x\right)^2\\&=\left(x^2+\sqrt{2}\,x+2\right)\left(x^2-\sqrt{2}\,x+2\right)\end{aligned}$$

と因数分解できるので，$P(x)=0$ とは，

$x^2+\sqrt{2}\,x+2=0$，または $x^2-\sqrt{2}\,x+2=0$

ということである．これを解いて，求める解は，

$$\boldsymbol{x=\frac{-\sqrt{2}\pm\sqrt{6}\,i}{2}, \ \frac{\sqrt{2}\pm\sqrt{6}\,i}{2}}$$

27 解答

$\overset{\text{ア}}{\boxed{}}$ を a で表し，$f(x)=x^3-x+a$ とする．

$x=1$ が $f(x)=0$ の解であるから，

$$f(1)=0 \quad \text{…①}$$

ところが，

$$f(1)=1^3-1+a=a$$

であるから，①より，

$$a=0$$

したがって，$f(x)=x^3-x$

因数分解して，$f(x)=x(x+1)(x-1)$

$f(x)=0$ を解いて，$x=0, \ -1, \ 1$

以上をまとめると，

3次方程式 $x^3-x+\boxed{0}=0$ …ア の解は，

$x=1, \ \boxed{0}, \ \boxed{-1}$ …イ，ウ

28 解答

(1) $2(1+i)x^2-(3-i)x+1-i=0$ …①

をみたす実数値 $x=\alpha$ があったとすれば，

$$2(1+i)\alpha^2-(3-i)\alpha+1-i=0$$

つまり，$(2\alpha^2-3\alpha+1)+(2\alpha^2+\alpha-1)i=0$

…②

$2\alpha^2-3\alpha+1$，$2\alpha^2+\alpha-1$ は実数であるから，［複素数が0になる条件を用いると，］②より，

$$2\alpha^2-3\alpha+1=0, \quad \text{かつ} \quad 2\alpha^2+\alpha-1=0$$

因数分解して，

$(2\alpha-1)(\alpha-1)=0$，かつ $(2\alpha-1)(\alpha+1)=0$

これから，

$$\alpha=\frac{1}{2}, \ 1 \ \text{かつ} \ \alpha=\frac{1}{2}, \ -1$$

したがって，このような実数 α はあるとすれば，それは $\frac{1}{2}$ でないといけない．

そこで，$x=\frac{1}{2}$ を①の左辺に代入すると，

$$\frac{1}{2}(1+i)-\frac{1}{2}(3-i)+1-i=\left(\frac{1}{2}-\frac{3}{2}+1\right)+\left(\frac{1}{2}+\frac{1}{2}-1\right)i$$
$$=0$$

が得られるので，$x=\frac{1}{2}$ はたしかに①をみたしている．

以上から，求める実数値は $x=\boxed{\dfrac{1}{2}}$ …ア

である．

22

(2)
$$x^2+ax+5=0, \quad\cdots③$$
$$x^2+x+5a=0 \quad\cdots④$$
に共通な解を α とすると,
$$\alpha^2+a\alpha+5=0, \quad\cdots⑤$$
$$\alpha^2+\alpha+5a=0 \quad\cdots⑥$$
⑤－⑥ より, $(a-1)(\alpha-5)=0$

したがって, ③, ④ が共通の実数解をもつ前提として,
$$a=1, \cdots⑦ \quad または \quad \alpha=5 \cdots⑧$$
が成り立っていないといけない.

・⑦ のとき.

③, つまり $x^2+x+5=0$ の判別式
$D=1^2-4\times5=-19<0$ から, ③ は実数解をもたない [2 基本のまとめ 1 (2)]. したがって, ③, ④ に共通な実数解はない.

・⑧ のとき.

③, ④ の x に5を代入すると, ともに $a=-6$ を得る.

このとき, ③ は,
$$x^2-6x+5=0, つまり (x-1)(x-5)=0$$
と変形されるので, ③ の解は,
$$x=1, 5$$
となり, ④ は,
$$x^2+x-30=0, つまり (x+6)(x-5)=0$$
と変形されるので, ④ の解は,
$$x=-6, 5$$
となる. したがって, 求める a の値と, 共通解は,
$$a=\boxed{-6}, x=\boxed{5} \cdots ウ, エ$$

(3) この4次方程式がどの2つも異なるような4つの実数解をもつ条件は,
$$x^2+2ax+3=0, \quad\cdots⑨$$
$$x^2+3x+2a=0 \quad\cdots⑩$$
がともに異なる2つの実数解をもち, かつ

⑨ と ⑩ が解を共有しないこと

である.

⑨, ⑩ の判別式をそれぞれ D_1, D_2 とすると, ⑨, ⑩ がともに異なる2つの実数解をもつ条件は,「$D_1>0$, かつ $D_2>0$」$\cdots⑪$
[2 基本のまとめ 1 (2)]

ところが,

$$\frac{D_1}{4}=a^2-3$$
$$=(a+\sqrt3)(a-\sqrt3),$$
$$D_2=9-8a$$
であるから, ⑪ は,
$$(a<-\sqrt3, または \sqrt3<a)$$
$$かつ \frac{9}{8}>a,$$
つまり $a<-\sqrt3 \quad\cdots⑫$
といいかえられる.

次に, ⑨ と ⑩ が共通の解 $x=\alpha$ をもつとすると,
$$\alpha^2+2a\alpha+3=0, \quad\cdots⑬$$
$$\alpha^2+3\alpha+2a=0 \quad\cdots⑭$$
⑬－⑭ より, $(2a-3)(\alpha-1)=0$

したがって, ⑨, ⑩ が解を共有する前提として,
$$a=\frac{3}{2}, \cdots⑮ \quad または \quad \alpha=1 \cdots⑯$$
が成り立っていないといけない.

⑮ は ⑫ をみたさないので, 考慮する必要はない.

⑯ のとき, ⑨, ⑩ の x に1を代入すると, ともに $a=-2$ を得る.

つまり, $a=-2$ の場合は, ⑨, ⑩ は少なくとも $x=1$ を共通の解にもつので, ⑫ からこの場合は除く.

以上より, 条件をみたす a の値の範囲は,
$$a<-2, -2<a<-\sqrt3$$

29 解答

(1) まず,
$$x^2-ax+a^2-6=0 \quad\cdots①$$
が実数解をもつ条件は, ① の判別式を D とすると,
$$D\geqq0 \quad\cdots② \quad [2 基本のまとめ 1 (2)]$$
ところが,
$$D=a^2-4(a^2-6)$$
$$=-3(a^2-8)$$
$$=-3(a+2\sqrt2)(a-2\sqrt2)$$
であるから, ②, つまり,
$$(a+2\sqrt2)(a-2\sqrt2)\leqq0$$

をみたす a の値の範囲は,

$$-2\sqrt{2} \leqq a \leqq 2\sqrt{2} \quad \cdots ③$$

このとき, ① の 2 つの解（重解の場合も含む）α, β が正の数となる条件は,

「$\alpha + \beta > 0$, かつ　$\alpha\beta > 0$」 $\cdots ④$

ところが, ① の解と係数の関係［**2 基本のまとめ 2**(1)］より,

$$\alpha + \beta = a, \quad 「\alpha\beta = a^2 - 6 \quad \cdots ⑤」$$

であるから, ④ は,

$$a > 0, \quad かつ　a^2 - 6 > 0,$$

つまり,

$$a > 0, \quad かつ　\left(a+\sqrt{6}\right)\left(a-\sqrt{6}\right) > 0,$$

つまり, $\qquad a > \sqrt{6} \quad \cdots ⑥$

といいかえられる.

③ かつ ⑥ が求める a の値の範囲で,

$$\sqrt{6} < a \leqq 2\sqrt{2}$$

(2)　① が少なくとも 1 つ正の解をもつのは, 次のいずれかである.

(ⅰ)　(1) の場合,

(ⅱ)　$x = 0$ と正の解を 1 つもつ,

(ⅲ)　正の解と負の解を 1 つずつもつ.

・(ⅱ) のとき.

$x = 0$ を解にもつので, ① より,

$$0^2 - a \times 0 + a^2 - 6 = 0,$$

つまり, $\qquad a^2 - 6 = 0$

これを解いて,

$$a = \pm\sqrt{6}$$

このとき, ① は,

$$x^2 - \left(\pm\sqrt{6}\right)x = 0,$$

つまり, $\qquad x\left(x \mp \sqrt{6}\right) = 0$

となって, $x = 0$ 以外に $x = \pm\sqrt{6}$ を解にもつ. 以上, 複号同順である.

したがって, (ⅱ) の条件をみたす a の値は,

$$a = \sqrt{6}$$

・(ⅲ) のとき.

この場合の条件は, $\alpha\beta < 0$

これに, ⑤ を用いて, $a^2 - 6 < 0$, つまり,

$$\left(a+\sqrt{6}\right)\left(a-\sqrt{6}\right) < 0$$

したがって, (ⅲ) の条件をみたす a の値の範囲は,

$$-\sqrt{6} < a < \sqrt{6}$$

(ⅰ), (ⅱ), (ⅲ) の a の値の範囲をまとめて, 求める a の値の範囲は,

$$-\sqrt{6} < a \leqq 2\sqrt{2}$$

［**注**］　本問より少し複雑な,「解とある数の大小関係」を問う問題では, 数学Ⅰの 2 次関数のグラフを用いる解答の方がよい. グラフを用いる解答の一例として本問の (2) をとりあげておく.

$$f(x) = x^2 - ax + a^2 - 6$$

とすると,

$$f(x) = \left(x - \frac{a}{2}\right)^2 + \frac{3}{4}a^2 - 6$$

したがって, $y = f(x)$ のグラフの軸の方程式は $x = \dfrac{a}{2}$ ［xy 平面で, この軸と不等式 $x > 0$ の表す領域の位置関係から次のように場合分けする］

(ア)　$\dfrac{a}{2} \leqq 0$, つまり $a \leqq 0$ のとき.

求める条件は,

$$f(0) < 0 \quad \cdots ⓐ$$
$$f(0) = a^2 - 6$$
$$= \left(a+\sqrt{6}\right)\left(a-\sqrt{6}\right)$$

であるから, (ア) の条件のもとで ⓐ を解いて,

$$-\sqrt{6} < a \leqq 0$$

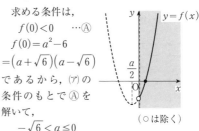

（○ は除く）

(イ)　$\dfrac{a}{2} > 0$, つまり $a > 0$ のとき.

求める条件は,

$\left[\begin{array}{l} x \geqq \dfrac{a}{2} \text{ の範囲で} \\ f(x) = 0 \text{ が解をもて} \\ ばよいので, \end{array}\right]$

$$f\left(\frac{a}{2}\right) \leqq 0 \quad \cdots ⓑ$$

（○ は除く）

ところが,

$$f\left(\frac{a}{2}\right) = \frac{3}{4}a^2 - 6 = \frac{3}{4}\left(a^2 - 8\right)$$
$$= \frac{3}{4}\left(a + 2\sqrt{2}\right)\left(a - 2\sqrt{2}\right)$$

であるから，(イ) の条件のもとで ⑧ を解いて，
$$0 < a \le 2\sqrt{2}$$
(ア)，(イ) の a の値の範囲をまとめて，求める a の値の範囲は，
$$-\sqrt{6} < a \le 2\sqrt{2}$$

30 【解答】

(1)
$$x^3 = 1 \qquad \cdots ①$$
のもう 1 つの虚数解を α とする．

① の右辺を移項して， $x^3 - 1 = 0$，
この左辺を因数分解して，
$$(x-1)(x^2+x+1) = 0,$$
つまり，
$$x - 1 = 0, \ \cdots ② \quad \text{または}$$
$$\lceil x^2 + x + 1 = 0 \ \cdots ③ \rfloor$$
② より $x = 1$ を得るが，これは実数であるから，ω でも α でもない．一方，③ の判別式 D について，
$$D = 1^2 - 4 \times 1 \times 1 = -3 < 0$$
が成り立つので，この 2 解が ω，α である．
とくに，[ω が ③ の解であるから，]
$$\omega^2 + \omega + 1 = 0, \qquad \cdots ④$$
つまり， $\omega^2 = -(\omega + 1) \qquad \cdots ⑤$
③ の解と係数の関係より，
$$\omega + \alpha = -1,$$
つまり， $\alpha = -(\omega + 1) \qquad \cdots ⑥$
⑤，⑥ より，
$$\alpha = \omega^2$$
(証明終り)

(2) (i) ④ より，
$$\omega^2 + \omega + 1 = 0$$
(ii) ω は ① の解であるから，
$$\omega^3 = 1 \qquad \cdots ⑦$$
これと ④ を用いると，
$$\omega^4 + \omega^2 + 1 = \omega^3 \cdot \omega + \omega^2 + 1$$
$$= \omega + \omega^2 + 1$$
$$= 0$$
(iii) $1 + \omega + \omega^2 + \omega^3 + \cdots + \omega^{18}$
$$= (1 + \omega + \omega^2) + (\omega^3 + \omega^4 + \omega^5) + (\omega^6 + \omega^7 + \omega^8)$$
$$+ (\omega^9 + \omega^{10} + \omega^{11}) + (\omega^{12} + \omega^{13} + \omega^{14})$$
$$+ (\omega^{15} + \omega^{16} + \omega^{17}) + \omega^{18}$$
$$= (1 + \omega + \omega^2) + \omega^3(1 + \omega + \omega^2)$$
$$+ \omega^6(1 + \omega + \omega^2) + \omega^9(1 + \omega + \omega^2)$$
$$+ \omega^{12}(1 + \omega + \omega^2) + \omega^{15}(1 + \omega + \omega^2) + (\omega^3)^6$$
$$= 0 + 0 + 0 + 0 + 0 + 0 + 1^6 \qquad (④, ⑦)$$
$$= 1$$

[注] (I) (1) だけならば，③ を解くのが自然である：③ を解くと，
$$(\omega, \alpha) = \left(\frac{-1 \pm \sqrt{3}\,i}{2}, \ \frac{-1 \mp \sqrt{3}\,i}{2} \right)$$
このとき，
$$\alpha^2 = \left\{ (-1) \cdot \frac{1 \pm \sqrt{3}\,i}{2} \right\}^2 = \left(\frac{1 \pm \sqrt{3}\,i}{2} \right)^2$$
$$= \frac{1 \pm 2\sqrt{3}\,i + (-3)}{4} = \frac{-1 \pm \sqrt{3}\,i}{2} = \omega$$
(以上，複号同順)
((1) の証明終り)

(II) (I) のように ③ の解が
$$x = \frac{-1 \pm \sqrt{3}\,i}{2}$$
であることから，ω が $\dfrac{-1 + \sqrt{3}\,i}{2}$ の場合と，$\dfrac{-1 - \sqrt{3}\,i}{2}$ の場合のそれぞれに限定して考える方がよいような気もする．しかし，【解答】をみると，そこで用いている事実は，
(a) ω が ① の解であること：$\omega^3 = 1$，
(b) ω が ③ の解であること：$\omega^2 + \omega + 1 = 0$，
(c) ③ の解と係数の関係：$\omega + \alpha = -1$ ($\omega\alpha = 1$)
だけであって，これらは，ω が $\dfrac{-1 + \sqrt{3}\,i}{2}$ の場合にも，$\dfrac{-1 - \sqrt{3}\,i}{2}$ の場合にも等しく通用する．つまり，【解答】のように解答する場合，上のように ω を場合分けして考える理由がないのである．したがって，ω を $\dfrac{-1 + \sqrt{3}\,i}{2}$ とも $\dfrac{-1 - \sqrt{3}\,i}{2}$ とも限定しないでおいたのである．

31 【解答】

(1) 条件は，
$$a(p+qi)^3 + b(p+qi)^2 + c(p+qi) + d = 0$$
$$\cdots ①$$

①の左辺は，［展開して，$A+Bi$ 形にまとめると，］

$$a(p^3+3p^2qi-3pq^2-q^3i)$$
$$+b(p^2+2pqi-q^2)+c(p+qi)+d$$
$$=\{a(p^3-3pq^2)+b(p^2-q^2)+cp+d\}$$
$$+\{a(3p^2q-q^3)+2bpq+cq\}i$$

となるので，①は，

$$a(p^3-3pq^2)+b(p^2-q^2)+cp+d=0, \qquad \cdots②$$

かつ，

$$a(3p^2q-q^3)+2bpq+cq=0 \qquad \cdots③$$

といいかえられる．

このとき，

$$a(p-qi)^3+b(p-qi)^2+c(p-qi)+d=0 \qquad \cdots④$$

を示せばよい．ところが，④の左辺は，［展開して，$A-Bi$ 形にまとめると，］

$$a(p^3-3p^2qi-3pq^2+q^3i)$$
$$+b(p^2-2pqi-q^2)+c(p-qi)+d$$
$$=\{a(p^3-3pq^2)+b(p^2-q^2)+cp+d\}$$
$$-\{a(3p^2q-q^3)+2bpq+cq\}i$$

と変形され，これに②，③を用いれば，④を得る．

（証明終り）

［注］　**18**(2)(ii)の事実を用いれば，見通しよく解答することができる．**18**(2)の記号を用いると，$\alpha=p+qi$ とおけば，$p-qi=\overline{\alpha}$ であるから，

$$a\alpha^3+b\alpha^2+c\alpha+d=0 \qquad \cdots Ⓐ$$

ならば，

$$a(\overline{\alpha})^3+b(\overline{\alpha})^2+c\overline{\alpha}+d=0 \quad \cdots Ⓑ$$

であることが示されればよい．

実数 k に対し，$\overline{k}=k$ … Ⓒ であることに注意すると，Ⓑの左辺は，

$$\overline{a(\alpha^3)}+\overline{b(\alpha^2)}+\overline{c\alpha}+\overline{d} \quad (\textbf{18}(2)(ii)(b))$$
$$=\overline{a\alpha^3}+\overline{b\alpha^2}+\overline{c\alpha}+\overline{d} \quad (Ⓒ と \textbf{18}(2)(ii)(b))$$
$$=\overline{a\alpha^3+b\alpha^2+c\alpha+d} \quad (\textbf{18}(2)(ii)(a))$$
$$=\overline{0} \quad (Ⓐ)$$
$$=0 \quad (Ⓒ)$$

となるから，Ⓑが成立する．

(2)　(1)より，この方程式は $x=1-\sqrt{2}\,i$ も解にもつ．したがって，因数定理［**1基本の**

まとめ ④(2)］を用いれば，c を定数とするとき，次の x についての恒等式が成り立つ．

$$x^3+ax^2+bx-12$$
$$=\{x-(1+\sqrt{2}\,i)\}\{x-(1-\sqrt{2}\,i)\}(x-c)$$
$$\cdots⑤$$

⑤の右辺は，

$$\{(x-1)-\sqrt{2}\,i\}\{(x-1)+\sqrt{2}\,i\}(x-c)$$
$$=\{(x-1)^2+2\}(x-c)$$
$$=x^3-(c+2)x^2+(2c+3)x-3c$$

と変形されるので，［**1基本のまとめ** ①(2)(i)を用い，⑤の両辺の同じ次数の項の係数と定数項を比較して，

$$a=-(c+2), \qquad \cdots⑥$$
$$b=2c+3, \qquad \cdots⑦$$
$$-12=-3c \qquad \cdots⑧$$

⑧より，

$$c=4$$

これを⑥，⑦に代入して，

$$a=-6, \quad b=11$$

以上より，a, b の値は，

$$\boldsymbol{a=-6, \quad b=11}$$

また，残りの2つの解は，

$$4, \quad 1-\sqrt{2}\,i$$

［注］　(1)の事実は教科書にもとりあげられており，(2)が単独で出題されたような場合，証明なしに用いても問題はないと思われる．

32　[解答]

$$x^3-(a+2)x+2(a-2)=0 \quad \cdots①$$

の左辺は，

$$x^3-2x-4-a(x-2)$$

と変形される．

$$P(x)=x^3-2x-4 \text{ とすると，}$$
$$P(2)=2^3-2\times2-4=0$$

であるから，因数定理［**1基本のまとめ** ④(2)］より，$P(x)$ は $x-2$ を因数にもつ．

$$\begin{array}{r}
x^2+2x\ +2 \\
x-2\ \overline{)\ x^3\qquad -2x-4} \\
\underline{x^3-2x^2}\qquad\quad \\
2x^2-2x\quad \\
\underline{2x^2-4x}\quad \\
2x-4 \\
\underline{2x-4} \\
0
\end{array}$$

割り算を行うと，
$$P(x)=(x-2)(x^2+2x+2)$$
を得るから，① は，
$$(x-2)(x^2+2x+2-a)=0$$
と変形される．つまり，
① とは，
$x=2$，または，
「$x^2+2x+2-a=0$ …②」
ということである．

このとき，求める条件は，
　（ i) $x=2$ が ② の解でもある，
または，
　（ ii) ② が重解をもつ
ことである．

・(i)について．
$x=2$ が ② の解である条件は，
$$2^2+2\times2+2-a=0$$
a について解いて，
$$a=10$$

・(ii)について．
② が重解をもつ条件は，② の判別式を D とすると，
$$D=0 \quad \text{…③} \quad [\text{2 基本のまとめ}\boxed{1}(2)]$$
② より，
$$\frac{D}{4}=1^2-(2-a)=a-1$$
であるから，③ より，
$$a=1$$
以上から，求める a の値は，
$$\boxed{1}, \quad \text{…ア} \qquad \boxed{10} \quad \text{…イ}$$

33　解　答

(1) 与えられた等式の左辺を展開して，

$$x^3-(\alpha+\beta+\gamma)x^2+(\beta\gamma+\gamma\alpha+\alpha\beta)x-\alpha\beta\gamma$$
$$=x^3+px^2+qx+r$$

［1 基本のまとめ $\boxed{1}$ (2)(i)を用い，]両辺の同じ次数の項の係数と定数項を比較して，
$$p=\boxed{-(\alpha+\beta+\gamma)}, \quad \text{…ア}$$
$$q=\boxed{\beta\gamma+\gamma\alpha+\alpha\beta}, \quad \text{…イ}$$
$$r=\boxed{-\alpha\beta\gamma} \quad \text{…ウ}$$

(2) x, y, z を 3 つの解とする t の 3 次方程式で，3 次の項の係数が 1 のものは，
$$(t-x)(t-y)(t-z)=0$$
この左辺を展開して，整理すると，
$$t^3-(x+y+z)t^2+(xy+yz+zx)t-xyz=0$$
この左辺に ①，②，③ を代入して，
$$t^3+(\boxed{-11})t^2+\boxed{31}t+(\boxed{-21})=0$$
$$\text{…エ，オ，カ} \quad \text{…④}$$
④ の左辺を $f(t)$ とすると，
$$f(1)=1-11+31-21=0$$
であるから，因数定理［1 基本のまとめ $\boxed{4}$ (2)］より $f(t)$ は $t-1$ を因数にもつ．

$$\begin{array}{r}
t^2-10t\ +21 \\
t-1\ \overline{)\ t^3-11t^2+31t-21} \\
\underline{t^3-\ t^2}\qquad\qquad \\
-10t^2+31t\quad \\
\underline{-10t^2+10t}\quad \\
21t-21 \\
\underline{21t-21} \\
0
\end{array}$$

割り算を行って，
$$f(t)=(t-1)(t^2-10t+21)$$
さらに，因数分解して，
$$f(t)=(t-1)(t-3)(t-7)$$
したがって，④ の解 x, y, z $(x<y<z)$ は，
$$x=\boxed{1}, \quad y=\boxed{3}, \quad z=\boxed{7} \quad \text{…キ，ク，ケ}$$

34　解　答

(1) $t^2=\left(x+\dfrac{1}{x}\right)^2$ を考え，$\left(x+\dfrac{1}{x}\right)^2$ を展開すると，
$$t^2=x^2+2x\times\frac{1}{x}+\frac{1}{x^2}$$

$$=\left(x^2+\frac{1}{x^2}\right)+2$$

移項して，　　$x^2+\dfrac{1}{x^2}=\boldsymbol{t^2-2}$

さらに展開して，

$$t(t^2-2)=\left(x+\frac{1}{x}\right)\left(x^2+\frac{1}{x^2}\right)$$

$$=x^3+\frac{1}{x}\times x^2+x\times\frac{1}{x^2}+\frac{1}{x^3}$$

$$=\left(x^3+\frac{1}{x^3}\right)+\left(x+\frac{1}{x}\right)$$

$$=\left(x^3+\frac{1}{x^3}\right)+t$$

移項して，$x^3+\dfrac{1}{x^3}=t(t^2-2)-t=\boldsymbol{t^3-3t}$

(2)　　　$\dfrac{2x^4-3x^3-5x^2-3x+2}{x^2}$

$$=2x^2-3x-5-3\cdot\frac{1}{x}+2\cdot\frac{1}{x^2}$$

$$=2\left(x^2+\frac{1}{x^2}\right)-3\left(x+\frac{1}{x}\right)-5$$

$$=2(t^2-2)-3t-5\quad((1))$$

$$=\boldsymbol{2t^2-3t-9}$$

(3)　$2x^4-3x^3-5x^2-3x+2=0$　…①　は
$x=0$ を解にもたないので，① の解の集合と，

$$①\times\frac{1}{x^2}:\frac{2x^4-3x^3-5x^2-3x+2}{x^2}=0$$
$$\cdots②$$

の解の集合は一致する．以下，後者を求める．
② の左辺で，$t=x+\dfrac{1}{x}$ とおくと，(2) より，

$$2t^2-3t-9=0$$

因数分解して，$(2t+3)(t-3)=0$

したがって，② は，

$$\left\{2\left(x+\frac{1}{x}\right)+3\right\}\left\{\left(x+\frac{1}{x}\right)-3\right\}=0\quad\cdots③$$

と変形される．

$③\times x^2:\{2(x^2+1)+3x\}\{(x^2+1)-3x\}=0$
整理して，$(2x^2+3x+2)(x^2-3x+1)=0$
$$\cdots④$$

④ の解のうち 0 でないものの集合と，③，

つまり ② の解の集合が一致する．
　④ の解の集合は，

$$2x^2+3x+2=0\qquad\cdots⑤$$

と，

$$x^2-3x+1=0\qquad\cdots⑥$$

の解全体の集合と一致する．⑤，⑥ を解き，

$$x=\frac{-3\pm\sqrt{7}\,i}{4},\ \frac{3\pm\sqrt{5}}{2}$$

これらはいずれも 0 でないので，これらが
③ つまり ② の解のすべてである．

[注]　$ax^4+bx^3+cx^2+bx+a$,
　　　$ax^5+bx^4+cx^3+cx^2+bx+a$

といった，ある n 次式でその x を $\dfrac{1}{x}$ でおき
かえ，分母を x^n にそろえたときの分子がも
との式と一致するようなものを，ここだけの
限定的なよび方として，「相反式」ということ
にする．

[例]　$a\left(\dfrac{1}{x}\right)^4+b\left(\dfrac{1}{x}\right)^3+c\left(\dfrac{1}{x}\right)^2+b\dfrac{1}{x}+a$

$$=\frac{a+bx+cx^2+bx^3+ax^4}{x^4}$$

$$a\left(\frac{1}{x}\right)^5+b\left(\frac{1}{x}\right)^4+c\left(\frac{1}{x}\right)^3+c\left(\frac{1}{x}\right)^2+b\left(\frac{1}{x}\right)+a$$

$$=\frac{a+bx+cx^2+cx^3+bx^4+ax^5}{x^5}$$

このとき，

$$（相反式）=0$$

という形をした方程式を相反方程式という．
（これは普通に使われている．）

　本問のような「相反式」が $2m$ 次の相反
方程式では，「相反式」を x^m で割り，

$$a\left(x^m+\frac{1}{x^m}\right)+b\left(x^{m-1}+\frac{1}{x^{m-1}}\right)+\quad\cdots$$

の形にととのえ，さらに $t=x+\dfrac{1}{x}$ の式に
変形して解く．

　「相反式」が $(2m+1)$ 次の相反方程式で
は，「相反式」が必ず

$$(x+1)(2m次の「相反式」)$$

の形に因数分解されるので，$2m$ 次の場合に
帰着する．

例 $ax^5 + bx^4 + cx^3 + cx^2 + bx + a$
$= a(x^5+1) + bx(x^3+1) + cx^2(x+1)$
$= a(x+1)(x^4-x^3+x^2-x+1)$
$\quad + bx(x+1)(x^2-x+1) + cx^2(x+1)$
$= (x+1)\{ax^4 + (-a+b)x^3 + (a-b+c)x^2$
$\qquad\qquad\qquad\qquad + (-a+b)x + a\}$

3 式と証明

35 解答

(1) $\qquad (a^2 - bc) - (b^2 - ca)$
$\qquad = (a^2 - b^2) + (ac - bc)$
$\qquad = (a+b)(a-b) + c(a-b)$
$\qquad = (a+b+c)(a-b)$

と変形されるので，条件 $a+b+c=0$ …①
から，$(a^2-bc) - (b^2-ca) = 0$，つまり，
$$a^2 - bc = b^2 - ca$$

同様にすれば，
$$(b^2-ca) - (c^2-ab) = (a+b+c)(b-c)$$
を得るので，このときも ① より，
$$b^2 - ca = c^2 - ab$$

を得る．

以上をまとめて，
$$a^2 - bc = b^2 - ca = c^2 - ab$$
（証明終り）

(2) $\dfrac{a}{b} = \dfrac{c}{d} = k$ とおく．この分母をはらう
と，
$$a = kb, \ c = kd$$

これを用いれば，
$$\frac{a-b}{a+b} - \frac{c-d}{c+d} = \frac{kb-b}{kb+b} - \frac{kd-d}{kd+d}$$
$$= \frac{(k-1)b}{(k+1)b} - \frac{(k-1)d}{(k+1)d}$$
$$= \frac{k-1}{k+1} - \frac{k-1}{k+1} = 0,$$

つまり，
$$\frac{a-b}{a+b} = \frac{c-d}{c+d}$$
（証明終り）

(3) 比例式の性質から，
$$a \neq 0 \ \cdots① \quad かつ \quad b \neq 0$$
で，

$$\frac{a}{b} = \frac{4}{5} \qquad \cdots②$$

② の逆数をとり，b について解くと，
$$b = \frac{5}{4}a \qquad \cdots③$$

① に注意して，③ を用いると，

$$\frac{a^2+b^2}{ab} = \frac{a^2 + \left(\frac{5}{4}a\right)^2}{a \times \frac{5}{4}a} = \frac{\frac{41}{16}a^2}{\frac{5}{4}a^2}$$

$$= \frac{4 \times 41}{16 \times 5} = \boxed{\dfrac{41}{20}} \quad \cdots ア$$

$$\frac{a^2+b^2}{a^2-b^2} = \frac{a^2 + \left(\frac{5}{4}a\right)^2}{a^2 - \left(\frac{5}{4}a\right)^2} = \frac{\frac{41}{16}a^2}{-\frac{9}{16}a^2}$$

$$= \boxed{-\dfrac{41}{9}} \quad \cdots イ$$

(4) $\dfrac{2x+y}{5} = \dfrac{3y+2z}{11} = \dfrac{z+x}{4} = k \ (k \neq 0)$

とおく．この分母をはらって，
$$2x+y = 5k, \qquad \cdots②$$
$$3y+2z = 11k, \qquad \cdots③$$
$$z+x = 4k \qquad \cdots④$$

② より，
$$y = -2x + 5k \qquad \cdots⑤$$

④ より，
$$z = -x + 4k \qquad \cdots⑥$$

⑤，⑥ を ③ に代入して，
$$(-6x + 15k) + (-2x + 8k) = 11k$$

x について解いて，
$$x = \frac{3}{2}k \qquad \cdots⑦$$

これを ⑤，⑥ に代入して，
$$y = -3k + 5k = 2k \qquad \cdots⑧$$
$$z = -\frac{3}{2}k + 4k = \frac{5}{2}k \qquad \cdots⑨$$

⑦，⑧，⑨ のそれぞれを k について解い
て，
$$k = \frac{x}{\frac{3}{2}} = \frac{y}{2} = \frac{z}{\frac{5}{2}}$$

各辺を 2 で割って，
$$\frac{k}{2} = \frac{x}{3} = \frac{y}{4} = \frac{z}{5}$$

$k \neq 0$ であったから,
$$x : y : z = 3 : 4 : 5$$

36 　解答

(1)　$a^2 + ab + b^2$

$$\left[= \left\{ a^2 + 2 \times \frac{b}{2} a + \left(\frac{b}{2} \right)^2 \right\} - \left(\frac{b}{2} \right)^2 + b^2 \right]$$

$$= \left(a + \frac{b}{2} \right)^2 + \frac{3}{4} b^2$$

$\left(a + \dfrac{b}{2} \right)^2 \geqq 0$, $\dfrac{3}{4} b^2 \geqq 0$ であるから, その和について,

$$\left(a + \frac{b}{2} \right)^2 + \frac{3}{4} b^2 \geqq 0,$$

つまり,　$a^2 + ab + b^2 \geqq 0$

等号成立条件は,

$$a + \frac{b}{2} = 0, \quad かつ \quad b = 0,$$

つまり,　$a = 0$, かつ　$b = 0$
である.

（証明終り）

(2)　$F = \dfrac{1}{2} \{ (a^2 - 2ab + b^2) + (b^2 - 2bc + c^2)$
$$+ (c^2 - 2ca + a^2) \}$$

$$= \frac{1}{2} \{ (a-b)^2 + (b-c)^2 + (c-a)^2 \}$$

$(a-b)^2$, $(b-c)^2$, $(c-a)^2$ に対し,
$(a-b)^2 \geqq 0$, $(b-c)^2 \geqq 0$, $(c-a)^2 \geqq 0$
であるから, これらの和の半分である F について,

$$F \geqq 0$$

が成り立つ.

等号成立条件は,

$a - b = 0$, $b - c = 0$, かつ　$c - a = 0$,
つまり,　　$a = b = c$
である.

（証明終り）

(3)　　$x^2 + y^2 + z^2 - \dfrac{1}{3} \geqq 0$

を示せばよい. この左辺を F とする.
$x + y + z = 1$ より,

$$z = 1 - x - y \qquad \cdots ②$$

これを F に代入し, 展開し, 整理すると,

$$F = x^2 + y^2 + (1 - x - y)^2 - \frac{1}{3}$$

$$= x^2 + y^2 + 1 + x^2 + y^2 - 2x - 2y + 2xy - \frac{1}{3}$$

$$= 2x^2 - 2(1-y)x + 2y^2 - 2y + \frac{2}{3}$$

最後の式を x の 2 次式とみて, 平方の形に変形すると,

$$F \left[= 2 \left\{ x^2 - 2 \times \frac{1-y}{2} x + \left(\frac{1-y}{2} \right)^2 \right\} \right.$$
$$\left. - 2 \times \left(\frac{1-y}{2} \right)^2 + 2y^2 - 2y + \frac{2}{3} \right]$$

$$= 2 \left(x - \frac{1-y}{2} \right)^2 + \frac{1}{6} (-3y^2 + 6y - 3$$
$$+ 12y^2 - 12y + 4)$$

$$= 2 \left(x - \frac{1-y}{2} \right)^2 + \frac{1}{6} (9y^2 - 6y + 1)$$

さらに, この最後の式で, $\dfrac{1}{6}(9y^2 - 6y + 1)$
を平方の形に変形して,

$$F = 2 \left(x - \frac{1-y}{2} \right)^2 + \frac{1}{6} (3y-1)^2$$

$2 \left(x - \dfrac{1-y}{2} \right)^2$, $\dfrac{1}{6}(3y-1)^2$ に対し,

$$2 \left(x - \frac{1-y}{2} \right)^2 \geqq 0, \quad \frac{1}{6}(3y-1)^2 \geqq 0$$

であるから, その和である F について,

$$F \geqq 0$$

が成り立つ.

等号成立条件は,

$$x - \frac{1-y}{2} = 0, \quad かつ \quad 3y - 1 = 0,$$

つまり,

$x = \dfrac{1}{3}$, かつ　$y = \dfrac{1}{3}$, かつ ② より　$z = \dfrac{1}{3}$
である.

（証明終り）

[注]　(2) を用いてもよい.
恒等式
$$(x + y + z)^2 = x^2 + y^2 + z^2 + 2(yz + zx + xy)$$
を変形して,

$$yz + zx + xy$$
$$= \frac{1}{2} \{ (x+y+z)^2 - (x^2 + y^2 + z^2) \}$$

これを (2) の結果,
$$x^2+y^2+z^2 \geqq yz+zx+xy$$
の右辺に代入し, 整理すると,
$$x^2+y^2+z^2 \geqq \frac{1}{3}(x+y+z)^2$$

条件 $x+y+z=1$ を用いて,
$$x^2+y^2+z^2 \geqq \frac{1}{3}$$

等号成立条件は,
$$x=y=z, \quad \text{かつ} \quad x+y+z=1,$$
つまり,
$$x=\frac{1}{3}, \quad \text{かつ} \quad y=\frac{1}{3}, \quad \text{かつ} \quad z=\frac{1}{3}$$

37 [解答]

$$\frac{ax+by}{2} \geqq \frac{a+b}{2} \cdot \frac{x+y}{2}$$

の両辺を 4 倍し, 右辺を移項すると,
$$2(ax+by)-(a+b)(x+y) \geqq 0 \quad \cdots ①$$
を得る. これを証明すればよい.
ところが, ① の左辺は,
$$(2ax+2by)-(ax+bx+ay+by)$$
$$=ax-bx-ay+by$$
$$=(b-a)y-(b-a)x$$
$$=(b-a)(y-x)$$
と因数分解されるので, 条件 $b-a \geqq 0$, および $y-x \geqq 0$ より, 正または 0 である. つまり, ① が成り立つ.

等号成立条件は,
$$(b-a)(y-x)=0,$$
つまり,
$$a-b=0, \quad \text{または} \quad x-y=0,$$
つまり, $\boldsymbol{a=b}$, または $\boldsymbol{x=y}$
である.

(証明終り)

38 [解答]

(1) $$x+y \geqq 2\sqrt{xy} \quad \cdots ①$$
① で, 右辺を移項して得られる不等式
$$x+y-2\sqrt{xy} \geqq 0 \quad \cdots ②$$
を証明すればよい.
ところが, $x \geqq 0$, $y \geqq 0$ のとき,

$$x=(\sqrt{x})^2, \quad y=(\sqrt{y})^2, \quad \sqrt{xy}=\sqrt{x}\sqrt{y}$$
であるから, ② の左辺について, $\sqrt{x}-\sqrt{y}$
が実数であることより,
$$(\sqrt{x})^2-2\sqrt{x}\sqrt{y}+(\sqrt{y})^2$$
$$=(\sqrt{x}-\sqrt{y})^2$$
$$\geqq 0$$
が成り立つ. つまり, ② が成立する.

等号成立条件は,
$$\sqrt{x}-\sqrt{y}=0,$$
つまり, $\boldsymbol{x=y}$
である.

(証明終り)

(2) $x>0$, $\frac{25}{x}>0$ であるから, この 2 つの数に相加平均と相乗平均の大小関係 〔3 **基本のまとめ** ②(2)〕を適用することができ,
$$x+\frac{25}{x} \geqq 2\sqrt{x \cdot \frac{25}{x}}=10$$

〔つまり, $x+\frac{25}{x}$ が 10 より小さな値をとるということはない. 10 以上の値をすべてとり得るかどうかはこれだけではわからないが, 等号が成立すれば, 10 が最小値ということになる.〕

等号成立条件は,
$$x=\frac{25}{x},$$
つまりこの分母をはらった $x^2=5^2$ を $x>0$
の範囲で解いて得られる
$$x=\boxed{5} \quad \cdots イ$$
である.

等号が実際に生じるので, 求める最小値は
$$\boxed{10} \quad \cdots ア$$

(3) $$z=\left(x+\frac{9}{y}\right)\left(y+\frac{4}{x}\right)$$
とする. 展開し, 整理すると,
$$z=xy+9+4+\frac{36}{xy}$$
$$=13+\left(xy+\frac{36}{xy}\right)$$

$xy>0$, $\frac{36}{xy}>0$ であるから, この 2 つの数に相加平均と相乗平均の大小関係 〔3 **基本**

のまとめ ②(2)〕が適用でき，

$$z \geqq 13+2\sqrt{xy \times \frac{36}{xy}}$$

$$=13+2\times 6=25$$

等号成立条件は，

$$xy=\frac{36}{xy}$$

であるが，$xy>0$ よりこれは分母をはらった，

$$(xy)^2=36$$

つまり，　　　　　　$xy=6$

と同値である．この関係をみたす 2 つの正の数 x，y の一例として，たとえば，$x=1$，$y=6$ があるので，実際に等号は生じる．したがって，求める最小値は，

$$\boxed{25}\quad\cdots ウ$$

〔解説〕(3)　相加平均と相乗平均の大小関係を x と $\dfrac{9}{y}$ の組と，y と $\dfrac{4}{x}$ の組のそれぞれに用いてみると，

$$z \geqq 2\sqrt{x \times \frac{9}{y}} \times 2\sqrt{y \times \frac{4}{x}}$$

$$=2\times 3\times\sqrt{\frac{x}{y}} \times 2\times 2\times\sqrt{\frac{y}{x}}$$

$$=24\sqrt{\frac{x}{y} \times \frac{y}{x}}=24$$

となってしまう．前記の解答とあわせれば，
「z の最小値は 25 で，しかも 24 である」
となり困惑する．
「不等式 $z\geqq 25$ や $z\geqq 24$ を導いた部分にはミスはなく，ともに正しい」…(*)
(後記の〔注〕(i)参照)．問題は，たとえば，解答で得た，
　不等式 $z\geqq 25$（条件をみたす z は，
　　少なくとも $z\geqq 25$ はみたすということ）
を
　　　条件をみたす z のとり得る値の
　　　範囲は $z\geqq 25$（全体）
と思ってしまった点にある．
　相加平均と相乗平均の大小関係からは，条件をみたす z のとり得る値の範囲は，不等式 $z\geqq 25$ や $z\geqq 24$ の表す範囲に含まれていることしかわからない．前記の解答の場合では，相加平均と相乗平均の大小関係から導かれたことは，
　「条件をみたす各 z について，不等式
　　$z\geqq 25$ が成り立つ，つまり，z は，$z\geqq 25$
　　の表す範囲の値である，」　　　…(**)
いいかえると，
　「条件をみたす z のとり得る値の範囲は，
　　$z\geqq 25$ の表す範囲に含まれる」…(***)
ということだけにとどまり，条件をみたす z のとり得る値の範囲が $z\geqq 25$ の表す範囲と一致するかどうかは不明なのである．とくに，これからただちに条件をみたす z の最小値は 25 であると断言するわけにはいかない（実は，後記の〔注〕(ii)のように以上とは別の方法で条件をみたす z のとり得る値の範囲は，$z\geqq 25$ の表す範囲と一致することがわかる．この場合はただちに条件をみたす z の最小値は 25 といえる）．
　それでは，相加平均と相乗平均の大小関係はまったく役に立たないのかというとそうともいえない．$z\geqq 25$ の表す範囲内での条件をみたす z について知り得たただ 1 つの情報，等号成立条件を利用するのである．(**)からは条件をみたす各 z は，不等式 $z<25$ の表す範囲にはないので，もしも等号成立条件，$z=25$ が成り立つことがあれば，条件をみたす z の最小値は 25 ということになる．
　前記の解答では，この等号成立条件が成り立つことがたしかめられ，その結果最小値を求めることができたのである．このように等号成立条件は重要な役割をはたすこともある．
　こうしたことは，いま示した $z\geqq 24$ の場合でも事情は同じである．つまり，$z<24$ となる値をとることは相加平均と相乗平均の大小関係によりあり得ない．もしも等号成立条件，$z=24$ が成り立つことがあれば，条件をみたす z の最小値は 24 ということになるが，こちらのケースでは，等号成立条件は成り立たない．
　なぜならば，仮りに等号成立条件が成り立つとする，つまり，

$$x=\frac{9}{y}, \quad \cdots ⓐ \qquad \text{かつ} \qquad y=\frac{4}{x} \quad \cdots ⓑ$$

が成立するとすると，$y \neq 0$ に注意して，$\frac{x}{4y} \times ⓑ$ より，

$$\frac{1}{y}=\frac{x}{4}$$

これを ⓐ に代入して，

$$x=\frac{9}{4}x$$

これを解いて，

$$x=0$$

を得るが，これは $x>0$ という条件に反し，不合理が生じている．ということは等号成立条件は成り立たないということになるからである．

つまり，いま示した $z \geqq 24$ の場合からは，条件をみたす z について，それがあれば，$z \geqq 24$ の表す範囲にあることはわかるものの，肝心の最小値については，それがあったとしても 24 より大きいということぐらいしかわからず，こちらのケースはこの問題についてはまったく役に立っていない．

以上のように（よく知られた）不等式を用い，式の最大値・最小値を求める方法は，たとえば上記の (∗∗∗) の，条件をみたす z のとり得る値の範囲と $z \geqq 25$ の表す範囲の包含関係のように，調べたいものそのもの（条件をみたす z のとり得る値の範囲）ではなく，その候補（$z \geqq 25$ の表す範囲）を考えるので，確実性に欠ける．その反面，うまく候補をしぼり込むことができれば，調べたいものそのものを考える（たとえば，後記の [注] (ii)）よりも，無駄なく，はやく結論にいたることも可能である．

[注] (i) 上記の (∗) で「条件をみたす各 z に対し，不等式 $z \geqq 24$ が成り立つ」ことにミスはないと述べたけれども，等号成立条件が成り立たないから，「条件をみたす各 z に対し，不等式 $z>24$ が成り立つ」とするのが正しいのではないかという疑問が生じるかもしれない．

しかし，条件をみたす z のとり得る値の範囲が，実際には「もっとせまい」$z>24$ という範囲に含まれていたとしても，いぜん，$z \geqq 24$ という範囲に含まれているという事実には変わりはないのであるから，$z \geqq 24$ のままでもまちがいとはいえない．ただ，$z>24$ の方が条件をみたす z のとり得る値の範囲のもっとよい近似になっているとはいえる．

(ii) $t=xy$ として，z を t で，

$$z=t+\frac{36}{t}+13$$

と表し，数学Ⅲの微分法を用いるか，または，24 のような 2 次方程式が正の解をもつ z の条件に帰着させることによって，条件をみたす z のとり得る値の範囲が不等式 $z \geqq 25$ の表す範囲と一致することを示すことができる．これらの 2 つの方法のうち，後者を紹介しておく．

まず，$t+\frac{36}{t}$ のとり得る値の範囲を調べる．$x>0$，$y>0$ より，$t>0$ であるから，

$$k=t+\frac{36}{t} \qquad \cdots ⓐ$$

とすると，

$$k>0 \qquad \cdots ⓑ$$

でないといけない．

このことに注意し，k を正の定数とするとき，ⓐ をみたす t の正の数値があるかを調べる．もしあれば，$t+\frac{36}{t}$ $(t>0)$ はその k の値をとることになる．

そのような k の条件は，ⓐ の分母をはらって，整理して得られる t の 2 次方程式

$$t^2-kt+36=0 \qquad \cdots ⓒ$$

が正の解を（少なくとも 1 つ）もつような k の条件 (☆) といいかえられる．

(☆) を調べる．

$$f(t)=t^2-kt+36$$

とすると，

$$f(t)=\left(t-\frac{k}{2}\right)^2-\frac{k^2}{4}+36$$

であるから, ts 平面で $s=f(t)$ のグラフ C の軸の方程式は, $t=\dfrac{k}{2}$ である. C と t 軸の位置関係を考え, ⓑに注意すると,

$f\left(\dfrac{k}{2}\right)\leqq 0$ ならば, ⓒ は正の解をもち,

$f\left(\dfrac{k}{2}\right)>0$ ならば ⓒ は正の解をもたない.

つまり, (☆) とは,

$$f\left(\dfrac{k}{2}\right)\leqq 0 \qquad \cdots ⓓ$$

である.

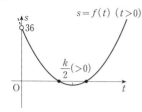

ところが,

$$
\begin{aligned}
f\left(\dfrac{k}{2}\right)&=-\dfrac{k^2}{4}+36\\
&=-\dfrac{1}{4}\{k^2-(2\times 6)^2\}\\
&=-\dfrac{1}{4}(k+12)(k-12)
\end{aligned}
$$

であるから, ⓑのもとで, ⓓを解いて,

$$12\leqq k$$

したがって, k, つまり $t+\dfrac{36}{t}$ $(t>0)$ のとり得る値の範囲は 12 以上のすべての実数値からなる範囲であり, その結果, z のとり得る値の範囲は, 不等式 $z\geqq 12+13$, つまり $z\geqq 25$ の表す範囲と一致する.

39 解答

(1) $\qquad a^2-b^2=(a-b)(a+b) \qquad \cdots ①$

与えられた 2 つの不等式 $a>0$, $b>0$ を辺ごとに加えて,

$$a+b>0 \qquad \cdots ②$$

を得るから, とくに $a+b\neq 0$ である. これに注意すると, $\left(\dfrac{1}{a+b}\right)\times ①$ より,

$$a-b=\dfrac{a^2-b^2}{a+b}$$

② より, $\dfrac{1}{a+b}>0$ $\cdots ③$ であるから,

$a^2-b^2\geqq 0$ $\cdots ④$ ならば, ③ と ④ を辺ごとにかけて,

$$\dfrac{a^2-b^2}{a+b}\geqq 0,$$

つまり, $\qquad a-b\geqq 0$

を得る.

（証明終り）

(2) $a=\left(\sqrt{a}\right)^2$, $b=\left(\sqrt{b}\right)^2$ に注意すると,

$$
\begin{aligned}
&\left(\sqrt{\dfrac{a+b}{2}}\right)^2-\left(\dfrac{\sqrt{a}+\sqrt{b}}{2}\right)^2\\
&=\dfrac{a+b}{2}-\dfrac{\left(\sqrt{a}\right)^2+2\sqrt{a}\sqrt{b}+\left(\sqrt{b}\right)^2}{4}\\
&=\dfrac{\left(\sqrt{a}\right)^2-2\sqrt{a}\sqrt{b}+\left(\sqrt{b}\right)^2}{4}\\
&=\dfrac{\left(\sqrt{a}-\sqrt{b}\right)^2}{4}
\end{aligned}
$$

$\sqrt{a}-\sqrt{b}$ は実数であるから,

$$\dfrac{\left(\sqrt{a}-\sqrt{b}\right)^2}{4}\geqq 0$$

したがって,

$$\left(\sqrt{\dfrac{a+b}{2}}\right)^2-\left(\dfrac{\sqrt{a}+\sqrt{b}}{2}\right)^2\geqq 0 \qquad \cdots ⑤$$

ここで, $\sqrt{\dfrac{a+b}{2}}>0$, $\dfrac{\sqrt{a}+\sqrt{b}}{2}>0$ であるから, (1)〔(1) の a が $\sqrt{\dfrac{a+b}{2}}$, (1) の b が $\dfrac{\sqrt{a}+\sqrt{b}}{2}$ の場合〕より,

$$\sqrt{\dfrac{a+b}{2}}-\dfrac{\sqrt{a}+\sqrt{b}}{2}\geqq 0,$$

つまり, $\qquad \dfrac{\sqrt{a}+\sqrt{b}}{2}\leqq \sqrt{\dfrac{a+b}{2}}$

を得る.〔等号成立条件は, ⑤ と (1) から,

$$\sqrt{a}-\sqrt{b}=0,$$

つまり, $\qquad a=b$

である.〕

（証明終り）

40 (考え方) たとえば,

$$a=\frac{1}{4}, \quad b=\frac{3}{4}$$

ととると,

$$2ab=\frac{3}{8}, \quad a^2+b^2=\frac{5}{8}$$

であるから,

$$2ab<\frac{1}{2}<a^2+b^2$$

となりそうである.（空欄補充式ならば, これだけで結論を下してもよい）

(解答)

$a+b=1$ …① より,

$$b=1-a \qquad \cdots ②$$

である. これをもう１つの条件

$$0<a<b$$

に用いて,

$$0<a<1-a,$$

つまり,

$$0<a<\frac{1}{2} \qquad \cdots ③$$

を得る.

以上のとき, まず,

$$\frac{1}{2}-2ab>0 \qquad \cdots ④$$

を示す. ② をこの左辺に代入すると,

$$\frac{1}{2}-2a(1-a)=2a^2-2a+\frac{1}{2}$$

$$=\frac{1}{2}(4a^2-4a+1)=\frac{1}{2}(2a-1)^2$$

と変形される. ③ の範囲では,

$$\frac{1}{2}(2a-1)^2>0$$

であるから, ④ が成立する.

次に,

$$(a^2+b^2)-\frac{1}{2}>0 \qquad \cdots ⑤$$

を示す. ⑤ の左辺は,

$$\{(a+b)^2-2ab\}-\frac{1}{2}$$

$$=(1-2ab)-\frac{1}{2} \qquad （① より）$$

$$=\frac{1}{2}-2ab$$

と変形される. したがって, ④ を用いれば, ⑤ が成立する.

以上より, $\frac{1}{2}$, $2ab$, a^2+b^2 の大小関係は,

$$2ab<\frac{1}{2}<a^2+b^2$$

41 (考え方) 次のように結論からむかえにいく. 結論である,

「複素数 x, y, z のうち少なくとも１つは１に等しい」

ということは,

「$x-1$, $y-1$, $z-1$ のうち少なくとも１つは０に等しい」

つまり,

「$x-1=0$ または $y-1=0$ または $z-1=0$」

ということである.

これは,（複素数の積の性質:『$\alpha\beta=0$ となる条件は

「$\alpha=0$ または $\beta=0$」』

を用いると）

「$(x-1)(y-1)(z-1)=0$」

ともいいかえられる. この左辺と, 与えられた条件を比べることで次の解答を得る.

(解答)

$$(x-1)(y-1)(z-1)=0,$$

つまり,

$$xyz-(yz+zx+xy)+(x+y+z)-1=0 \qquad \cdots ①$$

をいえばよい.

ところが, 条件の式を変形して,

$$x+y+z=\frac{yz+zx+xy}{xyz}=1$$

これから,

$x+y+z=1$, かつ $yz+zx+xy=xyz$, つまり,

$$xyz-(yz+zx+xy)=0, \qquad \cdots ②$$

かつ

$$(x+y+z)-1=0 \qquad \cdots ③$$

② と ③ を辺ごとに加えることにより, ①

を得る.

（証明終り）

42 解答

(1) $0 \leqq |a+b|$, $0 \leqq |a|+|b|$ であるから, 証明すべき不等式は,
$$|a+b|^2 \leqq (|a|+|b|)^2,$$
つまり, $(|a|+|b|)^2 - |a+b|^2 \geqq 0$ …①
といいかえられる. この①が成り立つことを示す.

①の左辺を展開し, [$|a| = \sqrt{a^2}$ (a は実数) および $\sqrt{ab} = \sqrt{a}\sqrt{b}$ ($a \geqq 0$, $b \geqq 0$) から, $|ab| = \sqrt{(ab)^2} = \sqrt{a^2 b^2} = \sqrt{a^2}\sqrt{b^2} = |a||b|$ となることに注意し,] 整理すると,
$$(|a|^2 + 2|a||b| + |b|^2) - (a^2 + 2ab + b^2)$$
$$= (a^2 + 2|ab| + b^2) - (a^2 + 2ab + b^2)$$
$$= 2(|ab| - ab)$$
となる. ところが, p が実数のとき, [$p \geqq 0$ ならば $|p| = p$, $p < 0$ ならば $|p| > 0 > p$ より, いずれの場合にも] $|p| \geqq p$ であるから,
$$2(|ab| - ab) \geqq 0 \qquad \text{…②}$$
が成り立つ. したがって, ①が成り立つ.

等号成立条件は, ②の等号成立条件から,
$$ab \geqq 0$$
である.

（証明終り）

(2)
$$\frac{x}{1+x} - \frac{y}{1+y} \geqq 0 \qquad \text{…③}$$
が成り立つことを示す.

③の左辺は, 通分し, 分子を整理すると,
$$\frac{x(1+y) - y(1+x)}{(1+x)(1+y)}$$
$$= \frac{x + xy - y - xy}{(1+x)(1+y)}$$
$$= \frac{x - y}{(1+x)(1+y)}$$
となる. 条件より,
$$x - y \geqq 0, \quad 1+x > 0, \quad 1+y > 0$$
であるから,
$$\frac{x-y}{(1+x)(1+y)} \geqq 0 \qquad \text{…④}$$
が成り立つ. したがって, ③が成り立つ.

[等号成立条件は, ④の等号成立条件から, $x = y$ である.]

（証明終り）

(3) $X > 0$, $Y \geqq 0$, $Z \geqq 0$ のとき,
$$\frac{Y}{X} \geqq \frac{Y}{X+Z} \qquad \text{…⑤}$$
が成り立つ. 実際, 通分すると,
$$\frac{Y}{X} - \frac{Y}{X+Z} = \frac{YZ}{X(X+Z)}$$
となり, 条件より,
$$\frac{YZ}{X(X+Z)} \geqq 0$$
であるからである.

[等号成立条件は, $YZ = 0$, つまり
$$\text{「}Y = 0, \text{ または } Z = 0\text{」} \qquad \text{…⑥}$$
である.]

いま, ⑤で, $X = 1+p$, $Y = p$, $Z = q$ の場合と, $X = 1+q$, $Y = q$, $Z = p$ の場合を考えて,
$$\frac{p}{1+p} \geqq \frac{p}{(1+p)+q}, \qquad \text{…⑦}$$
$$\frac{q}{1+q} \geqq \frac{q}{(1+q)+p} \qquad \text{…⑧}$$
⑦と⑧を辺ごとに加えて,
$$\frac{p}{1+p} + \frac{q}{1+q} \geqq \frac{p+q}{1+p+q}$$
[等号成立条件は, ⑦および⑧の等号成立条件, つまり⑥から, 「$p = 0$, または $q = 0$」 …⑨ である.]

以上から, この2つの数の大小関係は,
$$\frac{p}{1+p} + \frac{q}{1+q} \geqq \frac{p+q}{1+p+q}$$

(4) $|a| + |b| = x$, $|a+b| = y$ とおくと, (1)より,
$$0 \leqq y \leqq x$$
したがって, (2)より,
$$\frac{y}{1+y} \leqq \frac{x}{1+x},$$
つまり,
$$\frac{|a+b|}{1+|a+b|} \leqq \frac{|a|+|b|}{1+(|a|+|b|)} \qquad \text{…⑩}$$
ところが, ⑩の右辺を F とすると, (3)で, $p = |a|$, $q = |b|$ の場合を考えて,

$$F \leq \frac{|a|}{1+|a|} + \frac{|b|}{1+|b|} \quad \cdots ⑪$$

⑩, ⑪ より,

$$\frac{|a+b|}{1+|a+b|} \leq \frac{|a|}{1+|a|} + \frac{|b|}{1+|b|}$$

等号成立条件については以下のとおり. ⑪については, ⑨ より $|a|=0$, または $|b|=0$, つまり $a=0$, または $b=0$ である. このとき, (2)より得られる ⑩ の等号成立条件, $x=y$, つまり $|a|+|b|=|a+b|$ は成立するから,

$a=0$, または $b=0$

である.

（証明終り）

[注] (i) 次の『…』のような答案は, (1)の解答と同じようにみえるが不完全である. なお, $\Longleftrightarrow$ は同値記号である.

『　　$|a+b| \leq |a|+|b| \quad \cdots Ⓐ$
$\Longleftrightarrow |a+b|^2 \leq (|a|+|b|)^2$
$\Longleftrightarrow a^2+2ab+b^2 \leq a^2+2|ab|+b^2$ $\Big\} \cdots (*_1)$
$\Longleftrightarrow ab \leq |ab| \qquad \cdots Ⓑ$

「したがって, Ⓐ は示された.」 $\cdots (*_2)$ 』

なぜならば, これでは, 条件 Ⓐ と条件 Ⓑ が同値であるということしか述べていないからである. たとえ明白な事実であっても, Ⓑ が成り立つことを述べて, はじめて, $(*_1)$ より Ⓐ が成り立つことになり, 証明は完了する. 完全なものとするには, $(*_2)$ を「Ⓑ は明らかに成り立つので Ⓐ も成り立つ」とすればよい.

(ii) 「任意の」ということばをとり違えないよう注意すること. とり違いの典型的な例は次のようなものである.

「a, b は任意の実数だから,

$$a=3, \quad b=-1$$

ととってよい. このとき,

$$|a+b|=2, \quad |a|+|b|=4 \quad \cdots (*_3)$$

となるので,

$$|a+b| \leq |a|+|b| \quad \cdots Ⓐ$$

は成り立つ. 」

「任意の」を a, b の具体例をあげればよいと解釈したのであろうが, そのような解釈をすることはまれで, 大半は「すべての」の同義語と解釈する.「任意の」を「任意にとった」とよみかえるとき, 誰が任意にとれるのかを考えると, $(*_3)$ では解答者であるが, 通常は公平な第三者（Aとする）である. この場合, A が a, b の例を自分の意のままに与える. それに対して, 解答者は Ⓐ が成り立つことを示さないといけない. 解答者にとってはどのような a, b の値が提示されるかわからず, すべての a, b の値を想定しなくてはならないのである.

43 〔解答〕

(1) $(a^2+b^2)(x^2+y^2)-(ax+by)^2$
$= (a^2x^2+b^2x^2+a^2y^2+b^2y^2)$
$\qquad -(a^2x^2+2axby+b^2y^2)$
$= (ay)^2-2ay \cdot bx+(bx)^2$
$= \boxed{(\boxed{ay-bx})^2},$ または $\boxed{(\boxed{bx-ay})^2}$
$\cdots$ ア

(2) (i) a, b, x, y は実数であるから,

$$(ay-bx)^2 \geq 0$$

したがって, (1)の結果を用いると,

$$(a^2+b^2)(x^2+y^2)-(ax+by)^2 \geq 0,$$

つまり,

$$(a^2+b^2)(x^2+y^2) \geq (ax+by)^2$$

等号成立条件は,

$$ay-bx=0, \quad つまり \quad ay=bx$$

である.

（証明終り）

(ii) $F=(a^2+b^2+c^2)(x^2+y^2+z^2)$
$\qquad -(ax+by+cz)^2$

とすると,

$F=(a^2+b^2+c^2)x^2+(a^2+b^2+c^2)y^2$
$\quad +(a^2+b^2+c^2)z^2$
$\quad -(a^2x^2+b^2y^2+c^2z^2+2abxy$
$\qquad\qquad +2bcyz+2cazx)$
$= (b^2+c^2)x^2+(c^2+a^2)y^2+(a^2+b^2)z^2$
$\quad -2bx \cdot ay-2cy \cdot bz-2az \cdot cx$
$= (b^2x^2-2bx \cdot ay+a^2y^2)$
$\quad +(c^2y^2-2cy \cdot bz+b^2z^2)$

$$+(a^2z^2-2az\cdot cx+c^2x^2)$$
$$=(bx-ay)^2+(cy-bz)^2+(az-cx)^2$$

と変形される．ここで，a, b, c, x, y, z は実数であるから，

$$(bx-ay)^2\geqq0, \qquad \cdots①$$
$$かつ \quad (cy-bz)^2\geqq0, \qquad \cdots②$$
$$かつ \quad (az-cx)^2\geqq0 \qquad \cdots③$$

この 3 つの不等式について各辺ごとの和をとり，

$$F\geqq0 \qquad \cdots④$$

④ で $(ax+by+cz)^2$ を移項して，

$$(a^2+b^2+c^2)(x^2+y^2+z^2)\geqq(ax+by+cz)^2$$

等号成立条件は，①，②，③ すべてで等号が成り立つこと，つまり，

$bx-ay=0,$ かつ $cy-bz=0,$ かつ $az-cx=0$

つまり，

$bx=ay$, かつ $cy=bz$, かつ $az=cx$

である．

（証明終り）

［注］（1）については，

$$(a-bi)(a+bi)=a^2+b^2$$

が成り立つことから，次のようにしても示される．

$$(a-bi)(x+yi), \quad (a+bi)(x-yi)$$

のそれぞれを展開して，

$$(a-bi)(x+yi)=(ax+by)+(ay-bx)i$$
$$\cdots Ⓐ$$
$$(a+bi)(x-yi)=(ax+by)-(ay-bx)i$$
$$\cdots Ⓑ$$

Ⓐ，Ⓑ の辺ごとかけて，

$$(a^2+b^2)(x^2+y^2)=(ax+by)^2-(ay-bx)^2i^2$$
$$=(ax+by)^2+(ay-bx)^2$$
$$(=(ax+by)^2+(bx-ay)^2)$$

44 解答

(1) 右辺を移項して得られる，

$$ab+1-a-b>0 \qquad \cdots①$$

を示す．

この左辺は，

$$-(1-a)b+1-a$$
$$=(1-a)(1-b) \qquad \cdots②$$

と因数分解される．ところが，条件

$$|a|<1, \ |b|<1$$

［つまり　$-1<a<1$, $-1<b<1$ ］より，

$$1-a>0, \ 1-b>0$$

であるから，① が成り立つ．

（証明終り）

(2) ［**解答1**］　右辺を移項して得られる，

$$a\cdot(bc)+1-a-(bc)>0 \qquad \cdots③$$

を示す．

① の b のかわりに bc としたものが ③ であるから，この左辺は，

$$(1-a)(1-bc)$$

と因数分解される．ところで，一般に，

$$|bc|=|b||c|$$

が成り立つが，$0\leqq|c|$ に注意して，$|b|<1$ の両辺に $|c|$ をかけて，

$$|b|\cdot|c|<|c|$$

さらに，$|c|<1$ より，

$$|b||c|<|c|<1$$

となるので，

$$|bc|<1$$

つまり，$-1<bc<1$

であるから，とくに，

$$bc<1,$$

つまり，$1-bc>0$

これと，$1-a>0$ より，③ の左辺は正である．つまり ③ が成立する．

（証明終り）

［**解答2**］　$d=bc$ とおくと，

$$|d|=|bc|=|b||c|$$

$0\leqq|c|$ に注意して，$|b|<1$ の両辺に $|c|$ をかけて，

$$|b|\cdot|c|<|c|$$

さらに，$|c|<1$ より，

$$|d|=|b||c|<|c|<1$$

したがって，a, d について，［(1)の b を d として，］(1)が適用できて，

$$abc+1=ad+1>a+d=a+bc$$

（証明終り）

(3) ［**解答1**］　右辺を移項して得られる，

$$abc+2-a-b-c>0 \qquad \cdots④$$

を示す．

④ の左辺について，

$(abc+1)+1-a-b-c$
$>(a+bc)+1-a-b-c$ ((2))
$=bc+1-b-c$
$=(1-b)(1-c)$ (② と同様)
>0

(条件より得られる $1-b>0$, $1-c>0$ より)
が成り立つ．したがって，④ が成り立つ．

(証明終り)

[解答 2]
$abc+2=(abc+1)+1$
$>(a+bc)+1$ ((2))
$=a+(bc+1)$
$>a+(b+c)$ ((1)で，a, b のかわり
にそれぞれ b, c とした
もの)
$>a+b+c$

(証明終り)

45 解答

$\dfrac{a+2}{a+1}-\sqrt{2}=\dfrac{a+2-\sqrt{2}\,a-\sqrt{2}}{a+1}$

$\qquad=\dfrac{(1-\sqrt{2})a+(2-\sqrt{2})}{a+1}$

$\qquad=\dfrac{(1-\sqrt{2})a-\sqrt{2}(1-\sqrt{2})}{a+1}$

$\qquad=\dfrac{1-\sqrt{2}}{a+1}(a-\sqrt{2})$ …①

ここで，$\sqrt{2}$ は無理数 [その定義は，実数のうちで有理数でないもの] であるから，有理数である a に等しくなることはなく，かつ [条件 $a>0$ より，]

$\qquad\dfrac{1-\sqrt{2}}{a+1}<0$ …②

であるから，
$a>\sqrt{2}$，つまり $a-\sqrt{2}>0$ ならば，

$\qquad\dfrac{a+2}{a+1}-\sqrt{2}<0$

つまり，$\qquad\dfrac{a+2}{a+1}<\sqrt{2}$，

$a<\sqrt{2}$ ならば $\dfrac{a+2}{a+1}>\sqrt{2}$

である．これは，$\sqrt{2}$, a, $\dfrac{a+2}{a+1}$ を大きさ

の順に並べると，まん中にくる数は $\sqrt{2}$ ということである．さらに，① の両辺の絶対値をとると，

$\left|\dfrac{a+2}{a+1}-\sqrt{2}\right|=\left|\dfrac{1-\sqrt{2}}{a+1}(a-\sqrt{2})\right|$

$\qquad=\left|\dfrac{1-\sqrt{2}}{a+1}\right|\cdot\left|a-\sqrt{2}\right|$

$\qquad=\dfrac{\sqrt{2}-1}{a+1}\left|a-\sqrt{2}\right|$ (②)

$\qquad\cdots③$

$(0<)\sqrt{2}-1<1$, $a+1>1$ より

$\qquad(0<)\dfrac{\sqrt{2}-1}{a+1}<1$

であるから，③ は，数直線上で，$\dfrac{a+2}{a+1}$ と

$\sqrt{2}$ の距離 $\left|\dfrac{a+2}{a+1}-\sqrt{2}\right|$ が a と $\sqrt{2}$ の距

離 $\left|a-\sqrt{2}\right|$ よりも小さいこと，つまり 2

数 a, $\dfrac{a+2}{a+1}$ のうち $\sqrt{2}$ に近い数は $\dfrac{a+2}{a+1}$

であることを示している．

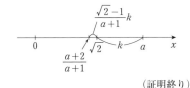

(証明終り)

第2章　図形と方程式

4　点と直線

46　解答

(1) A，B 間の距離は，
$$|11-(-5)|=16$$

(2) P(p) とすると，［数直線上の内分点の座標の公式より，］
$$p=\frac{3\times(-5)+5\times11}{5+3}=5$$

$$\overset{\text{A}\quad\text{O}\quad\text{P}\quad\text{B}}{\underset{-5\quad 5\quad 3\ 11}{\longrightarrow}}$$

(3) Q(q) とすると，［数直線上の外分点の座標の公式より，］
$$q=\frac{-11\times(-5)+7\times11}{7-11}=-33$$

$$\overset{\text{Q}\quad\quad\text{A}\quad\text{O}\quad\text{B}}{\underset{7-511}{\longleftrightarrow}}\ \ 11$$

(4) M(m) とすると，
$$m=\frac{p+q}{2}=\frac{5-33}{2}$$
$$=-14$$

47　解答

(1) 条件より，$a>0$，かつ $b>0$ であるから，
$$-a<0,\quad かつ\quad b>0$$
したがって，点 $(-a,\ b)$ は
第2象限の点.

(2) ［2点間の距離の公式（**4 基本のまとめ** 1 (1)）より，］求める距離は，
$$\sqrt{(5-2)^2+(4-1)^2}$$
$$=\boxed{3\sqrt{2}}\qquad\cdots\text{ア}$$

(3) 2 点 A$(-1,\ 1)$，B$(1,\ 5)$ から等距離にある x 軸上の点を P$(x,\ 0)$ とする.

条件　　　　AP＝BP，
つまり，　　　AP^2＝BP^2
に，［2点間の距離の公式（**4 基本のまとめ** 1 (1)）から得られる，］
$$AP^2=\{x-(-1)\}^2+(0-1)^2$$
$$=x^2+2x+2,$$
$$BP^2=(x-1)^2+(0-5)^2$$

$$=x^2-2x+26$$
を代入して，
$$x^2+2x+2=x^2-2x+26$$
これを解いて，　　　$x=\boxed{6}$　…イ

48　解答

(1) 線分 AB を 4：1 に内分する点の座標は，［内分点の座標の公式（**4 基本のまとめ** 1 (2)）より，］
$$\left(\frac{1\times1+4\times4}{4+1},\ \frac{1\times3+4\times5}{4+1}\right),$$
つまり，
$$\left(\boxed{\frac{17}{5}},\ \boxed{\frac{23}{5}}\right)\ \cdots\text{ア, イ}$$

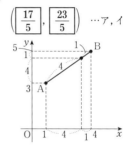

線分 AB を 4：1 に外分する点の座標は，［外分点の座標の公式（**4 基本のまとめ** 1 (2)）より，］
$$\left(\frac{-1\times1+4\times4}{4-1},\ \frac{-1\times3+4\times5}{4-1}\right),$$
つまり，
$$\left(\boxed{5},\ \boxed{\frac{17}{3}}\right)\ \cdots\text{ウ, エ}$$

(2) A$'(a,\ b)$ とすると，線分 AA$'$ の中点が B であるから，［**4 基本のまとめ** 1 (2)より，］
$$\frac{3+a}{2}=-2,$$
$$\frac{5+b}{2}=-4$$

これらを解いて，

$$a=-7, \quad b=-13$$

したがって，A′ の座標は，

$$(-7, \, -13)$$

(3) D(x, y) とする.

四角形 ABCD が平行四辺形であるので，線分 AD の中点 M と，線分 BC の中点 N は一致する．ところが，M の座標は，[4 基本のまとめ ①(2)より,]

$$\left(\frac{2+x}{2}, \, \frac{1+y}{2}\right),$$

N の座標は，

$$\left(\frac{1+4}{2}, \, \frac{4+0}{2}\right),$$

つまり，

$$\left(\frac{5}{2}, \, \frac{4}{2}\right)$$

であるから，

$$\frac{2+x}{2}=\frac{5}{2},$$

$$\frac{1+y}{2}=\frac{4}{2}$$

これらを解いて，

$$x=3, \quad y=3$$

が得られるので，求める D の座標は，

$$(\boxed{3}, \, \boxed{3}) \quad \cdots \text{オ, カ}$$

(4) 求める重心の座標は，[4 基本のまとめ ①(3)より,]

$$\left(\frac{0+2+(-1)}{3}, \, \frac{0+0+4}{3}\right),$$

つまり，

$$\left(\frac{1}{3}, \, \frac{4}{3}\right)$$

49 解答

(1) [4 基本のまとめ ②(1)(iii)より,] この直線の方程式は，

$$y-(-4)=6(x-3),$$

つまり，

$$y=\boxed{6}x+\boxed{-22} \quad \cdots \text{ア, イ}$$

(2) [4 基本のまとめ ②(1)(iii)で, 傾きが 0 の場合であるから,] この直線の方程式は，

$$y-(-1)=0(x-3),$$

つまり，

$$\boldsymbol{y=-1}$$

(3) [4 基本のまとめ ②(1)(iv)を用いると,] この 2 点を通る直線の方程式は，

$$y-4=\frac{(-2)-4}{5-2}(x-2),$$

つまり，

$$y=\boxed{-2}x+\boxed{8} \quad \cdots \text{ウ, エ}$$

(4) この直線 l の方程式は，[4 基本のまとめ ②(1)(iv)を用いると,]

$$y-17=\frac{-13-17}{-8-2}(x-2)$$

整理して，$y=3x+11$

点 $(k, 2)$ が l 上にあるので，

$$2=3k+11$$

k について解き，

$$k=\boxed{-3} \quad \cdots \text{オ}$$

50 解答

(1)

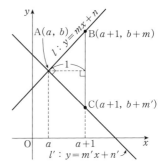

「2 直線

$$l: y=mx+n, \quad l': y=m'x+n'$$

が垂直である」 ⋯①

とする.

このとき，

$$A(a, b), \quad B(a+1, b+m),$$
$$C(a+1, b+m')$$

とすると，三角形 ABC は ∠BAC が直角な三角形であるので，[三平方の定理より,]

$$BC^2=AB^2+AC^2 \quad \cdots②$$

ところが，[2 点間の距離の公式（4 基本の

まとめ $\boxed{1}$ (1)) から,]
$$BC^2=\{(a+1)-(a+1)\}^2$$
$$+\{(b+m')-(b+m)\}^2$$
$$=(m'-m)^2$$
$$=m'^2-2m'm+m^2,$$
$$AB^2+AC^2=\{(a+1)-a\}^2$$
$$+\{(b+m)-b\}^2$$
$$+\{(a+1)-a\}^2$$
$$+\{(b+m')-b\}^2$$
$$=1+m^2+1+m'^2$$
$$=2+m^2+m'^2$$
である. これらを②に代入して,
$$m'^2-2m'm+m^2=2+m^2+m'^2, \quad \cdots③$$
これを整理して, 求める関係式
$$mm'=-1 \qquad \cdots④$$
を得る.

逆に, ④が成立するならば, 2直線 l, l' が平行（一致するときも含める）になることはない. なぜならば, もしも l と l' が平行ならば,
$$m'=m$$
である. これを④に代入すると, $m^2=-1$ となるが, m は実数なので, このようなことは生じないからである. したがって, l と l' は1点 A で交わる. この $A(a, b)$ に対し, $B(a+1, b+m)$, $C(a+1, b+m')$ とすると, 上の計算を④から③へ逆にたどることができるので, ②が成り立つことがわかる. したがって, 三平方の定理の逆［あるいは, 余弦定理］を用いれば,
$$\angle BAC=90°$$
となる. つまり, l と l' は垂直であり, ①が成り立つ.

（証明終り）

(2) 直線
$$2x+3y+4=0 \qquad \cdots⑤$$
つまり,
$$y=-\frac{2}{3}x-\frac{4}{3}$$
の傾きは, $-\dfrac{2}{3}$ である.

したがって, ［2直線の平行条件（**4 基本の**

まとめ $\boxed{3}$ (i)) によれば,]点 $A(-2, 1)$ を通り, 直線⑤に平行な直線 l_1 の傾きも $-\dfrac{2}{3}$ であるから, l_1 の方程式は,
$$y-1=-\frac{2}{3}\{x-(-2)\},$$
つまり,
$$2x+\boxed{3}y+\boxed{1}=0 \quad \cdots ア, イ$$
また, A を通り, 直線⑤に垂直な直線 l_2 の傾きを m とすると, 2直線の垂直条件 ［**4 基本のまとめ** $\boxed{3}$ (ii)) より,]
$$m\cdot\left(-\frac{2}{3}\right)=-1,$$
つまり,
$$m=\frac{3}{2}$$
したがって, l_2 の方程式は,
$$y-1=\frac{3}{2}\{x-(-2)\},$$
つまり,
$$3x-\boxed{2}y+\boxed{8}=0 \quad \cdots ウ, エ$$

(3) (i)
$$mx+y=1 \qquad \cdots⑥$$
$$(m+2)x+my=2 \qquad \cdots⑦$$
直線⑦の方程式は, $m\neq0$ であるから,
$$y=-\frac{m+2}{m}x+\frac{2}{m} \qquad \cdots⑦'$$
とも表される. 一方, 直線⑥の方程式は,
$$y=-mx+1 \qquad \cdots⑥'$$
とも表される.

このとき, 2直線⑥′ と⑦′ が垂直であるのは, ［2直線の垂直条件（**4 基本のまとめ** $\boxed{3}$ (ii)) より,] それぞれの傾き, $-m$ と $-\dfrac{m+2}{m}$ について,
$$(-m)\cdot\left(-\frac{m+2}{m}\right)=-1,$$
つまり,
$$m+2=-1 \qquad \cdots⑧$$
が成り立つ場合である. ⑧を解いて, 求める m の値は,
$$m=-3$$
(ii) 2直線⑥′ と⑦′ が平行（一致するときも含める）であるのは, ［2直線の平行条件（**4 基本のまとめ** $\boxed{3}$ (i)) より,] それぞれの傾き, $-m$ と $-\dfrac{m+2}{m}$ について,

$$-m = -\frac{m+2}{m} \qquad \cdots ⑨$$

が成り立つ場合である. $(-m) \times ⑨$ より,

$$m^2 = m+2 \qquad \cdots ⑩$$

⑩ の実数解で 0 でないものを求めればよい. ⑩ の右辺を移項して,

$$m^2 - m - 2 = 0$$

因数分解して, $(m+1)(m-2) = 0$

これを解いて,

$$m = -1, \ 2$$

このとき, 2直線 ⑥′, ⑦′ が一致するかどうかを調べる.

・$m = -1$ のとき. 直線 ⑥′ の方程式は, $y = x+1$ であり, 一方, 直線 ⑦′ の方程式は, $y = x-2$ であるから, 両者は一致しない.

・$m = 2$ のとき. 2直線 ⑥′ と ⑦′ の方程式はともに $y = -2x+1$ となり両者は一致する.

以上から, 求める m の値は,

$$m = -1$$

(4) M の座標は, [**4 基本のまとめ** ① (2) より,]

$$\left(\frac{2+6}{2}, \ \frac{1+3}{2}\right), \ \text{つまり} \ \left(\boxed{4}, \ \boxed{2}\right)$$

$$\cdots オ, カ \ \cdots ⑪$$

また, 線分 AB の垂直二等分線 l は, M を通り, 直線 AB に垂直な直線である.

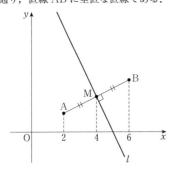

直線 AB の傾きが,

$$\frac{3-1}{6-2} = \frac{1}{2}$$

であるので, l の傾きを m とすると, [2直

線の垂直条件 (**4 基本のまとめ** ③ (ii)) より,]

$$m \times \frac{1}{2} = -1,$$

つまり, $\qquad m = -2$

である.

したがって, ⑪ を用いると, 求める l の方程式は,

$$y-2 = -2(x-4),$$

つまり, $\boxed{2} x + y = \boxed{10}$ $\cdots キ, ク$

である.

51 [解答]

(1) [解答1]

$$4x + 11y = 19 \qquad \cdots ①$$
$$2x + 3y = 7 \qquad \cdots ②$$

2直線 ①, ② の交点の座標を求める.

$\frac{1}{5}(① - 2 \times ②)$ より, $y = 1$

これを ② に代入したものを, x について解くと,

$$x = 2$$

つまり, 2直線 ①, ② の交点の座標は,

$$(2, 1)$$

したがって, 2点 $(2, 1)$, $(5, 4)$ を通る直線の方程式が求めるものであり, それは,

$$y-1 = \frac{4-1}{5-2}(x-2),$$

つまり,

$$y = x - 1$$

[解答2]

$$4x + 11y - 19 = 0 \qquad \cdots Ⓐ$$
$$2x + 3y - 7 = 0 \qquad \cdots Ⓑ$$

2直線 Ⓐ, Ⓑ の交点を通る直線は, 直線 Ⓑ でなければ, k を実数の定数として,

$$(4x + 11y - 19) + k(2x + 3y - 7) = 0 \ \cdots Ⓒ$$

で表される直線である [**4 基本のまとめ** ④].

$x = 5$, $y = 4$ を Ⓑ の左辺に代入して,

$$2 \times 5 + 3 \times 4 - 7 = 15 \neq 0$$

つまり, 求める直線は直線 Ⓑ ではなく, Ⓒ で表される. このとき, $x = 5$, $y = 4$ を Ⓒ の左辺に代入して,

$$(4 \times 5 + 11 \times 4 - 19) + 15k = 0,$$

つまり，
$$k=-3$$
を得る．この値を Ⓒ に代入して，
$$(4x+11y-19)-3(2x+3y-7)=0$$
整理して，
$$\boldsymbol{y=x-1}$$

(2) この直線の方程式を a について整理して，
$$2x-3y-2+a(x+y-6)=0 \quad \cdots ③$$
［a の実数値を1つ定めるごとに方程式 ③ は1つの直線を表すのであるが，］このような直線 ③ のどれもがある定点 (p, q) を通る条件は，等式
$$2p-3q-2+a(p+q-6)=0 \quad \cdots ④$$
が a のすべての実数値について成り立つこと［つまり，④ が a についての恒等式であること］である．さらに，この条件は，［**1基本のまとめ 1** (1)より，］
$$\begin{cases} 2p-3q-2=0 & \cdots ⑤ \\ p+q-6=0 & \cdots ⑥ \end{cases}$$
である．
$\dfrac{1}{5}(⑤+3×⑥)$ より，
$$p=4$$
⑥，つまり $q=-p+6$ に代入して，
$$q=2$$
以上から，求める定点の座標は，
$$(\boxed{4}, \boxed{2}) \quad \cdots ア，イ$$

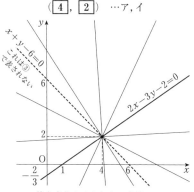

a の値を変化させたときの直線
$2x-3y-2+a(x+y-6)=0 \quad \cdots ③$

---

52 【解答】

(1) $b \neq 0$ であるから，① は，
$$y=-\frac{a}{b}x-\frac{c}{b}$$
と変形される．この方程式から l の傾きは，
$$\boxed{-\dfrac{a}{b}} \quad \cdots ア$$
である．l に垂直な1つの直線 l' の傾きを m' とすると，［2直線の垂直条件（**4基本のまとめ 3** (ii)）より，］
$$m' \cdot \left(-\frac{a}{b}\right)=-1$$
$a \neq 0$ であるから，
$$m'=\boxed{\dfrac{b}{a}} \quad \cdots イ$$
［$a \neq 0$ より l が x 軸に平行となることはないので，直線 PH は y 軸に平行ではない．このことから直線 PH の傾きを考えることができることに注意する．］直線 PH も l と垂直であるから，l' とは平行である．したがって，［2直線の平行条件（**4基本のまとめ 3** (i)）より，］直線 PH の傾き m も $\dfrac{b}{a}$ である．

一方，［P は l 上にないので，］$x_0 \neq x_1$ であるから，
$$m=\frac{y_0-y_1}{x_0-x_1}$$
したがって，
$$\frac{b}{a}=\boxed{\dfrac{y_0-y_1}{x_0-x_1}} \quad \cdots ウ \quad \cdots ②$$
$\left(\dfrac{x_0-x_1}{b}\right)×②$ より，
$$\frac{\boxed{x_0-x_1}}{a}=\frac{\boxed{y_0-y_1}}{b} \quad \cdots エ，オ$$
この式の値を k とおくと，
$$\begin{cases} x_0-x_1=ak \\ y_0-y_1=bk \end{cases} \quad \cdots (*)$$
つまり，
$$\begin{aligned} x_0 &= \boxed{x_1+ak}, \\ y_0 &= \boxed{y_1+bk} \end{aligned} \quad \cdots ③ \quad \cdots カ，キ$$
H は l 上にあるので，
$$ax_0+by_0+c=0 \quad \cdots ④$$

④ に ③ を代入して,
$$a(x_1+ak)+b(y_1+bk)+c=0$$
k について解いて,
$$k=\boxed{-\frac{ax_1+by_1+c}{a^2+b^2}}\quad\cdots⑤\quad\cdots ク$$

ところで, 2点間の距離の公式［**4基本のまとめ** ①(1)］によれば,
$$PH=\sqrt{(x_0-x_1)^2+(y_0-y_1)^2}$$
これに (*) を代入すると,
$$PH=\sqrt{a^2k^2+b^2k^2},$$
つまり,
$$PH=\boxed{\sqrt{a^2+b^2}}\,|k|\quad\cdots ケ$$
さらに, これに ⑤ を代入して,
$$PH=\sqrt{a^2+b^2}\left|-\frac{ax_1+by_1+c}{a^2+b^2}\right|$$
整理して,
$$PH=\boxed{\frac{|ax_1+by_1+c|}{\sqrt{a^2+b^2}}}\quad\cdots⑥\quad\cdots コ$$

(2) ［点と直線の距離の公式（**4基本のまとめ** ⑤）, つまり］(1) の ⑥ を用いて, 点 $(3, 3)$ と直線 $x+2y-4=0$ との距離は,
$$\frac{|3+2\times3-4|}{\sqrt{1^2+2^2}}$$
$$=\frac{5}{\sqrt5}=\sqrt{\boxed{5}}\quad\cdots サ$$

［**注**］ ⑤ を ③ に代入して次を得る.

平面上に直線 $l:ax+by+c=0$ と l 上にない点 $P(x_1, y_1)$ がある. このとき, P を通り l に垂直な直線と l の交点（P から l に下ろした垂線の足ともいう）の座標は,
$$\left(x_1-\frac{a(ax_1+by_1+c)}{a^2+b^2},\ y_1-\frac{b(ax_1+by_1+c)}{a^2+b^2}\right)$$
である.

53 　解答

直線 $l:3x+4y=4$ 上の1点, たとえば, 点 $(0, 1)$ と直線 $m:3x+4y=14$ の距離 d が求める l と m の距離である. いま, m の方程式は,
$$3x+4y-14=0$$
と変形されるので, 点と直線の距離の公式

［**4基本のまとめ** ⑤］を適用し,
$$d=\frac{|3\times0+4\times1-14|}{\sqrt{3^2+4^2}}=2$$

54 　解答

P は放物線 ① 上の点であるから, その座標は (x, x^2+6) と表される. このとき, P と直線 ②, つまり $-2x+y=0$ の距離 d は, 点と直線の距離の公式［**4基本のまとめ** ⑤］より,
$$d=\frac{|-2x+(x^2+6)|}{\sqrt{(-2)^2+1^2}}$$
$$=\frac{1}{\sqrt5}\,|x^2-2x+6|$$

ところが,
$$x^2-2x+6=(x-1)^2+5$$
と変形され, この右辺から, x^2-2x+6 はつねに正である. したがって,
$$d=\frac{1}{\sqrt5}\{(x-1)^2+5\}$$

と変形されるので, d は $x=1$ のときに最小となる. 以上から, P の座標が, ［$(1, 1^2+6)$, つまり,］$(1, 7)$ のとき d は最小となり, その最小値は,
$$\frac{5}{\sqrt5}=\sqrt5$$

55 　解答

直線 OP の方程式は, ［**4基本のまとめ** ②(1)(iv)によれば,］次のようになる.

・$p_1\neq0$ の場合.
$$y-0=\frac{p_2-0}{p_1-0}(x-0),\ \text{つまり}\ y=\frac{p_2}{p_1}x$$
変形して,
$$-p_2x+p_1y=0\qquad\cdots①$$

・$p_1=0$ の場合.
$$x=0\qquad\cdots②$$
この場合, P と O は異なるので,
$$p_2\neq0$$
したがって, ② は,
$$-p_2x+0\times y=0$$

と表される. つまり, この場合も, 直線OP
の方程式は①の形で表される.

いま, 求める三角形OPQの面積Sは, Q
と直線OPの距離をdとすると,

$$S = \frac{1}{2}\mathrm{OP} \times d \qquad \cdots ③$$

である.

ところが, 点と直
線の距離の公式[4
基本のまとめ⑤]よ
り,

$$d = \frac{|-p_2 q_1 + p_1 q_2|}{\sqrt{(-p_2)^2 + p_1{}^2}}$$

$$= \frac{|p_1 q_2 - p_2 q_1|}{\sqrt{p_1{}^2 + p_2{}^2}}$$

一方, 2点間の距離の公式[4基本のまと
め①(1)]によれば,

$$\mathrm{OP} = \sqrt{(p_1 - 0)^2 + (p_2 - 0)^2}$$

$$= \sqrt{p_1{}^2 + p_2{}^2}$$

これらを③に代入して,

$$S = \frac{1}{2}\sqrt{p_1{}^2 + p_2{}^2} \times \frac{|p_1 q_2 - p_2 q_1|}{\sqrt{p_1{}^2 + p_2{}^2}}$$

$$= \frac{1}{2}|p_1 q_2 - p_2 q_1|$$

56 〔解答〕

$$x - y - 3 = 0 \qquad \cdots ①$$
$$x - 2y - 2 = 0 \qquad \cdots ②$$
$$x + 2y + 6 = 0 \qquad \cdots ③$$

2直線①と②の交点Aの座標を求める.
①-②より,

$$y - 1 = 0,\ つまり\ y = 1$$

①に代入して,

$$x\left[=1+3\right] = 4$$

したがって, A(4, 1) である.

2直線②と③の交点Bの座標を求める.

$\frac{1}{2}(②+③)$ より, $2x + 4 = 0$

これから, $x = -2$

③に代入して,

$$y\left[=\frac{1}{2}(2-6)\right] = -2$$

したがって, B(−2, −2) である.

2直線③と①の交点Cの座標を求める.

$\frac{1}{3}(③-①)$ より,

$$y + 3 = 0,\ つまり\ y = -3$$

①に代入して,

$$x\left[=-3+3\right] = 0$$

したがって, C(0, −3) である.

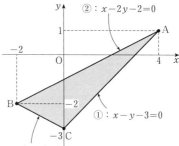

このとき, 3直線①, ②, ③で囲まれた三
角形, つまり三角形ABCの面積をS, Bと
直線AC, つまり直線①との距離をdとす
ると,

$$S = \frac{1}{2}\mathrm{AC} \times d$$

ここで, 2点間の距離の公式[4基本のま
とめ①(1)]によれば,

$$\mathrm{AC} = \sqrt{(0-4)^2 + (-3-1)^2} = 4\sqrt{2},$$

点と直線の距離の公式[4基本のまとめ⑤]
によれば

$$d = \frac{|(-2)-(-2)-3|}{\sqrt{1^2 + (-1)^2}} = \frac{3}{\sqrt{2}}$$

であるから,

$$S = \frac{1}{2} \times 4\sqrt{2} \times \frac{3}{\sqrt{2}}$$

$$= 6$$

57 〔解答〕

$bc \neq 0$ のとき[直線ACはx軸に垂直とは
ならないので, 傾きを考えることができて,]直
線ACの傾きは,

$$\frac{0-a}{c-0} = -\frac{a}{c}$$

［三角形 ABC の成立条件より $a \neq 0$. したがって $-\dfrac{a}{c} \neq 0$ であるから，直線 AC と垂直な直線 BE も x 軸に垂直とはならないので，傾きを考えることができる．］このとき，2 直線の垂直条件 ［**4 基本のまとめ** **3** (ⅱ)］より，直線 BE の傾きは，［それを m とすると，

$$\left(-\frac{a}{c}\right) \times m = -1 \text{ であるから，} m =\ ]$$

$$-\frac{1}{-\dfrac{a}{c}} = \frac{c}{a} \quad \cdots \text{アは ①}$$

したがって，直線 BE の方程式は

$$y - 0 = \frac{c}{a}(x - b),$$

両辺を a 倍して，整理すると，

$$cx - ay = bc \quad \cdots \text{イは ⑤} \quad \cdots ⒜$$

直線 CF の方程式も同様にして，［つまり，直線 CF を直線 BE の場合の B を C に，C を B にと役割を入れかえたものとみて，⒜ の b と c を入れかえた，］

$$bx - ay = cb,$$

つまり，$bx - ay = bc \quad \cdots \text{ウは ④} \quad \cdots ⒝$

⒜ と ⒝ の交点が H で，問題文よりその x 座標は 0 である［これは⒜－⒝より得られる］から，その y 座標は⒜の x に 0 を代入して，

$$-ay = bc$$

［三角形 ABC の成立条件より，］$a \neq 0$ であるから，

$$y = -\frac{bc}{a} \quad \cdots \text{エは ②}$$

［このとき，直線 AH は y 軸となるので，この直線と直線 BC，つまり x 軸の交点 D は原点であるが，これは A から直線 BC に下ろした垂線の足でもある．つまり，B，C から対辺またはその延長上に下ろした垂線の交点である H は A から直線 BC に下ろした垂線 AD 上にもある．いいかえると，各頂点から対辺またはその延長上に下ろした 3 つの垂線は 1 点 H で交わる．］

58 考え方

(ⅰ) 平面上に直線 l と，l 上にない 2 点 A，A′ があるとき，A，A′ が l に関して対称と

なる条件は，

　① 直線 AA′ と l が垂直であり，

かつ，

　② 線分 AA′ の中点が l 上にあることである．

(ⅱ) (2) について．

$$A'P = AP$$

であるから，

$$A'P + PB = AP + PB$$

B と A′ が l に関して反対側にあることを考慮して，l 上のいくつかの点について，その点と B，A′ からなる図形（三角形，または線分）を考えると，右図のようになる．この図から，P が線分 A′B と l の交点であるとき，A′P + PB の値は最小になりそうである．

解　答

(1)　A′(a, b) とする．2 点 A，A′ が直線 l に関して対称となる条件は，次の ① かつ ② である．

　① 直線 AA′ と l が垂直である．［A は明らかに l になく，かつ l が x 軸に平行でないので，A′ と A の x 座標が一致することはない．つまり，$a \neq 1$.］

　② 線分 AA′ の中点 M が l 上にある．

ところが，① については，l と直線 AA′ の傾きがそれぞれ -1，$\dfrac{b-5}{a-1}$ であるので，2 直線の垂直条件［**4 基本のまとめ** **3** (ⅱ)］

$$(-1) \times \left(\frac{b-5}{a-1}\right) = -1$$

より，

$$b - 5 = a - 1,$$

つまり，

$$b = a + 4 \quad \cdots ①'$$

といいかえられる．

② については，M の座標が，［**4 基本のま**

とめ ① (2)より，]

$$\left(\frac{a+1}{2}, \frac{b+5}{2}\right)$$

となるので，

$$\left(\frac{a+1}{2}\right)+\left(\frac{b+5}{2}\right)=3,$$

つまり，

$$b=-a \qquad \cdots ②'$$

といいかえられる．

①'，②' より

$$-a=a+4$$

これを解いて，

$$a=-2$$

②' に代入して，

$$b=2$$

したがって，A′ の座標は，

$$(-2, 2)$$

(2) AP＋PB の値を最小にする P は線分 A′B と l の交点 P_0 である．[次の図のように，B は $l: y=-x+3$ の上側（直線の「上側」，「下側」については，**7 基本のまとめ** ① (1)を参照），A′ は l の下側にあるので，線分 A′B（直線 A′B ではない）と l は交わっている．]

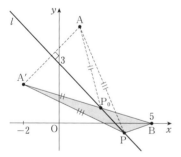

なぜならば，P_0 とは異なる l 上の点 P を考えると，[図のように] 3 点 P，A′，B を頂点にもつ三角形ができ，この三角形についての三角不等式

$$A'P+PB>A'B$$

に，P_0 の定義から得られる

$$A'B=A'P_0+P_0B$$

と，A′ の定義から得られる

$$A'P=AP, \quad A'P_0=AP_0$$

を用いると，

$$AP+PB>AP_0+P_0B$$

を得るからである．

したがって，求める最小値

$$AP_0+P_0B=A'P_0+P_0B=A'B$$

は，[2 点間の距離の公式（**4 基本のまとめ** ① (1)）より，]

$$\sqrt{(-2-5)^2+(2-0)^2}=\sqrt{53}$$

5　円

59　解　答

(1) A(0, 1)，B(2, 3) とすると，この円 C の半径 r について，

$$r=\frac{1}{2}AB$$

したがって，[2 点間の距離の公式（**4 基本のまとめ** ① (1)）を用いて，]

$$r=\frac{1}{2}\sqrt{(2-0)^2+(3-1)^2}$$
$$\left[=\frac{1}{2}\times 2\sqrt{2}\right]=\sqrt{2}$$

(2) C の中心 M は，線分 AB の中点であるから，[**4 基本のまとめ** ① (2)より，] その座標は，

$$\left(\frac{0+2}{2}, \frac{1+3}{2}\right), \text{つまり}, (1, 2)$$

(3) [**5 基本のまとめ** ① (1)を用いると，](1)，(2)から，求める C の方程式は，

$$(x-1)^2+(y-2)^2=2$$

60　解　答

(1) この円の半径を r とすると，r はこの円の中心 (1, 2) と点 (-2, -2) の距離に等しいので，[2 点間の距離の公式（**4 基本のまとめ** ① (1)）より，]

$$r=\sqrt{(-2-1)^2+(-2-2)^2}=5$$

したがって，求める円の方程式は，

$$(x-1)^2+(y-2)^2=5^2$$

(2) この円の中心 C が x 軸上にあるので，その座標は $(a, 0)$ と表される．さらに，この円が 2 点 D(5, 2)，E(3, 4) を通るので，その半径を r とすると，

$$r = CD = CE \qquad \cdots ①$$

が成り立つ. ところが, ［2点間の距離の公式

（**4 基本のまとめ** $\boxed{1}$ (1)）より,］

$$CD = \sqrt{(5-a)^2 + (2-0)^2}$$
$$= \sqrt{a^2 - 10a + 29}, \qquad \cdots ②$$
$$CE = \sqrt{(3-a)^2 + (4-0)^2}$$
$$= \sqrt{a^2 - 6a + 25}$$

であるから, ①, つまり,

$$CD^2 = CE^2$$

にこれらを代入して,

$$a^2 - 10a + 29$$
$$= a^2 - 6a + 25$$

を得る.

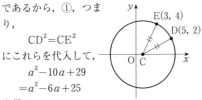

これを解いて,

$$a = 1$$

したがって, ①, ② より,

$$r = CD[= \sqrt{1 - 10 + 29}\,]$$
$$= 2\sqrt{5}$$

以上から, 求める円の方程式は,

$$(x-1)^2 + y^2 = (2\sqrt{5})^2$$

(3) 求める円の方程式を

$$x^2 + y^2 + lx + my + n = 0 \qquad \cdots ③$$

とする.

このとき, 円③ が点 $(4, 1)$ を通るので,

$$16 + 1 + 4l + m + n = 0$$

点 $(6, -3)$ を通るので,

$$36 + 9 + 6l - 3m + n = 0$$

点 $(-3, 0)$ を通るので,

$$9 - 3l + n = 0$$

以上を整理し, まとめると,

$$\begin{cases} 4l + m + n = -17 & \cdots ④ \\ 6l - 3m + n = -45 & \cdots ⑤ \\ -3l + n = -9 & \cdots ⑥ \end{cases}$$

$\dfrac{1}{2}(3 \times ④ + ⑤)$ より,

$$9l + 2n = -48 \qquad \cdots ⑦$$

$\dfrac{1}{15}(⑦ - 2 \times ⑥)$ より,

$$l = -2 \qquad \cdots ⑧$$

⑧ を ⑥ に代入して,

$$n = -15 \qquad \cdots ⑨$$

⑧, ⑨ を ④ に代入して,

$$m = 6 \qquad \cdots ⑩$$

⑧, ⑨, ⑩ を ③ に代入して,

$$x^2 + y^2 - 2x + 6y - 15 = 0$$

変形して,

$$[x^2 - 2 \times 1x + y^2 + 2 \times 3y = 15,$$
$$(x^2 - 2 \times 1x + 1^2) + (y^2 + 2 \times 3y + 3^2)$$
$$= 15 + 1^2 + 3^2, \text{ つまり,}]$$
$$(x-1)^2 + (y+3)^2 = 5^2$$

61 解答

(1) 与えられた方程式を変形すると,

$$[(x^2 - 2 \times 2x) + (y^2 - 2 \times 1y) = -2,$$
$$(x^2 - 2 \times 2x + 2^2) + (y^2 - 2 \times 1y + 1^2)$$
$$= -2 + 2^2 + 1^2,]$$
$$(x-2)^2 + (y-1)^2 = (\sqrt{3})^2$$

したがって, この円の中心の座標は,

$$(\boxed{2}, \boxed{1}) \cdots \text{ア, イ,}$$
$$\text{半径は } \boxed{\sqrt{3}} \cdots \text{ウ}$$

(2) 与えられた方程式を変形すると,

$$[(x^2 - 2ax) + (y^2 - 2ay) = -3a^2 + 2a,$$
$$(x^2 - 2 \times ax + a^2) + (y^2 - 2 \times ay + a^2)$$
$$= -3a^2 + 2a + a^2 + a^2,]$$
$$(x-a)^2 + (y-a)^2 = -a^2 + 2a \cdots ①$$

① が円の方程式である条件は, ① の右辺

が正であること, つまり, 不等式

$$-a^2 + 2a > 0 \qquad \cdots ②$$

が成り立つことである. ところが, ② は,

$$-a(a-2) > 0, \text{ つまり, } a(a-2) < 0$$

と変形されるので, 不等式② の解, つまり

求める a のとり得る値の範囲は,

$$\boxed{0 < a < 2} \cdots \text{エ}$$

62 解答

(1) この円と直線の共有点の座標は, 連立方

程式

$$\begin{cases} x^2 + y^2 = 5 & \cdots ① \\ 2x + y = 5 & \cdots ② \end{cases}$$

の実数解を求めることで得られる. ②, つま

り

$$y=-2x+5 \qquad \cdots ②'$$

を ① に代入して，y を消去すると，

$$x^2+(-2x+5)^2=5$$

整理して，

$$5(x^2-4x+4)=0$$

両辺を 5 で割ったものを因数分解して，

$$(x-2)^2=0$$

これを解いて，

$$x=2$$

これを ②′ に代入して，

$$y=-2\times2+5=1$$

以上から，求める共有点の座標は，

$$(\boxed{2}, \boxed{1}) \quad \cdots ア，イ$$

(2) ［**5基本のまとめ2**を用いる．］

(i) 円 C の中心 $(0,0)$ と直線 l の距離を d とすると，d が円 C の半径 1 より小さい場合，つまり，

$$d<1 \qquad \cdots ③$$

となる場合である．

　直線 l の方程式は，

$$2x-y+k=0$$

と変形されるので，点と直線の距離の公式［**4基本のまとめ5**］から，

$$d\left[=\frac{|2\times0-0+k|}{\sqrt{2^2+(-1)^2}}\right.$$
$$=\frac{|k|}{\sqrt{5}} \qquad \cdots ④$$

④ を ③ に代入して，

$$\frac{|k|}{\sqrt{5}}<1,$$

つまり，

$$|k|<\sqrt{5}$$

［$|k|$ とは数直線上で k を座標にもつ点と原点の距離であるから，この条件は，

k の値の範囲

ということである．］

　したがって，求める k の値の範囲は，

$$-\sqrt{5}<k<\sqrt{5}$$

［注］　この場合の「異なる2点」とは円と直

線の方程式から x，y のどちらか一方をうまく選び，そちらの方を消去して得られるもう一方についての2次方程式が異なる2実数解をもつということと考えておく．

　「異なる2実数解」の「異なる」については **22 解答 解説** を参照すること．

(ii) $\qquad d=1$

となる場合であるから，④ を用いて，

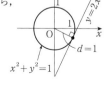

$$\frac{|k|}{\sqrt{5}}=1,$$

つまり，

$$|k|=\sqrt{5}$$

　したがって，求める k の値は，

$$k=\pm\sqrt{5}$$

(iii) $\qquad d>1$

となる場合であるから，④ を用いて，

$$\frac{|k|}{\sqrt{5}}>1,$$

つまり，

$$|k|>\sqrt{5}$$

　したがって，求める k の値の範囲は，

$$k<-\sqrt{5}, \quad \sqrt{5}<k$$

(3)

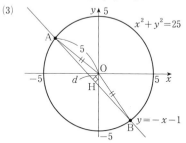

　円 $x^2+y^2=25$ …⑤ の中心 $O(0,0)$ と直線 $y=-x-1$ …⑥，つまり $x+y+1=0$ の距離を d とすると，点と直線の距離の公式［**4基本のまとめ5**］から，

$$d=\frac{|0+0+1|}{\sqrt{1^2+1^2}}=\frac{\sqrt{2}}{2}$$

　とくに，

$$d<\frac{\sqrt{100}}{2}=5,$$

つまり，d は，円⑤の半径より小さいので，
［**5 基本のまとめ 2** によれば，］円⑤と直線⑥
は，異なる2点 A，B で交わっている．

O を通り直線 AB に垂直な直線と直線 AB
の交点を H とすると，三角形 OHA は，
∠OHA が直角な三角形であり，線分 OA が
円⑤の半径であるから，三平方の定理より，

$$AH = \sqrt{OA^2 - d^2}$$
$$= \sqrt{5^2 - \left(\frac{\sqrt{2}}{2}\right)^2}$$
$$= \frac{7}{2}\sqrt{2}$$

三角形 OHB は三角形 OHA と合同である
から，

$$BH = \frac{7}{2}\sqrt{2}$$

以上から

$$AB = AH + BH$$
$$= 7\sqrt{2}$$

63 解 答

(1) ［以下の計算の際に行う割り算で，割る数が
0かどうかによって次のような場合分けをする．］

(i) $a=0$，または $b=0$ のとき．

・$a=0$ のとき．

点 $(0, b)$ が円 $C : x^2 + y^2 = r^2$ 上の点で
あるから，

$$b = \pm r$$

である．2点 $(0, r)$，$(0, -r)$ での C の接
線の方程式は，それぞれ，

$$y = r, \quad y = -r$$

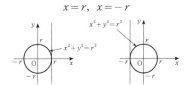

（$r > 0$ とする）

であるが，これらは，それぞれ，

$$0 \times x + ry = r^2, \quad 0 \times x + (-r)y = r^2,$$

つまり，

$$0 \times x + by = r^2, \quad 0 \times x + by = r^2$$

と表されるので，これらの点での C の接線

の方程式は，

$$ax + by = r^2 \qquad \cdots ①$$

で表される．

・$b=0$ のとき．

点 $(a, 0)$ が C 上の点であるから，

$$a = \pm r$$

である．2点 $(r, 0)$，$(-r, 0)$ での C の接
線の方程式は，それぞれ，

$$x = r, \quad x = -r$$

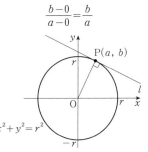

であるが，これらは，それぞれ，

$$rx + 0 \times y = r^2, \quad (-r)x + 0 \times y = r^2,$$

つまり，

$$ax + 0 \times y = r^2, \quad ax + 0 \times y = r^2$$

と表されるので，これらの点での C の接線
の方程式も①で表される．

(ii) $a \neq 0$，かつ $b \neq 0$ のとき．

O$(0, 0)$，P(a, b) とすると，直線 OP の
傾きは，

$$\frac{b - 0}{a - 0} = \frac{b}{a}$$

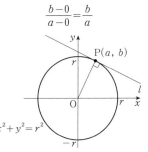

である．P での C の接線 l は，P を通り直
線 OP に垂直な直線である．したがって，
その傾きを m とすると，2直線の垂直条件
［**4 基本のまとめ 3** (ii)］から，

$$m \times \frac{b}{a} = -1,$$

つまり，

$$m = -\frac{a}{b}$$

となるので，l の方程式は，

$$y - b = -\frac{a}{b}(x - a)$$

と表される. この両辺に b をかけて,

$$by - b^2 = -ax + a^2$$

右辺の $-ax$, 左辺の $-b^2$ をそれぞれ移項して,

$$ax + by = a^2 + b^2 \qquad \cdots ②$$

P は C 上の点であるので, C の方程式の x, y にそれぞれ a, b を代入したものが成り立つ.

つまり,

$$a^2 + b^2 = r^2$$

これを ② に代入して, ① を得る.

(i), (ii) より, C 上の任意の点 (a, b) での C の接線の方程式は ① で表される.

（証明終り）

(2) (1) より, 円 $C' : x^2 + y^2 = 4$ 上にある点 $(\sqrt{3}, 1)$ での C' の接線の方程式は,

$$\sqrt{3}\,x + 1 \times y = 4,$$

つまり,

$$\boxed{\sqrt{3}}\,x + y = \boxed{4} \quad \cdots ア, イ$$

また, C' 上にある点 $(-\sqrt{2}, \sqrt{2})$ での C' の接線の方程式は, (1) によれば,

$$-\sqrt{2}\,x + \sqrt{2}\,y = 4$$

であるが, この両辺を $-\sqrt{2}$ で割った,

$$x - y = -\frac{4}{\sqrt{2}},$$

つまり,

$$x - y = \boxed{-2\sqrt{2}} \quad \cdots ウ$$

とも表される. 同様に C' 上にある点 $(0, -2)$ での C' の接線の方程式は, (1) によれば,

$$0 \times x - 2y = 4$$

であるが, この両辺を -2 で割って,

$$y = \boxed{-2} \quad \cdots エ$$

とも表される.

64 　解答

(1) 接点を $\mathrm{P}(x_1, y_1)$ とすると, 求める接線の方程式は,

$$x_1 x + y_1 y = 9 \qquad \cdots ①$$

この接線が点 $(6, 3)$ を通るので,

$$6x_1 + 3y_1 = 9,$$

つまり,

$$y_1 = 3 - 2x_1 \qquad \cdots ②$$

P は, 円 $x^2 + y^2 = 9$ 上の点であるから,

$${x_1}^2 + {y_1}^2 = 9 \qquad \cdots ③$$

② を ③ に代入して,

$${x_1}^2 + (3 - 2x_1)^2 = 9$$

整理して,

$$x_1(5x_1 - 12) = 0$$

これを解いて,

$$x_1 = 0, \ \frac{12}{5}$$

② より,

$$x_1 = 0 \ のとき, \ y_1 = 3,$$

$$x_1 = \frac{12}{5} \ のとき, \ y_1 = -\frac{9}{5}$$

これらを ① に代入して,

$$3y = 9, \ \frac{12}{5}x - \frac{9}{5}y = 9$$

整理して,

$$y = 3, \ \ y = \frac{4}{3}x - 5$$

(2) 接点の座標を (a, b) とすると, この点での C の接線 l の方程式は,

$$ax + by = 5$$

点 $(7, 1)$ が l 上にあるので,

$$7a + b = 5, \ つまり \ b = 5 - 7a \qquad \cdots ④$$

一方, 点 (a, b) は C 上にあるので,

$$a^2 + b^2 = 5 \qquad \cdots ⑤$$

④ を ⑤ に代入して,

$$a^2 + (5 - 7a)^2 = 5,$$

つまり, $\quad 5a^2 - 7a + 2 = 0$

左辺を因数分解して,

$$(5a - 2)(a - 1) = 0$$

これを解いて,

$$a = \frac{2}{5}, \ 1$$

④ より,

$$a = \frac{2}{5} \ のとき, \ b = \frac{11}{5},$$

$$a = 1 \ のとき, \ b = -2$$

52

したがって，[**4 基本のまとめ**②(1)(iv)から，] 求める直線の方程式は，

$$y-(-2)=\dfrac{\dfrac{11}{5}-(-2)}{\dfrac{2}{5}-1}(x-1),$$

つまり，

$$y=\boxed{-7}x+\boxed{5} \quad \cdots ア，イ$$

[**別解**] 2つの接点を
$$P(X_1,\ Y_1),\ Q(X_2,\ Y_2)$$
とすると，P，Q での C の接線の方程式は，それぞれ，
$$X_1x+Y_1y=5,\ X_2x+Y_2y=5$$
これらが点 $(7,\ 1)$ を通るので，
$$7X_1+Y_1=5\ \cdots Ⓐ,\ 7X_2+Y_2=5\ \cdots Ⓑ$$
Ⓐ，Ⓑ は，P，Q が直線
$$7x+y=5,$$
つまり，
$$y=-7x+5$$
上にあることを示している．つまり，求める直線 PQ の方程式は，
$$y=\boxed{-7}x+\boxed{5}\quad \cdots ア，イ$$

[**注**] 点 $A(x_0,\ y_0)$ と円 $K:x^2+y^2=r^2$ が与えられている場合，（**解答**）の［**別解**］の方法を適用すると，求める直線の方程式は $x_0x+y_0y=r^2$ となる．これは A が K の周上や K の内部（円の「内部」については，**7 基本のまとめ**①(2)を参照）にある場合（ただし，K の中心 $(0,\ 0)$ の場合は除く）でも考えることができるが，当然，本問のような2つの接点を通る直線を表すことはない（A が K の周上にある場合は K の A での接線の方程式となっている）．したがって，この方法を適用するにあたっては，A が K の外部（**7 基本のまとめ**①(2)）にあることの確認をあらかじめしておく必要がある．

(3)

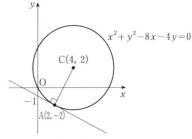

$$x^2+y^2-8x-4y=0$$

を変形すると，
$$[(x^2-2\times4x+4^2)+(y^2-2\times2y+2^2)=4^2+2^2,]$$
$$(x-4)^2+(y-2)^2=20$$
を得るので，この円の中心 C の座標は $(4,\ 2)$ である．

したがって，直線 CA の傾きは，
$$\dfrac{-2-2}{2-4}=2$$
である．求める A でのこの円の接線 l は，A を通り直線 CA に垂直な直線であるので，その傾きを m とすると，2直線の垂直条件 [**4 基本のまとめ**③(ii)] から，
$$m\times2=-1,$$
つまり，
$$m=-\dfrac{1}{2}$$
これから，l の方程式は，
$$y-(-2)=-\dfrac{1}{2}(x-2),$$
つまり，
$$\boldsymbol{y=-\dfrac{1}{2}x-1}$$

65 （**解 答**）

(1) 求める円の中心を $C(a,\ b)$，半径を $r\,(>0)$ とする．

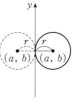

この円が y 軸に接する条件は，C と y 軸との距離が r に等しいことである [**5 基本のまとめ**②]．つまり，
$$|a|=r \quad \cdots ①$$

この円が x 軸に接する条件は，同様に，
$$|b|=r \qquad \cdots ②$$

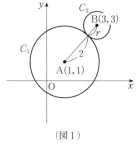

さらに，C が直線 $y=2x-1$ 上にあるので，
$$b=2a-1 \qquad \cdots ③$$

②，③ より b を消去して，
$$|2a-1|=r$$

これと ① より r を消去して，
$$|2a-1|=|a|,$$
つまり， $\qquad \pm(2a-1)=\pm a,$
$$\text{（複号任意）} \cdots ④$$
つまり， $\qquad 2a-1=\pm a$

[この ± のうち，＋ は ④ の複号について左辺が ＋，右辺も ＋，または左辺が －，右辺も － のときであり，－ は ④ の複号について左辺が ＋，右辺が －，または左辺が －，右辺が ＋ のときである．]

これを解いて，
$$a=1, \ \frac{1}{3}$$

③ を用いると，
$$a=1 \text{ のとき，} b=1,$$
$$a=\frac{1}{3} \text{ のとき，} b=-\frac{1}{3}$$

① を用いて，
$$a=1 \text{ のとき，} r=1,$$
$$a=\frac{1}{3} \text{ のとき，} r=\frac{1}{3}$$

以上より，求める円の方程式は，
$$(x-1)^2+(y-1)^2=1,$$
$$\left(x-\frac{1}{3}\right)^2+\left(y+\frac{1}{3}\right)^2=\left(\frac{1}{3}\right)^2$$

(2) r は点 $(1, 2)$ と直線 $y=2x-5$，つまり，$2x-y-5=0$ の距離 d に等しい．ところが，点と直線の距離の公式 [**4 基本のまとめ** 5] によれば，

$$d=\frac{|2\times1-2-5|}{\sqrt{2^2+(-1)^2}}=\sqrt{5}$$

したがって，
$$r=\sqrt{5}$$

66 [解答]

(1), (2) C_1 の中心は A(1, 1)，半径は 2，
$\qquad C_2$ の中心は B(3, 3)，半径は r
である．

2 点間の距離の公式 [**4 基本のまとめ** 1 (1)] より，
$$\text{AB}=\sqrt{(3-1)^2+(3-1)^2}=2\sqrt{2}$$

この値は C_1 の半径 2 より大きいので，B は C_1 の外部にある．このとき，[r を徐々に大きくしていけばわかるように，] C_1 と C_2 が接するのは，

① [図 1 のように] C_1 と C_2 が外接するとき，

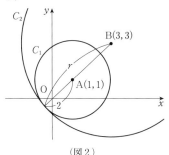

（図 1 ）

または，

② [図 2 のように] C_1 が C_2 に内接するとき，

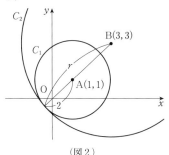

（図 2 ）

である [**5 基本のまとめ** 4]．また，①，② のときの r の値をそれぞれ，r_1，r_2 とする

と，C_1 と C_2 が異なる 2 点で交わるような r の値の範囲は，

$$r_1 < r < r_2$$

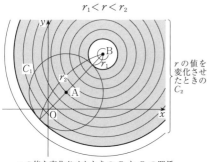

r の値を変化させたときの C_2 と C_1 の関係

・① のとき．2 つの円の外接条件［5 基本のまとめ ④］より，

$$AB = 2 + r_1$$

したがって，

$$r_1 = AB - 2 = 2\sqrt{2} - 2$$
$$= 2(\sqrt{2} - 1)$$

・② のとき．C_1 が C_2 に内接する条件［5 基本のまとめ ④］より，

$$r_2 = AB + 2 = 2\sqrt{2} + 2$$
$$= 2(\sqrt{2} + 1)$$

以上から，C_1 と C_2 が接するときの r の値は，

$$r = 2(\sqrt{2} - 1),\ 2(\sqrt{2} + 1) \quad \cdots (1) \text{の答}$$

であり，C_1 と C_2 が異なる 2 点で交わるような r の値の範囲は，

$$2(\sqrt{2} - 1) < r < 2(\sqrt{2} + 1) \quad \cdots (2) \text{の答}$$

である．

67 解答

この円の方程式を a について整理して，

$$x^2 + y^2 - 25 + 2a(4x - 3y) = 0 \quad \cdots ①$$

［a の実数値を 1 つ定めるごとに方程式①，変形して，$(x+4a)^2 + (y-3a)^2 = 25(a^2+1)$，は 1 つの円を表すのであるが，］このような円① のどれもがある定点 (p, q) を通る条件は，等式

$$p^2 + q^2 - 25 + 2a(4p - 3q) = 0 \quad \cdots ②$$

が a のすべての実数値について成り立つこと［，つまり② が a についての恒等式であるこ

と］である．さらに，その条件は，［1 基本のまとめ ① (1)より，］

$$\begin{cases} p^2 + q^2 - 25 = 0 & \cdots ③ \\ 4p - 3q = 0 & \cdots ④ \end{cases}$$

である．

④，つまり，

$$q = \frac{4}{3}p \quad \cdots ④'$$

を ③ に代入して，

$$p^2 + \left(\frac{4}{3}p\right)^2 - 25 = 0$$

整理して，

$$p^2 = 3^2$$

これを解いて，

$$p = \pm 3$$

④′ を用いて，(p, q) は，

$$(3, 4) \text{ または } (-3, -4)$$

である．

以上から，求める 2 つの定点の座標は，

$$(3, 4),\ (-3, -4)$$

68 解答

［解答 1］円 $x^2 + y^2 - x - 2y - 1 = 0$ $\cdots①$ と直線

$$x + 2y - 1 = 0,\ \text{つまり，}\ x = 1 - 2y \quad \cdots②$$

の交点の y 座標は，② を ① に代入して得られる方程式

$$(1 - 2y)^2 + y^2 - (1 - 2y) - 2y - 1 = 0.$$

つまり，　$5y^2 - 4y - 1 = 0$，

つまり，

$$(5y + 1)(y - 1) = 0$$

の解である．これを解いて，

$$y = -\frac{1}{5},\ 1$$

② より，

$$y = -\frac{1}{5} \text{ のとき，} x = \frac{7}{5},$$
$$y = 1 \text{ のとき，} x = -1$$

であるから，円① と直線② の交点の座標は，

$$\left(\frac{7}{5},\ -\frac{1}{5}\right),\ (-1,\ 1)$$

求める円の方程式を，$l,\ m,\ n$ を定数と

して,
$$x^2+y^2+lx+my+n=0 \quad \cdots ③$$
とすると, 円 ③ が原点を通るので,
$$0+0+l\times0+m\times0+n=0,$$
つまり,
$$n=0$$

これを ③ に代入して,
$$x^2+y^2+lx+my=0 \qquad \cdots ④$$
円 ③ が点 $\left(\dfrac{7}{5}, -\dfrac{1}{5}\right)$ を通るので, ④ より,
$$\frac{49}{25}+\frac{1}{25}+\frac{7}{5}l-\frac{1}{5}m=0$$

両辺に 5 をかけて,
$$10+7l-m=0,$$
つまり,
$$m=10+7l \qquad \cdots ⑤$$
円 ③ が点 $(-1, 1)$ を通るので, ④ より,
$$1+1-l+m=0,$$
つまり,
$$m=l-2 \qquad \cdots ⑥$$
⑤, ⑥ から, m を消去して,
$$10+7l=l-2$$

これを解いて,
$$l=-2 \qquad \cdots ⑦$$
⑥ に代入して,
$$m=-4 \qquad \cdots ⑧$$
⑦, ⑧ を ④ に代入して,
$$x^2+y^2-2x-4y=0 \qquad \cdots ⑨$$
[注] ⑨ をさらに変形して,
$$(x^2-2\times1x+1^2)+(y^2-2\times2y+2^2)=1^2+2^2,$$
つまり,
$$(x-1)^2+(y-2)^2=\left(\sqrt{5}\right)^2 \quad \cdots ⑩$$
⑩ を答えとしてもよい.

[解答 2] 円 $x^2+y^2-x-2y-1=0 \cdots ①$
と
$$直線 \ x+2y-1=0 \qquad \cdots ②$$
の 2 つの交点を通る円の方程式は, k を実数の定数として,
$$(x^2+y^2-x-2y-1)+k(x+2y-1)=0 \quad \cdots (*)$$
で表される [5 基本のまとめ 5].

さらに, この円が原点を通るので,
$$(0+0-0-2\times0-1)+k(0+2\times0-1)=0,$$
つまり,
$$k=-1$$

これを (*) に代入して,
$$(x^2+y^2-x-2y-1)-(x+2y-1)=0$$

整理して,
$$x^2+y^2-2x-4y=0$$

69 [解答]

(1) (A) の左辺を整理して,
$$a(x^2+y^2-2x-8)+b(x^2+y^2-4y)=0 \qquad \cdots ①$$
この式で, [x^2+y^2 を消去するように,]
$$b=-a \qquad \cdots ②$$
ととれば, ① は
$$a(x^2+y^2-2x-8)-a(x^2+y^2-4y)=0,$$
つまり,
$$a(-2x+4y-8)=0 \qquad \cdots ③$$
となる. $a=0$ ならば, ② より, $b=0$ となって, $a\neq0$ または $b\neq0$ という条件に反する. したがって, $a\neq0$ である.

このとき $\left(-\dfrac{1}{2a}\right)\times③$ より, C_1 と C_2 の交点を通る直線, つまり, 求める直線の方程式は,
$$x-\boxed{2}y+\boxed{4}=0 \quad \cdots イ,ウ$$
また, ②, つまり,
$$a+\boxed{1}b=0 \quad \cdots ア$$
が求める a と b の関係式である.

(2) 図形(A)が点 $(3, 1)$ を通るので, ① より,
$$[a(3^2+1^2-2\times3-8)+b(3^2+1^2-4\times1)=0$$
整理して,] $2a-3b=0, \qquad \cdots ④$
つまり,
$$b=\frac{2}{3}a \qquad \cdots ④'$$
④$'$ を ① に代入して,
$$a(x^2+y^2-2x-8)+\frac{2}{3}a(x^2+y^2-4y)=0 \qquad \cdots ⑤$$
$a=0$ ならば, ④$'$ より, $b=0$ となって, $a\neq0$ または $b\neq0$ という条件に反するので, $a\neq0$ である.

このとき, $\dfrac{3}{a}\times⑤$ より,
$$3(x^2+y^2-2x-8)+2(x^2+y^2-4y)=0$$
整理して,
$$5x^2-6x+5y^2-8y-24=0$$

両辺を5で割って，

$$x^2-\frac{6}{5}x+y^2-\frac{8}{5}y-\frac{24}{5}=0$$

さらに変形して，

$$\left[\left(x^2-2\times\frac{3}{5}x\right)+\left(y^2-2\times\frac{4}{5}y\right)=\frac{24}{5},\right.$$

$$\left\{x^2-2\times\frac{3}{5}x+\left(\frac{3}{5}\right)^2\right\}+\left\{y^2-2\times\frac{4}{5}y+\left(\frac{4}{5}\right)^2\right\}$$

$$\left.=\frac{24}{5}+\left(\frac{3}{5}\right)^2+\left(\frac{4}{5}\right)^2,\right]$$

$$\left(x-\boxed{\frac{3}{5}}\right)^2+\left(y-\boxed{\frac{4}{5}}\right)^2=\boxed{\frac{29}{5}}$$

…オ，カ，キ

これが求める円の方程式であり，④，つまり，

$$2a-\boxed{3}b=0\quad\text{…エ}$$

が求める a と b の関係式である．

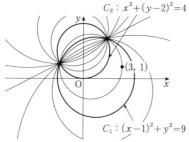

いくつかの a と b の値に対する図形(A)

70 解答

与えられた方程式を変形すると，

$$[\{x^2-2\times(-3)x+(-3)^2\}+(y^2-2\times4y+4^2)$$
$$=24+(-3)^2+4^2,]$$
$$\{x-(-3)\}^2+(y-4)^2=7^2$$

したがって，この方程式で表される円 C の中心 O_1 の座標は，

$$(\boxed{-3},\boxed{4}),\quad\text{… ア，イ}$$
$$\text{半径は}\boxed{7}\quad\text{…ウ}$$

である．

O，O_1 間の距離は，〔2点間の距離の公式（**4 基本のまとめ** ① (1)）より，〕

$$O_1O=\sqrt{\{0-(-3)\}^2+(0-4)^2}=5$$

であり，C の半径7よりも小さいので，O

はCの内部〔**7 基本のまとめ** ① (2)〕にある．この位置関係のとき，直線 O_1O と C の2つの交点のうち，Oから遠い方の点をA，Oに近い方の点をBとすると，C 上を動く点PとOの距離が最大，最小となるのは，Pがそれぞれ A，B のときである．〔理由については後記の〔**注**〕を参照〕

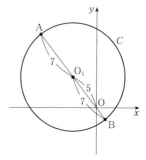

したがって，求める最大値は，

$$AO=AO_1+O_1O$$

ところが，線分 AO_1 は C の半径であるから，

$$AO=7+5=\boxed{12}\quad\text{…エ}$$

一方，最小値は，

$$BO=BO_1-O_1O$$

ところが，線分 BO_1 も C の半径であるから，

$$BO=7-5=\boxed{2}\quad\text{…オ}$$

〔**注**〕 C 上の点PとOの距離を r とすると，Oを中心とし，半径が r の円 K と C の共有点の1つがPである．

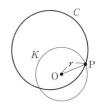

したがって，Pが C 上を動くときの r のとり得る値の範囲は，Oを中心とする K と C が共有点をもつ（**5 基本のまとめ** ④参照）ような K の半径のとり得る値の範囲である．とくに，r が最大となるのは，C が K に内

接するとき，つまりPがAのときであり，
r が最小となるのは，K が C に内接すると
き，つまりPがBのときである．

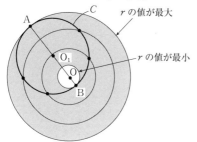

71　解答

円 $C:(x-1)^2+y^2=1$ の中心は A(1, 0)，
半径は1である．

したがって，とくに直線
$$l:x+2y=5 \qquad \cdots ①$$
に関して，C と対称な
「円 C' の半径は[C' と C が合同なので，] 1」
$\qquad \cdots ②$
である．

C' の中心を A'(a, b) とすると，A' は l
に関して A と対称な点であるが，その条件
は，[$x=1$, $y=0$ を①の左辺に代入すると，
その値は1となるので①をみたさない．つまり
A は l 上にないので，A'とA が一致することは
ないから，] 次の Ⓐ かつ Ⓑ である．

Ⓐ　直線 AA' と l が垂直である．[$a=1$
ならば，l は x 軸となるが，①より，その
ようなことはない．したがって，$a \neq 1$ であ
る]

Ⓑ　線分 AA' の中点 M が l 上にある．

Ⓐについては，l, つまり，
$$y=-\frac{1}{2}x+\frac{5}{2}$$
の傾きが $-\frac{1}{2}$，直線 AA' の傾きが，
$$\frac{b}{a-1}$$
であるので，2直線の垂直条件 [4基本のま
とめ ③ (ii)] より，

$$\left(-\frac{1}{2}\right)\times\left(\frac{b}{a-1}\right)=-1,$$
つまり，$\qquad b=2(a-1) \qquad \cdots Ⓐ'$
といいかえられる．

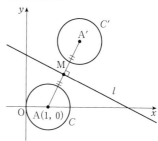

また，M の座標は [4基本のまとめ ① (2)よ
り，] $\left(\dfrac{a+1}{2}, \dfrac{b}{2}\right)$ となるので，Ⓑ は，

$$\frac{a+1}{2}+2\times\left(\frac{b}{2}\right)=5,$$
つまり，$\qquad a+2b=9 \qquad \cdots Ⓑ'$
といいかえられる．

Ⓐ'をⒷ'に代入して，
$$a+4(a-1)=9$$

これを解いて，$a=\dfrac{13}{5} \qquad \cdots ③$

Ⓐ'より，$\qquad b=\dfrac{16}{5} \qquad \cdots ④$

②，③，④ より，求める C' の方程式は，

$$\left(x-\frac{13}{5}\right)^2+\left(y-\frac{16}{5}\right)^2=1$$

72　解答

円 ① の中心 (0, 0) と直線
③：$mx-y+b=0$ との距離が円 ① の半径，
1に等しいので，点と直線の距離の公式 [4
基本のまとめ ⑤] を用いると，

$$\frac{|m\times 0-0+b|}{\sqrt{m^2+(-1)^2}}=1$$

つまり，

$$\frac{|b|}{\sqrt{m^2+1}}=1 \qquad \cdots ④$$

④ の両辺は正または0であるから，④ は，
④ の両辺を平方して得られる，

$$④^2 : \frac{b^2}{m^2+1}=1^2$$

$$(|b|=\sqrt{b^2} \text{ より } (|b|)^2=(\sqrt{b^2})^2=b^2)$$

と同値である. さらに, この ④^2 は, その分母をはらったものを変形して得られる,

$$\boxed{b^2-m^2}-1=0 \qquad \cdots⑤ \cdots ア$$

と同値である.

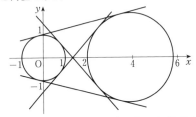

同様に, 円 ② の中心 $(4, 0)$ と直線 ③ との距離が円 ② の半径, 2 に等しいので, 点と直線の距離の公式 [4 基本のまとめ 5] より,

$$\frac{|m\times4-0+b|}{\sqrt{m^2+(-1)^2}}=2$$

つまり,

$$\frac{|4m+b|}{\sqrt{m^2+1}}=2 \qquad \cdots⑥$$

⑥ は,

$$⑥^2 : \frac{(4m+b)^2}{m^2+1}=2^2$$

と同値であり, さらに, この ⑥^2 は, その分母をはらったものを変形して得られる,

$$\boxed{b^2+8mb+12m^2}-4=0 \quad \cdots⑦ \cdots イ$$

と同値である.

⑤, ⑦ より b^2 を消去して,

$$8mb=3-13m^2 \qquad \cdots⑧$$

ここで, もしも $m=0$ ならば, $0=3$ となり不合理. したがって, $m\neq0$ $\cdots⑨$ でないといけないことに注意して,

$$⑧\times\frac{1}{8m} : b=\frac{3-13m^2}{8m} \qquad \cdots Ⓐ$$

これと ⑤ から b を消去して,

$$\frac{(3-13m^2)^2}{64m^2}-m^2-1=0 \qquad \cdots⑩$$

⑨ のもとで, これは,

$$⑩\times(64m^2) : (13m^2-3)^2-64m^2(m^2+1)=0,$$

さらに, これを整理した,

$$105m^4-142m^2+9=0$$

のそれぞれと同値である. さらに, この左辺を因数分解して,

$$(7m^2-9)(15m^2-1)=0$$

m^2 について解き,

$$m^2=\frac{9}{7},\ \frac{1}{15} \qquad \cdots Ⓑ$$

m について解き,

$$m=\boxed{-\frac{3\sqrt{7}}{7}},\ \boxed{-\frac{\sqrt{15}}{15}},\ \boxed{\frac{\sqrt{15}}{15}},$$

$$\boxed{\frac{3\sqrt{7}}{7}}$$

$\cdots$上の行左から順にウ, エ, オ, 下の行カ

[注] 以上の m の値とそれに対応する, Ⓐ から得られる b の値を ③ に代入することにより, 共通接線の方程式は,

$$y=\pm\frac{3\sqrt{7}}{7}x\mp\frac{4\sqrt{7}}{7} \text{ (複号同順)}$$

$$y=\pm\frac{\sqrt{15}}{15}x\pm\frac{4\sqrt{15}}{15} \text{ (複号同順)}$$

となる.

6 軌跡と方程式

73 解答

(1) $P(x, y)$ とすると, 2 点間の距離の公式 [4 基本のまとめ 1 (1)] より,

$$OP=\sqrt{x^2+y^2}, \qquad \cdots①$$

$$AP=\sqrt{(x-6)^2+y^2} \qquad \cdots②$$

条件 $OP:AP=2:1 \qquad \cdots③$

より,

$$OP=2AP, \text{ つまり } OP^2=4AP^2$$

これに ①, ② を用いて,

$$x^2+y^2=4\{(x-6)^2+y^2\}$$

整理して,

$$x^2-16x+y^2+48=0,$$

[つまり,

$$(x^2-2\times8x+8^2)+y^2=-48+8^2,]$$

つまり,

$$(x-8)^2+y^2=4^2 \qquad \cdots④$$

したがって, P は, 点 $(8, 0)$ を中心とし,

半径 4 の円 C 上にある．〔いいかえると，C 上以外にはない．〕

〔前記だけでは，C 上のどの点がすべての条件をみたしているのかわからないが，実は，〕C 上の任意の点がすべての条件をみたしていることは明らかである．〔実際，点 $P(x, y)$ が C 上にあれば，前記の計算を ④ から ③ へと逆にたどることができるので，P は O，A からの距離の比が 2：1 であるような点である．したがって，すべての条件が成り立つ．〕

以上より，求める軌跡は，

点（ $\boxed{8}$ ，$\boxed{0}$ ）…ア，イ　を中心とし，

半径 $\boxed{4}$ …ウ

の円である．

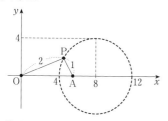

(2) 線分 AB の中点を原点 O とし，図のように直線 AB を x 軸，O を通り直線 AB に垂直な直線を y 軸にとる．このとき，線分 AB の長さを a とすると，

$$A\left(-\frac{a}{2}, 0\right), \ B\left(\frac{a}{2}, 0\right)$$

(i) 条件をみたす点を $P(x, y)$ とすると，

$$AP^2 + BP^2 = k \cdots ⑤$$

2 点間の距離の公式〔4 基本のまとめ $\boxed{1}$ (1)〕より，

$$AP^2 = \left(x + \frac{a}{2}\right)^2 + y^2, \qquad \cdots ⑥$$

$$BP^2 = \left(x - \frac{a}{2}\right)^2 + y^2 \qquad \cdots ⑦$$

であるから，⑤ は，

$$\left\{\left(x + \frac{a}{2}\right)^2 + y^2\right\} + \left\{\left(x - \frac{a}{2}\right)^2 + y^2\right\} = k$$

と表される．左辺を整理して，

$$2\left(x^2 + \frac{a^2}{4} + y^2\right) = k$$

さらに変形して，

$$x^2 + y^2 = \frac{k}{2} - \frac{a^2}{4} \qquad \cdots ⑧$$

条件 $k > \dfrac{a^2}{2}$ より，この右辺は正であるから，⑧ は，原点を中心とし，半径 $\sqrt{\dfrac{k}{2} - \dfrac{a^2}{4}}$ の円 C の方程式である．つまり，P はこの C 上にある．

C 上の任意の点がすべての条件をみたしていることは明らかである．〔実際，点 $P(x, y)$ が C 上にあれば，前記の計算を ⑧ から ⑤ へと逆にたどることができるので，P は A，B からの距離の 2 乗の和が k であるような点である．したがって，すべての条件が成り立つ．〕

以上より，求める軌跡は，C，つまり，

線分 AB の中点を中心とし，

半径 $\sqrt{\dfrac{k}{2} - \dfrac{1}{4}AB^2}$ の円

(ii) 条件をみたす点を P とすると，

$$AP^2 - BP^2 = k',$$

または，

$$BP^2 - AP^2 = k'$$

である．つまり，

$$AP^2 - BP^2 = \pm k' \qquad \cdots ⑨$$

である．いま，$P(x, y)$ とすると，このときも ⑥，⑦ が成り立つので，⑨ は，

$$\left\{\left(x + \frac{a}{2}\right)^2 + y^2\right\} - \left\{\left(x - \frac{a}{2}\right)^2 + y^2\right\} = \pm k'$$

と表される．左辺を整理して，

$$2ax = \pm k'$$

さらに変形して，

$$x = \pm \frac{k'}{2a} \qquad \cdots ⑩$$

$\dfrac{k'}{2a} \neq 0$ であるから，⑩ は x 軸に垂直な 2 直線を表している．つまり，P はこの 2 直線 ⑩ 上にある．

2 直線 ⑩ 上の任意の点がすべての条件をみたしていることは明らかである．〔実際，点 $P(x, y)$ が 2 直線 ⑩ 上にあれば，前記の計算を ⑩ から ⑨ へ逆にたどることができるので，P

は A, B からの距離の 2 乗の差が k' であるような点である. したがって, すべての条件が成り立つ.]

以上より, 求める軌跡は, 2 直線⑩, つまり,

直線 AB 上で, 線分 AB の中点からの距離が $\dfrac{k'}{2AB}$ であるような 2 点をそれぞれ E, F とするとき, E を通り直線 AB に垂直な直線と, F を通り直線 AB に垂直な直線よりなる図形

(3) $P(s, t)$ とすると, P は円 $x^2+y^2=1$ 上にあるので,
$$s^2+t^2=1 \qquad \cdots⑪$$
$R(x, y)$ とすると, R は線分 PQ を $2:1$ に内分する点であるから, 内分点の座標の公式 [4 基本のまとめ ① (2)] を用いて,
$$x=\frac{1\times s+2\times 3}{2+1}=\frac{1}{3}s+2,$$
$$y=\frac{1\times t+2\times 0}{2+1}=\frac{1}{3}t$$

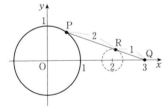

これらの式を s, t について解くと,
$$s=3(x-2), \qquad \cdots⑫$$
$$t=3y \qquad \cdots⑬$$
これらを⑪に代入して,
$$\{3(x-2)\}^2+(3y)^2=1$$
両辺に $\left(\dfrac{1}{3}\right)^2$ をかけて,
$$(x-2)^2+y^2=\left(\frac{1}{3}\right)^2$$
つまり, R は, 点 $(2, 0)$ を中心とし, 半径 $\dfrac{1}{3}$ の円 C 上にある.

C 上の任意の点がすべての条件をみたしていることは明らかである. [実際, C 上の任

意の点 (x, y) に対して, ⑫, ⑬ で定まる点 (s, t) を考えると, 前記の計算を逆にたどることにより, 点 (s, t) は円 $x^2+y^2=1$ 上にあることがわかる. つまり, C 上の点はすべての条件をみたしている.]

以上より, R の軌跡は,

点 $(2, 0)$ を中心とし, 半径 $\dfrac{1}{3}$ の円

74 解答

2 点間の距離の公式 [4 基本のまとめ①
(1)] より,
$$PA=\sqrt{(0-x)^2+(2-y)^2}$$
$$=\sqrt{x^2+(y-2)^2} \qquad \cdots①$$
一方, P と l の距離 d は, [次図を用いるか, または $l:y-4=0$ に点と直線の距離の公式 (4 基本のまとめ⑤) を利用して,]
$$d=|y-4| \qquad \cdots②$$

条件
$$PA=d \qquad \cdots③$$
に①, ②を代入して,
$$\sqrt{x^2+(y-2)^2}=|y-4| \qquad \cdots④$$
この両辺は正または 0 であるので, ④は, ④の両辺を平方して得られる, 次の⑤と同値である.
$$x^2+(y-2)^2=(y-4)^2 \qquad \cdots⑤$$
これを整理して,
$$y=-\frac{1}{4}x^2+3 \qquad \cdots⑥$$
つまり, P は放物線⑥上にある.

放物線⑥上の任意の点がすべての条件をみたしていることは明らかである. [実際, 点 $P(x, y)$ が放物線⑥上にあるとすると, 前記

の計算を逆にたどることにより，P は ③ をみたしていることがわかる．つまり，P はすべての条件をみたしている．］

以上より，求める軌跡は放物線

$$y = \boxed{-\dfrac{1}{4}}\, x^2 + \boxed{3} \quad \cdots ア，イ$$

75 　解答

まず，三角形 OAQ がつくられる条件（(*₁) とする）は，Q が円

$$x^2 + y^2 = 4 \qquad \cdots ①$$

から 2 点 $(2, 0)$，$(-2, 0)$ を除いた部分にあることである．

以下 (*₁) のもとで考える．

P(x, y)，Q(p, q) とすると，P が三角形 OAQ の重心であるから［**4 基本のまとめ** $\boxed{1}$ (3) より］，

$$\begin{cases} x\left[=\dfrac{0+2+p}{3}\right]=\dfrac{2+p}{3} & \cdots ② \\[2mm] y\left[=\dfrac{0+0+q}{3}\right]=\dfrac{q}{3} & \cdots ③ \end{cases}$$

ここで，Q は点 $(2, 0)$，$(-2, 0)$ ではないので，②，③ から，

「P は点 $\left(\dfrac{4}{3}, 0\right)$，$(0, 0)$ ではない」 $\cdots$(*₂)

さて，②，③ を p，q について解くと，

$$\begin{cases} p = 3x - 2 & \cdots ④ \\ q = 3y & \cdots ⑤ \end{cases}$$

ところが，Q は円 ① 上にあるので，

$$p^2 + q^2 = 4$$

④，⑤ を代入して，

$$(3x - 2)^2 + (3y)^2 = 4$$

両辺に $\left(\dfrac{1}{3}\right)^2$ をかけて，

$$\left(x - \dfrac{2}{3}\right)^2 + y^2 = \left(\dfrac{2}{3}\right)^2$$

つまり，P は点 $\left(\dfrac{2}{3}, 0\right)$ を中心とし，半径 $\dfrac{2}{3}$ の円 C 上にある．

さらに，(*₂) を考慮すると，P は C から 2 点 $\left(\dfrac{4}{3}, 0\right)$，$(0, 0)$ を除いた部分 C' 上にある．

C' 上の任意の点がすべての条件をみたしていることは明らかである．［実際，P(x, y) が C' 上にあれば，④，⑤ で定まる (p, q) をその座標にもつ点 Q は，2 点 $(2, 0)$，$(-2, 0)$ でないので，3 点 O，A，Q は三角形の 3 頂点であり，また，前記の計算を逆にたどることにより，円 ① 上にある．］

以上より，求める軌跡は，

点 $\left(\dfrac{2}{3}, 0\right)$ を中心とし，半径 $\dfrac{2}{3}$ の

円から 2 点 $(0, 0)$，$\left(\dfrac{4}{3}, 0\right)$ を除い

た部分

76 　解答

(1) $$y = x^2 + 2ax + 6a - 5 \qquad \cdots ①$$

は，

$$\begin{aligned} y &[= (x^2 + 2ax + a^2) - a^2 + 6a - 5] \\ &= (x + a)^2 - a^2 + 6a - 5 \end{aligned}$$

と変形されるので，放物線 ① の頂点を P(X, Y) とすると，

$$\begin{cases} X = -a & \cdots ② \\ Y = -a^2 + \boxed{6}\, a - \boxed{5} & \cdots ア，イ \quad \cdots ③ \end{cases}$$

(2) ② より，

$$a = -X$$

これを ③ に代入して，

$$\begin{aligned} Y &[= -(-X)^2 + 6 \times (-X) - 5] \\ &= -X^2 - 6X - 5 \qquad \cdots ④ \end{aligned}$$

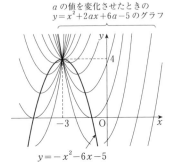

a の値を変化させたときの $y=x^2+2ax+6a-5$ のグラフ

$y=-x^2-6x-5$

つまり，P は放物線 ④ 上にある．

放物線 ④ 上の任意の点がすべての条件をみたしていることは明らかである．［実際，放物線 ④ 上の任意の点 $P(X, Y)$ に対し，$a=-X$ で a を定めると，②，③ が成り立つ．つまり，P は a が $-X$ のときの放物線 ① の頂点である．］

以上より，a の値が変化するとき，放物線 ① の頂点のえがく曲線は，放物線［④ の文字 X，Y をそれぞれ文字 x，y にとりなおして（後記の［注］を参照），］

$$y=-x^2-\boxed{6}x-\boxed{5} \quad \cdots ウ，エ$$

［注］ xy 平面で方程式 $Y=-X^2-6X-5$ をみたす点 (X, Y) 全体の集合がつくる図形と，方程式 $y=-x^2-6x-5$ をみたす点 (x, y) 全体の集合がつくる図形は同じものであるから軌跡の定義（**6基本のまとめ**①）にしたがえばどちらを用いてもよい．しかし，混乱を避けるため，答えでは問題文の文字を用いる方，つまりここでは後者を採用することが多い．

77 〔解 答〕

$$(x+2)^2+y^2=4 \quad \cdots ①$$
$$(x-4)^2+(y-3)^2=1 \quad \cdots ②$$

$P(x, y)$ とし，2 円 ①，② の中心を，それぞれ A，B とする．A，B の座標は，①，② より，それぞれ，

$$A(-2, 0)，B(4, 3)$$

であるから，2 点間の距離の公式［**4基本のまとめ**①(1)］より，

$$AB=\sqrt{\{4-(-2)\}^2+(3-0)^2}=3\sqrt{5}$$

これは，円 ① と円 ② の半径の和 $2+1=3$ より大きいので，この 2 つの円 ① と ② は互いにもう 1 つの円の外部にある［**5基本のまとめ**④．円の「外部」については **7基本のまとめ**①(2)を参照］．

ところで，P から円 ① と円 ② のそれぞれに接線がひける前提として，P は少なくとも各円の外部［**7基本のまとめ**①(2)］および周上にないといけないが，もしも P が円 ① の周上にあれば，P は S と一致するので，$PS=0$ である．したがって，条件

$$PS=PT \quad \cdots ③$$

より，$PT=0$ つまり，P は T と一致し，S と T も一致する．これは，円 ① と円 ② が共有点をもつことになって，前記の事実に反する．P が円 ② の周上にある場合も同様である．

以上より，P は，円 ① の外部と円 ② の外部の共通部分にないといけない．

このような図形間の位置関係のとき，P，S，A を 3 頂点とする三角形が必ずでき，しかも，S は P から円 ① にひいた接線の接点であるから，

$$\angle PSA=90°$$

この直角三角形 PSA についての三平方の定理より，

$$PS^2=PA^2-AS^2 \quad \cdots ④$$

三角形 PTB も必ずでき，$\angle PTB=90°$ であるから，

$$PT^2=PB^2-BT^2 \quad \cdots ⑤$$

③，つまり，$PS^2=PT^2$ に，④，⑤ を代入して，

$$PA^2-AS^2=PB^2-BT^2 \quad \cdots ⑥$$

ところが，線分 AS，BT は，それぞれ円 ①，② の半径であり，一方，2 点間の距離の公式［**4基本のまとめ**①(1)］より，

$$PA^2=\{x-(-2)\}^2+(y-0)^2$$
$$=(x+2)^2+y^2,$$
$$PB^2=(x-4)^2+(y-3)^2$$

であるので，⑥ は，

$$\{(x+2)^2+y^2\}-2^2=\{(x-4)^2+(y-3)^2\}-1^2$$
$$\cdots \text{⑦}$$

と表される．これを整理して，
$$y=-2x+4 \qquad \cdots \text{⑧}$$

したがって，P は直線
$$l : y=-2x+4$$

上にある．

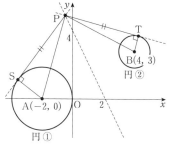

次に，l，つまり，$2x+y-4=0$ が円 ①
の外部と円 ② の外部の共通部分にあること
を示す．円 ① の中心 A と l の距離を d_1 と
すると，点と直線の距離の公式 [4 基本のま
とめ 5] から，

$$d_1=\frac{|2\times(-2)+0-4|}{\sqrt{2^2+1^2}}=\frac{8}{\sqrt{5}}$$

$2=\dfrac{\sqrt{20}}{\sqrt{5}}<\dfrac{\sqrt{64}}{\sqrt{5}}=\dfrac{8}{\sqrt{5}}$ であるから，d_1 は
円 ① の半径 2 よりも大きい．したがって，
[5 基本のまとめ 2 により，] 円 ① と l は共有
点をもたない，つまり，l は円 ① の外部に
ある．

一方，円 ② の中心 B と l の距離を d_2 と
すると，点と直線の距離の公式 [4 基本のま
とめ 5] から，

$$d_2=\frac{|2\times4+3-4|}{\sqrt{2^2+1^2}}=\frac{7}{\sqrt{5}}$$

$1=\dfrac{\sqrt{5}}{\sqrt{5}}<\dfrac{\sqrt{49}}{\sqrt{5}}=\dfrac{7}{\sqrt{5}}$ であるから，d_2 は
円 ② の半径 1 よりも大きい．したがって，
この場合も，[5 基本のまとめ 2 により，] 円
② と l は共有点をもたない，つまり，l は円
② の外部にある．

以上より，l は，円 ① の外部と円 ② の外

部の共通部分にある．

したがって，l 上の任意の点 P から 2 円
①，② に接線がひけ，そのそれぞれの接線
の [ともに 2 つある] 接点の [うちの] 1 つを
それぞれ S，T とすれば，前記の ③ から ⑥
をへて ⑧ を導いたところまでの考察を逆に
たどることによって，③ が成り立つことが
わかる．つまり，l 上のすべての点は与えら
れた条件 ③ をみたしている．

以上から，求める軌跡は，

直線 $y=-2x+4$

[注] 円 ① の外部の点 P からは，円 ① に
2 本の接線がひける．したがって，1 つの P
に対して，本問の S は 2 つあることになる
が，ここで考えているのは，P と S の距離
であるので，どちらでも変わらない．これは
T についても同様である．

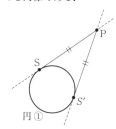

78 解答

(1) 　　$y=x^2+1$，…①　$y=x+k$ …②

放物線 ① と直線 ② が異なる 2 点 P，Q
で交わる条件は ①，② から y を消去して得
られる 2 次方程式

$$x^2+1=x+k,$$

つまり，　　$x^2-x-k+1=0$　　…③

が異なる 2 つの実数解をもつことである．さ
らに，これは ③ の判別式を D とすると，

$$D>0 \qquad \cdots \text{④}$$

といいかえられる [2 基本のまとめ 1 (2)].

ところが，

$$D=1^2-4(-k+1)=4k-3$$

であるから，④ より，求める k の値の範囲
は，

$$k > \frac{3}{4} \qquad \cdots ⑤$$

(2) P, Q の x 座標をそれぞれ α, β, 線分 PQ の中点を $M(X, Y)$ とすると, [4 基本の まとめ $\boxed{1}$ (2)より,]

$$X = \frac{\alpha + \beta}{2} \qquad \cdots ⑥$$

ところが, α, β は③の2つの解である から, ③の解と係数の関係 [2 基本のまとめ $\boxed{2}$ (1)] より,

$$\alpha + \beta = 1 \qquad \cdots ⑦$$

⑥に代入して, $X = \frac{1}{2} \qquad \cdots ⑧$

また, P, Q が直線②上にあるので, 線 分 PQ も, したがって, M も直線②上にあ る. このことから,

$$Y = X + k$$

⑧より, $\qquad Y = k + \frac{1}{2} \qquad \cdots ⑨$

⑨, ⑤より, Y のとり得る値の範囲は,

$$Y > \frac{5}{4}$$

したがって, M は,

直線 $x = \frac{1}{2}$ の $y > \frac{5}{4}$ の範囲の部分

$\qquad \cdots ⑩$

にある.

次に, ⑩上の任意の点 $\left(\frac{1}{2}, Y\right)$ がすべて の条件をみたしていることを示す. まず,

$$k = Y - \frac{1}{2}$$

で k を定めると, これは⑤をみたすから, ③は異なる2つの実数解 α, β をもつ. と くに,

$$\alpha^2 + 1 = \alpha + k, \quad \beta^2 + 1 = \beta + k$$

が成り立つので,

$$P(\alpha, \alpha^2 + 1), \quad Q(\beta, \beta^2 + 1)$$

とすると, P, Q は放物線①と直線②の2 つの交点である. さらに, ⑦も成り立つの で, 線分 PQ の中点の座標は,

$$\left(\frac{\alpha + \beta}{2}, \frac{(\alpha + k) + (\beta + k)}{2}\right),$$

[4 基本のまとめ $\boxed{1}$ (2)]

つまり, $\qquad \left(\frac{1}{2}, \frac{1}{2} + k\right),$

つまり, $\qquad \left(\frac{1}{2}, Y\right)$

となっている. つまり, 点 $\left(\frac{1}{2}, Y\right)$ はすべ

ての条件をみたしている.

以上から, 求める M の軌跡は,

直線 $x = \frac{1}{2}$ の $y > \frac{5}{4}$ の範囲の部分

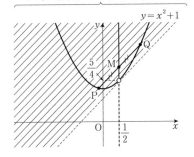

k の値を変化させたときの直線 $y = x + k$

79 (考え方) m の値が変化するのにした がって, この2直線の交点 $P(p, q)$ は平面 上を移動する. つまり, p, q は m の関数で ある. 実際, p, q のみたす式

$$\begin{cases} mp - q = 0 & \cdots Ⓐ \\ p + mq - m - 2 = 0 & \cdots Ⓑ \end{cases}$$

から q を消去して p を m で表し, そののち Ⓐを用いて q も m で表すと, 次のようにな る.

$$\begin{cases} p = \dfrac{m+2}{m^2+1} & \cdots Ⓒ \\ q = \dfrac{m^2+2m}{m^2+1} & \cdots Ⓓ \end{cases}$$

この Ⓒ, Ⓓ から m を消去するのが自然で あるが, その先がむずかしい. あらすじだけ を述べれば, $m = \tan\theta \ (-90° < \theta < 90°)$ と おいて,

$$\begin{cases} p = \dfrac{\sqrt{5}}{2}\cos(2\theta-\alpha)+1 \\ q = \dfrac{\sqrt{5}}{2}\sin(2\theta-\alpha)+\dfrac{1}{2} \end{cases}$$

と変形し $\left(\text{ただし，角 } \alpha\ (0°<\alpha<90°) \text{ は，}\right.$

$\cos\alpha = \dfrac{2}{\sqrt{5}},\ \sin\alpha = \dfrac{1}{\sqrt{5}}$ で定められる $\Big),$

$$\cos^2(2\theta-\alpha)+\sin^2(2\theta-\alpha)=1$$

を用いると，

$$(p-1)^2+\left(q-\dfrac{1}{2}\right)^2=\dfrac{5}{4}$$

（ただし，点 $(0,1)$ は除く）を得る，ということになる．

　そこで，**解答**では，次善の方法として，Ⓐ，Ⓑから m を消去して得られる，p，q の関係式

$$p^2+q^2-2p-q=0$$

から，P が円

$$x^2+y^2-2x-y=0$$

上にあることを導く．ただし，この方法によると，求める軌跡はこの円全体なのか，そのある一部分なのかといったことはただちにはわからない．その点については，**6 基本のまとめ** ①(B) の「この円上にある任意の点は，与えられた2直線の交点となっていることの確認」（実は，点 $(0,1)$ は除外される）の方で受けもつことになる．

解答

2直線

$$mx-y=0, \qquad \cdots①$$
$$x+my-m-2=0 \qquad \cdots②$$

の交点 P の座標を (p,q) とすると，

$$mp-q=0, \qquad \cdots①'$$
$$p+mq-m-2=0 \qquad \cdots②'$$

(i)　$p\neq 0$ のとき．

①′ より，　　　　$m=\dfrac{q}{p}$

これを ②′ に代入して，

$$p+\dfrac{q}{p}\times q-\dfrac{q}{p}-2=0,$$

両辺に p をかけて，

$$p^2+q^2-q-2p=0,$$

つまり，　　$p^2+q^2-2p-q=0$　　　$\cdots③$

(ii)　$p=0$ のとき．

　①′ より，　　　　　　$q=0$

　ところで，③ では $p=0$ の場合，

$$q^2-q=0,$$

つまり，　　　　　$q(q-1)=0$

であるから，これを解いて，

$$q=0,\ 1$$

が得られる．

　これに注意すると，(i)，(ii) をまとめて，P は，円

$$x^2+y^2-2x-y=0,$$

$\Big[$つまり，

$$(x^2-2\times1x+1^2)+\left\{y^2-2\times\dfrac{1}{2}y+\left(\dfrac{1}{2}\right)^2\right\}=1^2+\left(\dfrac{1}{2}\right)^2,\Big]$$

つまり，　$(x-1)^2+\left(y-\dfrac{1}{2}\right)^2=\dfrac{5}{4}$

の点 $(0,1)$ を除いた部分 F 上にある．

　次に，F 上の任意の点 (p,q) が，実は，m にある実数値を与えたときの2直線①，②の交点になっていることを示す．

(i)′　$p\neq 0$ のとき．

$$m=\dfrac{q}{p}$$

で m の1つの実数値を定めると，これは，$mp-q=0$ と変形されるので，この点 (p,q) は，この m の値のときの直線① 上にある．また，②′ から ③ を導いた計算を逆にたどることにより，この点 (p,q) は，

この m の値のときの直線 ② 上にもある．つまり，この点 (p, q) は，この m の値のときの 2 直線 ①，② の交点である．

(ii)' $p=0$，つまり，$(p, q)=(0, 0)$ のとき．

② にこれらを代入して，

$$0+0-m-2=0,$$

つまり，

$$m=-2$$

このとき，

$$(-2)\times 0-0=0,$$

かつ，$0+(-2)\times 0-(-2)-2=0$

であるから，点 $(0, 0)$ は，$m=-2$ のときの 2 直線 ①，② の交点である．

したがって，F 上の任意の点はすべての条件をみたす．

以上より，求める軌跡は，円

$$\left(x-\boxed{1}\right)^2+\left(y-\boxed{\frac{1}{2}}\right)^2=\boxed{\frac{5}{4}} \quad \cdots ア, イ, ウ$$

から点 $\left(\boxed{0}, \boxed{1}\right)$ $\cdots$ エ, オ を除いた部分である．

7 不等式の表す領域

80 [解答]

(1) 不等式 $y < ax+b$ の表す領域は，直線 $y=ax+b$ の**下側** $\cdots$ アは ⑤ であり，不等式 $x^2+y^2 > r^2$ の表す領域は，円 $x^2+y^2=r^2$ の**外部** $\cdots$ イは ④ である．どちらも境界線をその領域に**含まない** $\cdots$ ウは ⑥

(2) (a) の表す領域は原点を中心とし，半径 1 の円の内部である．

これに該当する図は，⑨である．

(b) の表す領域は，直線 $x=1$ より「左側」である．これに該当する図は，②である．

(c)，つまり $y < x^2+1$ の表す領域は放物線 $y=x^2+1$ の下側である．これに該当する図は，⑦である．

(d)，つまり $y > \dfrac{x}{2}-\dfrac{1}{2}$ の表す領域は直線 $y=\dfrac{x}{2}-\dfrac{1}{2}$ の上側である．これに該当する図は，③である．

(e)，つまり $y < 2x+1$ の表す領域は直線

$y=2x+1$ の下側である．これに該当する図は④である．

(3) (i) $$1 < \frac{x}{5}+\frac{y}{2} \quad \cdots Ⓐ$$

を変形すると，

$$1-\frac{x}{5} < \frac{y}{2}, \text{つまり，} 2-\frac{2}{5}x < y$$

を得るので，不等式 Ⓐ の表す領域は，直線 $y=-\dfrac{2}{5}x+2$ の上側である．これを図示すると，次の図の斜線部分となる．ただし，境界は含まない．

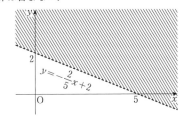

(ii) $$x^2+y^2-2x+4y-4 < 0 \quad \cdots Ⓑ$$

を変形すると，

$$[(x^2-2\times 1x+1^2)+(y^2+2\times 2y+2^2) < 1^2+2^2+4,]$$

つまり， $$(x-1)^2+(y+2)^2 < 3^2$$

を得るので，不等式 Ⓑ の表す領域は，点 $(1, -2)$ を中心とし，半径 3 の円の内部である．これを図示すると，次の図の斜線部分となる．ただし，境界は含まない．

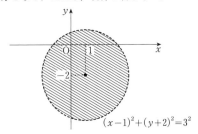

$$(x-1)^2+(y+2)^2=3^2$$

81 [解答]

(1) (i) $$\begin{cases} y < x+1 & \cdots ① \\ 2x+3y < 1 & \cdots ② \end{cases}$$

不等式 ① の表す領域 A は，直線 $y=x+1$ $\cdots$ ③ の下側である．一方，不等式 ②，つまり，$y < -\dfrac{2}{3}x+\dfrac{1}{3}$ の表す領域

B は，直線 $y=-\dfrac{2}{3}x+\dfrac{1}{3}$ …④ の下側である．

したがって，求める領域は，A と B の共通部分であり，これを図示すると，次の図の斜線部分となる．ただし，境界は含まない．[後記の[**注**]も参照]

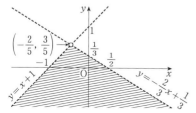

[**注**]　直線③と直線④の交点の座標を $(a,\ b)$ とすると，a は，

$$x+1=-\frac{2}{3}x+\frac{1}{3}$$

の解であるから，

$$a=-\frac{2}{5}$$

これを③に代入して，

$$b=\frac{3}{5}$$

つまり，2直線③，④の交点の座標は，

$$\left(-\frac{2}{5},\ \frac{3}{5}\right)$$

(ii)　$\begin{cases} y \geqq x^2-4x+3 & \cdots ⑤ \\ x+y \leqq 7 & \cdots ⑥ \end{cases}$

不等式⑤の表す領域 A は，放物線 $y=x^2-4x+3$ …⑦ とその上側からなる領域である．一方，不等式⑥，つまり $y \leqq 7-x$ の表す領域 B は，直線 $y=7-x$ …⑧ とその下側からなる領域である．

したがって，求める領域は，A と B の共通部分であり，これを図示すると，次の図の斜線部分となる．ただし，境界は含む．[後記の[**注**]も参照]

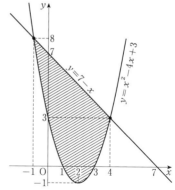

[**注**]　放物線⑦の頂点について．
$$\begin{aligned} x^2-4x+3 &= (x^2-4x+4)-1 \\ &= (x-2)^2-1 \end{aligned}$$
と変形されるので，その座標は $(2,\ -1)$

放物線⑦と直線⑧の交点の座標を $(a,\ b)$ とすると，a は，
$$x^2-4x+3=7-x,$$
つまり，　$x^2-3x-4=0,$
左辺を因数分解して，$(x+1)(x-4)=0$
の解であるから，
$$a=-1,\ 4$$
これを⑧に代入することにより，
$$a=-1,\ b=8 ; a=4,\ b=3$$
つまり，放物線⑦と直線⑧の交点の座標は，
$$(-1,\ 8),\ (4,\ 3)$$

(iii)　$\begin{cases} x^2+y^2 \geqq 9 & \cdots ⑨ \\ y \leqq x+3 & \cdots ⑩ \\ 2y \geqq -3x+6 & \cdots ⑪ \end{cases}$

不等式⑨の表す領域 D は，円
$$x^2+y^2=3^2 \qquad \cdots ⑫$$
の外部および周である．

不等式⑩の表す領域 A は，直線
$$y=x+3 \qquad \cdots ⑬$$
とその下側からなる領域である．

不等式⑪の表す領域 B は，直線
$$y=-\frac{3}{2}x+3 \qquad \cdots ⑭$$
とその上側からなる領域である．

したがって，求める領域は，D，A，B の共通部分 [つまり，D，A，B のいずれにも含

まれる部分]であり，これを図示すると，次の図の斜線部分となる．ただし，境界を含む．
［後記の［**注**］も参照］

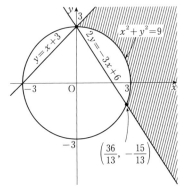

［**注**］　2直線⑬，⑭の交点の座標は，明らかに $(0, 3)$，また，円⑫と直線⑬の交点の座標は，これも明らかに $(-3, 0)$，$(0, 3)$ である．さらに，円⑫と直線⑭の交点の座標を (a, b) とすると，a は，⑫，⑭から y を消去して得られる x の2次方程式

$$x^2 + \left(-\frac{3}{2}x + 3\right)^2 = 9,$$

つまり，

$$x\left(x - \frac{36}{13}\right) = 0$$

の解であるから，

$$a = 0, \ \frac{36}{13}$$

したがって，⑭より，

$$(a, b) = (0, 3), \ \left(\frac{36}{13}, -\frac{15}{13}\right)$$

(2)　条件

$$(2x - 3y + 6)(x + y - 4) > 0$$

は，次と同値である．

「$2x - 3y + 6 > 0$，かつ $x + y - 4 > 0$」，
または，
「$2x - 3y + 6 < 0$，かつ $x + y - 4 < 0$」

これは，さらに次のようにいいかえられる．

$$-x + 4 < y < \frac{2}{3}x + 2, \qquad \cdots ⑮$$

または，

$$\frac{2}{3}x + 2 < y < -x + 4 \qquad \cdots ⑯$$

したがって，求める領域は，連立不等式⑮の表す領域と連立不等式⑯の表す領域をあわせた領域で，これを図示すると，次の図の斜線部分となる．ただし，境界は含まない．
［後記の［**注**］も参照］

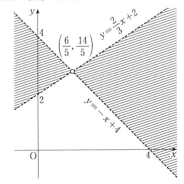

［**注**］　(ⅰ)　境界線

$$y = \frac{2}{3}x + 2 \quad \cdots ⑰ \quad と \quad y = -x + 4 \quad \cdots ⑱$$

の交点の座標を (a, b) とすると，a は，

$$\frac{2}{3}x + 2 = -x + 4$$

の解であるから，

$$a = \frac{6}{5}$$

これを⑱に代入して，

$$b = \frac{14}{5}$$

つまり，2直線⑰，⑱の交点の座標は

$$\left(\frac{6}{5}, \frac{14}{5}\right)$$

(ⅱ)　平面は2直線

$$l_1 : 2x - 3y + 6 = 0, \ つまり ⑰,$$
$$l_2 : x + y - 4 = 0, \ つまり ⑱,$$

により，4つの領域（境界線である l_1，l_2 は除く）に分割される．

いま，たとえば，2点 (x_1, y_1)，(x_2, y_2) が l_1 について同じ側，つまり，ともに上側またはともに下側（「上側」，「下側」については**7基本のまとめ**①参照）にあれば，$2x_1 - 3y_1 + 6$ と $2x_2 - 3y_2 + 6$ の符号は一致し，反対側にあれば，それらの符号は異なる．

l_2 についても同様であるから，前記の4つの領域について，その領域上にあるすべての点 (x, y) に対し，式
$$F=(2x-3y+6)(x+y-4)$$
の値の符号は一定である．

この事実を用いて，**解答** の斜線部分のような領域を求めることもできる．

F の値が簡単に得られそうな点，たとえば，原点 O での F の値を求めると，
$$(2\times0-3\times0+6)(0+0-4)=-24<0$$

したがって，O を含む前記の4つの領域の1つ R では，そのすべての点は条件をみたさない．次に，R から境界線1つ隔てた領域では，l_1 または l_2 のいずれかについて，R と反対側にあるので，この領域上のすべての点は条件をみたす．さらにその領域から境界線1つ隔てた領域上のすべての点は条件をみたさない．つまり，次の図のようになる．このようにして，求める領域は **解答** の斜線部分となる．

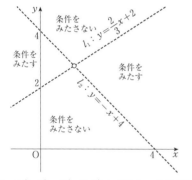

(3)　$A(1, 3)$，$B(-2, 2)$ とすると，この斜線部分 D とは，次の3つの領域の共通部分である：

直線 OA の上側，
直線 OB の上側，
直線 AB の下側

ここで，直線 OA の方程式は，
$$y=3x,$$
直線 OB の方程式は，
$$y=\frac{2}{-2}x, \quad \text{つまり} \quad y=-x,$$

直線 AB の方程式は，
$$y-3=\frac{2-3}{-2-1}(x-1), \quad \text{つまり}$$
$$y=\frac{1}{3}x+\frac{8}{3}$$
であるから，D は連立不等式
$$\begin{cases} \boxed{y>3x} \\ \boxed{y>-x} \\ \boxed{y<\dfrac{1}{3}x+\dfrac{8}{3}} \end{cases} \quad \cdots \text{ア，イ，ウ（順不同）}$$
で表される領域である．

82　**考え方**　$2x+3y$ に与えられた連立不等式をみたす x と y の値の組を代入して調べてみてもきりがなく，途方にくれるかもしれない．

まず，もっと簡単な例でその解決の糸口を探ることにする．

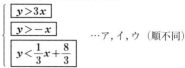

連立不等式 $x\geqq0$，$y\geqq0$，$x+y\leqq3$ をみたす x と y の組に対し，y のとり得る値の範囲を求めよ．

この連立不等式の表す領域 D は図のような直角三角形の内部および周である．このときの y のとり得る値の範囲は，

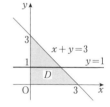

$0\leqq y\leqq3$ であることはすぐにわかるが，これをもっと子細にみてみよう．

いま，たとえば，$y=1$ は生じるかというと，生じる．なぜならば，$y=1$ が表す直線と D は共有点を（たくさん）もつ．たとえば，点 $(0, 1)$ などがあるからである．

このように考えると，直線 $y=k$（k は実数の定数）と D が共有点をもてば，そのときの k の値を y はとり，共有点をもたなければ，そのときの k の値を y はとらないということになる．そこで，k の値をいろいろ変えて，直線 $y=k$ をかいてみることにより，いいかえると，上の図より，$0\leqq k\leqq3$，

つまり y のとり得る値の範囲は $0 \le y \le 3$ となるのである.

結局, 次のような手順で y のとり得る値の範囲を求めたことになる.

1° 平面を直線 $y=k$ (k は実数の定数) の集まりとみる.

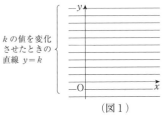

k の値を変化
させたときの
直線 $y=k$

(図1)

2° k が y のとり得る値の1つである条件は直線 $y=k$ と D が共有点をもつことであるから, 次の図を用いて, 直線 $y=k$ と D が共有点をもつ条件を調べる.

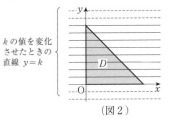

k の値を変化
させたときの
直線 $y=k$

(図2)

このyのかわりに, たとえば $2x+3y$ のとり得る値はどうなるかというと, 前記の 1°, 2° の y を $2x+3y$ にするだけである. つまり, 横にのびる直線群のかわりに少し傾きのある, 互いに平行な直線群を考えるのである.

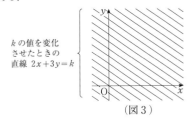

k の値を変化
させたときの
直線 $2x+3y=k$

(図3)

k の値をいろいろ変えて, 直線

$2x+3y=k$, つまり $y=-\dfrac{2}{3}x+\dfrac{k}{3}$ が D と

共有点をもつかどうかを次のような図をかいて調べると, とくに, この直線の y 切片に着目して, $0 \le \dfrac{k}{3} \le 3$. したがって, $k=2x+3y$ のとり得る値の範囲は, $0 \le 2x+3y \le 9$ となる.

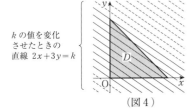

k の値を変化
させたときの
直線 $2x+3y=k$

(図4)

以上のように考えると, x と y の (連立) 不等式 ((*) とする) をみたす x と y の組に対し, ある x と y の式 F がとり得る値の範囲は, 次のような手順で求められることがわかる.

0° 座標平面で (連立) 不等式 (*) の表す領域 D を具体的に図示する.

1° 平面を図形 $F=k$ (k は実数. ただし, $F=k$ が図形を表さないような k の値は除く) の集まりとみる.

2° k の値を変化させ, 図形 $F=k$ と D が共有点をもつような k の値を図からよみとる.

とくに, この 1°, 2° は, たとえば問題となっている $2x+3y$ が k という値をとれるのか, いいかえると, $2x+3y=k$ をみたす x と y の値の組が (少なくとも) 1つみつかるかという指針にしたがったものであり, 最初に述べたような, 無条件に x と y の値の組に着目し, $2x+3y$ の値を調べていく方法と比べると, はるかに効率がよい.

[解答]

(1) 不等式

$$x+2y \le 4, \quad \text{つまり} \quad y \le -\frac{1}{2}x+2$$

の表す領域 A は, 直線 $y=-\dfrac{1}{2}x+2$ とその下側からなる領域である. また, 不等式

$$x+y \le 3, \quad \text{つまり} \quad y \le -x+3$$

の表す領域 B は，直線 $y=-x+3$ とその下側からなる領域である．

　以上より，与えられた連立不等式の表す領域 D は，A，B，および「$x \geqq 0$，かつ $y \geqq 0$ の表す領域」の共通部分であり，これを図示すると，次の図の斜線部分となる．ただし，境界を含む．[後記の[**注**]も参照]

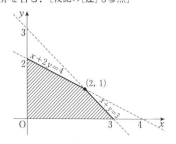

[**注**]　直線 $y=-\dfrac{1}{2}x+2$ …① と直線

$y=-x+3$ …② の交点を $\mathrm{P}(p, q)$ とすると，p は，

$$-\dfrac{1}{2}x+2=-x+3$$

の解であるから，

$$p=2$$

　これを ② に代入して，

$$q=1$$

　つまり，$\mathrm{P}(2, 1)$ である．

(2)　k を実数の定数とするとき，

$2x+3y=k$，つまり $y=-\dfrac{2}{3}x+\dfrac{k}{3}$ で表される直線は，傾きが $-\dfrac{2}{3}$ で，y 切片が $\dfrac{k}{3}$ の直線である．この直線が D と共有点をもつように k の値を変化させたとき，y 切片 $\dfrac{k}{3}$，したがって，k が最大となるのは，[次の図のように，]この直線が点 $(2, 1)$ を通るときであり，このとき，

$$k=2\times 2+3\times 1=7$$

　以上から，$2x+3y\ [=k]$ は，$x=2$，$y=1$ のとき，最大値 **7** をとる．

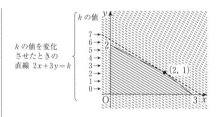

83　（**考え方**）(2)　求める x^2+y^2 の最小値は，図形 $x^2+y^2=k$ …(*)（ただし，$k \geqq 0$（$k<0$ ならば方程式 (*) は座標平面上の図形を表さない））と不等式 $x-7y+20 \leqq 0$ の表す領域が共有点をもつように k の値を変化させたときの k の最小値となる．

（**解答**）

(1)　(i)　$D：y \geqq -2x$，かつ $x^2+y^2 \leqq 5^2$ は，

「直線 $y=-2x$ とその上側」

と「原点を中心とし，半径 5 の円周とその内部」との共通部分であるから，D は次の図の斜線部分（境界を含む）である．

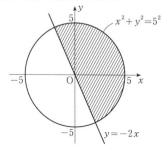

(ii)，(iii) について．$x+y=k$，つまり，$y=-x+k$ …Ⓐ で表される直線は，傾きが -1 で y 切片が k の直線である．

　直線 Ⓐ が D と共有点をもつように k の値を変化させたとき，y 切片 k が最小，最大となるようなものを求める．

(ii)　k の値が最小となるのは，[次の図のように，]直線 Ⓐ が点 $(\sqrt{5}, -2\sqrt{5})$ を通るときであり，このとき，

$$k=\sqrt{5}+(-2\sqrt{5})=-\sqrt{5}$$

つまり，

イは②

である．

$k(k≧0)$ の値を
変化させたときの直線 $y=-x+k$

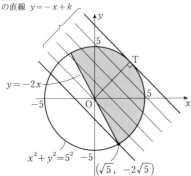

[注] 円周 $x^2+y^2=25$ …⑧ と直線 $y=-2x$ …© の交点の座標を (p, q) とすると，p は，x の方程式

$$x^2+(-2x)^2=25, \quad \text{つまり} \quad x^2=5$$

の実数解であるから，

$$p=\pm\sqrt{5}$$

これを © に代入して，

$$(p, q) \text{ は } \left(\pm\sqrt{5}, \mp 2\sqrt{5}\right) \quad \text{（複号同順）}$$

である．

(ⅲ) k の値が最大となるのは，［上の図のように，］直線 ⑧ が円周 $x^2+y^2=25$ …⑧ と第1象限に接点をもつようにして接するときである．つまり，

ウは⑤

である．

この接点を $T(s, t)$ $(s>0, t>0)$ とすると，このときの直線 ⑧ は OT と垂直であるから，傾きを考えて，

$$\frac{t-0}{s-0}\times(-1)=-1$$

分母をはらい，

$$t=s$$

しかも，T は円周 ⑧ 上にあるので，

$$s^2+s^2=25, \quad \text{つまり} \quad s^2=\frac{25}{2}$$

$s>0$ のもとでこれを解き，

$$s=\frac{5}{2}\sqrt{2}$$

つまり，$T\left(\dfrac{5}{2}\sqrt{2}, \dfrac{5}{2}\sqrt{2}\right)$ であるから，求める k の最大値は，

$$\frac{5}{2}\sqrt{2}+\frac{5}{2}\sqrt{2}=5\sqrt{2}$$

つまり，

エは①

である．

(2) 不等式 $x-7y+20\leqq0$ …①，つまり $y\geqq\dfrac{x}{7}+\dfrac{20}{7}$ で表される領域 S は，直線 $y=\dfrac{x}{7}+\dfrac{20}{7}$ …② と，その上側からなる領域である．

k を実数の定数とするとき，方程式 $x^2+y^2=k$ …③ は $k\geqq0$ のとき，しかもそのときに限って，座標平面上の図形を表しており，$k=0$ ならば，原点 O；$k>0$ ならば，O を中心とし，半径 $\sqrt{k}$ の円である．この図形 ③ と S が共有点をもつように k の値を変化させたときの k の最小値が求めるものである．

ところが，それは，次の図のように，直線 ② が，円 ③（O は直線 ② の下側にあるので，この場合 ③ は［点 O ではなく］円である）と接するときである．

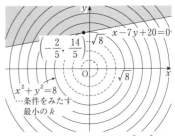

k の値を変化させたときの図形 $x^2+y^2=k$

直線 ②，つまり $x-7y+20=0$ が半径 $\sqrt{k}$ の円 ③ に接する条件は，円 ③ の中心 O と直線 ② の距離を d とすると，［5 基本のまとめ②から，］

$$d=\sqrt{k},$$

つまり，$k=d^2$

ところが，点と直線の距離の公式［4基本のまとめ $\boxed{5}$］より，

$$d=\frac{|0-7\times0+20|}{\sqrt{1^2+(-7)^2}}$$

$$=\frac{20}{\sqrt{50}}$$

であるから，

$$k=\frac{20^2}{50}=8$$

したがって，$x^2+y^2[=k]$ の最小値は 8 である．

84 (解答)

$|x|+|y|\leqq1$ は，

- $x\geqq0$，$y\geqq0$ のとき，
  $x+y\leqq1$，つまり $y\leqq-x+1$，
- $x\leqq0$，$y\geqq0$ のとき，
  $-x+y\leqq1$，つまり $y\leqq x+1$，
- $x\leqq0$，$y\leqq0$ のとき，
  $-x-y\leqq1$，つまり $y\geqq-x-1$，
- $x\geqq0$，$y\leqq0$ のとき，
  $x-y\leqq1$，つまり $y\geqq x-1$

といいかえられる．傾きが 1 の直線と傾きが -1 の直線は，2 直線の垂直条件［4基本のまとめ $\boxed{1}$ (ii)］より，垂直であり，しかも，次の図の四角形 PQRS の 3 頂点 P(1, 0)，Q(0, 1)，R(-1, 0) について，［2点間の距離の公式（4基本のまとめ $\boxed{1}$ (1)）より，］

$$QP=\sqrt{(1-0)^2+(0-1)^2}=\sqrt{2}，$$

$$QR=\sqrt{(-1-0)^2+(0-1)^2}=\sqrt{2}$$

であるから，QP=QR つまり，図の四角形 PQRS は正方形である．

したがって，この領域は，図の斜線部分のような正方形の内部および周となる．とくに，境界を含む．

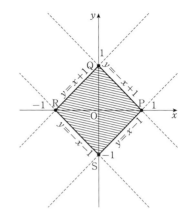

85 (解答)

$$x^2+y^2\leqq1，\qquad\cdots\text{①}$$

$$y\geqq x+a\qquad\cdots\text{②}$$

不等式①，②の表す領域をそれぞれ，A，B とする．

いま，

「① ならば ② である」

ということは，

「不等式①をみたす座標平面上の点 (x, y) は，つねに不等式②もみたす」

といいかえることができる．このことを A と B を用いていいかえると，

「A 上の各点は，つねに B 上にもある」

となるが，これは，

「A が B に含まれる」　　$\cdots$③

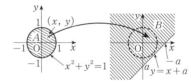

ということにほかならない．つまり，A が B に含まれるような a の値の範囲を求めればよい．

A は，原点 O を中心とし，半径 1 の円の内部および周であり，B は直線 $y=x+a$ とその上側からなる領域であるから，［③ が成立するのは，図1のような場合である］このような a のうち最大となるものは，［図2の

ように] 直線 $y=x+a$ …④ が円
$x^2+y^2=1$ …⑤ に, 第4象限に接点をも
つようにして接するときであり, それ以下の
a であればつねに③ は成立する. つまり,
この最大を与える a の値を a_0 とすると, 求
める a のとり得る値の範囲は,

$$a \leqq a_0 \qquad \cdots⑥$$

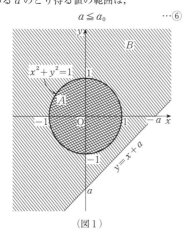

（図1）

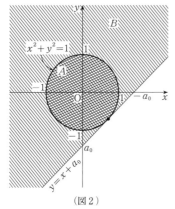

（図2）

a_0 を求める. 直線④ と円⑤ が第4象限
に接点をもつようにして接するので, ［図2
からも明らかなように,］

$$a_0 < 0 \qquad \cdots⑦$$

でないといけない. 直線④, つまり
$x-y+a=0$ が半径1の円⑤ に接する条件
は, 円⑤ の中心 O と直線④ の距離を d と
すると, ［5基本のまとめ②から,］

$$d=1$$

ここで, 点と直線の距離の公式［4基本の
まとめ⑤］から,

$$d = \frac{|0-0+a|}{\sqrt{1^2+(-1)^2}}$$
$$= \frac{|a|}{\sqrt{2}}$$

であるから,

$$\frac{|a|}{\sqrt{2}} = 1$$

分母をはらって,

$$|a| = \sqrt{2},$$

つまり, 直線④ が円⑤ に接するような a
の値は,

$$a = \pm\sqrt{2}$$

である. ⑦ によれば,

$$a_0 = -\sqrt{2}$$

以上から, 求める a の値の範囲は, ⑥ よ
り,

$$\boldsymbol{a \leqq -\sqrt{2}}$$

86 解答

A, Bそれぞれの生産量を $x$kg, $y$kg と
すると, 利益は, $5x+6y$ 万円である.
また, 明らかに,

$$x \geqq 0, \ \cdots① \quad y \geqq 0 \ \cdots②$$

であり, かつ,

・原料 M_1 について,

$$5x+2y \leqq 90,$$

つまり,

$$y \leqq -\frac{5}{2}x+45, \qquad \cdots③$$

・原料 M_2 について,

$$2x+5y \leqq 120,$$

つまり,

$$y \leqq -\frac{2}{5}x+24 \qquad \cdots④$$

という制約がそれぞれある.

したがって, 連立不等式①, ②, ③, ④
が成り立つときの $5x+6y$ の最大値を調べ
ればよい.

ところが, 座標平面で③は, 直線

$y=-\dfrac{5}{2}x+45$ とその下側からなる領域であり，④ は，直線 $y=-\dfrac{2}{5}x+24$ とその下側からなる領域であるから，連立不等式 ①，②，③，④ の表す領域 D を図示すると，次の図の斜線部分となる．ただし，境界を含む．[後記の[注]も参照]

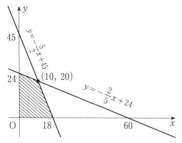

一方，k を実数の定数とするとき，

$5x+6y=k$，つまり $y=-\dfrac{5}{6}x+\dfrac{k}{6}$ で表される直線は，傾きが $-\dfrac{5}{6}$ で，y 切片が $\dfrac{k}{6}$ の直線である．この直線が D と共有点をもつように k の値を変化させたとき，y 切片 $\dfrac{k}{6}$ したがって，k が最大となるのは，次の図のように，この直線が点 $(10, 20)$ を通るときであり，このとき，

$$k=5\times10+6\times20=170$$

となる．

以上より，利益が最大となるのは，A を **10 kg**，B を **20 kg** 生産するときである．

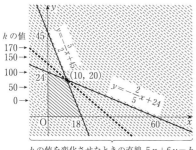

k の値を変化させたときの直線 $5x+6y=k$

[注]　直線 $y=-\dfrac{5}{2}x+45$ …Ⓐ と直線

$y=-\dfrac{2}{5}x+24$ …Ⓑ の交点を P(p, q) とすると，p は，

$$-\dfrac{5}{2}x+45=-\dfrac{2}{5}x+24$$

の解であるから，

$$p=10$$

これを Ⓐ に代入して，

$$q=20$$

つまり，P$(10, 20)$ である．

87　解答

$$y=2ax+2-2a^2 \qquad \text{…①}$$

a がすべての実数値をとって変化するとき，[その a の値ごとに決まる] ① の形をした直線[たち]のどれもが通過することのできない領域を R とする．

いま，

　　「点 P(p, q) が R 上にある」

ということは，

　　① の形をした，どのような直線も P を
　　通らない

ということである．これをさらにいいかえると，

　　前記の 2 つの定数 p, q に対して，[① の x，y にそれぞれ p，q を代入したもの]
　　　　　　$q=2ap+2-2a^2$，
　　つまり，$2a^2-2pa+q-2=0$
　　を成り立たせるような a の実数値はない

ということである．

これは 2 次方程式

$$2t^2-2pt+q-2=0 \qquad \text{…②}$$

が実数解をもたないということ，つまり，② の判別式を D とすると，

$$D<0 \qquad \text{…③}$$

ということでもある [**2 基本のまとめ** 1 (2)]．

ところが，

$$\frac{D}{4} = p^2 - 2(q-2)$$

$$= -2\left(q - \frac{p^2}{2} - 2\right)$$

であるから，③は，さらに，

$$-2\left(q - \frac{p^2}{2} - 2\right) < 0$$

左辺を移項して，さらに両辺を2で割り，

$$0 < q - \frac{p^2}{2} - 2,$$

つまり，

$$q > \frac{p^2}{2} + 2$$

といいかえることができる．

［つまり，R 上の各点 $\mathrm{P}(p, q)$ は不等式

$y > \dfrac{x^2}{2} + 2$ の表す領域 R' 上にある．一方，R'

上の任意の点 (p, q) に対し，②をみたす実数解はないので，①の形をした，どのような直線もこの点を通ることはない．つまり，この点は R 上の点である．］

したがって，不等式

$$y > \frac{x^2}{2} + 2$$

の表す xy 平面上の領域 $[R']$ が R であり，これを図示すると，次の図の斜線部分となる．ただし，境界は含まない．

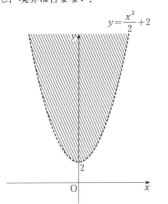

$$y = \frac{x^2}{2} + 2$$

88 〔解答〕

(1) $\begin{cases} x + y = u & \cdots\text{①} \\ xy = v & \cdots\text{②} \end{cases}$

x, y は，2次方程式

$$[(t-x)(t-y) = 0,$$

つまり，$]\qquad t^2 - (x+y)t + xy = 0$

の解である．したがって，①，②より，

$$t^2 - ut + v = 0 \qquad \cdots\text{③}$$

の解である．このとき，x, y が実数であるという条件は，③が実数解をもつという条件にいいかえられ，さらに，それは，③の判別式を D とすると，

$$D \geqq 0 \qquad \cdots\text{④}$$

といいかえられる［**2 基本のまとめ** [1] (2)］．

ところが，

$$D = u^2 - 4v$$

であるから，求める u, v の条件は④より，

$$u^2 - 4v \geqq 0,$$

つまり，

$$v \leqq \frac{u^2}{4} \qquad \cdots\text{⑤}$$

(2) $\qquad x^2 + y^2 = (x+y)^2 - 2xy$

と変形されるので，①，②より，

$$x^2 + y^2 = u^2 - 2v$$

である．したがって，条件

$$x^2 + y^2 \leqq 4$$

は，u, v を用いて，

$$u^2 - 2v \leqq 4,$$

つまり，

$$\frac{u^2}{2} - 2 \leqq v \qquad \cdots\text{⑥}$$

と表される．

⑤かつ⑥，つまり，

$$\frac{u^2}{2} - 2 \leqq v \leqq \frac{u^2}{4}$$

という不等式の表す uv 平面上の領域が，求める範囲である．これを図示すると，次の図の斜線部分となる．ただし，境界を含む．

［後記の［**注**］も参照］

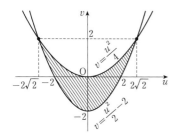

[注]　2つの放物線 $v=\dfrac{u^2}{4}$ …Ⓐ と

$v=\dfrac{u^2}{2}-2$ …Ⓑ の交点の座標を $(a,\ b)$ とすると，a は，

$$\dfrac{u^2}{4}=\dfrac{u^2}{2}-2,$$

つまり，$\qquad u^2=8 \qquad\qquad$…Ⓒ

の解であるから，

$$a=\pm 2\sqrt{2}$$

　さらに，Ⓒ，つまり $a^2=8$ であるから，Ⓐ より，

$$b=\dfrac{8}{4}=2$$

　つまり，2つの放物線Ⓐ，Ⓑ の交点の座標は，

$$\left(2\sqrt{2},\ 2\right),\ \left(-2\sqrt{2},\ 2\right)$$

　また，放物線Ⓑと u 軸の交点の u 座標は，

$$\dfrac{u^2}{2}-2=0,$$

つまり，$\qquad u^2=4$

の解として求められ，

$$u=\pm 2$$

第3章　指数関数と対数関数

8　指数関数，対数関数

89　解答

(1)
$$(2^{-3})^2\times 3^{-2}\div\left(\dfrac{1}{6}\right)^5$$
$$=(2^{(-3)\times 2}\times 3^{-2})\div\dfrac{1^5}{6^5}$$
$$=(2^{-6}\times 3^{-2})\div\dfrac{1}{6^5}$$
$$=\left(\dfrac{1}{2^6}\times\dfrac{1}{3^2}\right)\times 6^5$$
$$=\dfrac{1}{2^6\times 3^2}\times(2^5\times 3^5)$$
$$=\dfrac{3^3}{2}=\boxed{\dfrac{27}{2}}\quad\text{…ア}$$

(2)
$$(a^2 b^{-1})^3\div\{(a^3)^{-5}a^4 b^{-2}\}$$
$$=(a^{2\times 3}b^{(-1)\times 3})\div(a^{-15}a^4 b^{-2})$$
$$=(a^6 b^{-3})\div(a^{-15+4}b^{-2})$$
$$=(a^6 b^{-3})\div(a^{-11}b^{-2})$$
$$=a^{6-(-11)}b^{-3-(-2)}$$
$$=a^{\boxed{17}}b^{\boxed{-1}}\quad\text{…イ，ウ}$$

90　考え方　次の(ア), (イ), (ウ), (エ) を利用する.

　$a>0,\ b>0$ で，$m,\ n,\ p$ を正の整数とするとき，

(ア) $\sqrt[n]{a}\,\sqrt[n]{b}=\sqrt[n]{ab}$　　　(イ) $\dfrac{\sqrt[n]{a}}{\sqrt[n]{b}}=\sqrt[n]{\dfrac{a}{b}}$

(ウ) $\sqrt[m]{\sqrt[n]{a}}=\sqrt[mn]{a}=\sqrt[n]{\sqrt[m]{a}}$

(エ) $\sqrt[n]{a^m}=\sqrt[np]{a^{mp}}$

解答

(1)
$$\dfrac{\sqrt[4]{1536}}{\sqrt[4]{3}\,\sqrt[4]{32}}=\dfrac{\sqrt[4]{1536}}{\sqrt[4]{3\times 32}}=\sqrt[4]{\dfrac{1536}{3\times 32}}$$
$$=\sqrt[4]{\dfrac{3\times 2^9}{3\times 2^5}}=\sqrt[4]{\dfrac{2^9}{2^5}}$$
$$=\sqrt[4]{2^{9-5}}=\sqrt[4]{2^4}$$
$$=2$$

(2)
$$-8=(-2)^3$$

であるから，

$$\sqrt[3]{-8}=-2$$

［注］　**8 基本のまとめ** ①(2)のように実数 a の有理数乗を考える際には，a は正の数に限定することになっている．ところが，(2)のように負の数の奇数乗根が定められるのであるから，適当な条件のもとでは，a が負の数の場合にも a の有理数乗を定めることができそうにも思われる．これは残念ながら可能ではない．なぜかというと，a が正の数の場合と整合性を保つため，負の数 a に対しても，m を整数，n を正の整数として，$a^{\frac{m}{n}} = \sqrt[n]{a^m}$ と定めるのが自然であろう．すると，(2)の場合では，

$$(-8)^{\frac{1}{3}} = -2,$$

一方で，

$$(-8)^{\frac{2}{6}} = \sqrt[6]{(-8)^2} = \sqrt[6]{2^6} = 2$$

であるから，こうして得られる，-8 の $\frac{1}{3} = \frac{2}{6}$ 乗は，その指数の表現の仕方によって変わってしまい，確定しないからである．

(3)　［**考え方**(エ) より］
$$\sqrt{a^3} = \sqrt[2]{a^3} = {}^{2\times3}\sqrt{a^{3\times3}} = \sqrt[6]{a^9},$$
$$\sqrt[3]{a^2} = {}^{3\times2}\sqrt{a^{2\times2}} = \sqrt[6]{a^4},$$

であるから，

$$\frac{\sqrt{a^3}\sqrt[6]{a}}{\sqrt[3]{a^2}} = \frac{\sqrt[6]{a^9}\sqrt[6]{a}}{\sqrt[6]{a^4}} = \sqrt[6]{\frac{a^9 \times a}{a^4}}$$
$$= \sqrt[6]{a^{9+1-4}} = \sqrt[6]{a^6} = \boldsymbol{a}$$

(4)　$\dfrac{a}{\sqrt[3]{a^2}} = \dfrac{\sqrt[3]{a^3}}{\sqrt[3]{a^2}} = \sqrt[3]{\dfrac{a^3}{a^2}} = \sqrt[3]{a}$

であるから，

$$\sqrt[4]{\frac{a}{\sqrt[3]{a^2}}} = \sqrt[4]{\sqrt[3]{a}} = \sqrt[12]{a} \quad ［\textbf{考え方}］(ウ)$$

したがって，

$$\sqrt[7]{\sqrt{a}\sqrt[4]{\frac{a}{\sqrt[3]{a^2}}}} = \sqrt[7]{\sqrt[2]{a}\sqrt[12]{a}}$$
$$= \sqrt[7]{\sqrt[12]{a^6} \cdot \sqrt[12]{a}} \quad ［\textbf{考え方}］(エ)$$
$$= \sqrt[7]{\sqrt[12]{a^{6+1}}} = \sqrt[12]{\sqrt[7]{a^7}}$$
$$\qquad\qquad ［\textbf{考え方}］(ウ)$$
$$= \sqrt[12]{\left(\sqrt[7]{a}\right)^7} = \sqrt[12]{\boldsymbol{a}}$$

［注］　**解 答** と同じことであるが，指数法

則（**8 基本のまとめ** ②）によって計算してもよい．たとえば，(iii)では次のようになる．

$$\frac{\sqrt{a^3}\sqrt[6]{a}}{\sqrt[3]{a^2}} = \frac{a^{\frac{3}{2}}a^{\frac{1}{6}}}{a^{\frac{2}{3}}} = a^{\frac{3}{2}+\frac{1}{6}}a^{-\frac{2}{3}}$$
$$= a^{\frac{3}{2}+\frac{1}{6}-\frac{2}{3}} = a^{\frac{9+1-4}{6}} = a^{\frac{6}{6}}$$
$$= \sqrt[6]{a^6} = a$$

91　**解 答**

(1)　(i)
$$64^{-\frac{1}{3}} = \frac{1}{64^{\frac{1}{3}}}$$
$$= \frac{1}{\sqrt[3]{64}}$$
$$= \frac{1}{\sqrt[3]{4^3}}$$
$$= \frac{1}{4}$$

(ii)
$$\left(8^{\frac{2}{3}} \times 2^{-\frac{1}{2}}\right)^{-\frac{1}{3}} = \left\{(2^3)^{\frac{2}{3}} \times 2^{-\frac{1}{2}}\right\}^{-\frac{1}{3}}$$
$$= \left(2^{3\times\frac{2}{3}} \times 2^{-\frac{1}{2}}\right)^{-\frac{1}{3}} = \left(2^2 \times 2^{-\frac{1}{2}}\right)^{-\frac{1}{3}}$$
$$= \left(2^{2-\frac{1}{2}}\right)^{-\frac{1}{3}} = \left(2^{\frac{3}{2}}\right)^{-\frac{1}{3}}$$
$$= 2^{\frac{3}{2}\times\left(-\frac{1}{3}\right)} = 2^{-\frac{1}{2}}$$
$$= \frac{1}{2^{\frac{1}{2}}} = \frac{1}{\sqrt{2}}$$
$$= \frac{\sqrt{2}}{2}$$

(iii)
$$\left(1000^{-\frac{3}{4}}\right)^{-\frac{8}{9}} = 1000^{\left(-\frac{3}{4}\right)\cdot\left(-\frac{8}{9}\right)}$$
$$= 1000^{\frac{2}{3}}$$

であるから，

$$\left(1000^{-\frac{3}{4}}\right)^{-\frac{8}{9}} \div 64^{\frac{2}{3}} \times \left(\frac{1}{8}\right)^{\frac{2}{3}}$$
$$= \left(1000^{\frac{2}{3}} \div 64^{\frac{2}{3}}\right) \times \left(\frac{1}{8}\right)^{\frac{2}{3}}$$
$$= \left(\frac{1000}{64}\right)^{\frac{2}{3}} \times \left(\frac{1}{8}\right)^{\frac{2}{3}}$$
$$= \left(\frac{1000}{64} \times \frac{1}{8}\right)^{\frac{2}{3}} = \left(\frac{10^3}{8^3}\right)^{\frac{2}{3}}$$
$$= \left\{\left(\frac{10}{8}\right)^3\right\}^{\frac{2}{3}} = \left(\frac{5}{4}\right)^2$$

$$= \frac{25}{16}$$

(2)　$a^{\frac{4}{3}}b^{-\frac{1}{2}} \times a^{-\frac{2}{3}}b^{\frac{1}{3}} \div (a^{-\frac{1}{3}}b^{-\frac{1}{6}})$

$$= (a^{\frac{4}{3}+\left(-\frac{2}{3}\right)}b^{-\frac{1}{2}+\frac{1}{3}}) \div (a^{-\frac{1}{3}}b^{-\frac{1}{6}})$$

$$= (a^{\frac{2}{3}}b^{-\frac{1}{6}}) \div (a^{-\frac{1}{3}}b^{-\frac{1}{6}})$$

$$= a^{\frac{2}{3}-\left(-\frac{1}{3}\right)}b^{-\frac{1}{6}-\left(-\frac{1}{6}\right)}$$

$$= a^{1}b^{0} = \boldsymbol{a}$$

92　解　答

(1)　[8 基本のまとめ 5 参照]

　$a>0$，$a \neq 1$ のとき任意の 正の実数 …ア　b に対して $a^c = b$ となる実数 c がただ 1 つ定まる．この c を a を底とする b …イ　の対数といい，$\log_a b$ とかく．またこのとき b をこの対数の 真数 …ウ という．

［注］底 a が 1 の場合を除く理由は次のとおりである．

　「$\log_1 b$」というものを考えたいのならば，下にも記した対数の定義から，「指数関数」1^x が定まっていないといけない．教科書では除いてあるが，これは $a>0$，$a \neq 1$ の場合と同様にして定めることができ，すべての実数 x に対して，

$$1^x = 1$$

である．

　さて，$a>0$，$a \neq 1$ の場合，a^x の値域は正の数全体であり，$a>1$ のときは増加関数，$0<a<1$ のときは減少関数である．このことから，a^x の値域にある数，つまり正の数 b に対して，

$$a^c = b$$

となる実数値 c がただ 1 つ定まることになる．それを $\log_a b$ とするのであった．

・$a>1$ のとき，

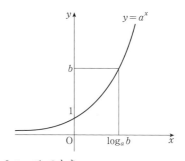

・$0<a<1$ のとき，

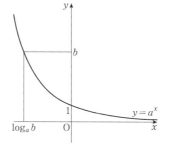

　1^x の場合はどうかというと 1^x の値域は 1 だけであるから，「$\log_1 b$」を定めようとしても b が 1 以外の数では定めることができない．残った b が 1 の場合だけでも関数「$\log_1 b$」を定められないのかというとこれもできない．なぜかというと，1^x は（増加関数でも減少関数でもない）定数関数であるから，$b(=1)$ に対して，

$$1^c = b(=1)$$

となる実数値 c，つまり「$\log_1 b$」は無数にあることになる．ところが，「$\log_1 b$」が関数であるのならば，$b(=1)$ に対して c はただ 1 つしか定まらないといけなかったから関数「$\log_1 b$」を定めることはできないからである．

　以上のように，関数「$\log_1 b$」を定めることはできないから，底 a が 1 の場合は除くのである．

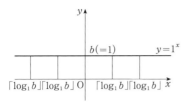

$$\log_{10}4=\log_{10}2^2=2\log_{10}2$$
$$=2\times0.3010=\mathbf{0.6020}$$
$$\log_{10}5=\log_{10}\frac{10}{2}=\log_{10}10-\log_{10}2$$
$$=1-0.3010=\mathbf{0.6990}$$
$$\log_{10}6=\log_{10}(2\times3)=\log_{10}2+\log_{10}3$$
$$=0.3010+0.4771=\mathbf{0.7781}$$
$$\log_{10}8=\log_{10}2^3=3\log_{10}2$$
$$=3\times0.3010=\mathbf{0.9030}$$
$$\log_{10}9=\log_{10}3^2=2\log_{10}3$$
$$=2\times0.4771=\mathbf{0.9542}$$

(2) $\log_a M=u,$ …① $\log_a N=v$ …② とおくと，対数の定義［**8 基本のまとめ⑤**］より，

$$M=\boxed{a^u},\ \cdots\text{ア}\ \cdots③$$
$$N=\boxed{a^v}\ \cdots\text{イ}\ \cdots④$$

③，④ を辺ごとにかけて，
$$M\times N=a^u\times a^v$$
右辺に指数法則を用いて，
$$M\times N=\boxed{a^{u+v}}\ \cdots\text{ウ}$$
対数の定義［**8 基本のまとめ⑤**］より，
$$\log_a(M\times N)=u+v$$
一方，①，② を辺ごとに加えて，
$$\log_a M+\log_a N=u+v$$
以上より，
$$\log_a(M\times N)=\boxed{u+v}\ \cdots\text{エ}$$
$$=\log_a M+\log_a N$$
が成り立つ.

93 解答

(1) 問題文の表の空欄を埋めると次のとおり.

数	1	2	3	4	5
常用対数	0	0.3010	0.4771	**0.6020**	**0.6990**

数	6	7	8	9	10
常用対数	**0.7781**	0.8451	**0.9030**	**0.9542**	1

求め方は以下のとおり.
$$10^0=1,\ 10^1=10$$
であるから，それぞれ
$$\mathbf{\log_{10}1=0,\ \log_{10}10=1}$$
次に，

［注］ この問題文中のたとえば，
$\log_{10}2=0.3010$ とは計算を行う際には，
$\log_{10}2$ を 0.3010 として計算すればよいということであり，$\log_{10}2$ が本当に 0.3010 であるということではない. **115, 116** の問題文にある設定についても同様である.

(2) (i) $\quad\log_3 27=\log_3 3^3=3\log_3 3$
$$=\boxed{3}\ \cdots\text{ア}$$

(ii) $\quad 0.001=\frac{1}{1000}$
$$=\frac{1}{10^3}=10^{-3}$$
であるから，
$$\log_{10}0.001=\log_{10}10^{-3}=(-3)\log_{10}10$$
$$=\boxed{-3}\ \cdots\text{イ}$$

(iii) $\quad\log_{10}0.25-\log_{10}\frac{1}{40}$

$$=\log_{10}\frac{1}{4}-\log_{10}\frac{1}{40}=\log_{10}\frac{\frac{1}{4}}{\frac{1}{40}}$$

$$\left[=\log_{10}\frac{40}{4}\right]=\log_{10}10=\boxed{1}\ \cdots\text{ウ}$$

(iv) $\quad\frac{1}{2}\log_{10}\frac{5}{6}+\log_{10}\sqrt{7.5}-\log_{10}\frac{1}{4}$

$$=\log_{10}\left(\frac{5}{6}\right)^{\frac{1}{2}}+\log_{10}\left(\frac{15}{2}\right)^{\frac{1}{2}}-\log_{10}\frac{1}{4}$$

$$=\log_{10}\frac{\left(\frac{5}{6}\right)^{\frac{1}{2}}\times\left(\frac{15}{2}\right)^{\frac{1}{2}}}{\frac{1}{4}}$$

$$=\log_{10}\left\{4\times\left(\frac{5}{6}\times\frac{15}{2}\right)^{\frac{1}{2}}\right\}$$

$$=\log_{10}\left[4\times\left\{\left(\frac{5}{2}\right)^2\right\}^{\frac{1}{2}}\right]=\log_{10}\left(4\times\frac{5}{2}\right)$$

$$=\log_{10}10=\boxed{1}\quad\cdots\text{エ}$$

94　解答

$$2^x=5^y=100\qquad\cdots①$$

① の各辺の常用対数をとって,

$$\log_{10}2^x=\log_{10}5^y=\log_{10}100\qquad\cdots②$$

ここで,

$$\log_{10}2^x=x\log_{10}2$$
$$\log_{10}5^y=y\log_{10}5$$
$$\log_{10}100=\log_{10}10^2=2\log_{10}10=2$$

であるから, ② より,

$$x\log_{10}2=2,\ \cdots③\qquad y\log_{10}5=2\ \cdots④$$

とくに, $x=0$ であれば ③ は成立しないので, $x\neq0$ でないといけない. 同様に, ④ より $y\neq0$ でないといけない. しかも, このとき, $\dfrac{1}{2x}\times③$ より,

$$\frac{1}{x}=\frac{\log_{10}2}{2}\qquad\cdots⑤$$

$\dfrac{1}{2y}\times④$ より,

$$\frac{1}{y}=\frac{\log_{10}5}{2}\qquad\cdots⑥$$

⑤＋⑥ より,

$$\frac{1}{x}+\frac{1}{y}=\frac{\log_{10}2}{2}+\frac{\log_{10}5}{2}$$

この右辺は,

$$\frac{1}{2}\times(\log_{10}2+\log_{10}5)$$

$$=\frac{1}{2}\times\log_{10}(2\times5)=\frac{1}{2}\times\log_{10}10$$

$$=\frac{1}{2}$$

となるから,

$$\frac{1}{x}+\frac{1}{y}=\boxed{\frac{1}{2}}\quad\cdots\text{ア}$$

95　解答

(1)
$$b^x=R\qquad\cdots①$$

a を底とする両辺の対数をとると,

$$\log_a b^x=\log_a R,$$

つまり, 　$x\log_a b=\log_a R$

$b\neq1$ であるから,

$$\log_a b\neq0$$

したがって,

$$x=\frac{\log_a R}{\log_a b}$$

一方, ① で, 対数の定義 [8 基本のまとめ 5] から,

$$x=\log_b R$$

以上から,

$$\log_b R=\frac{\log_a R}{\log_a b}$$

（証明終り）

(2) 底の変換公式 [8 基本のまとめ 6 (5)] を用いると,

$$2\log_4 10=2\times\frac{\log_2 10}{\log_2 4}=2\times\frac{\log_2 10}{\log_2 2^2}$$

$$=2\times\frac{\log_2 10}{2\log_2 2}=\log_2 10$$

であるから,

$$\log_2 5+2\log_4 10=\log_2 5+\log_2 10$$

$$=\log_2\boxed{50}\quad\cdots\text{ア}$$

(3) 底の変換公式 [8 基本のまとめ 6 (5)] の分母をはらって,

$$\log_a b\cdot\log_b R=\log_a R$$

$$(a>0,\ a\neq1,\ b>0,\ b\neq1,\ R>0)$$

ここで, $a=2,\ b=3,\ R=5$ の場合を考えて,

$$\log_2 3\cdot\log_3 5=\log_2 5$$

したがって,

$$\log_2 5=\boxed{pq}\quad\cdots\text{イ}\qquad\cdots②$$

さらに, 底の変換公式 [8 基本のまとめ 6 (5)] から,

$$\log_{10}6=\frac{\log_2 6}{\log_2 10}$$

ところが,

$$\log_2 6=\log_2(2\times3)$$

$$=\log_2 2+\log_2 3$$

$$=1+p,$$

$$\log_2 10 = \log_2(2\times5)$$
$$= \log_2 2 + \log_2 5$$
$$= 1 + pq \quad (② より)$$

と変形されるので,

$$\log_{10}6 = \boxed{\dfrac{1+p}{1+pq}} \quad \cdots ウ$$

(4) 底の変換公式 [**8 基本のまとめ** 6 (5)] を用いて,対数の底をすべて 2 にすると,

$$\log_2 3 \cdot \log_3 7 \cdot \log_7 16$$
$$= \log_2 3 \times \dfrac{\log_2 7}{\log_2 3} \times \dfrac{\log_2 16}{\log_2 7}$$
$$= \log_2 16 = \dfrac{\log_2 2^4}{\log_2 2}$$
$$= \dfrac{4\log_2 2}{\log_2 2} = 4$$

96 〔**解 答**〕

$$\alpha = -\dfrac{q}{2} + \sqrt{\dfrac{q^2}{4} + \dfrac{p^3}{27}},$$
$$\beta = -\dfrac{q}{2} - \sqrt{\dfrac{q^2}{4} + \dfrac{p^3}{27}}$$

とおくと,

$$x = \sqrt[3]{\alpha} + \sqrt[3]{\beta}$$

であるから,

$$x^3 = \left(\sqrt[3]{\alpha}\right)^3 + 3\left(\sqrt[3]{\alpha}\right)^2\sqrt[3]{\beta} + 3\sqrt[3]{\alpha}\left(\sqrt[3]{\beta}\right)^2 + \left(\sqrt[3]{\beta}\right)^3$$
$$= \alpha + 3\sqrt[3]{\alpha}\cdot\left(\sqrt[3]{\alpha}\sqrt[3]{\beta}\right) + 3\sqrt[3]{\beta}\left(\sqrt[3]{\alpha}\sqrt[3]{\beta}\right) + \beta$$
$$= (\alpha+\beta) + 3\left(\sqrt[3]{\alpha}+\sqrt[3]{\beta}\right)\left(\sqrt[3]{\alpha}\sqrt[3]{\beta}\right)$$
$$= \left(-\dfrac{q}{2}\right)\times2 + 3x\sqrt[3]{\alpha\beta}$$
$$= -q + 3\sqrt[3]{\alpha\beta}\,x$$

ここで,

$$\alpha\beta = \left(-\dfrac{q}{2}\right)^2 - \left(\dfrac{q^2}{4} + \dfrac{p^3}{27}\right)$$
$$= -\dfrac{p^3}{27}$$
$$= \left(-\dfrac{p}{3}\right)^3$$

であるから,

$$3\sqrt[3]{\alpha\beta} = 3\sqrt[3]{\left(-\dfrac{p}{3}\right)^3}$$

$$= 3\times\left(-\dfrac{p}{3}\right)$$
$$= -p$$

したがって,

$$x^3 = -q - px,$$

移項して,

$$x^3 + px + q = 0$$

97 〔**解 答**〕

$[(X+Y)^3$ を展開して,

$$(X+Y)^3 = X^3 + 3X^2Y + 3XY^2 + Y^3$$

整理して,

$$X^3 + Y^3 = (X+Y)^3 - 3XY(X+Y)$$

これを用いると,〕

$$\dfrac{a^{3x} + a^{-3x}}{a^x + a^{-x}}$$
$$= \dfrac{(a^x)^3 + (a^{-x})^3}{a^x + a^{-x}}$$
$$= \dfrac{(a^x + a^{-x})^3 - 3a^x\times a^{-x}(a^x + a^{-x})}{a^x + a^{-x}}$$
$$= (a^x + a^{-x})^2 - 3a^{x-x}$$
$$= \{(a^x)^2 + 2a^x\times a^{-x} + (a^{-x})^2\} - 3$$
$$= a^{2x} + 2a^{x-x} + a^{-2x} - 3$$
$$= a^{2x} + 2 + \dfrac{1}{a^{2x}} - 3$$
$$= 3 + 2 + \dfrac{1}{3} - 3 \quad (条件より)$$
$$= \boxed{\dfrac{7}{3}} \quad \cdots ア$$

98 〔**考え方**〕 (1) 条件をみたす関数が ① から ⑨ までに必ずあることは疑わないことにする.したがって,いくつかの必要条件を用いて,関数をしぼり込んでいって,ただ 1 つの関数が残った時点で,それが求める関数ということになる.

(i)では図から読みとった,グラフ(a)が点 (2, 1) を通るという必要条件,いいかえれば求める関数 $f(x)$ は $f(2)=1$ をみたすという必要条件の確認だけで解決する.実際,x が 2 のときの ① から ⑨ までの関数の値は,

① 4　② $\dfrac{1}{4}$　③ 9

④ $-\dfrac{3}{4}$　⑤ 5　⑥ $-\dfrac{8}{9}$

⑦ 2　⑧ 1　⑨ $\log_3 2$

となって，⑧だけが条件をみたしているからである．しかし，9つの関数の値を調べるのは面倒であるし，第一，この値を調べれば必ず解決するというものでもない．事実，図から，求める関数 $f(x)$ は $f(1)=0$ をみたすという必要条件が得られるが，これを用いた場合，⑦，⑧，⑨が残ってしまい，別の必要条件でしぼり込まなければならない．

　そこで，図から読みとった関数の定義域や関数が増加関数，減少関数であるといった別の，定性的な必要条件でしぼり込んでおいて，残った候補の関数について x が2のときの関数値を調べることにする．もちろん，それでも複数個の関数が残れば，別の x の値での関数値を調べることになると思う．

　(ii)，(iii)についても同様の方針をとる．

(2)　次の用語・事実を用いる．これはいくつかの教科書でふれられている．なお，ここで用いるのは偶関数の方だけである．

　関数 $y=f(x)$ について，$f(-x)=f(x)$ がどのような x の値に対しても成り立つとき，$f(x)$ を**偶関数**，$f(-x)=-f(x)$ がどのような x の値に対しても成り立つとき，$f(x)$ を**奇関数**という．

　偶関数のグラフは y 軸対称であり，奇関数のグラフは原点対称である．

【解答】

(1)(i)　図より，この関数の定義域は正の数全体である．この条件をみたすものは⑧，⑨である．［⑦の定義域，つまり真数が正であるという範囲は，$x^2>0$ より $x\neq0$，つまり実数全体から0を除いた範囲となってここでの条件はみたさない．］さらに，図より，このグラフは点 $(2,1)$ を通っているが，

$$\log_2 2=1, \quad \log_3 2\neq1$$

であるから，⑧，⑨のうちこの条件もみたすものは⑧だけである．

以上から，グラフ(a)を表す関数は

$$y=\log_2 x \quad \cdots \text{アは⑧}$$

(ii)　図より，「この関数の定義域は実数全体である．この条件をみたすものは①から⑥までである．」$\cdots(*_1)$　さらに，図より，この関数は減少関数である．「①から⑥までのうち底が2または3のものは増加関数，底が $2^{-1}=\dfrac{1}{2}$ または $3^{-1}=\dfrac{1}{3}$ のものは減少関数である」$\cdots(*_2)$　から，この条件もみたすものは②，④，⑥である．

次に，図より，このグラフは点 $\left(1, -\dfrac{1}{2}\right)$ を通っているが，

$$2^{-1}=\dfrac{1}{2}\neq-\dfrac{1}{2}, \ 2^{-1}-1=-\dfrac{1}{2},$$
$$3^{-1}-1=-\dfrac{2}{3}\neq-\dfrac{1}{2}$$

であるから，②，④，⑥のうちこの条件もみたすものは④だけである．

以上から，グラフ(b)を表す関数は

$$y=2^{-x}-1 \quad \cdots \text{イは④}$$

(iii)　図より，この関数の定義域は実数全体であり，かつこの関数は増加関数である．したがって，前記の $(*_1)$，$(*_2)$ より，これらの条件をみたすものは①，③，⑤である．

次に，図より，このグラフは点 $(1, 2)$ を通っているが，

$$2^1=2, \ 3^1=3\neq2,$$
$$2^1-1=1\neq2$$

であるから，①，③，⑤のうちこの条件もみたすものは①だけである．

以上から，グラフ(c)を表す関数は

$$y=2^x \quad \cdots \text{ウは①}$$

(2)　［グラフの平行移動 **6 基本のまとめ3**より，］$y=\log_{10}(x-1)^2$ のグラフ C は $y=\log_{10}x^2$ のグラフ G を x 軸方向に1だけ平行移動したものであるから，G について調べればよい．

$\log_{10}x^2$ について，真数が正であるので，

$$x^2>0$$

したがって，［この2次不等式を解き，］x の

とり得る値の範囲は,

$$x \neq 0 \qquad \cdots \text{①}$$

このとき, ① をみたすどのような x の値に対しても

$$\log_{10}(-x)^2 = \log_{10}x^2$$

が成り立つので, G は y 軸対称である[考え方]参照]. このことから, G の領域 $x>0$ [, y は任意] にある部分 G' についてだけ調べればよい. $x>0$ の範囲では,

$$\log_{10}x^2 = 2\log_{10}x$$

が成り立つから, G' は次のようになる.

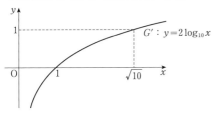

これから, G, さらに C はそれぞれ次のようになる.

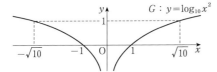

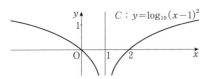

99 解答

(1) [底を2にそろえる]

$$\sqrt[3]{2} = 2^{\frac{1}{3}},$$

$$4^{\frac{1}{4}} = (2^2)^{\frac{1}{4}} = 2^{\frac{2}{4}} = 2^{\frac{1}{2}},$$

$$\sqrt[4]{8} = 8^{\frac{1}{4}} = (2^3)^{\frac{1}{4}} = 2^{\frac{3}{4}},$$

$$16^{\frac{1}{6}} = (2^4)^{\frac{1}{6}} = 2^{\frac{4}{6}} = 2^{\frac{2}{3}}$$

ここで,

$$\frac{1}{3} < \frac{1}{2} < \frac{2}{3} < \frac{3}{4}$$

であり, かつ [2>1 より] $y=2^x$ は増加関数 [8 基本のまとめ ③(4)(i)] であるから,

$$2^{\frac{1}{3}} < 2^{\frac{1}{2}} < 2^{\frac{2}{3}} < 2^{\frac{3}{4}},$$

つまり,

$$\boxed{\sqrt[3]{2}} < \boxed{4^{\frac{1}{4}}} < \boxed{16^{\frac{1}{6}}} < \boxed{\sqrt[4]{8}}$$

$$\cdots \text{ア, イ, ウ, エ}$$

(2) 条件より $1 < \dfrac{b}{a}$ であるから $y = \left(\dfrac{b}{a}\right)^x$ は増加関数 [8 基本のまとめ ③(4)(i)] である.

したがって,

(i) $0 < n$ であるから,

$$\left(\frac{b}{a}\right)^0 < \left(\frac{b}{a}\right)^n,$$

つまり, $\quad 1 < \dfrac{b^n}{a^n}$

$a^n > 0$ であるから, 分母をはらうと,

$$a^n < b^n$$

(証明終り)

(ii) $0 < \dfrac{1}{n}$ であるから,

$$\left(\frac{b}{a}\right)^0 < \left(\frac{b}{a}\right)^{\frac{1}{n}},$$

つまり, $\quad 1 < \dfrac{b^{\frac{1}{n}}}{a^{\frac{1}{n}}}$

$[a^{\frac{1}{n}}$ とは, $x^n = a$ をみたす正の数 x なので]

$a^{\frac{1}{n}} > 0$ であるから, 分母をはらうと,

$$a^{\frac{1}{n}} < b^{\frac{1}{n}},$$

つまり, $\quad \sqrt[n]{a} < \sqrt[n]{b}$

(証明終り)

(3) (i) $\quad a^6 = (2^{\frac{1}{2}})^6 = 2^3 = 8,$

$$b^6 = (3^{\frac{1}{3}})^6 = 3^2 = 9$$

であるから,

$$a^6 < b^6$$

したがって, (2)の結果 [つまり, 8 基本のまとめ ④] を用いて,

$$a < b \qquad \cdots \text{Ⓐ}$$

また,

$$a^{10}=(2^{\frac{1}{2}})^{10}=2^5=32,$$
$$c^{10}=(5^{\frac{1}{5}})^{10}=5^2=25$$

であるから,

$$c^{10}<a^{10}$$

したがって, (2)の結果 [つまり, **8基本の まとめ** 4] を用いて,

$$c<a \qquad \cdots ⓐ$$

ⓐ, ⓑ より,

$$c<a<b,$$

つまり, アは ⑤

(ii) $$2^x=(2^{\frac{1}{2}})^{2x}=a^{2x},$$
$$3^y=(3^{\frac{1}{3}})^{3y}=b^{3y},$$
$$5^z=(5^{\frac{1}{5}})^{5z}=c^{5z}$$

であるから, 条件は,

$$a^{2x}=b^{3y}=c^{5z} \qquad \cdots ⓒ$$

といいかえられる.

$a>0$ であるから, $\dfrac{1}{a}×$ⓐ より,

$$1<\frac{b}{a}$$

したがって, $Y=\left(\dfrac{b}{a}\right)^X$ は増加関数 [**8基 本のまとめ** 3(4)(i)] であるから, $0<3y$ よ り,

$$\left(\frac{b}{a}\right)^0<\left(\frac{b}{a}\right)^{3y},$$

つまり, $$1<\frac{b^{3y}}{a^{3y}} \qquad \cdots ⓓ$$

$a^{3y}>0$ であるから, $a^{3y}×$ⓓ より,

$$a^{3y}<b^{3y}$$

右辺に ⓒ を用いて,

$$a^{3y}<a^{2x} \qquad \cdots ⓔ$$

$a=\sqrt{2}>1$ であるから,

「$Y=a^X$ は増加関数」 $\cdots ⓕ$

[**8基本のまとめ** 3(4)(i)] である.

したがって, ⓔ より,

$$3y<2x \qquad \cdots ⓖ$$

次に, $c>0$ であるから, $\dfrac{1}{c}×$ⓑ より,

$$1<\frac{a}{c}$$

したがって, $Y=\left(\dfrac{a}{c}\right)^X$ は増加関数 [**8基 本のまとめ** 3(4)(i)] であるから, $0<5z$ よ り,

$$\left(\frac{a}{c}\right)^0<\left(\frac{a}{c}\right)^{5z},$$

つまり, $$1<\frac{a^{5z}}{c^{5z}} \qquad \cdots ⓗ$$

$c^{5z}>0$ であるから, $c^{5z}×$ⓗ より,

$$c^{5z}<a^{5z}$$

左辺に ⓒ を用いて,

$$a^{2x}<a^{5z}$$

ⓕ より, $$2x<5z \qquad \cdots ⓘ$$

ⓖ, ⓘ より,

$$3y<2x<5z,$$

つまり, イは ③

100 解答

(1) $a^{\log_a b}=R$ とおくと, 対数の定義 [**8基 本のまとめ** 5] より,

$$\log_a b=\log_a R$$

したがって, [**8基本のまとめ** 7(3)より,]

$$b=R,$$

つまり,

$$b=R=a^{\log_a b} \qquad \cdots ①$$

(証明終り)

(2) $$\left(\frac{1}{4}\right)^{\log_2 3}=(2^{-2})^{\log_2 3}=2^{-2\log_2 3}$$

$$=2^{\log_2 3^{-2}}=2^{\log_2 \frac{1}{9}}$$

$$=\boxed{\frac{1}{9}} \quad (①より) \quad \cdots ア$$

101 解答

(1) $$\frac{1}{2}\log_5 2=\frac{1}{6}×3\log_5 2=\frac{1}{6}\log_5 2^3$$

$$=\frac{1}{6}\log_5 8,$$

$$\frac{1}{3}\log_5 3=\frac{1}{6}×2\log_5 3=\frac{1}{6}\log_5 3^2$$

$$=\frac{1}{6}\log_5 9$$

である. $6<8<9$ であり, 底5は1より大き

いので，［**8 基本のまとめ** 7 (4)(i) より，］

$$\frac{1}{6}\log_5 6 < \frac{1}{6}\log_5 8 < \frac{1}{6}\log_5 9,$$

つまり，

$$\boxed{\frac{1}{6}\log_5 6} < \boxed{\frac{1}{2}\log_5 2} < \boxed{\frac{1}{3}\log_5 3}$$

$$\cdots ア，イ，ウ$$

(2) $\log_{10} 4 - \dfrac{3}{5} = \dfrac{1}{5}(5\log_{10}4 - 3)$

$$= \frac{1}{5}(5\log_{10}4 - 3\log_{10}10)$$

$$= \frac{1}{5}(\log_{10}4^5 - \log_{10}10^3)$$

$$= \frac{1}{5}(\log_{10}1024 - \log_{10}1000)$$

1024 > 1000 であり，底 10 は 1 より大きいので，［**8 基本のまとめ** 7 (4)(i) より，］

$$\log_{10}1024 > \log_{10}1000,$$

つまり，

$$\log_{10}1024 - \log_{10}1000 > 0$$

以上から，$\log_{10}4 - \dfrac{3}{5} > 0$，

つまり，$\log_{10}4$ と $\dfrac{3}{5}$ の大小関係は，

$$\log_{10}4 > \frac{3}{5}$$

102 (考え方) たとえば，

$$(1<)\,a = 10^2,\quad b = 10^3\,(<10^4 = a^2)$$

ととると，

$\log_a b = \log_{10^2}10^3$

$$= \frac{\log_{10}10^3}{\log_{10}10^2} \quad （底の変換公式より）$$

$$= \frac{3\log_{10}10}{2\log_{10}10} = \frac{3}{2},$$

$\log_b a = \log_{10^3}10^2$

$$= \frac{\log_{10}10^2}{\log_{10}10^3} \quad （底の変換公式より）$$

$$= \frac{2\log_{10}10}{3\log_{10}10} = \frac{2}{3},$$

$\log_a\left(\dfrac{a}{b}\right) = \log_{10^2}\dfrac{10^2}{10^3} = \log_{10^2}\dfrac{1}{10}$

$$= \log_{10^2}10^{-1} = -\log_{10^2}10$$

$$= -\frac{\log_{10}10}{\log_{10}10^2}$$

$$（底の変換公式より）$$

$$= -\frac{\log_{10}10}{2\log_{10}10} = -\frac{1}{2},$$

$\log_b\left(\dfrac{b}{a}\right) = \log_{10^3}\dfrac{10^3}{10^2} = \log_{10^3}10$

$$= \frac{\log_{10}10}{\log_{10}10^3} \quad （底の変換公式より）$$

$$= \frac{\log_{10}10}{3\log_{10}10} = \frac{1}{3}$$

$$-\frac{1}{2} < 0 < \frac{1}{3} < \frac{1}{2} < \frac{2}{3} < 1 < \frac{3}{2}$$

であるから，

$$\log_a\left(\frac{a}{b}\right) < 0 < \log_b\left(\frac{b}{a}\right)$$

$$< \frac{1}{2} < \log_b a < 1 < \log_a b$$

となりそうである．（空欄補充式ならば，これだけで結論を下してもよい）

(解 答)

$$a < b < a^2$$

a を底とする，この各辺の対数をとると，底 a が 1 よりも大きいので［**8 基本のまとめ** 7 (4)(i) より，］不等号は保たれ，

$$\log_a a < \log_a b < \log_a a^2$$

となる．

$$\log_a a = 1$$

かつ，$a > 0$ より，

$$\log_a a^2 = 2\log_a a = 2$$

であるから，

$$1 < \log_a b < 2 \qquad \cdots①$$

この各辺の逆数をとれば，

$$\frac{1}{2} < \frac{1}{\log_a b} < 1$$

ところが，底の変換公式［**8 基本のまとめ** 6 (5)］より，

$$\log_b a\left[=\frac{\log_a a}{\log_a b}\right] = \frac{1}{\log_a b}$$

であるから，

$$\frac{1}{2} < \log_b a < 1 \qquad \cdots②$$

次に，

$$\log_a\left(\frac{a}{b}\right)=\log_a a-\log_a b$$
$$=1-\log_a b$$

と変形されるので，①より，

$$1-2<\log_a\left(\frac{a}{b}\right)<1-1,$$

つまり，

$$-1<\log_a\left(\frac{a}{b}\right)<0 \qquad \cdots③$$

また，

$$\log_b\left(\frac{b}{a}\right)=\log_b b-\log_b a$$
$$=1-\log_b a$$

と変形されるので，②より，

$$1-1<\log_b\left(\frac{b}{a}\right)<1-\frac{1}{2},$$

つまり，

$$0<\log_b\left(\frac{b}{a}\right)<\frac{1}{2} \qquad \cdots④$$

①，②，③，④より，$\log_a b$，$\log_b a$，$\log_a\left(\dfrac{a}{b}\right)$，$\log_b\left(\dfrac{b}{a}\right)$，$0$，$\dfrac{1}{2}$，$1$ を小さい順に並べると，

$$\log_a\left(\frac{a}{b}\right)<0<\log_b\left(\frac{b}{a}\right)<\frac{1}{2}<\log_b a<1<\log_a b$$

103 　解　答

$a^0=1$ と約束する．

なぜそのように約束するのかということの説明は次のとおり．

このように約束すると，正の整数 m，n に対し成り立つ，

$$a^m\cdot a^n=a^{m+n} \quad (a \text{ は } 0 \text{ でない実数}) \cdots①$$

という関係式が［0 も含めた］負でない整数 m，n に対しても成り立つからである．

実際，もしも①が $m=0$ でも成り立つとするならば，

$$a^0\cdot a^n=a^n \qquad \cdots②$$

$a^n\neq0$ であるから，②の両辺を a^n で割って，

$$a^0=1 \qquad \cdots③$$

でないといけない．

しかも，③のように約束すると，m が正の整数，かつ n が 0 の場合や m と n がともに 0 の場合でも①が成り立つことが確認できるからである．

(説明終り)

[注]　a が 0 の場合は，②，つまり，$0^0\cdot0=0$ からはなにも決まらないので，0^0 は定めないでおく．

104 　解　答

$$a^{m+n}=a^m a^n \cdots① \qquad (a^n)^m=a^{nm} \cdots②$$

(1)　「$\sqrt[n]{a^m}$ とは n 乗すると a^m となる正の数であって，それはただ 1 つしかない」 $\cdots(*)$

一方，

$$\{(\sqrt[n]{a})^m\}^n=(\sqrt[n]{a})^{mn} \quad (②)$$
$$=\{(\sqrt[n]{a})^n\}^m \quad (②)$$

$\sqrt[n]{a}$ とは n 乗して a となる正の数のことであるから，$(\sqrt[n]{a})^n=a$ $\cdots③$ この数の m 乗を考え，

$$\{(\sqrt[n]{a})^n\}^m=a^m$$

したがって，

$$\{(\sqrt[n]{a})^m\}^n=a^m$$

つまり，$(\sqrt[n]{a})^m$ も n 乗すると a^m となる正の数である．$(*)$ のようにこのような正の数はただ 1 つしかないので，$(\sqrt[n]{a})^m$ と $\sqrt[n]{a^m}$ は一致する：$(\sqrt[n]{a})^m=\sqrt[n]{a^m}$

(証明終り)

(2)　以下，$p=\dfrac{m}{n}$，$q=\dfrac{m'}{n'}$ $(m,\ n,\ m',\ n'$ はいずれも正の整数) と表されているとする．

(i)　指数に通分を行い，

$$a^{p+q}=a^{\frac{mn'+nm'}{nn'}}$$

つまり，a^{p+q} とは，nn' 乗すると，

$$a^{mn'+nm'}=a^{mn'}\cdot a^{nm'}$$

$(mn',\ nm'$：正の整数に注意し，①の m，n がそれぞれ mn'，nm' のときを考える)となる正の数で，それはただ 1 つしかない．

一方，

$$(a^p a^q)^{nn'} = (a^p a^q)(a^p a^q) \cdots \cdots (a^p a^q)$$
$$(a^p a^q \text{ が } mn' \text{ 個})$$
$$= (a^p)^{nn'} (a^q)^{nn'}$$
$$(\text{一般に } bc = cb)$$

ここで,
$$(a^p)^{nn'} = \left(a^{\frac{m}{n}}\right)^{nn'}$$
$$\left[= \left(\sqrt[n]{a^m}\right)^{nn'} \quad (\text{8 基本のまとめ } \boxed{1}\,(2))\right.$$
$$\left. = \left\{\left(\sqrt[n]{a}\right)^m\right\}^{nn'} \quad ((1)) \right]$$
$$= \left\{\left(a^{\frac{1}{n}}\right)^m\right\}^{nn'}$$
$$= \left(a^{\frac{1}{n}}\right)^{mnn'} \quad (\text{②})$$
$$= \left\{\left(a^{\frac{1}{n}}\right)^n\right\}^{mn'} \quad (\text{②})$$
$$= a^{mn'} \quad (\text{③})$$

同様に,
$$(a^q)^{nn'} = a^{nm'}$$
であるから,
$$(a^p a^q)^{nn'} = a^{mn'} \cdot a^{nm'}$$

以上から, a^{p+q} も $a^p a^q$ も nn' 乗すると $a^{mn'} \cdot a^{nm'}$ となる正の数であるので, (1) と同じ理由で,
$$a^{p+q} = a^p a^q$$
(証明終り)

(ii) (i)で, p, q のかわりにそれぞれ正の有理数 $p-q$, q の場合を考えると,
$$[a^p =] a^{(p-q)+q} = a^{p-q} \cdot a^q$$
つまり,
$$a^{p-q} a^q = a^p$$
$\times \dfrac{1}{a^q}:$
$$a^{p-q} = \dfrac{a^p}{a^q}$$
(証明終り)

(iii) $a^{pq} = a^{\frac{mm'}{nn'}}$ は nn' 乗すると $a^{mm'}$ となる正の数で, それはただ 1 つしかない.

一方,
$$\{(a^p)^q\}^{nn'} = \left\{(a^p)^{\frac{m'}{n'}}\right\}^{nn'} = \left[\left\{(a^p)^{\frac{1}{n'}}\right\}^{m'}\right]^{nn'}$$
$$((1))$$
$$= \left\{(a^p)^{\frac{1}{n'}}\right\}^{m'nn'} \quad (\text{②})$$
$$= \left[\left\{(a^p)^{\frac{1}{n'}}\right\}^{n'}\right]^{m'n} = (a^p)^{m'n} \quad (\text{③})$$

$$= \left(a^{\frac{m}{n}}\right)^{m'n} = \left\{\left(a^{\frac{1}{n}}\right)^m\right\}^{m'n} \quad ((1))$$
$$= \left(a^{\frac{1}{n}}\right)^{mm'n} \quad (\text{②})$$
$$= \left\{\left(a^{\frac{1}{n}}\right)^n\right\}^{mm'} \quad (\text{②})$$
$$= a^{mm'} \quad (\text{③})$$

であるから, $(a^p)^q$ も nn' 乗すると $a^{mm'}$ となる正の数.

したがって, (1) と同じ理由で,
$$(a^p)^q = a^{pq}$$
(証明終り)

9 指数関数, 対数関数の応用

105 解答

(1)
$$1 = 9^0$$
であるから,
$$9^{2x-5} = 1$$
より,
$$9^{2x-5} = 9^0$$
指数を比較して,
$$2x - 5 = 0$$
これを解いて,
$$\boldsymbol{x = \dfrac{5}{2}}$$

(2)
$$3^{2x+1} + 2 \cdot 3^x - 1 = 0 \quad \cdots\text{①}$$
① を変形して,
$$3 \cdot (3^x)^2 + 2 \cdot 3^x - 1 = 0 \quad \cdots\text{②}$$
$t = 3^x$ とすると,
$$t > 0 \quad \cdots\text{③}$$
② より,
$$3t^2 + 2t - 1 = 0,$$
つまり,
$$(t+1)(3t-1) = 0$$
これを解いて,
$$t = -1, \ \dfrac{1}{3}$$
$t = -1$ は, ③ をみたさないので,
$$t = \dfrac{1}{3}$$
したがって,
$$3^x = 3^{-1}$$
指数を比較して,

$$x = -1$$

(3)
$$\left(\frac{1}{27}\right)^x \geqq \frac{1}{9}$$

の左辺は,

$$\left\{\left(\frac{1}{3}\right)^3\right\}^x = \left(\frac{1}{3}\right)^{3x}$$

と変形され, 右辺は,

$$\left(\frac{1}{3}\right)^2$$

と変形されるので,

$$\left(\frac{1}{3}\right)^{3x} \geqq \left(\frac{1}{3}\right)^2 \qquad \cdots ④$$

底 $\frac{1}{3}$ について, $0 < \frac{1}{3} < 1$ であるから,

[**8基本のまとめ** ③ (4)(ii)によれば,] ④ より,

$$3x \leqq 2$$

以上から, 求める不等式の解は,

$$x \leqq \frac{2}{3}$$

106 解答

(1)
$$\log_5 x = 3$$

対数の定義 [**8基本のまとめ** ⑤] を考える

と, 求める正の数 x の値は,

$$x = 5^3,$$

つまり, $\qquad x = 125$

(2)
$$\log_2(x+3) + \log_2(x-1) = 5 \qquad \cdots ①$$

真数が正であるので,

$$x + 3 > 0, \ \text{かつ} \ x - 1 > 0,$$

つまり, $\qquad x > 1 \qquad \cdots ②$

このとき, ① の左辺は,

$$\log_2(x+3) + \log_2(x-1) = \log_2(x+3)(x-1)$$

と変形され, 一方, ① の右辺は,

$$5 = 5\log_2 2 = \log_2 2^5$$

と変形されるので, ① は,

$$\log_2(x+3)(x-1) = \log_2 2^5$$

となる. この真数の部分を比較して,

$$(x+3)(x-1) = 2^5$$

左辺を展開して整理すると,

$$x^2 + 2x - 35 = 0$$

左辺を因数分解して,

$$(x+7)(x-5) = 0$$

これを解いて,

$$x = -7, \ 5$$

このうち, ② をみたすのは $x = 5$ だけで

ある.

以上より, 求める解は,

$$x = 5$$

(3)
$$(\log_3 x)^2 - \log_3 x^2 - 3 = 0 \qquad \cdots ③$$

真数が正であるので,

$$x > 0, \ \text{かつ} \ x^2 > 0$$

つまり, $\qquad x > 0$

このとき,

$$\log_3 x^2 = 2\log_3 x$$

が成り立つので, ③ は,

$$(\log_3 x)^2 - 2\log_3 x - 3 = 0 \qquad \cdots ④$$

と変形される. $t = \log_3 x$ とすると, t はす

べての実数値をとることができ, かつ ④

より,

$$t^2 - 2t - 3 = 0,$$

つまり, $\qquad (t+1)(t-3) = 0$

これを解いて,

$$t = -1, \ 3,$$

つまり,

$$\log_3 x = -1, \ \log_3 x = 3$$

対数の定義 [**8基本のまとめ** ⑤] より,

$$x = 3^{-1} (>0), \ x = 3^3 (>0),$$

つまり,

$$x = \frac{1}{3}, \ 27$$

(4)
$$x^{\log_2 x} = \frac{x^5}{64} \qquad \cdots ⑤$$

底についての条件,

$$x > 0, \ x \neq 1$$

と, 真数が正であるという条件,

$$x > 0$$

より,

$$x > 0, \ x \neq 1 \qquad \cdots ⑥$$

⑤ の両辺の 2 を底とする対数をとると,

$$\log_2 x^{\log_2 x} = \log_2\left(\frac{x^5}{64}\right) \qquad \cdots ⑦$$

ここで,

$$\log_2 x^{\log_2 x} = (\log_2 x)(\log_2 x)$$
$$= (\log_2 x)^2,$$

$$\log_2\left(\frac{x^5}{64}\right)=\log_2\left(\frac{x^5}{2^6}\right)$$
$$=\log_2 x^5 - \log_2 2^6$$
$$=5\log_2 x - 6\log_2 2$$
$$=5\log_2 x - 6$$

と変形されるので，⑦ は，
$$(\log_2 x)^2 = 5\log_2 x - 6,$$
つまり，
$$(\log_2 x)^2 - 5\log_2 x + 6 = 0 \qquad \cdots ⑧$$
となる．

$t=\log_2 x$ とすると，⑧ は，
$$t^2 - 5t + 6 = 0,$$
左辺を因数分解して，
$$(t-2)(t-3)=0$$
これを解いて，
$$t=2, \ 3,$$
つまり，$\log_2 x = 2, \ 3$

対数の定義［**8 基本のまとめ** ⑤］より，
$$x=2^2, \ 2^3,$$
つまり，$x=4, \ 8$

これらは ⑥ もみたしているので，求める解は，
$$\boldsymbol{x=4, \ 8}$$

(5) $$\log_2(\log_3 x)=1$$
で，$t=\log_3 x$ とすると，
$$\log_2 t = 1$$
ここで，対数の定義［**8 基本のまとめ** ⑤］を考えて，
$$t=2^1=2,$$
つまり，
$$\log_3 x = 2$$
さらに，対数の定義［**8 基本のまとめ** ⑤］を考えて，求める正の数 x の値は，
$$\boldsymbol{x=3^2=9}$$

107　解答

(1) $$\log_2(x-4)=\log_4(x-2) \qquad \cdots ①$$
真数が正であるので，
$$x-4>0, \ \text{かつ} \ x-2>0,$$
つまり，$x>4 \qquad \cdots ②$

底の変換公式［**8 基本のまとめ** ⑥ (5)］を用いると，

$$\log_4(x-2)=\frac{\log_2(x-2)}{\log_2 4}$$
$$=\frac{\log_2(x-2)}{2\log_2 2}$$
$$=\frac{1}{2}\log_2(x-2)$$

と変形されるので，① は，
$$\log_2(x-4)=\frac{1}{2}\log_2(x-2),$$
つまり，
$$2\log_2(x-4)=\log_2(x-2)$$
となる．

さらに，② のとき，
$$2\log_2(x-4)=\log_2(x-4)^2$$
と変形される．したがって，［**8 基本のまとめ** ⑦ (3)より，］
$$(x-4)^2=x-2,$$
つまり，$x^2-9x+18=0,$
つまり，$(x-3)(x-6)=0$

これを解いて，
$$x=3, \ 6$$
このうち，② をみたすのは $x=6$ だけである．

以上より，求める解は，
$$\boldsymbol{x=6}$$

(2) $$\log_3 x = 4\log_x 3 \qquad \cdots ③$$
底についての条件，
$$x>0, \ x\neq 1$$
と，真数が正であるという条件，
$$x>0$$
より，
$$x>0, \ x\neq 1 \qquad \cdots ④$$
底の変換公式［**8 基本のまとめ** ⑥ (5)］から，
$$4\log_x 3 \left[=\frac{4\log_3 3}{\log_3 x}\right]=\frac{4}{\log_3 x}$$
と変形されるので，③ は，
$$\log_3 x = \frac{4}{\log_3 x} \qquad \cdots ⑤$$
となる．これは，④ のとき，$(\log_3 x)\times ⑤$
$$(\log_3 x)^2=4 \ [=2^2]$$
と同値である．$\log_3 x$ について解いて，

$$\log_3 x = 2, \quad -2$$

対数の定義［**8 基本のまとめ 6**］から，

$$x = 3^2, \quad 3^{-2}$$

これらは，④ もみたしているので，求める解は，　　$x = 3^2, \quad 3^{-2}$，

つまり，

$$\boldsymbol{x = 9, \quad \frac{1}{9}}$$

108 解答

(1)
$$\log_2 x < 3 \qquad \cdots ①$$
真数が正であるので，
$$x > 0 \qquad \cdots ②$$
このとき，
$$3 = 3\log_2 2 = \log_2 2^3$$
$$= \log_2 8$$
と変形されるので，① は，
$$\log_2 x < \log_2 8 \qquad \cdots ③$$
となる．この底 2 について，$1 < 2$ であるから，［**8 基本のまとめ 7**(4)(i)を考えれば，］③ より，
$$x < 8 \qquad \cdots ④$$
②，④ を同時にみたす x の値の範囲が求める範囲であるから，
$$\boldsymbol{0 < x < 8}$$
［**注**］「③ の対数をとって ④ を得る」といったりはしない．正の数 M の a $(a > 0, a \neq 1)$ を底とする「対数をとる」とは M に対して $\log_a M$ を考えるという意味で用いるのであって，「対数をとり去る」という意味で用いるのではない．

(2)
$$-1 < \log_{0.25} x < 0.5 \qquad \cdots ⑤$$
は，
$$-1 < \log_{\frac{1}{4}} x < \frac{1}{2} \qquad \cdots ⑤'$$
とも表される．真数が正であるので，
$$x > 0 \qquad \cdots ⑥$$
このとき，
$$-1 = (-1)\log_{\frac{1}{4}} \frac{1}{4} = \log_{\frac{1}{4}} \left(\frac{1}{4}\right)^{-1}$$
$$= \log_{\frac{1}{4}} 4,$$

$$\frac{1}{2} = \frac{1}{2}\log_{\frac{1}{4}} \frac{1}{4} = \log_{\frac{1}{4}} \left(\frac{1}{4}\right)^{\frac{1}{2}}$$
$$= \log_{\frac{1}{4}} \sqrt{\left(\frac{1}{2}\right)^2} = \log_{\frac{1}{4}} \frac{1}{2}$$
と変形されるので，⑤′ は，
$$\log_{\frac{1}{4}} 4 < \log_{\frac{1}{4}} x < \log_{\frac{1}{4}} \frac{1}{2} \qquad \cdots ⑦$$
とも表される．この底 $\frac{1}{4}$ について，
$$0 < \frac{1}{4} < 1$$
であるから，［**8 基本のまとめ 7**(4)(ii)によれば，］⑦ より，
$$4 > x > \frac{1}{2}$$
これは，⑥ もみたしている．
したがって，不等式 ⑤ の解は，
$$\boldsymbol{\frac{1}{2} < x < 4}$$

(3)
$$\log_3(x-2) + \log_3 x < 1 \qquad \cdots ⑧$$
真数が正であるので，
$$x - 2 > 0, \quad かつ \quad x > 0,$$
つまり，
$$2 < x \qquad \cdots ⑨$$
このとき，⑧ の左辺は，
$$\log_3 x(x-2)$$
と変形され，一方，右辺は，
$$\log_3 3$$
と表されるので，⑧ は，
$$\log_3 x(x-2) < \log_3 3 \qquad \cdots ⑩$$
となる．
底 3 について，$1 < 3$ であるので，［**8 基本のまとめ 7**(4)(i)より，］⑩ から，
$$x(x-2) < 3 \qquad \cdots ⑪$$
を得る．
右辺を移項したときの ⑪ の左辺は，
$$x(x-2) - 3 = x^2 - 2x - 3$$
$$= (x+1)(x-3)$$
と変形されるので，⑪ は，
$$(x+1)(x-3) < 0$$
と同値である．これを解いて，
$$-1 < x < 3 \qquad \cdots ⑫$$

⑨ と ⑫ の共通部分を考えて，不等式 ⑧ の解は，

$$2 < x < 3$$

(4)　　$2\log_{\frac{1}{2}}(x-3) > \log_{\frac{1}{2}}(x+3)$　　…⑬

真数が正であるので，

$$x-3 > 0, \quad かつ \quad x+3 > 0,$$

つまり，　　　　　$x > 3$　　　　　…⑭

このとき，

$$2\log_{\frac{1}{2}}(x-3) = \log_{\frac{1}{2}}(x-3)^2$$

が成り立つので，⑬ は，

$$\log_{\frac{1}{2}}(x-3)^2 > \log_{\frac{1}{2}}(x+3)$$　　…⑮

と変形される．

底 $\frac{1}{2}$ について，$0 < \frac{1}{2} < 1$ であるから，

[**8 基本のまとめ** ⑦ (4)(ii)によれば，] ⑮ より，

$$(x-3)^2 < (x+3)$$　　…⑯

である．右辺を移項したときの ⑯ の左辺は，

$$(x-3)^2 - (x+3) = x^2 - 7x + 6$$
$$= (x-1)(x-6)$$

と変形されるので，⑯ は，

$$(x-1)(x-6) < 0$$

と同値である．

これを解いて，

$$1 < x < 6$$　　…⑰

⑭ と ⑰ の共通部分を考えて，不等式 ⑬ の解は，

$$3 < x < 6$$

109　解答

(1)　(i)　$f(x) = \left(\dfrac{1}{5}\right)^x$ とすると，底 $\dfrac{1}{5}$ につ

いて，$0 < \dfrac{1}{5} < 1$ であるから，$f(x)$ は減少

関数 [**8 基本のまとめ** ③ (4)(ii)] である．した

がって，$f(x)$ $(-1 \leqq x \leqq 1)$ の

最大値は $f(-1) = \left(\dfrac{1}{5}\right)^{-1}\left[=\dfrac{1}{\frac{1}{5}}\right] = 5,$

最小値は $f(1) = \dfrac{1}{5}$

(ii)　$g(x) = \log_5 x$ とすると，底 5 について，

$1 < 5$ であるから，$g(x)$ は増加関数 [**8 基本のまとめ** ⑦ (4)(i)] である．したがって，

$g(x)$ $(1 \leqq x \leqq 625)$ の

最大値は $g(625) = g(5^4)$
$$= \log_5 5^4 = 4\log_5 5 = 4,$$

最小値は $g(1) = \log_5 1 = 0$

(2)　(i)　$f(x)$ は，

$$f(x) \left[= \left\{x^2 - 2\times\frac{1}{2}x + \left(\frac{1}{2}\right)^2\right\} - \left(\frac{1}{2}\right)^2 - 3\right]$$
$$= \left(x - \frac{1}{2}\right)^2 - \frac{13}{4}$$

と変形されるので，$x > 0$ の範囲での $y = f(x)$ のグラフは次の図の実線部分となる．

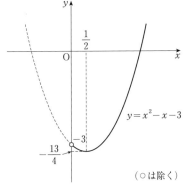

（○は除く）

この図から，$f(x)$ は $x = \dfrac{1}{2}$ のとき，最

小値 $-\dfrac{13}{4}$ をとる．

(ii)　　　　$f(x) = (2^x)^2 - 2^x - 3$

$t = 2^x$ とすると，x がすべての実数値を
とって変わるとき，t は $t > 0$ の範囲を変化
する．

また，

$$f(x) = t^2 - t - 3$$

したがって，関数 $t^2 - t - 3$ の $t > 0$ の範
囲での最小値を求めればよい．ところが，こ
の場合は(i)の結果を用いることができるの
で，求める $f(x)$ の最小値は，

$$(2^x =) t = \frac{1}{2} (= 2^{-1}),$$

つまり，$x=-1$ のとき，$-\dfrac{13}{4}$ である．

(3)　底の変換公式 ［**8 基本のまとめ** ⑥(5)］ から，

$$\log_{\frac{1}{2}} x = \dfrac{\log_2 x}{\log_2 \frac{1}{2}} = \dfrac{\log_2 x}{\log_2 2^{-1}}$$

$$= \dfrac{\log_2 x}{-\log_2 2} = -\log_2 x$$

いま，

$$t\left(=\log_{\frac{1}{2}} x\right) = -\log_2 x$$

とすると，底 2 について，$2>1$ であるから，

［**8 基本のまとめ** ⑦(4)(i)によれば，］

$$\left(\dfrac{1}{4} = \right) 2^{-2} \leqq x \leqq 2^2 (=4)$$

［とくに，このとき，真数が正であるという条件 $x>0$ は成立している］より，

$$\log_2 2^{-2} \leqq \log_2 x \leqq \log_2 2^2,$$

つまり，　　　　$-2 \leqq \log_2 x \leqq 2,$

つまり，

$$-2 \leqq t(=-\log_2 x) \leqq 2 \qquad \cdots ①$$

この範囲での，

$$f(x) = (\log_{\frac{1}{2}} x)^2 - 2\log_{\frac{1}{2}} x + 5$$

$$= t^2 - 2t + 5$$

の最大値と最小値を求めればよい．

ところが，t の関数

$$s = t^2 - 2t + 5$$

は，

$$s\ [= (t^2 - 2\times 1t + 1^2) - 1^2 + 5]$$

$$= (t-1)^2 + 4$$

と変形されるので，右の ① の範囲での

$$s = t^2 - 2t + 5$$

のグラフから，求める最大値は，

$$t = -2 \text{ のとき，} \boxed{13}, \quad \cdots ア$$

最小値は，

$$t = 1 \text{ のとき，} \boxed{4} \quad \cdots イ$$

(4)　$f(x) = \log_{10}(x-10) + \log_{10}(30-x)$ とする．

真数が正であるので，

$$x - 10 > 0, \ \text{かつ} \ 30 - x > 0,$$

つまり，x のとり得る値の範囲は，

$$10 < x < 30 \qquad \cdots ②$$

このとき，$f(x)$ は，

$$f(x) = \log_{10}(x-10)(30-x)$$

ここで，

$$t = (x-10)(30-x)$$

とすると，

$$t = -x^2 + 40x - 300$$

$$[= -(x^2 - 2\times 20x + 20^2) + 20^2 - 300]$$

$$= -(x-20)^2 + 100$$

であるから，② の範囲での

$t = -x^2 + 40x - 300$ のグラフをかくと次の図の実線部分となる．

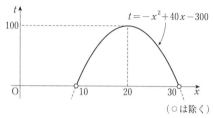

（○は除く）

この図から t は $x=20$ のとき最大となるが，関数 $\log_{10} t$ は増加関数 ［**8 基本のまとめ** ⑦(4)(i)］であるので，このとき，$f(x) = \log_{10} t$ も最大となる．

以上から，$f(x)$ ($10 < x < 30$) の最大値は，

$$f(20) = \log_{10} 100 = \log_{10} 10^2 = 2\log_{10} 10$$

$$= \boxed{2} \quad \cdots ウ$$

である．

110　解答

(1)　$\begin{cases} 2^x - 3^{y+1} = -19 \\ 2^{x+1} + 3^y = 25 \end{cases}$

つまり，

$\begin{cases} 2^x - 3\times 3^y = -19 \\ 2\times 2^x + 3^y = 25 \end{cases}$

で，$X = 2^x$，$Y = 3^y$ とすると，

$\begin{cases} X - 3Y = -19 & \cdots ① \\ 2X + Y = 25 & \cdots ② \end{cases}$

$\dfrac{1}{7}$(②$-2\times$①) より，$Y=9$

これを ① に代入して，X について解くと，
$$X=8$$
したがって，
$$2^x=8, \quad 3^y=9$$
つまり，
$$2^x=2^3, \quad 3^y=3^2$$
指数を比較して，**$x=3$，$y=2$**

(2) $\begin{cases} \log_2 x+\log_2(y-1)=3 & \cdots ③ \\ 2x-y=5 & \cdots ④ \end{cases}$

③ について，真数が正であるので，
$$x>0, \cdots⑤ \quad かつ \quad y-1>0 \cdots⑥$$
④ より，
$$y=2x-5 \quad \cdots⑦$$
⑦ を ③，⑥ に代入して，
$$\log_2 x+\log_2(2x-6)=3, \quad \cdots③'$$
$$2x-6>0 \quad \cdots⑥'$$
⑤ かつ ⑥' より，
$$x>3 \quad \cdots⑧$$
このとき，③' の左辺は，
$$\log_2 x(2x-6)=\log_2 2x(x-3),$$
右辺は，
$$3\log_2 2=\log_2 2^3$$
とそれぞれ変形されるので，③' は，
$$\log_2 2x(x-3)=\log_2 2^3$$
となる．したがって，[**8 基本のまとめ** ⑦(3)より，]
$$2x(x-3)=2^3,$$
つまり，$\quad x^2-3x-4=0,$
因数分解して，$\quad (x+1)(x-4)=0$
これを解いて，
$$x=-1, \ 4$$
このうち ⑧ をみたすのは，
$$x=4$$
だけであり，かつ ⑦ によれば，
$$y=3$$
以上より，連立方程式 ③ かつ ④ の解は，
$$\boldsymbol{x=4, \ y=3}$$

111 解答

(1) $\quad a^{2x}+2a^{x+2}-3a^4≧0 \quad \cdots①$
$X=a^x$ とすると，
$$a^{2x}=(a^x)^2=X^2, \quad a^{x+2}=a^2 a^x=a^2 X$$
であるから，① の左辺は，

$$X^2+2a^2 X-3a^4$$
となる．これは，
$$(X+3a^2)(X-a^2)$$
と因数分解されるので，① は，
$$(a^x+3a^2)(a^x-a^2)≧0 \quad \cdots②$$
と変形される．$a^x+3a^2>0$ に注意し，② の両辺を a^x+3a^2 で割って，
$$a^x-a^2≧0$$
a^2 を右辺に移項して，
$$a^x≧a^2 \quad \cdots③$$
$0<a<1$ であるから，[**8 基本のまとめ** ③
(4)(ii)を用いて，] 不等式 ③ の解は，
$$\boxed{x≦2} \quad \cdots ア$$

(2) $\quad \log_a(2x-4)^2<2\log_a(x+1) \quad \cdots④$
真数が正であるので，
$$(2x-4)^2>0, \cdots⑤ \quad かつ \quad x+1>0 \cdots⑥$$
⑤，つまり，$4(x-2)^2>0$ を解くと，
$$x≠2$$
したがって，⑤，かつ ⑥ は，
$$-1<x<2, \ 2<x \quad \cdots⑦$$
といいかえられる．

(i) $1<a$ のとき．
[**8 基本のまとめ** ⑦(4)(i)より，] ④，つまり，
$$\log_a(2x-4)^2<\log_a(x+1)^2 \quad \cdots④'$$
から，
$$(2x-4)^2<(x+1)^2 \quad \cdots⑧$$
を得る．
$$(2x-4)^2-(x+1)^2$$
$$[=(2x-4+x+1)(2x-4-x-1)]$$
$$=3(x-1)(x-5)$$
であるから，⑧ より，
$$(x-1)(x-5)<0$$
これを解いて，
$$1<x<5 \quad \cdots⑨$$
⑦，かつ ⑨ より，
$$1<x<2, \ 2<x<5$$

(ii) $0<a<1$ のとき．
[**8 基本のまとめ** ⑦(4)(ii)より，] ④' から，
$$(2x-4)^2>(x+1)^2,$$
つまり，$\quad (x-1)(x-5)>0$
これを解いて，
$$x<1, \ 5<x \quad \cdots⑩$$

⑦，かつ⑩より，
$$-1 < x < 1, \ 5 < x$$
以上をまとめて，不等式④の解は，
$1 < a$ のとき，　$1 < x < 2, \ 2 < x < 5,$
$0 < a < 1$ のとき，$-1 < x < 1, \ 5 < x$

112 　解答

$$\log_x y > 2 \qquad \cdots ①$$
底についての条件から，
$$x > 0, \ \text{かつ} \ x \neq 1 \qquad \cdots ②$$
真数が正であるという条件から，
$$y > 0 \qquad \cdots ③$$
②のとき，
$$2 = \log_x x^2$$
であるから，①は，
$$\log_x y > \log_x x^2 \qquad \cdots ④$$
と変形される．

③のもとで，
(i) $0 < x < 1$ のとき．
[8 基本のまとめ $\boxed{7}$ (4)(ii)によれば，]④は，
$$y < x^2$$
と同値である．
(ii) $1 < x$ のとき．
[8 基本のまとめ $\boxed{7}$ (4)(i)によれば，]④は，
$$y > x^2$$
と同値である．
以上をまとめて，①をみたす点 (x, y) の存在する範囲は，
$$0 < x < 1, \ \text{かつ} \ 0 < y, \ \text{かつ} \ y < x^2,$$
または，
$$1 < x, \ \text{かつ} \ 0 < y, \ \text{かつ} \ y > x^2$$
の表す領域であり，これを図示すると次の図の斜線部分となる．ただし，境界は含まない．とくに，点 $(0, 0)$，$(1, 0)$，$(1, 1)$ は除く．

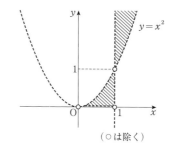

（○は除く）

113 　解答

$$\begin{cases} x \geq 10 \\ y \geq 10 \\ xy = 10^3 \end{cases} \qquad \cdots ①$$

[8 基本のまとめ $\boxed{7}$ (4)(i)より，] これらの両辺の常用対数をとると，

$$\begin{cases} \log_{10} x \geq \log_{10} 10 = 1 & \cdots ② \\ \log_{10} y \geq \log_{10} 10 = 1 & \cdots ③ \\ \log_{10} xy = \log_{10} 10^3, \ \text{つまり}, \\ \log_{10} x + \log_{10} y [= 3\log_{10} 10] = 3 & \cdots ④ \end{cases}$$

したがって，$s = \log_{10} x$，$t = \log_{10} y$ とすると，②，③，④より，

$$\begin{cases} s \geq 1 & \cdots ⑤ \\ t \geq 1 & \cdots ⑥ \\ s + t = 3 & \cdots ⑦ \end{cases}$$

この条件のもとでの $z = st$ の最大値と最小値を求めればよい．

⑦，つまり，
$$t = 3 - s \qquad \cdots ⑧$$
を用いて，t を消去すると，⑤，⑥より，
$$1 \leq s \leq 2 \qquad \cdots ⑨$$
また，
$$z = s(3 - s) \qquad \cdots ⑩$$
したがって，s が⑨の範囲を変化するときの z の最大値と最小値を求めればよい．

ところが，⑩は，
$$z = -s^2 + 3s$$
$$\left[= -\left\{ s^2 - 2 \times \frac{3}{2}s + \left(\frac{3}{2}\right)^2 \right\} + \left(\frac{3}{2}\right)^2 \right]$$
$$= -\left(s - \frac{3}{2}\right)^2 + \frac{9}{4}$$

と変形されるので，次の図から，

z は $s=\dfrac{3}{2}$ のとき，最大となり，

$s=1,\ 2$ のとき，最小となる．

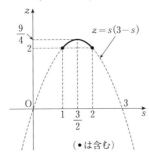

（•は含む）

s の定義によれば，

$$x=10^s$$

であり，さらに，① より，

$$y=10^3\times\dfrac{1}{x}=10^3\times\dfrac{1}{10^s}$$

$$=10^{3-s}$$

であるので，

z は，$\boldsymbol{x=10^{\frac{3}{2}}}$，かつ $\boldsymbol{y=10^{3-\frac{3}{2}}=10^{\frac{3}{2}}}$ のとき，

最大値 $\dfrac{9}{4}$ をとり，

$\boldsymbol{x=10}$，かつ $\boldsymbol{y=10^{3-1}=100}$，

または，

$\boldsymbol{x=100}$，かつ $\boldsymbol{y=10^{3-2}=10}$ のとき，

最小値 $1\times(3-1)=\boldsymbol{2}$ をとる．

114 　解　答

(1) $f(x)=\{(2^x)^2+(2^{-x})^2\}-5(2^x+2^{-x})+3$

$\quad[=\{(2^x+2^{-x})^2-2\times2^x\times2^{-x}\}$

$\qquad -5(2^x+2^{-x})+3]$

$\quad=\{(2^x+2^{-x})^2-2\times2^{x-x}\}$

$\qquad -5(2^x+2^{-x})+3$

$\quad=(t^2-2)-5t+3$

$\quad=\boldsymbol{t^2-5t+1}$

(2) 　t^2-5t+1

$\quad\left[=\left\{t^2-2\times\dfrac{5}{2}t+\left(\dfrac{5}{2}\right)^2\right\}-\left(\dfrac{5}{2}\right)^2+1\right]$

$\quad=\left(t-\dfrac{5}{2}\right)^2-\dfrac{21}{4}$

と変形されるので，$t=\dfrac{5}{2}$ となるような x

の値があれば，そのとき $f(x)$ は最小となる．

ところが，そのような x の値は存在する．なぜならば，

$$[t=]\ 2^x+2^{-x}=\dfrac{5}{2}$$

の両辺に 2×2^x をかけて，

$\quad[2(2^x)^2+2\times2^{-x+x}=5\times2^x,$

つまり，]

$$2(2^x)^2-5\times2^x+2=0$$

$X=2^x$ とすると，

$$2X^2-5X+2=0,$$

因数分解して，$(2X-1)(X-2)=0$

これを解いて，

$$X=\dfrac{1}{2},\ 2,$$

つまり，　　　　$2^x=2^{-1},\ 2^1$

指数を比較して，

$$x=-1,\ 1$$

が得られるからである．

以上より，$f(x)$ は，$\boldsymbol{x=\pm1}$ のとき，最小値

$$-\dfrac{21}{4}$$

をとる．

[注]　(2) まず，相加平均と相乗平均の大小関係（**3 基本のまとめ** **2**(2)）を用いて，

$$2^x+2^{-x}\geqq2\sqrt{2^x\times2^{-x}}=2,$$

つまり，　　　　$t\geqq2$

を出しておいてから，この範囲での

t^2-5t+1 の最小を考えるべきであるという意見があると思う．

t のとり得る値の範囲を求めることが大切なことはいうまでもないが，相加平均と相乗平均の大小関係を用いた場合，t は 2 より小さい値をとらないことはたしかであるが，2 以上のすべての値をとり得るかどうかはわからない．つまり，こうして得られた t の範囲はないも同然といえる．

以上の事情から，　解　答　では，t のとり得る値の範囲を含んでいる実数値全体を t が変化するときの　t^2-5t+1 の最小を求めて

おき，そのときの t の値，したがって，x の値が本当にあることを示すという方法をとったのである．（この問題のような，式のとり得る値の範囲を求めたい場合，相加平均と相乗平均の大小関係が使いにくいことについては，**38** 解説 を参照．)

115　解答

⑴　[1日後のバクテリアの個数は，20×2 個，

2日後のバクテリアの個数は，$(20\times2)\times2$ 個，

つまり 20×2^2 個，

3日後のバクテリアの個数は，$(20\times2^2)\times2$ 個，

つまり 20×2^3 個，

…]

7日後のバクテリアの個数は，20×2^7 個，つまり **2560 個**である．

⑵　⑴と同様に考えると，n 日後（$n=1,\ 2,\ \cdots$) のバクテリアの個数は，

$$20\times2^n\ 個$$

である．一方で，8億個とは 8×10^8 個と表されるから，

$$20\times2^n\geqq8\times10^8,$$

つまり，両辺を $2^3\times10$ で割った，

$$2^{n-2}\geqq10^7\qquad\cdots①$$

をみたす正の整数 n で最小のものを求めればよい．

[**8** 基本のまとめ **7** ⑷(i)に注意し，]①の両辺の常用対数をとると，

$$\log_{10}2^{n-2}\geqq\log_{10}10^7,$$

つまり，　$(n-2)\log_{10}2\geqq7\log_{10}10$

両辺を $\log_{10}2(>0)$ で割って，整理すると，

$$n\geqq2+\frac{7}{\log_{10}2}=2+\frac{7}{0.3010}\quad\cdots②$$

ここで，[$23\times0.3=6.9\fallingdotseq7$ で見当をつけて，] $23\times0.3010=6.9230<7<7.2240=24\times0.3010$ であるから，各辺を 0.3010 で割って，

$$23<\frac{7}{0.3010}<24$$

つまり，

$$25<2+\frac{7}{0.3010}<26$$

となるから，②，つまり①をみたす正の整数 n で最小のものは 26

以上から，このバクテリアが8億個以上になるのは **26 日後**である．

116　考え方 ⑴については，たとえば，16，および 3125，⑵については，たとえば，0.012，および 0.0006 という数について考えてみる．

- 16 について．

桁数は，$\boxed{2}$，かつ $10<16<10^{\boxed{2}}$

- 3125 について．

桁数は，$\boxed{4}$，かつ $10^3<3125<10^{\boxed{4}}$

- 0.012 について．

小数第 $\boxed{2}$ 位にはじめて 0 でない数字が現れる．一方，$10^{-\boxed{2}}<0.012<10^{-1}$

- 0.0006 について．

小数第 $\boxed{4}$ 位にはじめて 0 でない数字が現れる．一方，$10^{-\boxed{4}}<0.0006<10^{-3}$

以上を念頭において，

解答

⑴　ある負でない整数 N があって，

$$10^N\leqq3^{20}<10^{N+1}\qquad\cdots①$$

が成り立つならば，3^{20} の桁数は $N+1$ である．

ところが，[**8** 基本のまとめ **7** ⑷(i)より，] ①の各辺の常用対数をとると，

$$\log_{10}10^N\leqq\log_{10}3^{20}<\log_{10}10^{N+1},$$

つまり，

$$N\leqq\log_{10}3^{20}<N+1$$

ここで，

$$\log_{10}3^{20}=20\times\log_{10}3$$
$$=20\times0.4771=9.542$$

であるから，

$$9<\log_{10}3^{20}<10$$

したがって，3^{20} の桁数は，

10

である．

⑵　ある正の整数 N があって，

$$10^{-N}\leqq\left(\frac{2}{9}\right)^{30}<10^{-(N-1)}\qquad\cdots②$$

が成り立つならば，$\left(\dfrac{2}{9}\right)^{30}$ を小数で表すとき，小数第 N 位にはじめて 0 でない数字が現れる.

ところが，[8 基本のまとめ ⑦(4)(i) より，] ② の各辺の常用対数をとると，

$$\log_{10} 10^{-N} \leqq \log_{10}\left(\dfrac{2}{9}\right)^{30} < \log_{10} 10^{-(N-1)},$$

つまり，

$$-N \leqq \log_{10}\left(\dfrac{2}{9}\right)^{30} < -(N-1)$$

ここで，

$$\begin{aligned}
\log_{10}\left(\dfrac{2}{9}\right)^{30} &= 30 \times \log_{10}\dfrac{2}{9}\\
&= 30 \times (\log_{10} 2 - \log_{10} 3^2)\\
&= 30 \times (\log_{10} 2 - 2\log_{10} 3)\\
&= 30 \times (0.3010 - 2 \times 0.4771)\\
&= -30 \times 0.6532\\
&= -19.596
\end{aligned}$$

であるから，

$$-20 < \log_{10}\left(\dfrac{2}{9}\right)^{30} < -19$$

したがって，$\left(\dfrac{2}{9}\right)^{30}$ を小数で表すとき，はじめて 0 でない数字が現れるのは，

小数第 20 位

である.

第4章 三角関数

10 三角関数

117 解答

(1) 単位円で考える. 弧の長さは, 中心角に比例し, $360°$ は $2\pi \times 1$ ラジアンであるから,

$$x° : 360° = y : 2\pi$$

つまり, x と y の間に成り立つ関係式は,

$$y = \dfrac{\pi}{180}x$$

(2) 単位円の半径は 1 であるから, その円周の長さは,

$$2\pi \times 1 = 2\pi \quad \cdots \text{アは} ①$$

したがって, 全円周 [, つまり長さ 2π の弧] に対する中心角は,

$$2\pi \text{ ラジアン} \quad \cdots \text{イも} ①$$

次に, 半径 r の円と単位円は相似で, その相似比は $r : 1$ であり, 単位円の中心角 θ に対応する弧の長さは θ であるから, 半径 r の円で中心角 θ ラジアンに対応する円弧の長さは,

$$r \times \theta = r\theta \quad \cdots \text{ウは} ③$$

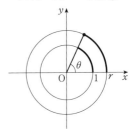

また, 半径 r の円の中心角 2π の扇形, つまりこの円の面積は,

$$\pi r^2 \quad \cdots \text{エは} ⑦$$

したがって, 半径 r の円の中心角 θ ラジアンの扇形の面積を S とすると, [扇形の面積は中心角に比例するので,]

$$2\pi : \theta = \pi r^2 : S$$

これから,

$$S=\frac{1}{2}r^2\theta \quad \cdots \text{オは⓪}$$

[注]　以下の 解説 でもふれているが,角の大きさとは,小学校で学習した角やここで登場する一般角に対応した,しかるべき条件をもつ数のことである.度数法や弧度法は,その際用いられる方法である.

このように角の大きさ,即,角というわけではないが,両者は区別せずに用いられることが多い.

解説 小学校で学習した角の定義は,(図1のような,)

(Ⅰ)　「1つの点 O を端点にもつ2つの半直線 OA,OB からなる図形 OA∪OB」

というものであった.

（図1）

これは三角形の内角の場合や図2の凹四角形のような凹多角形を考えない場合であれば問題ないが,少し複雑なもの,たとえば四角形の内角のようなものであっても満足に対応することができない.定義(Ⅰ)によれば次の凹凸2つの四角形 OACB の内角 AOB は同じということになる.

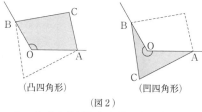

（凸四角形）　　（凹四角形）

（図2）

この欠点を修正した定義が次の(Ⅱ),(Ⅲ)である.図形としての角を扱う場合には,(Ⅱ)で十分である.

(Ⅱ)　「1つの点 O を端点にもつ2つの半直線 OA,OB からなる図形 AO∪OB は平面を2つの部分に分ける.その2つの部分のおのおのを角という.OA∪OB はいずれの角にも含まれているものとする.」

（図3では ▨ の部分と斜線部分）

この角 AOB の大きさを,たとえば弧度法(**10 基本のまとめ** ① (2))にしたがって,O を中心とする単位円 O(**10 基本のまとめ** ⑤ [注])と角 AOB の共通部分である弧の長さで測る.「これは 0 から 2π までの値をとる.…(*)」

この定義(Ⅱ)も三角関数を扱おうとすると,不都合に行きあたる.角の和を考えよう.たとえば,図4のような大きさ

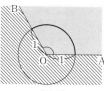

（図3）

α の角 AOB と大きさ β の角 BOC の和,つまり集合としての両者の和集合(角AOB)∪(角BOC)は,α と β の和が 2π よりも大きいと,上記の(*)によって,角の定義(Ⅱ)の条件をみたしていない.つまり,この角の和は角ではない.

こうした不都合を解消するには,角の定義に少し手を加えて,もっと大きな「角」が定義されるようにする必要がある.その手始めとして,定義(Ⅱ)を次のように修正する.

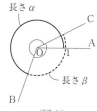

（図4）

(Ⅲ)　「はじめ半直線 OA と重なっていた半直線 OP が半直線 OB と重なるまで,O を中心としてつねに同じ向きに回転するとき,半直線 OP が通過してできる図形を角 AOB という.」

（**10 基本のまとめ** ① (1)の図を参照）

この定義中の半直線 OP,OA をそれぞれ **動径**,**始線** という.

この定義でも,定義(Ⅱ)と同様に角の大きさが決まるが,それに加えて,角の向きが定められる.つまり,半直線 OA から半直線 OB へいたる回転の向きが,

時計の針の回転と逆の向きであるとき,正の向き,

時計の針の回転と同じ向きであるとき,負の向き

とし，角の大きさに，それぞれに応じて符号＋（なにもつけないこともある），－をつけて表す．定義(II)での角 AOB に対して，ここでの始線を OA にとった場合の定義(III)での角 AOB が，たとえば正の数 α で表されれば始線を OB にとった場合の角 AOB は $-\alpha$ で表される．このように，（-2π から 0 までの）負の角が定められる．

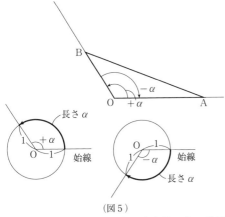

（図5）

さて，O を端点にもつ半直線である動径は，それと単位円 O との交点で決まってしまう．このことから，定義(III)で，P，A，B がすべて単位円 O 上にあるとすれば，角 AOB は，

> 「動点 P が単位円 O 上を途中で進む向きを変えたりしないで，A から B まで動くとき，動径 OP が通過してできる図形」

とも述べられる．この P が単位円 O 上でつくる図形は弧 AB であるが，これを『A を一端とする，ひも状の「メジャー」の単位円 O に巻きついている部分』

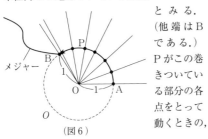

とみる．（他端は B である．）P がこの巻きついている部分の各点をとって動くときの，

（図6）

動径 OP 全体がつくる図形である角 AOB は，先の角の和での不都合のように，「メジャー」が単位円 O に，1 周以上にわたって巻きついている場合には，他端 B がどこにあっても平面全体となってしまう．このこと

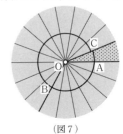

（図7）

から，定義(II)，(III)のような，図形としての角を，そのままもち込むのには無理があった．そこで，図形としての角を導入することはあきらめ，大きな「角」を定めるのに必須となる回転にかかわる部分だけ，つまり，（動径 OP を考えるのはやめて，）P だけに注目する．こう割り切ってしまえば，上述した「メジャー」の単位円 O に巻きついた部分だけに注意をむければよい．試しに，新たな角 AOB は，単位円 O 上で，A から B へ向かう向きと A を一端とする「メジャー」の巻きついている部分（他端は B）の長さで決まるものとしてみよう．この定義では，「メジャー」の巻きついている部分が単位円 O を何周してもよく，このことから，大きな「角」を定めることが可能である．さらに，懸案であった先の角の和の例では，「メジャー」が A を一端とし，B を経て，C まで巻きついているときの，その部分の長さ（図7の太線）は，定義(III)での OA を始線とする角 AOB の大きさと，OB を始線とする角 BOC の大きさの和となっている．つまり，この定義は定義(III)ともよくなじむ．この事実より，この「メジャー」の単位円 O に巻きついた部分の長さを「角の大きさ」ということにしてもさしつかえはないであろう．そこで，新たな角 AOB の定義を，定義(I)も考慮して，

> 「点 O を中心とする単位円 O 上で，動点 P が点 A から正または負の向きに（上述のような）角 AOB の大きさだけ移動し，点 B にいたったときの，半直線 OA，OB からなる図形 OA∪OB」

と定めることにする。この新たな角では，三角関数を導入しようとするときに求められていた，大きな角や負の角等がちゃんと定められる。これを**一般角**ともいう。この定義は，大きさが0から $+\dfrac{\pi}{2}$ までのときは，定義(I)と一致するし，0から $+2\pi$ までのとき，-2π から $+2\pi$ までのときには，動径OP全体のつくる図形が，それぞれ定義(II)，定義(III)の角 AOB にあたる。

118 解答

(1) ［10 基本のまとめ ②を参照］

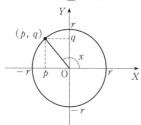

XY 平面上で，X 軸の正の部分を始線として，角 x の動径と原点を中心とする半径 r の円周との交点の座標を (p, q) とすると，比 $\dfrac{q}{r}$ の値は半径 r の大きさによることなく角 x で定まる。この値が角 x の正弦である。

(2) (i) 次の図から，
$$\sin 225° = -\frac{\sqrt{2}}{2}$$

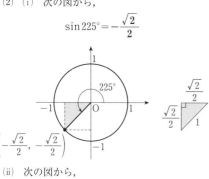

(ii) 次の図から，
$$\cos(-240°) = -\frac{1}{2}$$

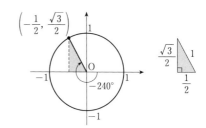

(iii) 次の図から，
$$\tan \frac{11}{6}\pi = \frac{-\dfrac{1}{2}}{\dfrac{\sqrt{3}}{2}} = -\frac{1}{\sqrt{3}}$$
$$= -\frac{\sqrt{3}}{3}$$

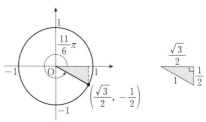

［(iv), (v), (vi)では 10 基本のまとめ ④ (1)を用いる］

(iv)
$$-3000° = 240° - 3240°$$
$$= 240° + 360° \times (-9)$$
と変形されるので，
$$\sin(-3000°) = \sin\{240° + 360° \times (-9)\}$$
$$= \sin 240°$$
$$= -\frac{\sqrt{3}}{2}$$

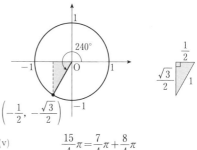

(v)
$$\frac{15}{4}\pi = \frac{7}{4}\pi + \frac{8}{4}\pi$$
$$= \frac{7}{4}\pi + 2\pi$$

と変形されるので,

$$\cos\frac{15}{4}\pi = \cos\left(\frac{7}{4}\pi + 2\pi\right)$$

$$= \cos\frac{7}{4}\pi$$

$$= \frac{\sqrt{2}}{2}$$

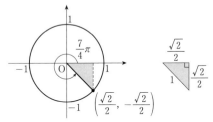

(vi)

$$855° = 135° + 720°$$

$$= 135° + 360° × 2$$

と変形されるので,

$$\tan 855° = \tan(135° + 360° × 2)$$

$$= \tan 135°$$

$$= -1$$

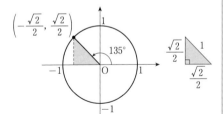

119 　解答

xy 平面上で, O を中心とする回転を考え, 角 θ の動径と単位円の交点を $P(x, y)$ とする.

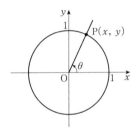

いま, $\tan\theta$ が定義されているので, n を

整数として,

$$\theta \neq \frac{\pi}{2} + n\pi$$

であり, このとき, $x \neq 0$ で,

$$\tan\theta = \frac{y}{x}$$

したがって,

$$1 + \tan^2\theta = 1 + \left(\frac{y}{x}\right)^2$$

$$= \frac{x^2 + y^2}{x^2}$$

P は単位円上の点であるから,

$$x^2 + y^2 = 1$$

が成り立つので,

$$1 + \tan^2\theta = \frac{1}{x^2}$$

さらに, $\cos\theta$ の定義より,

$$\cos\theta = \frac{x}{1} = x$$

であるから,

$$1 + \tan^2\theta = \frac{1}{\cos^2\theta}$$

（証明終り）

120 　解答

(1) ［$\cos^2\theta + \sin^2\theta = 1$ であるから,］

$$\cos^2\theta = 1 - \sin^2\theta$$

$$= 1 - \left(-\frac{2}{3}\right)^2 = \frac{5}{9} \quad \cdots ①$$

ところが, θ が第3象限の角であるので,

$$\cos\theta < 0$$

したがって, ① より,

$$\cos\theta = -\sqrt{\frac{5}{9}}$$

$$= \boxed{-\frac{\sqrt{5}}{3}} \quad \cdots ア$$

この結果も用いると,

$$\tan\theta = \frac{\sin\theta}{\cos\theta}$$

$$= \frac{-\dfrac{2}{3}}{-\dfrac{\sqrt{5}}{3}} = \frac{2}{\sqrt{5}}$$

$$= \boxed{\dfrac{2\sqrt{5}}{5}} \quad \cdots イ$$

(2) (i)

$$\tan\theta = -5 \qquad \cdots ②$$

$$-\dfrac{\pi}{2} < \theta < \dfrac{\pi}{2} \qquad \cdots ③$$

$$\left[\dfrac{1}{\cos^2\theta} = 1 + \tan^2\theta \text{ より,} \right]$$

$$\cos^2\theta = \dfrac{1}{1+\tan^2\theta} \qquad \cdots ④$$

③ より,

$$\cos\theta > 0$$

であるから, ④ より,

$$\cos\theta = \sqrt{\dfrac{1}{1+\tan^2\theta}}$$

② を代入して,

$$\cos\theta = \sqrt{\dfrac{1}{1+(-5)^2}} = \dfrac{1}{\sqrt{26}} \quad \cdots ⑤$$

一方,

$$\sin\theta = \cos\theta \cdot \dfrac{\sin\theta}{\cos\theta}$$
$$= \cos\theta \cdot \tan\theta$$

であるから, ②, ⑤ より,

$$\sin\theta = \dfrac{-5}{\sqrt{26}} \qquad \cdots ⑥$$

⑤, ⑥ より,

$$2\sin\theta + \cos\theta = 2 \times \dfrac{-5}{\sqrt{26}} + \dfrac{1}{\sqrt{26}}$$

$$= -\dfrac{9\sqrt{26}}{26}$$

(ii) $\dfrac{1-\sin\theta}{\cos\theta} + \dfrac{\cos\theta}{1-\sin\theta}$

$$= \dfrac{(1-\sin\theta)^2 + \cos^2\theta}{(\cos\theta)(1-\sin\theta)} \qquad \text{[通分した]}$$

$$= \dfrac{1-2\sin\theta + (\sin^2\theta + \cos^2\theta)}{(\cos\theta)(1-\sin\theta)}$$

$$= \dfrac{2(1-\sin\theta)}{(\cos\theta)(1-\sin\theta)} \; [\sin^2\theta + \cos^2\theta = 1 \text{ より}]$$

$$= \dfrac{2}{\cos\theta}$$

これに, ⑤ を用いれば,

$$\dfrac{1-\sin\theta}{\cos\theta} + \dfrac{\cos\theta}{1-\sin\theta}$$

$$= \dfrac{2}{\dfrac{1}{\sqrt{26}}} = 2\sqrt{26}$$

(3)

$$\sin\theta + \cos\theta = \dfrac{1}{2}$$

の両辺を平方し, その左辺を展開すると,

$$\sin^2\theta + 2\sin\theta\cos\theta + \cos^2\theta = \dfrac{1}{4}$$

$$[\sin^2\theta + \cos^2\theta = 1 \text{ であるから,}]$$

$$1 + 2\sin\theta\cos\theta = \dfrac{1}{4}$$

$\sin\theta\cos\theta$ について解いて,

$$\sin\theta\cos\theta = \boxed{-\dfrac{3}{8}} \quad \cdots ウ$$

[注] (3) の解答は前記でよいが, $\sin\theta$,
$\cos\theta$ がともに実数であるという前提は忘れ
ないようにしたい. 条件とこの結論を用いる
と, 解と係数の関係より, $\sin\theta$, $\cos\theta$ は t
の 2 次方程式

$$t^2 - \dfrac{1}{2}t - \dfrac{3}{8} = 0$$

の 2 つの解である. この 2 次方程式の判別式
を D とすると,

$$D = \dfrac{1}{4} - 4 \times \left(-\dfrac{3}{8}\right) = \dfrac{7}{4}$$

となって正であるから, $\sin\theta$, $\cos\theta$ はとも
に実数である.

121 [解答]

(1) 角 θ, $-\theta$ の動径と単位円の交点をそれ
ぞれ P, Q とする. このとき, P と Q は
x 軸に関して対称であるから, P(x, y) とす
れば Q(x, $-y$) である. したがって,

$$\sin(-\theta) = -y = -\sin\theta,$$
$$\cdots Ⓐ \quad \cdots ウ は ②$$
$$\cos(-\theta) = x = \cos\theta \quad \cdots Ⓑ \quad \cdots ア は ③$$

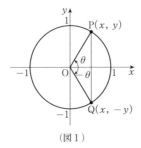

（図1）

次に，角 θ，$\dfrac{\pi}{2}+\theta$ の動径と単位円の交点をそれぞれ P，Q とする．このとき，図2のように，P(x,y) とすれば，Q$(-y,x)$である．したがって，

$$\sin\left(\frac{\pi}{2}+\theta\right)=x=\cos\theta, \qquad \cdots\textcircled{C}$$

$$\cos\left(\frac{\pi}{2}+\theta\right)=-y=-\sin\theta, \qquad \cdots\textcircled{D}$$

$$\tan\left(\frac{\pi}{2}+\theta\right)=\frac{x}{-y}=-\frac{1}{\dfrac{y}{x}}$$

$$=-\frac{1}{\tan\theta} \quad \cdots オは\textcircled{8}$$

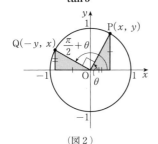

（図2）

また，角 θ，$\pi+\theta$ の動径と単位円の交点をそれぞれ P，Q とする．このとき，図3のように，P(x,y) とすれば，Q$(-x,-y)$である．したがって，

$$\sin(\pi+\theta)=-y=-\sin\theta, \qquad \cdots\textcircled{E}$$

$$\cos(\pi+\theta)=-x=-\cos\theta, \qquad \cdots\textcircled{F}$$

$$\tan(\pi+\theta)=\frac{-y}{-x}=\frac{y}{x}=\tan\theta$$

$$\cdots カは\textcircled{5}$$

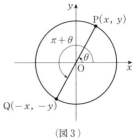

（図3）

さらに，$\textcircled{F}$ で θ を $-\theta$ におきかえて，

$$\cos(\pi-\theta)=-\cos(-\theta)$$

$$=-\cos\theta \quad（\textcircled{B}より）$$

$$\cdots イは\textcircled{4}$$

$\textcircled{C}$ で θ を $-\theta$ におきかえて，

$$\sin\left(\frac{\pi}{2}-\theta\right)=\cos(-\theta)$$

$$=\cos\theta \quad（\textcircled{B}より）$$

$$\cdots エは\textcircled{3}$$

[注] 加法定理を用いてもよい．たとえば，

$$\cos(\pi-\theta)=\cos\pi\cos\theta+\sin\pi\sin\theta$$

$$=-\cos\theta$$

(2) $\sin(90°+\theta)=\cos\theta,$

　　$\cos(180°+\theta)=-\cos\theta,$

　　$\cos(90°-\theta)=\sin\theta,$

　　$\sin(180°-\theta)=\sin\theta$ $\left[\left.\right\}[注]を参照\right]$

であるから，

$$\sin(90°+\theta)\cos(180°+\theta)$$

$$-\cos(90°-\theta)\sin(180°-\theta)$$

$$=(\cos\theta)(-\cos\theta)-\sin^2\theta$$

$$=-(\cos^2\theta+\sin^2\theta)$$

$$=-1$$

[注] $\textcircled{D}$ で θ を $-\theta$ におきかえて，

$$\cos(90°-\theta)=-\sin(-\theta)$$

$$=\sin\theta, \quad（\textcircled{A}より）$$

$\textcircled{E}$ で θ を $-\theta$ におきかえて，

$$\sin(180°-\theta)=-\sin(-\theta)$$

$$=\sin\theta \quad（\textcircled{A}より）$$

122 考え方 まず，$y=f(x)$ のグラフとは，座標平面上で，変数 x が定義域にあるような点 $(x, f(x))$ 全体のつくる図形のことであったこと（**4 基本のまとめ** ②(2)

［注］）を確認しておく.

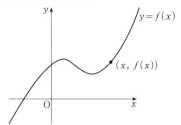

このとき, 一般に次が成り立つ.（この証明については後記の［注］(i)を参照）

「a を正の数とするとき,

$\quad y=f(ax)$ のグラフは,

$\quad y=f(x)$ のグラフを y 軸をもとにして x 軸の方向に $\dfrac{1}{a}$ 倍に拡大・縮小して得られる.」 $\quad\cdots(*_1)$

この事実を用いると, $y=\cos 2\theta$ のグラフは $y=\cos\theta$ のグラフを y 軸をもとにして θ 軸の方向に $\dfrac{1}{2}$ 倍に縮小して得られるから, その周期は, $y=\cos\theta$ のグラフの周期が $360°$（後記の［注］(iii)を参照）であることより,

$$\frac{360°}{2}=180°$$

となる. 同様に考えると, a を正の数, 角の大きさは弧度法を用いるとき,

$$\sin ax,\ \cos ax,\ \tan ax$$

の周期は, それぞれ,

$$\frac{2\pi}{a},\ \frac{2\pi}{a},\ \frac{\pi}{a}$$

である.

解 答

$$y=\cos(2\theta-60°),$$

つまり $\quad y-0=\cos\{2(\theta-30°)\}$

のグラフは, $y=\cos 2\theta$ のグラフを θ 軸の方向に $30°$ だけ平行移動したものである［**6 基本のまとめ** ③］. とくに, $\cos(2\theta-60°)$ の周期 T と $\cos 2\theta$ の周期は等しい.

さらに, $\cos 2\theta$ の周期は, $\cos\theta$ の周期の半分であり, $\cos\theta$ の周期は $360°$ であるから,

$$T=\frac{360°}{2}=\boxed{180}\ °\quad\cdots\text{ア}$$

また, そのグラフは $\boxed{(3)}$ $\cdots$イである.

なぜならば, $\theta=0°$ のときの y の値は $\dfrac{1}{2}=0.5$ であるが, 図でこれをみたすものは (3) だけであるからである.

［**注**］ (i) **考え方** の $(*_1)$ を証明しておく.

$\quad y=f(ax)$ のグラフを G, $y=f(x)$ のグラフ H を y 軸をもとにして x 軸の方向に $\dfrac{1}{a}$ 倍に拡大・縮小して得られる図形を C とするとき, G と C が一致することを示せばよい.

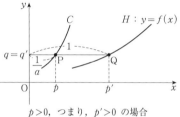

$p>0$, つまり, $p'>0$ の場合

まず, C 上の各点 $P(p, q)$ に対し, H 上の点 $Q(p', q')$ があって,

$$\begin{cases} p=\dfrac{1}{a}p' \\ q=q' \end{cases}\quad\cdots①$$

つまり,

$$\begin{cases} p'=ap \\ q'=q \end{cases}\quad\cdots②$$

Q は H 上にあるので,

$$\left.\begin{array}{l} q'=f(p'), \\ \text{つまり,}\quad q=f(ap) \end{array}\right\}\cdots③$$

したがって, P は G 上にある.

逆に, $P(p, q)$ が G 上にあれば, ② で定められる点 $Q(p', q')$ は, 前記の ③ を逆にたどれば H 上の点であることがわかり, しかもこのとき ②, つまり ① が成り立っているので, P は H を y 軸をもとにして x 軸の方向に $\dfrac{1}{a}$ 倍に拡大・縮小して得られる図形, つまり C 上にあることがわかる.

以上から，G と C は一致する．

(ii) $$y=\cos(2\theta-60°)$$

を，

$$y-0=\cos\{(2\theta)-60°\}$$

と変形しておいて，$y=\cos(2\theta-60°)$ のグラフは，

「$y=\cos 2\theta$ のグラフを θ 軸の
方向に $60°$ だけ平行移動した　　…($*_2$)
図形」

とするのはまちがいである．

6 基本のまとめ ③ によれば，($*_2$) の図形 F の方程式は，$y=\cos 2\theta$ の θ, y をそれぞれ $\theta-60°$，y におきかえて得られるはずであるから，

$$y=\cos\{2(\theta-60°)\},$$

つまり，　$$y=\cos(2\theta-120°)$$

となる．したがって，そのグラフである F はもとの $y=\cos(2\theta-60°)$ のグラフとは一致しないからである．

(iii) 【解答】で

「$\cos\theta$ の周期は $360°$ である」　…($*_3$)

と記したが，このかわりに

「一般に，どのような角 θ に対しても，
$$\cos(\theta+360°)=\cos\theta　　…④$$
であるから明らかである」

とかいてもまちがいとはいえないが，以下に示すようにやや不備がある．($*_3$) のように断言した方がよい．

周期関数の定義は次のとおりであった．
関数 $f(x)$ について，0 でない定数 p があって，

$$f(x+p)=f(x)$$

が x のどのような値に対しても成り立つとき $f(x)$ を**周期関数**という．また，p を**周期**，とくに正の周期で最小のものを**基本周期**という．通常，周期というときは，この基本周期をさす．

問題文の「周期」，したがって ($*_3$) の「周期」とは，この基本周期と考えるのが自然である．それが $360°$ であること，つまり ($*_3$) を示すには，④ だけでなく，次の ($*_4$) を成り立たせるような角 α が $0°<\alpha<360°$ の範囲にないことの確認をしないといけないのである．

「すべての角 θ について，　　…($*_4$)
$$\cos(\theta+\alpha)=\cos\theta　…⑤$$」

この事実が成り立つこと，つまりこのような角 α がないことを示しておく．角 α が ($*_4$) をみたすならば，とくに $\theta=0°$ の場合について，⑤ が成り立つので，

$$\cos\alpha=\cos 0°,$$

つまり，　　$$\cos\alpha=1$$

この命題，つまり「角 α が ($*_4$) をみたすならば $\cos\alpha=1$」の対偶を考えて，

「角 α について，$\cos\alpha\ne 1$ ならば ($*_4$) をみたさない」

ところが，実際，$0°<\alpha<360°$ の範囲では $\cos\alpha\ne 1$ であるから，この範囲の角 α は ($*_4$) をみたさない．いいかえれば，($*_4$) を成り立たせるような角 α は $0°<\alpha<360°$ の範囲にはない．

123　【解答】

[**10 基本のまとめ ⑤** を用いる]

(1)　　　　　$$\sin\theta=\frac{\sqrt{3}}{2}　　　　…①$$

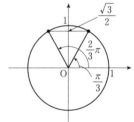

[上の図より，]

$$0\le\theta<2\pi　　…②$$

の範囲での，① の解は，

$$\theta=\frac{\pi}{3},\ \frac{2}{3}\pi$$

したがって，θ の範囲に制限がないときの ① の解は，[$\sin\theta$ が周期 2π の周期関数（**122** の [注] を参照）であるから，]n を整数とすると，

$$\theta=\frac{\pi}{3}+2n\pi,\ \frac{2}{3}\pi+2n\pi$$

[注] $\dfrac{2}{3}\pi = \pi - \dfrac{\pi}{3}$

であるから,

$$\dfrac{2}{3}\pi + 2n\pi = -\dfrac{\pi}{3} + (2n+1)\pi$$

$$= (-1)^{2n+1}\dfrac{\pi}{3} + (2n+1)\pi$$

と表される. したがって,

$$\dfrac{\pi}{3} + 2n\pi = (-1)^{2n}\dfrac{\pi}{3} + 2n\pi$$

とあわせて, この場合の ① の解は, m を整数とすると,

$$\theta = (-1)^{m}\dfrac{\pi}{3} + m\pi$$

とも表される.

(2) $$\cos\theta = \dfrac{\sqrt{2}}{2} \qquad \cdots ③$$

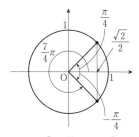

[上の図より,] ② の範囲での ③ の解は,

$$\theta = \dfrac{\pi}{4}, \ \dfrac{7}{4}\pi$$

したがって, θ の範囲に制限がないときの ③ の解は, [$\cos\theta$ が周期 2π の周期関数 (**122** の [注] を参照) であるから,] **n を整数とする**と,

$$\theta = \dfrac{\pi}{4} + 2n\pi, \ \dfrac{7}{4}\pi + 2n\pi$$

[注] $-\pi < \theta \leqq \pi$ の範囲での ③ の解は,

$$\pm\dfrac{\pi}{4}$$

であるから, θ の範囲に制限がないときの ③ の解は, m を整数とすると,

$$\theta = \pm\dfrac{\pi}{4} + 2m\pi$$

とも表される.

(3) $$\tan\theta = -\dfrac{1}{\sqrt{3}} \qquad \cdots ④$$

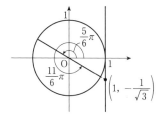

[上の図より,] ② の範囲での, ④ の解は,

$$\theta = \dfrac{5}{6}\pi, \ \dfrac{11}{6}\pi$$

したがって, θ の範囲に制限がないときの ④ の解は, [$\tan\theta$ が周期 π の周期関数 (**122** の [注] を参照) であるから,] **n を整数とする**と,

$$\theta = \dfrac{5}{6}\pi + n\pi$$

[注] (i) 三角関数のグラフを用いて解答してもよい. (3) の場合は次のようになる.

$0 \leqq \theta < 2\pi$ の範囲での $\tan\theta = -\dfrac{1}{\sqrt{3}}$ の解は, 次に示す $y = \tan\theta$ のグラフから, $\dfrac{5}{6}\pi$, $\dfrac{11}{6}\pi$ である. さらに, $y = \tan\theta$ のグラフを用いて, θ の範囲に制限がないときの解は, **n を整数とする**と,

$$\dfrac{5}{6}\pi + n\pi$$

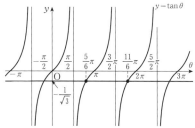

(ii) 解答 の単位円や, 前記の (i) のグラフはそれをかいて, 具体的な θ の値がわかるというものではない. たとえば, (1) ではそこにある図だけならば $\theta = \dfrac{\pi}{3}$ ではなく $\theta = \left(\dfrac{1}{3} + 0.001\right)\pi$ かもしれない. では, これらは単なる気休めか, というとそうでもな

い．三角関数を含む方程式や不等式では，多くの場合，求める解は複数個あり，それらすべてを式だけで把握するのは楽ではない．ところが，図をかけば，三角関数の周期性も考慮すると，比較的容易にそれらすべてを把握することができるのである．

以上の理由から，こうした図は答案には必ずしもかく必要はないが，考える際にはぜひかいておきたい．

124 解答

(1) $0 \leqq \theta < 2\pi$ の範囲での，

$$\sin\theta = -\frac{\sqrt{2}}{2}$$

の解は，［図1より，］

$$\theta = \frac{5}{4}\pi, \ \frac{7}{4}\pi$$

したがって，求める θ の値の範囲は，角 θ の動径が図2の □ の部分（境界は原点のみを含み，それ以外の点を含まない）にあるときであり，

$$0 \leqq \theta < \frac{5}{4}\pi, \ \frac{7}{4}\pi < \theta < 2\pi$$

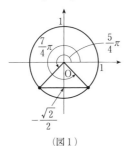

（図1）

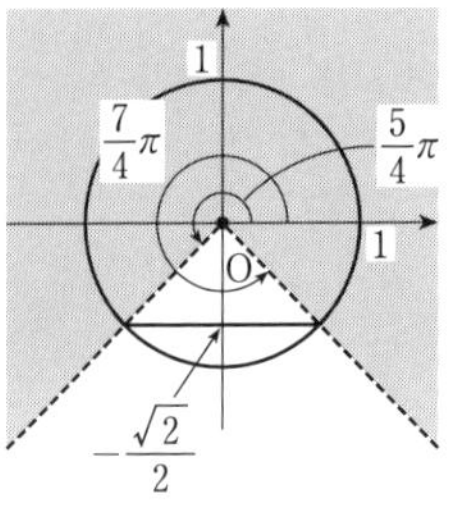

（図2）

(2) $0 \leqq \theta < 2\pi$ の範囲での，

$$\cos\theta = -\frac{\sqrt{2}}{2}$$

の解は，［図3より，］

$$\theta = \frac{3}{4}\pi, \ \frac{5}{4}\pi,$$

$$\cos\theta = -\frac{1}{2}$$

の解は，［図3より，］

$$\theta = \frac{2}{3}\pi, \ \frac{4}{3}\pi$$

したがって，求める θ の値の範囲は，角 θ の動径が図4の □ の部分（境界を含む）にあるときであり，

$$\frac{2}{3}\pi \leqq \theta \leqq \frac{3}{4}\pi, \ \frac{5}{4}\pi \leqq \theta \leqq \frac{4}{3}\pi$$

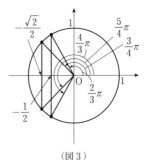

（図3）

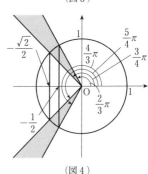

（図4）

(3) $-\frac{\pi}{2} < \theta < \frac{\pi}{2}$ の範囲での，

$$\tan\theta = -1$$

の解は，［図5より，］

$$\theta = -\frac{\pi}{4},$$

$$\tan\theta = \sqrt{3}$$

の解は，［図5より，］

$$\theta = \frac{\pi}{3}$$

したがって，求める θ の値の範囲は，角 θ の動径が図6の □ の部分（境界を含む）にあるときであり，

$$-\frac{\pi}{4} \le \theta \le \frac{\pi}{3}$$

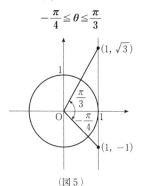

（図5）

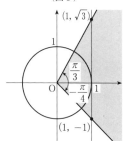

（図6）

［注］ 三角関数のグラフを用いて解答してもよい．たとえば，(3)の場合を考える．

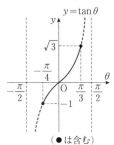

（●は含む）

$-\frac{\pi}{2} < \theta < \frac{\pi}{2}$ の範囲で $y = \tan\theta$ のグラフをかくと，上の図のようになる．ここで，

$\tan\theta = -1$ となる $\theta\left(-\frac{\pi}{2} < \theta < \frac{\pi}{2}\right)$ の値は，

$\theta = -\frac{\pi}{4}$ である．また，$\tan\theta = \sqrt{3}$ となる

$\theta\left(-\frac{\pi}{2} < \theta < \frac{\pi}{2}\right)$ の値は，$\theta = \frac{\pi}{3}$ である．

したがって，$-\frac{\pi}{2} < \theta < \frac{\pi}{2}$ の範囲での，

$-1 \le \tan\theta \le \sqrt{3}$ の解は，

$$-\frac{\pi}{4} \le \theta \le \frac{\pi}{3}$$

125 解答

(1)　　$\sin\left(2x + \frac{\pi}{3}\right) = -\frac{\sqrt{3}}{2}$　　…①

　　　$\frac{\pi}{2} < x < \pi$　　　　　　　…②

$t = 2x + \frac{\pi}{3}$ とすると，②より，t のとり得る値の範囲は，

$$\frac{\pi}{3} + 2 \times \frac{\pi}{2} < t < \frac{\pi}{3} + 2 \times \pi$$

つまり，　　　　$\frac{4}{3}\pi < t < \frac{7}{3}\pi$

この範囲での，①より得られる t の方程式

$$\sin t = -\frac{\sqrt{3}}{2}$$

の解は，［次の図より，］

$$t = \frac{5}{3}\pi$$

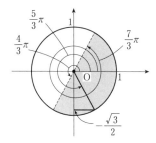

つまり，　　　$2x + \frac{\pi}{3} = \frac{5}{3}\pi$

これを解いて，

$$x = \boxed{\frac{2}{3}\pi}　\cdots ア$$

(2)　　　$\cos(2x+55°)\geqq\dfrac{\sqrt{2}}{2}$　　　…③

　　　　$0°\leqq x\leqq 180°$　　　…④

$t=2x+55°$ とすると，④ より，t のとり得る値の範囲は，

　　　$55°\leqq t\leqq 180°\times 2+55°$,

つまり，

　　　$55°\leqq t\leqq 415°$　　　…⑤

この範囲での t の方程式

$$\cos t=\dfrac{\sqrt{2}}{2}$$

の解は，〔図1より，〕

　　　$t=315°$, $405°$

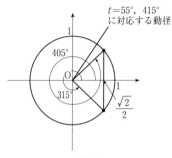

（図1）

したがって，③ より得られる t の不等式

$$\cos t\geqq\dfrac{\sqrt{2}}{2}$$

をみたす t の値の範囲は，角 t の動径が図2 の ▨ の部分（境界を含む）にあるときであり，

　　　$315°\leqq t\leqq 405°$

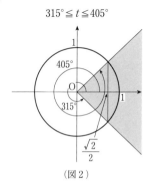

（図2）

つまり，

$315°\leqq 2x+55°\leqq 405°$

この不等式を解いて，求める不等式の解は，

$130°\leqq x\leqq 175°$

126　〔解 答〕

(1)　　$2\cos^2 x+3\sin x-3=0$　　　…①

　　　　$0\leqq x<2\pi$　　　　　…②

〔$\cos^2 x=1-\sin^2 x$ であるので，〕① は，

　　　$2(1-\sin^2 x)+3\sin x-3=0$,

つまり，

　　　$2\sin^2 x-3\sin x+1=0$　　　…③

と変形される．

いま，$t=\sin x$ とすると，② より，t のとり得る値の範囲は，

　　　　$-1\leqq t\leqq 1$

さらに，③ より，

　　　　$2t^2-3t+1=0$,

つまり，　　$(2t-1)(t-1)=0$

これを解いて，

　　　　$t=\dfrac{1}{2}$, 1

(i)　$t=\dfrac{1}{2}$ のとき．

②の範囲での，

　　　$\sin x=\dfrac{1}{2}$

の解は，

〔図より，〕

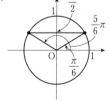

　　　$x=\dfrac{\pi}{6}$, $\dfrac{5}{6}\pi$

(ii)　$t=1$ のとき．

②の範囲での，

　　　　$\sin x=1$

の解は，

　　　　$x=\dfrac{\pi}{2}$

(i), (ii) より，求める解は，

$x=\dfrac{\pi}{6}$, $\dfrac{\pi}{2}$, $\dfrac{5}{6}\pi$

(2)　　$2\cos^2 x+\cos x-1\leqq 0$　　　…④

　　　$-180°<x\leqq 180°$　　　…⑤

いま，$t=\cos x$ とすると，⑤ より，t のとり得る値の範囲は，

$$-1 \leqq t \leqq 1 \qquad \cdots ⑥$$

さらに，④ より，

$$2t^2 + t - 1 \leqq 0,$$

つまり，　　$(t+1)(2t-1) \leqq 0$

これを解いて，

$$-1 \leqq t \leqq \frac{1}{2},$$

つまり，　　$-1 \leqq \cos x \leqq \frac{1}{2}$　　$\cdots ⑦$

［次に，⑤ の範囲で ⑦ を解く．］⑤ の範囲での，$\cos x = -1$ の解は $x = 180°$，$\cos x = \frac{1}{2}$ の解は $x = \pm 60°$［図1を参照．］

このとき，求める x の値の範囲は，角 x の動径が図2の ▨ の部分（境界を含む）にあるときであり，

$$-180° < x \leqq -60°, \quad 60° \leqq x \leqq 180°$$

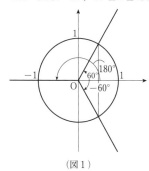

（図1）

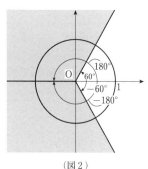

（図2）

127 　解　答

(1) まず，関数 $y = \sin\theta$ は周期が $\boxed{360}°$ $\cdots$ ア　の周期関数である．

次に，関数 $y = \sin\theta$ $(0° \leqq \theta < 360°)$ について，その値域は，$-1 \leqq y \leqq 1$ であり，かつ $y = 1$ となる θ の大きさは，

$\sin\theta = 1$ $(0° \leqq \theta < 360°)$ より $\theta = 90°$，

$y = -1$ となる θ の大きさは，

$\sin\theta = -1$ $(0° \leqq \theta < 360°)$ より $\theta = 270°$

であるから，この関数は，

$$\theta = \boxed{90}° \cdots イ \quad で最大値 \boxed{1} \cdots ウ$$

をとり，

$$\theta = \boxed{270}° \cdots エ \quad で最小値 \boxed{-1} \cdots オ$$

をとる．

(2) $t = x + \dfrac{\pi}{3}$ とすると，$0 \leqq x \leqq \pi$ $\cdots ①$

より，t のとり得る値の範囲は，

$$\frac{\pi}{3} \leqq t \leqq \frac{4}{3}\pi \qquad \cdots ②$$

また，$f(x)$ は t を用いて，

$$2\cos t - 1$$

と表される．この t の関数を $g(t)$ とする．

② の範囲での $y = g(t)$ のグラフは次の図の実線部分である．

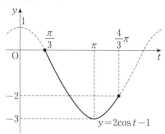

$y = \cos t$ のグラフに対し，t の値に対応する y の値を2倍して得られる曲線を y 軸方向に -1 だけ平行移動したもの．

この図から，② の範囲での $g(t)$ は，$t = \dfrac{\pi}{3}$ のとき，最大値 0 をとる．つまり，① の範囲での $f(x)$ は $x = 0$ のとき，

$$最大値 \boxed{0} \cdots カ$$

をとる．一方，② の範囲での $g(t)$ は，$t = \pi$ のとき，最小値 -3 をとる．つまり，① の範囲での $f(x)$ は，$x\left[= \pi - \dfrac{\pi}{3}\right] = \dfrac{2}{3}\pi$

のとき，

$$最小値 \boxed{-3} \quad \cdots キ$$

をとる．

128 解答

$t=\sin\theta$ とすると，

$$f(\theta)=t^2-\sqrt{3}\,t+1$$

$$\left[=\left\{t^2-2\times\frac{\sqrt{3}}{2}t+\left(\frac{\sqrt{3}}{2}\right)^2\right\}\right.$$

$$\left.-\left(\frac{\sqrt{3}}{2}\right)^2+1\right]$$

$$=\left(t-\frac{\sqrt{3}}{2}\right)^2+\frac{1}{4}$$

この t の関数を $g(t)$ とする．また，θ のとり得る値の範囲は，

$$0°\leq\theta\leq360° \quad \cdots①$$

であるから，t のとり得る値の範囲は，

$$-1\leq t\leq1 \quad \cdots②$$

②の範囲での $g(t)$ の最大値，最小値を求めればよい．ところが，②の範囲での $y=g(t)$ のグラフは次の図の実線部分である．

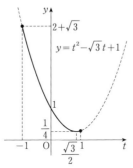

したがって，②の範囲での $g(t)$，つまり①の範囲での $f(\theta)$ は，

$$t=\frac{\sqrt{3}}{2},$$

つまり，　　　$\sin\theta=\dfrac{\sqrt{3}}{2}$ 　　$\cdots③$

のとき最小値 $\dfrac{1}{4}$ をとり，

$$t=-1,$$

つまり，　　　$\sin\theta=-1$ 　　$\cdots④$

のとき最大値 $2+\sqrt{3}$ をとる．

①の範囲での，

③，④の解は，

③について，

　$\theta=60°$，$120°$，

④について，

　$\theta=270°$

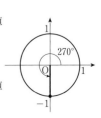

以上から，

　$\theta=270°$

のとき，$f(\theta)$ は最大値

$$2+\sqrt{3}$$

をとり，

　$\theta=60°$，$120°$

のとき，$f(\theta)$ は最小値

$$\frac{1}{4}$$

をとる．

129 解答

$$\cos x+\sin y=1 \quad \cdots①$$
$$\sin x+\cos y=0 \quad \cdots②$$
$$0\leq x<2\pi \quad \cdots③$$
$$0\leq y<2\pi \quad \cdots④$$

①の $\cos x$ を右辺に移項して，

$$\sin y=1-\cos x \quad \cdots①'$$

②の $\sin x$ を右辺に移項して，

$$\cos y=-\sin x \quad \cdots②'$$

$(①')^2+(②')^2$ より，

$$\sin^2 y+\cos^2 y=(1-\cos x)^2+\sin^2 x$$

$(1-\cos x)^2$ を展開して，

$$\sin^2 y+\cos^2 y=1-2\cos x+\cos^2 x+\sin^2 x$$

$\sin^2 y+\cos^2 y=1$，$\cos^2 x+\sin^2 x=1$ であるから，

$$1=1-2\cos x+1,$$

つまり，

$$\cos x=\frac{1}{2} \quad \cdots⑤$$

③の範囲での⑤の解は，

$$x=\frac{\pi}{3},\ \frac{5}{3}\pi$$

つまり，「③かつ④

の範囲での連立方程式 ① かつ ② ［つまり，①′ かつ ②′］をみたす x の値の候補としては $\dfrac{\pi}{3}$，または $\dfrac{5}{3}\pi$ があげられる」　…(*)

これらの候補について，

(i) $x=\dfrac{\pi}{3}$ のとき．

①′，②′ は，それぞれ，

$\sin y = 1 - \dfrac{1}{2}$　（⑤ より）

$= \dfrac{1}{2}$,

$\cos y = -\sin\dfrac{\pi}{3}$

$= -\dfrac{\sqrt{3}}{2}$

となるので，④ の範囲でこれを解いて，

$y = \dfrac{5}{6}\pi$

(ii) $x=\dfrac{5}{3}\pi$ のとき．

①′，②′ は，それぞれ，

$\sin y = 1 - \dfrac{1}{2}$　（⑤ より）

$= \dfrac{1}{2}$,

$\cos y = -\sin\dfrac{5}{3}\pi$

$= \dfrac{\sqrt{3}}{2}$

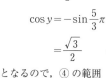

となるので，④ の範囲でこれを解いて，

$y = \dfrac{\pi}{6}$

(i), (ii) より，求める x と y の組は，

$\begin{cases} x = \dfrac{\pi}{3} \\ y = \dfrac{5}{6}\pi \end{cases}$　または，$\begin{cases} x = \dfrac{5}{3}\pi \\ y = \dfrac{\pi}{6} \end{cases}$

［注］ 解答 の (*) について，

「①′ かつ ②′」

と，①′，②′ それぞれの両辺を平方して得られる

「　　$\sin^2 y = (1-\cos x)^2$　…Ⓐ

　かつ　$\cos^2 y = (-\sin x)^2$　…Ⓑ」

は同値ではなく，「Ⓐ かつ Ⓑ」は，「①′ かつ ②′」であるための必要条件である．さらに，Ⓐ＋Ⓑ と同値な ⑤ は「Ⓐ かつ Ⓑ」の必要条件であるので，結局，⑤ は「①′ かつ ②′」の必要条件である．

この $x=\dfrac{\pi}{3}$, $\dfrac{5}{3}\pi$ という値は，⑤ の方から得られたものであるから，(*) のような表現をとったのである．

11 加法定理

130 解答

(1) (i) $\cos(-\beta) = \cos\beta$　…Ⓐ,
$\sin(-\beta) = -\sin\beta$　…Ⓑ

［10 基本のまとめ 4 (2)］が成り立つので，この 2 点間の距離を d_1 とすると，［2 点間の距離の公式（4 基本のまとめ 1 (1)）より，］

$d_1{}^2 = (\cos\alpha - \cos\beta)^2 + \{\sin\alpha - (-\sin\beta)\}^2$

$= (\cos^2\alpha - 2\cos\alpha\cos\beta + \cos^2\beta)$
$\quad + (\sin^2\alpha + 2\sin\alpha\sin\beta + \sin^2\beta)$

$= (\cos^2\alpha + \sin^2\alpha) + (\cos^2\beta + \sin^2\beta)$
$\quad - 2(\cos\alpha\cos\beta - \sin\alpha\sin\beta)$

$= 2\{1 - (\cos\alpha\cos\beta - \sin\alpha\sin\beta)\}$

したがって，

$d_1 = \sqrt{2\{1 - (\cos\alpha\cos\beta - \sin\alpha\sin\beta)\}}$

(ii) この 2 点間の距離を d_2 とすると，［2 点間の距離の公式（4 基本のまとめ 1 (1)）より，］

$d_2{}^2 = \{1 - \cos(\alpha+\beta)\}^2 + \{0 - \sin(\alpha+\beta)\}^2$

$= 1 - 2\cos(\alpha+\beta)$
$\quad + \cos^2(\alpha+\beta) + \sin^2(\alpha+\beta)$

$= 1 - 2\cos(\alpha+\beta) + 1$

$= 2\{1 - \cos(\alpha+\beta)\}$

したがって，

$d_2 = \sqrt{2\{1 - \cos(\alpha+\beta)\}}$

(iii) $d_1 = d_2$, つまり $d_1{}^2 = d_2{}^2$ より，

$2\{1 - (\cos\alpha\cos\beta - \sin\alpha\sin\beta)\}$
$= 2\{1 - \cos(\alpha+\beta)\}$

整理して，

$\cos(\alpha+\beta) = \cos\alpha\cos\beta - \sin\alpha\sin\beta$

さらに，この式で β を $-\beta$ におきかえると，

$$\cos(\alpha-\beta)=\cos\{\alpha+(-\beta)\}$$
$$=\cos\alpha\cos(-\beta)-\sin\alpha\sin(-\beta)$$
$$=\cos\alpha\cos\beta-(\sin\alpha)(-\sin\beta)$$
$$\qquad\qquad\text{(Ⓐ，Ⓑ より)}$$
$$=\cos\alpha\cos\beta+\sin\alpha\sin\beta$$

を得る．

（証明終り）

(2) (b) の式で，α を $\alpha+\dfrac{\pi}{2}$ におきかえると，

$$\cos\left(\alpha+\frac{\pi}{2}+\beta\right)$$
$$=\cos\left(\alpha+\frac{\pi}{2}\right)\cos\beta-\sin\left(\alpha+\frac{\pi}{2}\right)\sin\beta$$
$$\qquad\qquad\cdots Ⓒ$$

一般に，

$$\cos\left(\theta+\frac{\pi}{2}\right)=-\sin\theta,$$
$$\sin\left(\theta+\frac{\pi}{2}\right)=\cos\theta$$

[10 基本のまとめ ④ (4)(i)] であるから，Ⓒ より，

$$-\sin(\alpha+\beta)=-\sin\alpha\cos\beta-\cos\alpha\sin\beta,$$

つまり，

$$\sin(\alpha+\beta)=\sin\alpha\cos\beta+\cos\alpha\sin\beta,$$

つまり，(a) の式も成り立つ．

（証明終り）

(3) ［まず，以下に注意する：たとえば，

$$\sin(\alpha+\beta)=\overset{ア}{\boxed{}}\quad\cdots(*_1)$$

とは，α，β にどのような角の大きさを与えても $(*_1)$ という等式が成り立つということである．したがって $(*_1)$ でたとえば α にある角の大きさを与えたとき得られる β の等式も，たまたまいくつかの値でだけ成り立っていればよいのではなく，β にどのような角の大きさを与えても成り立っていないといけないことになる．］

(i) $\alpha=0°$ のときの $(*_1)$ の左辺，$(*_2)$ の左辺，①，②，③，④ をそれぞれ $(*_1\text{-i})$，$(*_2\text{-i})$，①-i，②-i，③-i，④-i とすると，

$\sin0°=0$，…ウは⑥　$\cos0°=1$，…エは⑤

$\cos(-\alpha)=+\cos\alpha$，または $1\cdot\cos\alpha$ …オは⑧または⑤　であるから，これらは次のようになる．

$(*_1\text{-i})$ $\sin\beta$　$(*_2\text{-i})$ $\cos(-\beta)=\cos\beta$
①-i $\sin\beta$　②-i $-\sin\beta$
③-i $\cos\beta$　④-i $\cos\beta$

(ii) $\alpha=\beta$ のときの $(*_2)$ の左辺，①，②，③，④ をそれぞれ $(*_2\text{-ii})$，①-ii，②-ii，③-ii，④-ii とすると，性質 $\cos^2\alpha+\sin^2\alpha=1$ …カは⑪ を用いれば，これらは次のようになる．

$$(*_2\text{-ii})\ \cos0°=1$$

①-ii $2\sin\alpha\cos\alpha$　②-ii 0
③-ii $\cos^2\alpha+\sin^2\alpha=1$　④-ii $\cos^2\alpha-\sin^2\alpha$

(i) の場合，①-i だけが β がどのような角の大きさをとっても $(*_1\text{-i})$ と一致する．$(*_1)$ の右辺は①，②，③，④ のいずれかということであったから，$(*_1)$ の右辺は①，つまり $\sin\alpha\cos\beta+\cos\alpha\sin\beta$ …アは① である．

また，③-i または ④-i だけが β がどのような角の大きさをとっても $(*_2\text{-i})$ と一致するから，$(*_2)$ の右辺は③，④ のいずれかである．

ところが，(ii) の場合，④-ii $\cos^2\alpha-\sin^2\alpha$ は，たとえば $\alpha=45°$ のとき 0 となって，$(*_2\text{-ii})$ とは等しくない．つまり，「α がどのような角の大きさであっても，$(*_2\text{-ii})$ と ④-ii が一致する」というわけではない．一方，$(*_2\text{-ii})$ と ③-ii は α がどのような角の大きさであっても，両者は一致する．

以上より，$(*_2)$ の右辺は，③，つまり $\cos\alpha\cos\beta+\sin\alpha\sin\beta$ …イは③ である．

$(*_2)$ 式を使うと，

$$\cos15°=\cos(45°-30°)$$
$$=\cos45°\cos30°+\sin45°\sin30°$$
$$=\frac{\sqrt{2}}{2}\times\frac{\sqrt{3}}{2}+\frac{\sqrt{2}}{2}\times\frac{1}{2}$$
$$=\frac{\sqrt{6}+\sqrt{2}}{4}\qquad\cdots キは⑭$$

となる.

(4) $\sin\alpha=\dfrac{3}{5}$, $\cdots$⑪ $\quad\cos\beta=-\dfrac{4}{5}$ $\cdots$⑫

[(2), (i), (a), つまり,] 正弦の加法定理 [11 基本のまとめ**1**] より,

$$\sin(\alpha+\beta)=\sin\alpha\cos\beta+\cos\alpha\sin\beta \quad\cdots$$⑬

$0<\alpha<\dfrac{\pi}{2}$ より, $\cos\alpha>0$

したがって, $\sin^2\alpha+\cos^2\alpha=1$ より,

$$\begin{aligned}
\cos\alpha&=\sqrt{1-\sin^2\alpha}\\
&=\sqrt{1-\left(\dfrac{3}{5}\right)^2} \quad\text{(⑪ より)}\\
&=\sqrt{\dfrac{16}{25}}=\dfrac{4}{5} \quad\cdots⑭
\end{aligned}$$

$\dfrac{\pi}{2}<\beta<\pi$ より, $\sin\beta>0$

したがって, $\sin^2\beta+\cos^2\beta=1$ より,

$$\begin{aligned}
\sin\beta&=\sqrt{1-\cos^2\beta}\\
&=\sqrt{1-\left(-\dfrac{4}{5}\right)^2} \quad\text{(⑫ より)}\\
&=\sqrt{\dfrac{9}{25}}=\dfrac{3}{5} \quad\cdots⑮
\end{aligned}$$

⑪, ⑫, ⑭, ⑮ を ⑬ に代入して,

$$\begin{aligned}
\sin(\alpha+\beta)&=\dfrac{3}{5}\times\left(-\dfrac{4}{5}\right)+\dfrac{4}{5}\times\dfrac{3}{5}\\
&=\boxed{0} \quad\cdots\text{ク}
\end{aligned}$$

131 解答

(1) 正弦と余弦の加法定理 [11 基本のまとめ **1**] を用いると,

$$\begin{aligned}
&\tan(\alpha+\beta)\\
=&\dfrac{\sin(\alpha+\beta)}{\cos(\alpha+\beta)}\\
=&\dfrac{\sin\alpha\boxed{\cos\beta}+\cos\alpha\boxed{\sin\beta}}{\cos\alpha\boxed{\cos\beta}-\sin\alpha\boxed{\sin\beta}}\\
&\qquad\qquad\cdots\text{ア, イ, ウ, エ}
\end{aligned}$$

[下記の[**注**]に留意して,] 一番下の式の分母分子を $\cos\alpha\cos\beta$ で割ると,

$$\begin{aligned}
&\tan(\alpha+\beta)\\
=&\dfrac{\dfrac{\sin\alpha}{\cos\alpha}+\dfrac{\boxed{\sin\beta}}{\boxed{\cos\beta}}}{1-\dfrac{\sin\alpha}{\cos\alpha}\cdot\dfrac{\boxed{\sin\beta}}{\boxed{\cos\beta}}} \quad\cdots\text{オ, カ, キ, ク}\\
=&\dfrac{\tan\alpha+\boxed{\tan\beta}}{1-\tan\alpha\boxed{\tan\beta}} \quad\cdots\text{ケ, コ}
\end{aligned}$$

[**注**] 最後の正接の加法定理の成立を考えているのであるから, $\tan(\alpha+\beta)$, $\tan\alpha$, $\tan\beta$ のすべてが定義されていないといけない. つまり, ここのの α, β については n, m, l を整数として,

$$\alpha+\beta\neq\dfrac{\pi}{2}+n\pi, \text{ かつ } \alpha\neq\dfrac{\pi}{2}+m\pi,$$
$$\text{かつ } \beta\neq\dfrac{\pi}{2}+l\pi$$

という制約がある. とくに, 解答中に現れた割るべき式 $\cos\alpha\cos\beta$ については, $\cos\alpha\cos\beta\neq0$ であるから心配はいらない.

(2) [$105°=60°+45°$ であるから, (1), つまり,] 正接の加法定理 [11 基本のまとめ**1**] より,

$$\begin{aligned}
\tan105°&=\tan(60°+45°)\\
&=\dfrac{\tan60°+\tan45°}{1-\tan60°\tan45°}\\
&=\dfrac{\sqrt{3}+1}{1-\sqrt{3}\times1}\\
&\left[=-\dfrac{\sqrt{3}+1}{\sqrt{3}-1}\right.\\
&\left.=-\dfrac{\sqrt{3}+1}{\sqrt{3}-1}\times\dfrac{\sqrt{3}+1}{\sqrt{3}+1}\right]\\
&=-\dfrac{(\sqrt{3}+1)^2}{(\sqrt{3})^2-1^2}\\
&\left[=-\dfrac{3+2\sqrt{3}+1}{3-1}\right]\\
&=\boxed{-(2+\sqrt{3})} \quad\cdots\text{サ}
\end{aligned}$$

132 解答

(1) (i) 余弦の加法定理 [11 基本のまとめ **1**]

$$\cos(x+y)=\cos x\cos y-\sin x\sin y\cdots①$$

の x, y のそれぞれに α を代入して,

116

$$\cos 2\alpha = \cos^2\alpha - \sin^2\alpha$$

$\sin^2\alpha = 1-\cos^2\alpha$ であるから，

$$\cos 2\alpha = \cos^2\alpha - (1-\cos^2\alpha)$$
$$= 2\cos^2\alpha - 1 \quad \cdots ②$$

（証明終り）

(ii) 正弦の加法定理 [11 基本のまとめ **1**]

$$\sin(x+y) = \sin x\cos y + \cos x\sin y$$

の x，y のそれぞれに α を代入して，

$$\sin 2\alpha = \sin\alpha\cos\alpha + \cos\alpha\sin\alpha$$
$$= 2\sin\alpha\cos\alpha \quad \cdots ③$$

（証明終り）

(2) $$\sin\alpha = \frac{3}{5} \quad \cdots ④$$

$\dfrac{\pi}{2} < \alpha < \pi$ であるから，$\cos\alpha < 0$

したがって，$\cos^2\alpha + \sin^2\alpha = 1$ より，

$$\cos\alpha = -\sqrt{1-\sin^2\alpha}$$

④ を用いて，

$$\cos\alpha = -\sqrt{1-\left(\frac{3}{5}\right)^2} = -\frac{4}{5} \quad \cdots ⑤$$

④，⑤ を ③ に代入して，

$$\sin 2\alpha = 2\times\frac{3}{5}\times\left(-\frac{4}{5}\right) = -\frac{24}{25}$$

(3) ① の x，y のそれぞれに $\dfrac{\alpha}{2}$ を代入して，

$$\cos\alpha = \cos^2\frac{\alpha}{2} - \sin^2\frac{\alpha}{2} \quad \cdots ⑥$$

$\sin^2\dfrac{\alpha}{2} = 1-\cos^2\dfrac{\alpha}{2}$ であるから，

$$\cos\alpha = \cos^2\frac{\alpha}{2} - \left(1-\cos^2\frac{\alpha}{2}\right)$$
$$= 2\cos^2\frac{\alpha}{2} - 1$$

$\cos^2\dfrac{\alpha}{2}$ について解き，

$$\cos^2\frac{\alpha}{2} = \frac{1+\cos\alpha}{2}$$

⑥ で $\cos^2\dfrac{\alpha}{2} = 1-\sin^2\dfrac{\alpha}{2}$ であるから，

$$\cos\alpha = 2\left(1-\sin^2\frac{\alpha}{2}\right) - 1$$
$$= 1 - 2\sin^2\frac{\alpha}{2}$$

$\sin^2\dfrac{\alpha}{2}$ について解き，

$$\sin^2\frac{\alpha}{2} = \frac{1-\cos\alpha}{2} \quad \cdots ⑦$$

以上から，

$$\tan^2\frac{\alpha}{2} = \frac{\sin^2\dfrac{\alpha}{2}}{\cos^2\dfrac{\alpha}{2}} = \frac{\dfrac{1-\cos\alpha}{2}}{\dfrac{1+\cos\alpha}{2}} = \frac{1-\cos\alpha}{1+\cos\alpha}$$

(4) ⑦ の α に $45°$ を代入して，

$$\sin^2 22.5° = \frac{1-\cos 45°}{2} = \frac{1-\dfrac{\sqrt{2}}{2}}{2}$$
$$= \frac{\boxed{2}-\sqrt{\boxed{2}}}{4} \quad \cdots ア，イ$$

(5) $90° < \alpha < 180° \quad \cdots ⑧$ より，$\cos\alpha < 0$ であるから，② より，

$$\cos\alpha = -\sqrt{\frac{1+\cos 2\alpha}{2}}$$
$$= -\sqrt{\frac{1+\dfrac{2}{3}}{2}}$$
$$= -\sqrt{\frac{5}{6}} \quad \cdots ⑨$$
$$= \boxed{-\frac{\sqrt{30}}{6}} \quad \cdots エ$$

⑧ より，$\sin\alpha > 0$ したがって，$\cos^2\alpha + \sin^2\alpha = 1$ と ⑨ を用いて，

$$\sin\alpha = \sqrt{1-\cos^2\alpha}$$
$$= \sqrt{1-\left(-\sqrt{\frac{5}{6}}\right)^2}$$
$$\left[= \sqrt{\frac{1}{6}}\right]$$
$$= \boxed{\frac{\sqrt{6}}{6}} \quad \cdots ウ$$

(6) $$\tan\theta = 4 \quad \cdots ⑩$$

$$1+\tan^2\theta = \frac{1}{\cos^2\theta}$$

に ⑩ を代入し，$\cos^2\theta$ について解くと，

$$\cos^2\theta = \frac{1}{1+4^2} = \frac{1}{17} \quad \cdots ⑪$$

余弦の2倍角の公式 [11 基本のまとめ **2**]

$$\cos 2\theta = 2\cos^2\theta - 1$$

の右辺に ⑪ を代入して，

$$\cos 2\theta = 2\times\frac{1}{17} - 1 = -\frac{15}{17}$$

一方，正弦の 2 倍角の公式 ［**11** 基本のまとめ ②］

$$\sin 2\theta = 2\sin\theta\cos\theta$$

の右辺を変形すると，

$$\sin 2\theta = 2\left(\frac{\sin\theta}{\cos\theta}\cdot\cos\theta\right)\cdot\cos\theta$$
$$= 2\tan\theta\cos^2\theta$$

⑩，⑪ を用いて，

$$\boldsymbol{\sin 2\theta = 2\times 4\times\frac{1}{17}=\frac{8}{17}}$$

133　解答

(1)　正弦の加法定理 ［**11** 基本のまとめ ①］ から，

$$\sin 3x = \sin(2x+x)$$
$$= \sin 2x\cos x + \cos 2x\sin x$$

ところが，正弦と余弦の 2 倍角の公式 ［**11** 基本のまとめ ②］ より，

$$\sin 2x\cos x + \cos 2x\sin x$$
$$= 2\sin x\cos x\cdot\cos x + (1-2\sin^2 x)\sin x$$
$$= 2(\sin x)(1-\sin^2 x) + (1-2\sin^2 x)\sin x$$
$$= 3\sin x - 4\sin^3 x$$

となるから，

$$\sin 3x = \boxed{3}\sin x + (\boxed{-4})\sin^3 x$$
　　　　　　　　　…ア，イ

(2)　余弦の加法定理 ［**11** 基本のまとめ ①］ から，

$$\cos 3\alpha = \cos(2\alpha+\alpha)$$
$$= \cos 2\alpha\cos\alpha - \sin 2\alpha\sin\alpha$$

ここで，正弦と余弦の 2 倍角の公式 ［**11** 基本のまとめ ②］ によれば，

$$\cos 2\alpha\cos\alpha - \sin 2\alpha\sin\alpha$$
$$= (2\cos^2\alpha - 1)\cos\alpha - 2\cos\alpha\sin\alpha\cdot\sin\alpha$$
$$= 2\cos^3\alpha - \cos\alpha - 2(\cos\alpha)(1-\cos^2\alpha)$$
$$= 4\cos^3\alpha - 3\cos\alpha$$

となるから，

$$4x^3 - 3x - \cos 3\alpha$$
$$= 4(x^3-\cos^3\alpha) - 3(x-\cos\alpha)$$
$$= 4(x-\cos\alpha)(x^2+x\cos\alpha+\cos^2\alpha) - 3(x-\cos\alpha)$$
$$= (x-\cos\alpha)\{4x^2+(4\cos\alpha)x+4\cos^2\alpha-3\}$$

したがって，

$$4x^3 - 3x - \cos 3\alpha = 0,$$

つまり，$x-\cos\alpha=0$，または

$$4x^2+(4\cos\alpha)x+4\cos^2\alpha-3=0 \text{ から，}$$

$$x=\cos\alpha,\ \frac{-2\cos\alpha\pm\sqrt{4\cos^2\alpha-4(4\cos^2\alpha-3)}}{4}$$

ここで，

$$\pm\sqrt{4\cos^2\alpha-4(4\cos^2\alpha-3)}$$
$$= \pm\sqrt{12(1-\cos^2\alpha)}$$
$$= \pm 2\sqrt{3}\cdot\sqrt{\sin^2\alpha}$$
$$= \pm 2\sqrt{3}\,|\sin\alpha|$$
$$= \begin{cases} \pm 2\sqrt{3}\,\sin\alpha & (\sin\alpha\geqq 0 \text{ のとき}) \\ \mp 2\sqrt{3}\,\sin\alpha & (\sin\alpha< 0 \text{ のとき}) \end{cases}$$

（複号同順）

であるから，求める 3 つの解は，

$$\boxed{\cos\alpha},\ \boxed{\frac{-\cos\alpha-\sqrt{3}\,\sin\alpha}{2}},$$
$$\boxed{\frac{-\cos\alpha+\sqrt{3}\,\sin\alpha}{2}}$$

　　　　　…ウ，エ，オ（順不同）

［注］　この 3 つの解のうち，2 つが一致することもある．たとえば，$\alpha=0°$ のときは，上記のうち根号を含む 2 つが一致する．この場合は，1 と 2 つの $-\dfrac{1}{2}$ からなる．

$$1,\ -\frac{1}{2},\ -\frac{1}{2}$$

の 3 つがこの方程式の 3 つの解ということになる．このあたりの事情については，*22* の解答の解説にくわしい．

134　解答

(1)
$$\sin 2x + \sin x = 0 \qquad\text{…①}$$
$$0\leqq x< 2\pi \qquad\text{…②}$$

① の左辺に正弦の 2 倍角の公式 ［**11** 基本のまとめ ②］ を用いることにより，① は，

$$2\sin x\cos x + \sin x = 0,$$

因数分解して，

$$(\sin x)(2\cos x+1) = 0$$

と変形される．

これから，

$$\sin x = 0, \qquad\text{…③}$$

または，

$$\cos x = -\frac{1}{2} \qquad\text{…④}$$

118

を得る.

(ⅰ) ②の範囲で，③を解くと，
$$x=0,\ \pi$$

(ⅱ) ②の範囲で，④を解くと，［次の図から，］

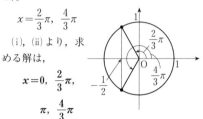

$$x=\frac{2}{3}\pi,\ \frac{4}{3}\pi$$

(ⅰ)，(ⅱ)より，求める解は，

$$x=0,\ \frac{2}{3}\pi,$$
$$\pi,\ \frac{4}{3}\pi$$

(2)　　　$\cos 2x+\cos x\geqq 0$　　　…⑤
$$0\leqq x<2\pi$$　　　…⑥

⑤の左辺に余弦の2倍角の公式［11 基本のまとめ ②］を用いると，⑤は，
$$(2\cos^2 x-1)+\cos x\geqq 0,$$
つまり，　　$2\cos^2 x+\cos x-1\geqq 0$　…⑦
と変形される．ここで，$t=\cos x$ とすると，t のとり得る値の範囲は，⑥より，
$$-1\leqq t\leqq 1$$　　　…⑧
さらに，⑦より，
$$2t^2+t-1\geqq 0,$$
つまり，
$$\left(t-\frac{1}{2}\right)(t+1)\geqq 0$$　　　…⑨
を得る．⑧の範囲で⑨を解いて，
$$t=-1,\ \frac{1}{2}\leqq t\leqq 1$$
つまり，
$$\cos x=-1,$$　　　…⑩
$$\frac{1}{2}\leqq\cos x\leqq 1$$　　　…⑪

⑥の範囲で，⑩を解くと，$x=\pi$
また，⑥の範囲での，⑪をみたす x の値の範囲は，角 x の動径が次の図の ▨ の部分（境界を含む）にあるときであり，
$$0\leqq x\leqq\frac{\pi}{3},\ \frac{5}{3}\pi\leqq x<2\pi$$

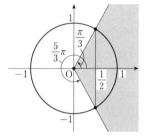

以上をまとめて，求める不等式の解は，
$$0\leqq x\leqq\frac{\pi}{3},\ x=\pi,\ \frac{5}{3}\pi\leqq x<2\pi$$

135　解答

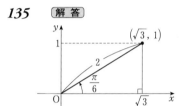

上の図から，
$$\begin{cases}\sqrt{3}=2\cos\dfrac{\pi}{6}\\[2mm]1=2\sin\dfrac{\pi}{6}\end{cases}$$
が成り立つので，
$$\sqrt{3}\sin\theta+\cos\theta$$
$$=2\cos\frac{\pi}{6}\sin\theta+2\sin\frac{\pi}{6}\cos\theta$$
$$=2\left(\sin\theta\cos\frac{\pi}{6}+\cos\theta\sin\frac{\pi}{6}\right)$$
$$=2\sin\left(\theta+\frac{\pi}{6}\right)$$
したがって，r としては $\boxed{2}$ …ア を，α
としては $\boxed{\dfrac{\pi}{6}}$ …イ をとればよい．

$0\leqq\theta<2\pi$ …① より，$\theta+\dfrac{\pi}{6}$ のとり得る値の範囲は，　$\dfrac{\pi}{6}\leqq\theta+\dfrac{\pi}{6}<2\pi+\dfrac{\pi}{6}$ …②
であるから，$\sin\left(\theta+\dfrac{\pi}{6}\right)$ のとり得る値の範囲は，

$$-1 \leqq \sin\left(\theta + \frac{\pi}{6}\right) \leqq 1$$

したがって,

$$y = 2\sin\left(\theta + \frac{\pi}{6}\right)$$

のとり得る値の範囲
は,

$$-2 \leqq y \leqq 2$$

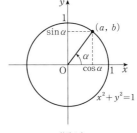

以上から, y は,

$$\sin\left(\theta + \frac{\pi}{6}\right) = 1 \quad \cdots\text{③}$$

のとき, 最大値 $\boxed{2}$ …エ をとる.

また, ①, つまり, ② の範囲での, ③ を
みたす $\theta + \dfrac{\pi}{6}$ の値は,

$$\theta + \frac{\pi}{6} = \frac{\pi}{2}$$

したがって,

$$\theta = \boxed{\dfrac{\pi}{3}} \quad \cdots\text{ウ}$$

【解説】 本問のような $a\sin\theta + b\cos\theta$ の
最大・最小問題や, 次の **136** のような方程
式 $a\sin\theta + b\cos\theta = c$ を解く問題では θ が
2か所に"散らばっている"ことが問題をむ
ずかしくしている. ここで, a, b は「$a = 0$,
かつ $b = 0$」ではないものとする. この θ を
1か所に集めることを考える.

加法定理

$$\cos\alpha\sin\theta + \sin\alpha\cos\theta = \sin(\theta + \alpha)$$
$$\cdots\text{Ⓐ}$$

で左辺では2か所に現れる θ は, 右辺では
1か所にしか現れないことに着目する. この
左辺と $a\sin\theta + b\cos\theta$ を比較してみる.

$$a = \cos\alpha, \quad b = \sin\alpha$$

となる角 α があればよいが, 一般に
$\cos^2\alpha + \sin^2\alpha = 1$ であるから, $a^2 + b^2 = 1$
でない限りそのようなことはない. もしも,
$a^2 + b^2 = 1$ の場合には三角関数の定義から
図1のように角 α を定めればよい.

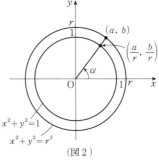

（図1）

一般の場合, つまり

$$a^2 + b^2 = r^2 \quad (r > 0) \quad \cdots\text{Ⓑ}$$

の場合は, 前記の $a^2 + b^2 = 1$ の場合を利用
する.

Ⓑ のとき,

$$\left(\frac{a}{r}\right)^2 + \left(\frac{b}{r}\right)^2 = \frac{a^2 + b^2}{a^2 + b^2} = 1$$

であるから, この $\dfrac{a}{r}$, $\dfrac{b}{r}$ について, 前記の
$a^2 + b^2 = 1$ の場合が適用できて,

$$\frac{a}{r} = \cos\alpha, \quad \frac{b}{r} = \sin\alpha \quad \cdots\text{Ⓒ}$$

となる角 α があることがわかる.

（図2）

このとき, Ⓐ の両辺に r をかけて,

$$(r\cos\alpha)\sin\theta + (r\sin\alpha)\cos\theta$$
$$= r\sin(\theta + \alpha),$$

Ⓒ を左辺に用いて,

$$a\sin\theta + b\cos\theta = r\sin(\theta + \alpha)$$

となって, 目標が達成されることになる.

なお, 実際には, 図2のかわりに次の図3
の図を用いることが多い.

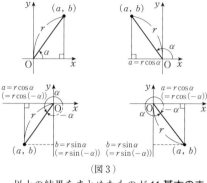

（図3）

以上の結果をまとめたものが **11 基本のま
とめ** ④である.

このように考えると, $a\sin\theta+b\cos\theta$ の
処理には, 図3のような図をかいて求めると
いう, いつもの手順をふむ必要はないことが
わかる. 目標が $r\sin(\theta+\alpha)$ という形なの
であるから, おおよその $r\sin(\theta+\alpha)$ の形
が予想される場合には, そちらの方から, 加
法定理を用いてむかえにいけばよい.

$$\pm\sin\theta\pm\cos\theta,\ \pm\sqrt{3}\sin\theta\pm\cos\theta$$
$$\pm\sin\theta\pm\sqrt{3}\cos\theta$$
$$\left(\pm3\sin\theta\pm\sqrt{3}\cos\theta=\sqrt{3}\left(\pm\sqrt{3}\sin\theta+\cos\theta\right)\right)$$
も入試ではみかける

（以上, いずれも複号任意）

がそうした例で, たとえば本問では,

$$r\sin\left(\theta+\frac{\pi}{6}\right)$$

ではないかと予想して, $\sin\left(\theta+\dfrac{\pi}{6}\right)$ を加法
定理で展開する.

$$\sin\left(\theta+\frac{\pi}{6}\right)=\sin\theta\cos\frac{\pi}{6}+\cos\theta\sin\frac{\pi}{6}$$
$$=(\sin\theta)\frac{\sqrt{3}}{2}+(\cos\theta)\frac{1}{2}$$
$$=\frac{1}{2}\left(\sqrt{3}\sin\theta+\cos\theta\right)$$

問題としている $\sqrt{3}\sin\theta+\cos\theta$ と比較
して,

$$\sqrt{3}\sin\theta+\cos\theta=2\sin\left(\theta+\frac{\pi}{6}\right)$$

を得るのである.

136　【解答】

$$\sin x-\sqrt{3}\cos x=\sqrt{2}\qquad\cdots①$$
$$0°\leqq x\leqq180°\qquad\cdots②$$

上の図から,

$$\begin{cases}1=2\cos(-60°)\\-\sqrt{3}=2\sin(-60°)\end{cases}$$

が成り立つので,

$$\sin x-\sqrt{3}\cos x$$
$$=2\cos(-60°)\sin x+2\sin(-60°)\cos x$$
$$[=2\{\sin x\cos(-60°)+\cos x\sin(-60°)\}$$
$$=2\sin\{x+(-60°)\}]$$
$$=2\sin(x-60°)$$

したがって, ①は,

$$2\sin(x-60°)=\sqrt{2},$$

つまり,

$$\sin(x-60°)=\frac{\sqrt{2}}{2}\qquad\cdots③$$

と変形される.

$t=x-60°$ とすると, ②より, t のとり
得る値の範囲は,

$$-60°\leqq t\leqq120°$$

この範囲での, ③より得られる方程式

$$\sin t=\frac{\sqrt{2}}{2}$$

の解は, 〔次の図より,〕

$$t=45°$$

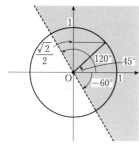

つまり, $x - 60° = 45°$

これを解いて,

$$x = \boxed{105}° \quad \cdots \text{ア}$$

137 （解答）

(1) （i） 正弦・余弦の加法定理は次のとおりである。[なお, 証明等については, **130** を参照すること]

$$\sin(\alpha + \beta) = \boxed{\sin\alpha\cos\beta + \cos\alpha\sin\beta}$$
$$\cdots \text{ア} \quad \cdots ①$$
$$\cos(\alpha + \beta) = \boxed{\cos\alpha\cos\beta - \sin\alpha\sin\beta}$$
$$\cdots \text{イ} \quad \cdots ②$$

(ii) ①, ②で β を $-\beta$ におきかえて,

$$\sin(-\alpha) = -\sin\alpha, \quad \cos(-\alpha) = \cos\alpha$$

も用いると, それぞれ,

$$\sin(\alpha - \beta)$$
$$= \sin\{\alpha + (-\beta)\}$$
$$= \sin\alpha\cos(-\beta) + \cos\alpha\sin(-\beta)$$
$$= \sin\alpha\cos\beta - \cos\alpha\sin\beta \quad \cdots ③$$
$$\cos(\alpha - \beta)$$
$$= \cos\{\alpha + (-\beta)\}$$
$$= \cos\alpha\cos(-\beta) - \sin\alpha\sin(-\beta)$$
$$= \cos\alpha\cos\beta + \sin\alpha\sin\beta \quad \cdots ④$$

を得る。

このとき, ①+③, ②+④ より,

$$\sin(\alpha + \beta) + \sin(\alpha - \beta) = 2\sin\alpha\cos\beta$$
$$\cdots ⑤$$
$$\cos(\alpha + \beta) + \cos(\alpha - \beta) = 2\cos\alpha\cos\beta$$
$$\cdots ⑥$$

いま, $\sin A + \sin B$, $\cos A + \cos B$ の 2 つの角 A, B に対し,

$$\begin{cases} \alpha + \beta = A & \cdots ⑦ \\ \alpha - \beta = B & \cdots ⑧ \end{cases}$$

を成立させるような α, β は, $\dfrac{⑦+⑧}{2}$, $\dfrac{⑦-⑧}{2}$ より,

$$\alpha = \frac{A+B}{2}, \quad \beta = \frac{A-B}{2}$$

この α, β に対し, ⑤, ⑥ を用いると,

$$\sin A + \sin B = 2\sin\frac{A+B}{2}\cos\frac{A-B}{2}$$
$$\cdots ⑨$$
$$\cos A + \cos B = 2\cos\frac{A+B}{2}\cos\frac{A-B}{2}$$

（証明終り）

(2) 左辺に ⑨ を用いて,

$$\sin 20° + \sin 40°$$
$$= \sin 40° + \sin 20°$$
$$= 2\sin\frac{40° + 20°}{2}\cos\frac{40° - 20°}{2}$$
$$= 2\sin 30°\cos 10°$$

一般に, $\cos\theta = \sin(90° - \theta)$ が成り立つので,

$$\sin 20° + \sin 40° = 2 \times \frac{1}{2}\sin(90° - 10°)$$
$$= \sin 80°$$

（証明終り）

138 （解答）

$5\alpha = \dfrac{\pi}{2}$ は,

$$2\alpha = \frac{\pi}{2} - 3\alpha$$

と変形できるので,

$$\sin 2\alpha = \sin\left(\frac{\pi}{2} - 3\alpha\right),$$

つまり, [**10 基本のまとめ** **4** (4)(ii)によれば,]

$$\sin 2\alpha = \cos\boxed{3}\alpha \quad \cdots \text{ア}$$

ところが, 正弦と余弦の 2 倍角の公式と余弦の加法定理 [**11 基本のまとめ** **1**, **2**] を用いると,

122

$\sin 2\alpha = 2\sin\alpha\cos\alpha,$

$\cos 3\alpha[=\cos(2\alpha+\alpha)]$

$\quad =\cos 2\alpha\cos\alpha-\sin 2\alpha\sin\alpha$

$\quad =(2\cos^2\alpha-1)\cos\alpha$

$\qquad -2\cos\alpha\sin\alpha\cdot\sin\alpha$

$\quad =2\cos^3\alpha-\cos\alpha$

$\qquad -2(\cos\alpha)(1-\cos^2\alpha)$

$\quad =4\cos^3\alpha-3\cos\alpha$

であるから,

$\quad 2\sin\alpha\cos\alpha$

$\quad =\boxed{4}\cos^3\alpha-\boxed{3}\cos\alpha$ …イ, ウ

$\cos\alpha\neq 0$ であるから, この両辺を $\cos\alpha$ で割ることができ, $[\cos^2\alpha+\sin^2\alpha=1$ であることも用いると,$]$

$\quad 2\sin\alpha=4\cos^2\alpha-3$

$\qquad =4(1-\sin^2\alpha)-3$

整理して,

$\quad 4\sin^2\alpha+\boxed{2}\sin\alpha-\boxed{1}=0$ …エ, オ

$0<\sin\alpha<1$ であるから, 方程式

$\quad 4t^2+2t-1=0$

の $0<t<1$ の範囲での解

$\left[0=\dfrac{-1+1}{4}<\right]t=\dfrac{-1+\sqrt5}{4}\left[<\dfrac{-1+5}{4}=1\right]$

が $\sin\alpha$ である. つまり,

$\quad \sin\alpha=\dfrac{-1+\sqrt{\boxed{5}}}{4}$ …カ

139 解答

(1) α については, 左の図のような事実が成り立つので,

$\tan\alpha=\dfrac{\boxed{1}}{\boxed{2}}$ …ア, イ

同様に x 軸の正の向きと直線 $m:y=4x$ のなす角 (の大きさ) を γ とすると,

$\tan\gamma=\dfrac{4}{1}=4$

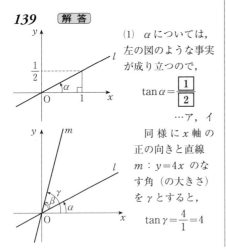

この α, γ を用いると, 正接の加法定理 [11 基本のまとめ ①] より,

$\tan\beta=\tan(\gamma-\alpha)$

$=\dfrac{\tan\gamma-\tan\alpha}{1+\tan\gamma\tan\alpha}$

$=\dfrac{4-\dfrac{1}{2}}{1+4\times\dfrac{1}{2}}$

$=\dfrac{\boxed{7}}{\boxed{6}}$ …ウ, エ

(2) 原点を通り l_1, l_2 のそれぞれと平行な直線

$l_1':y=7x \quad l_2':y=\dfrac{3}{4}x$

と x 軸の正の向きとの, 図のような角をそれぞれ α_1, α_2 とする. このとき, $\theta=\alpha_1-\alpha_2$ である.

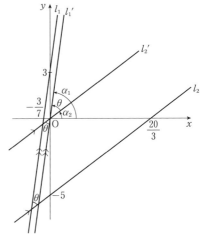

l_1', l_2' つまりそれぞれ l_1, l_2 の傾きを考え,

$\tan\alpha_1=7$ …①

$\tan\alpha_2=\dfrac{3}{4}$ …②

正接の加法定理 [11 基本のまとめ ①] と ①, ② より,

$\tan\theta=\tan(\alpha_1-\alpha_2)$

$=\dfrac{\tan\alpha_1-\tan\alpha_2}{1+\tan\alpha_1\tan\alpha_2}$

$$=\frac{7-\dfrac{3}{4}}{1+7\times\dfrac{3}{4}}=1$$

$0°\leqq\theta\leqq90°$ の範囲でこの θ の方程式を解いて,

$$\theta=45°$$

(3) 点 H は O から l へ下ろした垂線の足と考えることにする. H は x 軸の正の部分を始線とするときの角 α の動径と O を中心とする半径 p の円周との交点であるから, H の座標は,

$$H(p\cos\alpha,\ p\sin\alpha)$$

と表される.

以下, n を整数とする.

(i) $\alpha\neq\dfrac{\pi}{2}+n\pi$ のとき.

直線 OH の傾きは,

$$\frac{p\sin\alpha}{p\cos\alpha}=\frac{\sin\alpha}{\cos\alpha}$$

である.

(i – A) さらに, $\alpha\neq n\pi$ のとき.

l の傾きを m とすると, $l\perp OH$ より,

$$m\cdot\frac{\sin\alpha}{\cos\alpha}=-1$$

$\alpha\neq n\pi$ より, $\sin\alpha\neq0$ であるから,

$$m=-\frac{\cos\alpha}{\sin\alpha}$$

したがって, l, つまり H を通り傾き m の直線の方程式は,

$$y-p\sin\alpha=-\frac{\cos\alpha}{\sin\alpha}(x-p\cos\alpha)$$

(i – A) の条件のもとでは, これは, 右辺の分母をはらって得られる,

$$(\sin\alpha)(y-p\sin\alpha)=-x\cos\alpha+p\cos^2\alpha$$

と同値. さらに移項を行い,

$$x\cos\alpha+y\sin\alpha=p(\cos^2\alpha+\sin^2\alpha)$$

$\cos^2\alpha+\sin^2\alpha=1$ であるから,

$$x\cos\alpha+y\sin\alpha=p \qquad \cdots①$$

(i – B) $\alpha=n\pi$ のとき.

H は O 以外の x 軸上の点であるから, l は y 軸に平行である. したがって, l の方程式は,

$$x=p\cos\alpha \qquad \cdots②$$

(i – B) のとき, $\cos\alpha=(-1)^n$, $\sin\alpha=0$ であるから,

②$\times(-1)^n$: $x(-1)^n+y\times0=p\{(-1)^n\}^2$

つまり, $x\cos\alpha+y\sin\alpha=p$

となって, このときも ① は成り立つ.

(ii) $\alpha=\dfrac{\pi}{2}+n\pi$ のとき.

H は O 以外の y 軸上の点であるから, l は x 軸に平行である. したがって, l の方程式は,

$$y=p\sin\alpha \qquad \cdots③$$

(ii) のとき, $\cos\alpha=0$, $\sin\alpha=(-1)^n$ であるから,

③$\times(-1)^n$: $x\times0+y(-1)^n=p\{(-1)^n\}^2$

つまり, $x\cos\alpha+y\sin\alpha=p$

となって, このときも ① は成り立つ.

(証明終り)

140 解答

$$\cos x+\cos(x+\alpha)+\cos(x+\beta)=0 \qquad \cdots①$$

の x に 0, $\dfrac{\pi}{2}$ を代入すると, 一般に,

$$\cos\left(\frac{\pi}{2}+\theta\right)=-\sin\theta$$

であるから,

$$\begin{cases} 1+\cos\alpha+\cos\beta=0 & \cdots② \\ \sin\alpha+\sin\beta=0 & \cdots③ \end{cases}$$

③ より, $\sin\beta=-\sin\alpha$

両辺を平方して,

$$\sin^2\beta=\sin^2\alpha,$$

一般に,

$$\cos^2\theta+\sin^2\theta=1$$

であるから,

124

$$1-\cos^2\beta=1-\cos^2\alpha,$$

つまり、 $\cos^2\beta=\cos^2\alpha$ …④

② より、 $\cos\beta=-(1+\cos\alpha)$ …⑤

両辺を平方して、

$$\cos^2\beta=(1+\cos\alpha)^2 \quad \text{…⑥}$$

④, ⑥ より, $\cos^2\alpha=(1+\cos\alpha)^2$

右辺を展開して, 整理すると,

$$\cos\alpha=-\frac{1}{2} \quad \text{…⑦}$$

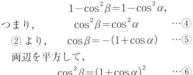

これを $0<\alpha<2\pi$ の範囲で解いて,

$$\alpha=\frac{2}{3}\pi, \ \frac{4}{3}\pi$$

⑤, ⑦ より,

$$\cos\beta=-\frac{1}{2}$$

これを $0<\beta<2\pi$ の範囲で解いて,

$$\beta=\frac{2}{3}\pi, \ \frac{4}{3}\pi$$

$\alpha<\beta$ であるから,

$$\lceil \alpha=\frac{2}{3}\pi, \ \beta=\frac{4}{3}\pi \rfloor \quad \text{…⑧}$$

以上より, α, β が⑧以外のときには, ① が x のすべての実数値に対して成り立つことはない.

⑧ のとき, ① の左辺は,

$$\cos x+\cos\left(x+\frac{2}{3}\pi\right)+\cos\left(x+\frac{4}{3}\pi\right)$$

$$=\cos x+\left(\cos x\cos\frac{2}{3}\pi-\sin x\sin\frac{2}{3}\pi\right)$$

$$+\left(\cos x\cos\frac{4}{3}\pi-\sin x\sin\frac{4}{3}\pi\right)$$

$$=\cos x+\left\{(\cos x)\left(-\frac{1}{2}\right)-(\sin x)\frac{\sqrt{3}}{2}\right\}$$

$$+\left\{(\cos x)\left(-\frac{1}{2}\right)-(\sin x)\left(-\frac{\sqrt{3}}{2}\right)\right\}$$

$$=0$$

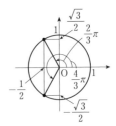

となって, x のすべての実数値に対して①は成立する.

以上より, 求める α, β の値は,

$$\alpha=\frac{2}{3}\pi, \ \beta=\frac{4}{3}\pi$$

141 解答

$$f(x)=\sin x+\sin\left(x+\frac{\pi}{3}\right)$$

とすると, 正弦の加法定理 [11 基本のまとめ 1] より, $f(x)$ は,

$$f(x)=\sin x+\left(\sin x\cos\frac{\pi}{3}+\cos x\sin\frac{\pi}{3}\right)$$

$$=\sin x+\left(\frac{1}{2}\sin x+\frac{\sqrt{3}}{2}\cos x\right)$$

$$=\frac{3}{2}\sin x+\frac{\sqrt{3}}{2}\cos x$$

と変形される.

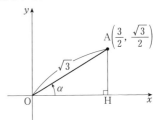

ところが, 上の図で, [2点間の距離の公式 (4 基本のまとめ 1 (1)) を用いると,]

$$OA=\sqrt{\left(\frac{3}{2}\right)^2+\left(\frac{\sqrt{3}}{2}\right)^2}$$

$$=\sqrt{\frac{12}{4}}=\sqrt{3}$$

であるから,

$$\cos\alpha=\frac{OH}{OA}=\frac{\frac{3}{2}}{\sqrt{3}}$$

$$\left[=\frac{3}{2\sqrt{3}}\right]=\frac{\sqrt{3}}{2},$$

$$\sin\alpha=\frac{\text{AH}}{\text{OA}}=\frac{\dfrac{\sqrt{3}}{2}}{\sqrt{3}}$$

$$=\frac{1}{2}$$

これから,

$$\alpha=\frac{\pi}{6}$$

したがって,

$$\begin{cases} \dfrac{3}{2}=\sqrt{3}\cos\dfrac{\pi}{6} \\ \dfrac{\sqrt{3}}{2}=\sqrt{3}\sin\dfrac{\pi}{6} \end{cases}$$

これを用いると, $f(x)$ は, さらに,

$$f(x)=\sqrt{3}\cos\frac{\pi}{6}\sin x+\sqrt{3}\sin\frac{\pi}{6}\cos x$$

$$=\sqrt{3}\left(\sin x\cos\frac{\pi}{6}+\cos x\sin\frac{\pi}{6}\right)$$

$$=\sqrt{3}\sin\left(x+\frac{\pi}{6}\right) \qquad \cdots①$$

と変形される.

$0\leqq x<2\pi$ より, $x+\dfrac{\pi}{6}$ のとり得る値の範囲は, $\dfrac{\pi}{6}\leqq x+\dfrac{\pi}{6}<\dfrac{13}{6}\pi$ であるから, ① より, $f(x)$ は, [$\sin\left(x+\dfrac{\pi}{6}\right)=1$ を解いて得られる,] $x+\dfrac{\pi}{6}=\dfrac{\pi}{2}$, つまり $x=\dfrac{\pi}{3}$ のとき, 最大値

$$\sqrt{3}\sin\frac{\pi}{2}=\boxed{\sqrt{3}} \quad \cdots ア$$

をとる.

142 〔解答〕

(1) 一般に $\sin^2x+\cos^2x=1$ であるから,

$$t^2=\sin^2x+2\sin x\cos x+\cos^2x$$
$$=1+2\sin x\cos x$$

$\sin x\cos x$ について解き,

$$\sin x\cos x=\frac{t^2-1}{2}$$

これと, $t=\sin x+\cos x$ を y の式に代入

して,

$$y=t-\frac{t^2-1}{2}$$

整理して,

$$y=-\frac{1}{2}t^2+t+\frac{1}{2}$$

この t の関数を $f(t)$ とする.

(2) 〔三角関数の合成 (11 基本のまとめ ④) を行うと,〕

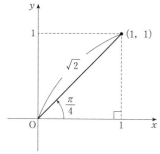

上の図から,

$$\begin{cases} 1=\sqrt{2}\cos\dfrac{\pi}{4} \\ 1=\sqrt{2}\sin\dfrac{\pi}{4} \end{cases}$$

が成り立つので,

$$t=\sqrt{2}\cos\frac{\pi}{4}\sin x+\sqrt{2}\sin\frac{\pi}{4}\cos x$$

$$=\sqrt{2}\left(\sin x\cos\frac{\pi}{4}+\cos x\sin\frac{\pi}{4}\right)$$

$$=\sqrt{2}\sin\left(x+\frac{\pi}{4}\right)$$

$x+\dfrac{\pi}{4}$ のとり得る値の範囲は, $0\leqq x<2\pi$ より,

$$\frac{\pi}{4}\leqq x+\frac{\pi}{4}<\frac{\pi}{4}+2\pi$$

であるから, $\sin\left(x+\dfrac{\pi}{4}\right)$ のとり得る値の範囲は,

$$-1\leqq\sin\left(x+\frac{\pi}{4}\right)\leqq1$$

したがって, t のとり得る値の範囲は,

$$-\sqrt{2}\leqq t\leqq\sqrt{2} \qquad \cdots①$$

(3) ① での $y=f(t)$ のグラフは,

$$f(t)\left[=\left\{-\frac{1}{2}(t^2-2t+1)+\frac{1}{2}\right\}+\frac{1}{2}\right]$$
$$=-\frac{1}{2}(t-1)^2+1$$

を用いれば，次のようになる．

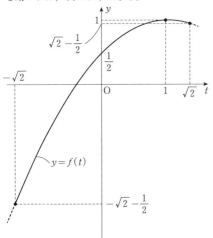

このグラフから，
$$M=f(1)=1,$$
$$m=f\left(-\sqrt{2}\right)=-\sqrt{2}-\frac{1}{2}$$
である．

143 解答

半角の公式と，正弦の2倍角の公式［11 基本のまとめ ③, ②］から，

$$y=2\cdot\frac{1+\cos 2\theta}{2}-3\cdot\frac{\sin 2\theta}{2}+5\cdot\frac{1-\cos 2\theta}{2}$$
$$=-\frac{3}{2}(1\cdot\sin 2\theta+1\cdot\cos 2\theta)+\frac{7}{2}$$

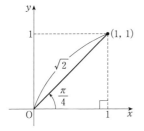

上の図から，

$$\begin{cases}1=\sqrt{2}\,\cos\dfrac{\pi}{4}\\[2mm]1=\sqrt{2}\,\sin\dfrac{\pi}{4}\end{cases}$$

が成り立つので，

$$y=-\frac{3}{2}\left(\sqrt{2}\,\cos\frac{\pi}{4}\sin 2\theta+\sqrt{2}\,\sin\frac{\pi}{4}\cos 2\theta\right)+\frac{7}{2}$$
$$=-\frac{3\sqrt{2}}{2}\sin\left(2\theta+\frac{\pi}{4}\right)+\frac{7}{2}$$

$0\leqq\theta\leqq\dfrac{\pi}{2}$ より，$2\theta+\dfrac{\pi}{4}$ のとり得る値の範囲は，

$$\frac{\pi}{4}\leqq 2\theta+\frac{\pi}{4}\leqq\frac{5}{4}\pi$$

であるから，

$$-\frac{1}{\sqrt{2}}\leqq\sin\left(2\theta+\frac{\pi}{4}\right)\leqq 1,$$

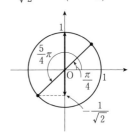

つまり，

$$-\frac{3\sqrt{2}}{2}\times 1\leqq-\frac{3\sqrt{2}}{2}\sin\left(2\theta+\frac{\pi}{4}\right)\leqq-\frac{3\sqrt{2}}{2}\times\left(-\frac{1}{\sqrt{2}}\right)$$

したがって，y のとり得る値の範囲は，

$$-\frac{3\sqrt{2}}{2}+\frac{7}{2}\leqq y\leqq\frac{3}{2}+\frac{7}{2},$$

つまり，
$$\frac{7-3\sqrt{2}}{2}\leqq y\leqq 5$$

この右側の不等式について等号が生じる，

$$2\theta+\frac{\pi}{4}=\frac{5}{4}\pi,$$

つまり，
$$\theta=\frac{\pi}{2}$$

のとき，y は最大値 5 をとり，左側の不等式について等号が生じる，

$$2\theta+\frac{\pi}{4}=\frac{\pi}{2},$$

つまり，
$$\theta=\frac{\pi}{8}$$

のとき，y は最小値 $\dfrac{7-3\sqrt{2}}{2}$ をとる．

[注] 単位円 $x^2+y^2=1$ 上の点の座標が，$(\cos\theta,\ \sin\theta)$ で表されることに注意すると，この問題は，

「実数 x, y が $x^2+y^2=1$ をみたしながら変化するとき，
$$2x^2-3xy+5y^2$$
の最大値，最小値を求めよ」

という形で出題されることもある．

144　解 答

(1) 直角三角形 OPS で，
$$OP[=OA]=1$$
が成り立つから，
$$PS=OP\sin\theta=\sin\theta, \qquad \cdots①$$
$$OS=OP\cos\theta=\cos\theta$$
また，直角三角形 OQR で，
$$\tan\angle ROQ=\frac{QR}{OR}$$
ところが，
$$\tan\angle ROQ=\tan\angle AOB$$
$$=\tan 60°$$
$$=\sqrt{3},$$
$$QR=PS=\sin\theta$$
であるから，
$$OR=\frac{QR}{\tan\angle ROQ}$$
$$=\frac{\sin\theta}{\sqrt{3}}$$
以上から，
$$RS=OS-OR$$
$$=\cos\theta-\frac{\sin\theta}{\sqrt{3}} \qquad \cdots②$$

(2) 長方形 PQRS の面積を $f(\theta)$ とすると，①，②より，
$$f(\theta)=PS\cdot RS$$
$$=(\sin\theta)\left(\cos\theta-\frac{\sin\theta}{\sqrt{3}}\right)$$
$$=\sin\theta\cos\theta-\frac{1}{\sqrt{3}}\sin^2\theta$$

正弦の 2 倍角の公式と，半角の公式 [11基

本のまとめ ②, ③] を用いると，
$$f(\theta)=\frac{1}{2}\sin 2\theta-\frac{1}{\sqrt{3}}\cdot\frac{1-\cos 2\theta}{2}$$
$$=\frac{1}{2\sqrt{3}}\left(\sqrt{3}\sin 2\theta+\cos 2\theta\right)-\frac{1}{2\sqrt{3}}$$
と変形される．

ところが，次の図から，
$$\begin{cases} \sqrt{3}=2\cos 30° \\ 1=2\sin 30° \end{cases}$$
が成り立つので，
$$f(\theta)=\frac{1}{2\sqrt{3}}\times 2(\sin 2\theta\cos 30°$$
$$+\cos 2\theta\sin 30°)-\frac{1}{2\sqrt{3}}$$
$$=\frac{1}{\sqrt{3}}\sin(2\theta+30°)-\frac{1}{2\sqrt{3}}$$

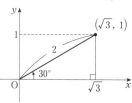

θ の定め方より，$0°<\theta<60°$ であるから，$2\theta+30°$ のとり得る値の範囲は，
$$30°<2\theta+30°<150°$$
この範囲で $f(\theta)$ が最大となるのは，
[$\sin(2\theta+30°)=1$ を解いて得られる，]
$$2\theta+30°=90°,$$
つまり，　$\theta=30°$
のときであり，最大値は，
$$f(30°)=\frac{1}{\sqrt{3}}-\frac{1}{2\sqrt{3}}$$
$$=\frac{1}{2\sqrt{3}}=\frac{\sqrt{3}}{6}$$

145　解 答

(1) 点 P は，線分 AB を直径とする半円周上にあるので，[円周角の定理より，]
$$\angle APB=90°$$

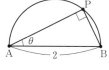

である．したがって，［三角形 PAB は上の図のような直角三角形であるから，とくに，］

$$AP = AB \cos\theta = 2\cos\theta,$$
$$BP = AB \sin\theta = 2\sin\theta$$

となるので，

$$2AP + BP = 2 \times 2\cos\theta + 2\sin\theta$$
$$= 2(2\cos\theta + \sin\theta) \quad \cdots ①$$

(2) ① の $2\cos\theta + \sin\theta$ に対して，次の図のような r (>0)，α $(0° < \alpha < 90°)$ を考えると，

$$r = \sqrt{1^2 + 2^2} = \sqrt{5}$$

$$\begin{cases} \cos\alpha = \dfrac{1}{\sqrt{5}} \\[2mm] \sin\alpha = \dfrac{2}{\sqrt{5}} \end{cases} \quad \cdots ②$$

このとき，

$$\begin{cases} 1 = \sqrt{5}\cos\alpha \\ 2 = \sqrt{5}\sin\alpha \end{cases}$$

であるから，

$$2\cos\theta + \sin\theta$$
$$= \sqrt{5}\cos\theta\sin\alpha + \sqrt{5}\sin\theta\cos\alpha$$
$$= \sqrt{5}\sin(\theta + \alpha)$$

つまり，

$$2AP + BP = 2\sqrt{5}\sin(\theta + \alpha)$$

ここで，θ のとり得る値の範囲は，θ の定め方より，

$$0° < \theta < 90° \quad \cdots ③$$

であるから，$\theta + \alpha$ のとり得る値の範囲は，

$$\alpha < \theta + \alpha < \alpha + 90°$$

ところが，定角 α について，

$$0° < \alpha < 90°$$

であり，$\alpha + 90°$ については，

$$90° < \alpha + 90° < 90° + 90° = 180°$$

であるから，$\theta + \alpha$ のとり得る値の範囲を直線上に図示すると，次の図の ▨ の部分となる．ただし，両端の点は含まない．

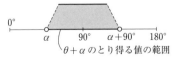

$\theta + \alpha$ のとり得る値の範囲

とくに，

$$\theta + \alpha = 90°$$

つまり，$$\theta = 90° - \alpha \quad \cdots ④$$

となる角の大きさが ③ の範囲にあり，このとき，

$$2AP + BP = 2\sqrt{5}\sin(\theta + \alpha)$$

は最大値

$$2\sqrt{5}$$

をとる．このときの $\sin\theta$ と $\cos\theta$ の値は，②，④ ［と，**10 基本のまとめ** 4 (4)(ii)］より，

$$\sin\theta = \sin(90° - \alpha) = \cos\alpha$$
$$= \frac{1}{\sqrt{5}},$$
$$\cos\theta = \cos(90° - \alpha) = \sin\alpha$$
$$= \frac{2}{\sqrt{5}}$$

146 解答

$$\tan A \tan B = 1, \quad \cdots ①$$

つまり，

$$\frac{\sin A \sin B}{\cos A \cos B} = 1$$

は，「$\cos A \neq 0$，かつ $\cos B \neq 0$」，つまり

「$A \neq 90°$，かつ $B \neq 90°$」 $\cdots ②$

という条件のもとで次のようにいいかえられる．

$$\sin A \sin B = \cos A \cos B \quad \cdots ③$$

③ の左辺を右辺に移項したものに余弦の加法定理 ［**11 基本のまとめ** 1］を用いると，

$$\cos(A + B) = 0 \quad \cdots ④$$

ところが，

「三角形の内角の和は $180°$ である」 $\cdots ⑤$

から，

$$A + B = 180° - C$$

これを ④ の左辺に代入して，

$$\cos(180° - C) = 0,$$

つまり，［**10 基本のまとめ** 4 (3)(ii)より，］

$$-\cos C = 0 \quad \cdots ⑥$$

三角形の内角 C は，$0° < C < 180°$ をみたす．この範囲で ⑥ を解いて，

$$C = 90°$$

このとき，⑤ より，② も成立する．

以上より，① をみたす三角形 ABC は，

角 C が直角な三角形

である.

第5章　微分と積分

12　微分係数と導関数

147　解 答

x の値が a から b まで変化するときの
$f(x)$ の平均変化率 $\dfrac{f(b)-f(a)}{b-a}$ は,

$$\dfrac{(pb^2+qb+r)-(pa^2+qa+r)}{b-a}$$
$$=\dfrac{p(b+a)(b-a)+q(b-a)}{b-a}$$
$$=\dfrac{(b-a)\{p(b+a)+q\}}{b-a}$$
$$=\boxed{p(a+b)+q}\quad\cdots \text{ア}$$

一方,
$$f'(x)[=p(x^2)'+q(x)'+r(1)']$$
$$=2px+q$$

であるから, ある x の値 c で,
$$f'(c)=p(a+b)+q$$
となるとすると,
$$2pc+q=p(a+b)+q$$
これを c について解いて,
$$c=\boxed{\dfrac{a+b}{2}}\quad\cdots \text{イ}$$

148　解 答

・微分係数の定義

h が 0 でない値をとりながら限りなく 0 に近づくとき, 平均変化率 $\dfrac{f(a+h)-f(a)}{(a+h)-a}$ がある値に限りなく近づくならば, その極限値を $f(x)$ の $x=a$ での微分係数といい, $f'(a)$ で表す. つまり,

$$f'(a)=\lim_{h \to 0}\dfrac{f(a+h)-f(a)}{(a+h)-a}$$

・$f(x)=x^2$ のとき, $f'(a)=2a$ となること.

$h \neq 0$ として,
$$\dfrac{f(a+h)-f(a)}{(a+h)-a}=\dfrac{(a+h)^2-a^2}{h}$$
ここで, この分子 $(a+h)^2-a^2$ は,
$$(a^2+2ha+h^2)-a^2=h(2a+h)$$

と変形されるので,

$$\lim_{h \to 0}\frac{(a+h)^2-a^2}{h}=\lim_{h \to 0}(2a+h)$$

$$[\,=2a+0\,]$$

$$=2a$$

つまり,

$$f'(a)=2a$$

である.

[注] こうして,たとえば,

…	-1	…	0	…	0.753	…	1	…
…	$f'(-1)$	…	$f'(0)$	…	$f'(0.753)$	…	$f'(1)$	…

といった表のようなもの,つまり a に対して $f'(a)$ を対応させるもの,つまり関数が決まる.これを $f(x)$ の導関数といって,$f'(x)$ などと表すのであった.このことから,$f'(x)$ がわかっているとき,その x がたとえば a のときの $f'(x)$ の値 $f'(a)$ は,$x=a$ での $f(x)$ の微分係数(あるいは関数 $y=f(x)$ のグラフの $x=a$ での接線の傾き)である.

149 [解 答]

(1) $f'(x)\,[=(x^2)'+(x)'-(5)']=2x+1$

(2) $(1-x)^3$ を展開すると,

$$f(x)=9x^3+a(1-3x+3x^2-x^3)$$

となるので,

$$f'(x)\,[=9(x^3)'+a\{(1)'-3(x)'+3(x^2)'-(x^3)'\}]$$
$$=27x^2+a(-3+6x-3x^2)$$

この x に 0, 1 を代入して,

$$f'(0)=\boxed{-3}\,a,\ \cdots \text{ア}$$
$$f'(1)=27+a(-3+6-3)$$
$$=\boxed{27}\ \cdots \text{イ}$$

[別解] [12 基本のまとめ③[注](iv)を用いると,]

$$f'(x)=27x^2+a\times 3\times(-1)\times(-x+1)^2$$

である.

この x に 0, 1 を代入して,

$$f'(0)=\boxed{-3}\,a,\ f'(1)=\boxed{27}\ \cdots \text{ア,イ}$$

[注] (i) 12 基本のまとめ③[注](iv)は数学Ⅱの範囲で説明することもできる.

$a=0$ ならば,

$$\{(ax+b)^n\}'=(b^n)'=0,$$
$$na(ax+b)^{n-1}=0\ (b^0=1\ \text{と約束する})$$

であるから,この公式は成り立つ.

$a \neq 0$ ならば,$\alpha=-\dfrac{b}{a}$ とおくと,

$$(ax+b)^n=\left\{a\left(x+\dfrac{b}{a}\right)\right\}^n$$
$$=a^n\left\{x-\left(-\dfrac{b}{a}\right)\right\}^n$$
$$=a^n(x-\alpha)^n$$

$g(x)=(x-\alpha)^n$ を考えると,$y=g(x)$ のグラフ C は 6 基本のまとめ③より $y=x^n$ のグラフ K を x 軸方向に α だけ平行移動したものである.したがって,$g'(p)$,つまり C 上の点 $P(p, g(p))$ での C の接線の傾き $g'(p)$ は,この平行移動で P に対応する K 上の点 $Q(p-\alpha, (p-\alpha)^n)$ での K の接線の傾きに等しい.

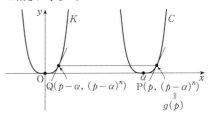

ところが,$(x^n)'=nx^{n-1}$ であるから,Q での K の接線の傾きは,

$$n(p-\alpha)^{n-1}$$

に等しいので,

$$g'(p)=n(p-\alpha)^{n-1}$$

つまり,$g(x)$ の導関数 $g'(x)$ は,p に $n(p-\alpha)^{n-1}$ を対応させる関数である:

$$g'(x)=n(x-\alpha)^{n-1}$$

これから,

$$\{(ax+b)^n\}'=a^n\{(x-\alpha)^n\}'$$
$$=a^n\cdot n(x-\alpha)^{n-1}$$
$$=na\cdot a^{n-1}\left\{x-\left(-\dfrac{b}{a}\right)\right\}^{n-1}$$
$$=na(ax+b)^{n-1}$$
$$((ax+b)^0=1\ \text{と約束する})$$

となって,この場合もこの公式は成り立つ.

(ii) 12 基本のまとめ③[注](iv)を用いると,

$a \neq 0$ で, n を 0, 1, 2, … とするとき,
$$\{(ax+b)^{n+1}\}' = (n+1)a(ax+b)^n$$
両辺を $(n+1)a$ で割って,
$$\left\{\frac{1}{(n+1)a}(ax+b)^{n+1}\right\}' = (ax+b)^n$$
したがって, 原始関数の定義 (**15 基本の まとめ [1]**) によれば,
$$\int (ax+b)^n dx = \frac{1}{(n+1)a}(ax+b)^{n+1} + C$$
$$(C \text{ は積分定数})$$
である (**15 基本のまとめ [2]** [注] (iii)).

150   解答

(1)
$$f(x) = x^2$$
とすると,
$$f'(x) = 2x$$
放物線 $y = x^2$ 上の点 $(2, 4)$ でのこの放物線の接線の傾き m は, $f'(2)$ であるから,
$$m [= 2 \times 2] = 4$$
となる. したがって, 求める接線の方程式は,
$$y - 4 = 4(x-2),$$
つまり, $\qquad \boldsymbol{y = 4x - 4}$

(2) まず,
$$f\left(\frac{1}{2}\right) = \left(\frac{1}{2}\right)^3 - 2 \times \left(\frac{1}{2}\right)^2 + \frac{1}{2}\left[= \frac{1}{8} - \frac{1}{2} + \frac{1}{2}\right]$$
$$= \boxed{\frac{1}{8}} \quad \cdots \text{ウ}$$
次に,
$$f'(x) = \boxed{3}x^2 + (\boxed{-4})x + 1 \quad \cdots \text{ア, イ}$$
であるから,
$$f'\left(\frac{1}{2}\right) = 3 \times \left(\frac{1}{2}\right)^2 - 4 \times \frac{1}{2} + 1 \left[= \frac{3}{4} - 2 + 1\right]$$
$$= \boxed{-\frac{1}{4}} \quad \cdots \text{エ}$$
したがって, $y = f(x)$ のグラフ C 上の点 $\left(\frac{1}{2}, \frac{1}{8}\right)$ での C の接線の方程式は,
$$y - \frac{1}{8} = -\frac{1}{4}\left(x - \frac{1}{2}\right),$$
つまり,
$$y = \boxed{-\frac{1}{4}}x + \boxed{\frac{1}{4}} \quad \cdots \text{オ, カ}$$

151   解答

(1)
$$f(x) = x^3 + x^2 + x + 1$$
とすると,
$$f'(x) = 3x^2 + 2x + 1$$
この接線の接点を $P(a, f(a))$ とすると, 条件から,
$$f'(a) = 2,$$
つまり, $\qquad 3a^2 + 2a + 1 = 2$
整理して, $\qquad 3a^2 + 2a - 1 = 0$
因数分解して, $(a+1)(3a-1) = 0$
これを解いて, $a = -1, \ \dfrac{1}{3}$

(i) $a = -1$ のとき.
$f(-1)[= (-1)^3 + (-1)^2 + (-1) + 1] = 0$ であるから, $P(-1, 0)$ となる. したがって, この場合の接線の方程式は,
$$y - 0 = 2\{x - (-1)\},$$
つまり, $\qquad \boldsymbol{y = 2x + 2}$

(ii) $a = \dfrac{1}{3}$ のとき.
$f\left(\dfrac{1}{3}\right)\left[= \left(\dfrac{1}{3}\right)^3 + \left(\dfrac{1}{3}\right)^2 + \dfrac{1}{3} + 1\right] = \dfrac{40}{27}$ であるから, $P\left(\dfrac{1}{3}, \dfrac{40}{27}\right)$ となる. したがって, この場合の接線の方程式は,
$$y - \frac{40}{27} = 2\left(x - \frac{1}{3}\right),$$
つまり, $\qquad \boldsymbol{y = 2x + \dfrac{22}{27}}$

(2)
$$y = x^3 - 4x + 2$$
を微分すると,
$$y' = 3x^2 - 4$$
求める接線 l の接点の x 座標を a とすると, l の方程式は,
$$y - (a^3 - 4a + 2) = (3a^2 - 4)(x - a),$$
つまり, $y = (3a^2 - 4)x - 2(a^3 - 1) \quad \cdots ①$
l が原点を通るので,
$$0 = (3a^2 - 4) \times 0 - 2(a^3 - 1),$$
つまり, $\qquad a^3 = 1$
定め方より a は実数である. 実数の範囲での 1 の 3 乗根はただ 1 つしかなく, それは 1 であるという事実から,

$$a=\sqrt[3]{1}=1$$

これを①に代入して,求める l の方程式は,

$$y=(3-4)x-0,$$

つまり,

$$y=-x$$

[注] たとえば,曲線 $y=x^3+x^2+x+1$ と **4基本のまとめ②** [注]にある方程式 $y=x^3+x^2+x+1$ の表す図形,数学Ⅰで扱った関数 $y=x^3+x^2+x+1$ のグラフとは同じものである.

152 解答

(1)

$$f(x)=x^3-3x^2$$

とすると,

$$f'(x)=3x^2-6x$$

変形して,

$$f'(x)[=3(x^2-2\times1x+1^2)-3\times1^2]=3(x-1)^2-3$$

したがって,曲線 $C:y=f(x)$ について,接線の傾きは,

$$x=\boxed{1} \quad \cdots \text{ア}$$

のとき,最小値

$$f'(1)=-3$$

をとる.また,このとき,$f(1)=-2$ であるから,その接線の方程式は,

$$y-(-2)=(-3)(x-1),$$

つまり,$y=\boxed{-3}x+\boxed{1}$ $\cdots$イ,ウ

(2) [(1)の記号を用いる]

C 上の点 $P(a, f(a))$ での C の接線を l とすると,l の方程式は,

$$y-(a^3-3a^2)=(3a^2-6a)(x-a),$$

つまり,$y=(3a^2-6a)x-2a^3+3a^2$ $\cdots$①

C と l が P だけを共有する条件は,①と $y=f(x)$ から得られる x の方程式

$$x^3-3x^2=(3a^2-6a)x-2a^3+3a^2,$$

つまり,

$$x^3-3x^2-(3a^2-6a)x+2a^3-3a^2=0 \quad \cdots②$$

が $x=a$ を3重解 [*22* 解説 参照] にもつことである.

ところが,②の左辺は

$$(x-a)^2\{x-(-2a+3)\}=0 \quad \cdots(*)$$

と因数分解される [後記の[注]参照] ので,②が $x=a$ を3重解にもつ条件は,

$$a=-2a+3 \quad \cdots③$$

が成り立つことである.

したがって,求める l の方程式は,③を解いて得られる

$$a=1$$

を①に代入した,

$$y=\boxed{-3}x+\boxed{1} \quad \cdots \text{エ,オ}$$

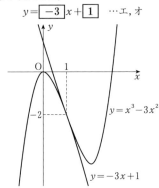

通常の接するイメージとはかけ離れているが,これも曲線 $y=x^3-3x^2$ の接線である

[注] **12基本のまとめ④** [注]をこの場合に適用し(**④**[注]の $f(x)$, $kx+l$, a がそれぞれ $f(x)$, $(3a^2-6a)x-2a^3+3a^2$, a の場合である),$f(x)$ の3次の項の係数が1であることにも注意すると,b を定数として,

$$(x^3-3x^2)-\{(3a^2-6a)x-2a^3+3a^2\}$$
$$=(x-a)^2(x-b)$$

が成り立つ.さらに,この両辺の定数項

$$2a^3-3a^2, \quad -a^2b$$

を比較すると,

$$b=-2a+3$$

となり,(*) が得られる.

153 解答

$$f(x)=ax^2+b, \quad g(x)=x^3+cx$$

とすると,

$$f'(x)=2ax, \quad g'(x)=3x^2+c$$

2つの曲線 $y=f(x)$ と $y=g(x)$ が点 $P(-1, 0)$ で共通な接線をもつ条件は,

$\begin{cases} \text{(i)　この2つの曲線がPを通る,} \\ \quad\text{かつ,} \\ \text{(ii)　Pでのこの2つの曲線の接線の傾きが} \\ \quad\text{一致する,} \end{cases}$

つまり,

$\begin{cases} \text{(i)}'\ f(-1)=0,\ \cdots① \quad g(-1)=0,\ \cdots② \\ \quad\text{かつ,} \\ \text{(ii)}'\ f'(-1)=g'(-1)\ \cdots③ \end{cases}$

①より,

$$a+b=0 \qquad\qquad \cdots①'$$

②より,

$$-1-c=0,$$

つまり, $\qquad c=-1 \qquad\qquad \cdots②'$

③より,

$$-2a=3+c \qquad\qquad \cdots③'$$

②′を③′に代入して,

$$-2a=2,$$

つまり, $\qquad a=-1$

これを①′に代入して,

$$-1+b=0,$$

つまり, $\qquad b=1$

以上より, 求める a, b, c の値は,

$a=\boxed{-1}$, $\cdots$ア $\quad b=\boxed{1}$, $\cdots$イ

$c=\boxed{-1}$ $\cdots$ウ

154 　解答

$$f'(x)=3ax^2+2bx+c$$

であるから, 曲線 $y=f(x)$ 上の点

$(\alpha, f(\alpha))$ でのこの曲線の接線 l の傾きは,

$$f'(\alpha)=3a\alpha^2+2b\alpha+c$$

したがって, l の方程式は,

$$y-(a\alpha^3+b\alpha^2+c\alpha+d)$$
$$=(3a\alpha^2+2b\alpha+c)(x-\alpha)$$

となるので,

$$g(x)=(3a\alpha^2+2b\alpha+c)x-2a\alpha^3-b\alpha^2+d$$

である. これから,

$$f(x)-g(x)$$
$$=ax^3+bx^2+cx+d$$
$$\quad-\{(3a\alpha^2+2b\alpha+c)x-2a\alpha^3-b\alpha^2+d\}$$
$$=ax^3+bx^2+(-3a\alpha^2-2b\alpha)x+2a\alpha^3+b\alpha^2$$

となる.

最後の式を $(x-\alpha)^2$, つまり,

$x^2-2\alpha x+\alpha^2$ で, 実際に割ると,

$$\begin{array}{r} ax+(2a\alpha+b) \\ x^2-2\alpha x+\alpha^2\ \overline{\smash{\big)}\ ax^3\ +bx^2+(-3a\alpha^2-2b\alpha)x+2a\alpha^3+b\alpha^2} \\ \underline{ax^3-2a\alpha x^2+\qquad\qquad a\alpha^2 x} \\ (2a\alpha+b)x^2+(-4a\alpha^2-2b\alpha)x+2a\alpha^3+b\alpha^2 \\ \underline{(2a\alpha+b)x^2+(-4a\alpha^2-2b\alpha)x+2a\alpha^3+b\alpha^2} \\ 0 \end{array}$$

となり, $f(x)-g(x)$ は $(x-\alpha)^2$ で割り切れる.

（証明終り）

[注]　このように, **12 基本のまとめ 4** [注] の事実は自明とはいえないので, 慎重に利用しないといけない.

13　関数の値の増減

155　　解答

(1) $$y'=\frac{1}{3}(3x^2-18x+15)$$
$$=x^2-6x+5$$
$$=(x-1)(x-5)$$

であるから, y の増減表は次のようになる.

x	$\cdots$	1	$\cdots$	5	$\cdots$
y'	$+$	0	$-$	0	$+$
y	$\nearrow$	$\dfrac{7}{3}$ 極大	$\searrow$	$-\dfrac{25}{3}$ 極小	$\nearrow$

したがって, y は,

$x=1$ のとき

$$\text{極大値}\ \frac{7}{3}\ \text{をとり,}$$

$x=5$ のとき

$$\text{極小値}\ -\frac{25}{3}\ \text{をとる.}$$

(2)　微分係数が0となる x の値の符号にも注意して, A群の各関数の増減を図から読みとり, それを用いてその導関数の符号を求めると次のようになる.

(a)

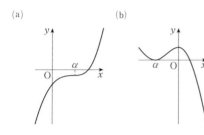

x	…	0	…	α	…
y'	+		+	0	+
y	↗		↗		↗

(b)

x	…	α	…	0	…
y'	−	0	+	0	−
y	↘		↗		↘

(c)

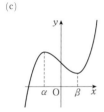

x	…	α	…	0	…	β	…
y'	+	0	−		−	0	+
y	↗		↘		↘		↗

[α = −β かもしれない]

(d)

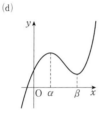

x	…	0	…	α	…	β	…
y'	+		+	0	−	0	+
y	↗		↗		↘		↗

(e)

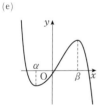

x	…	α	…	0	…	β	…
y'	−	0	+		+	0	−
y	↘		↗		↗		↘

関数の値が 0 となる x の値の符号にも注意して，B 群の各関数の符号を図から読みとると次のようになる．

①

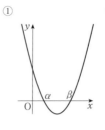

x	…	0	…	α	…	β	…
y	+		+	0	−	0	+

②

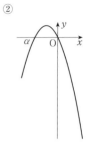

x	…	α	…	0	…
y	−	0	+	0	−

③

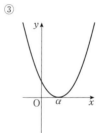

x	…	0	…	α	…
y	+		+	0	+

④

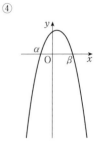

x	…	α	…	0	…	β	…
y	−	0	+		+	0	−

⑤

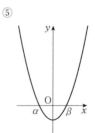

x	…	α	…	0	…	β	…
y	+	0	−		−	0	+

こうして得られた A 群の各関数に対する増減表の y' の部分と B 群の各関数の表を比較し，A 群の関数と B 群の関数の対応は

A群	(a)	(b)	(c)	(d)	(e)
B群	③	②	⑤	①	④

となる．

(3) $f(x)=x^3+3x^2-9x+5$ …(*)

とすると,

$$f'(x)=3x^2+6x-9$$
$$=3(x^2+2x-3)$$
$$=3(x+3)(x-1)$$

であるから, $f(x)$ の増減表は次のようになる.

x	$\cdots$	-3	$\cdots$	1	$\cdots$
$f'(x)$	$+$	0	$-$	0	$+$
$f(x)$	↗	32 極大	↘	0 極小	↗

したがって, $f(x)$ は,

$x=-3$ のとき

　　　極大値 32 をとり,

$x=1$ のとき

　　　極小値 0 をとる.

また,

$$f(x)=(x+5)(x-1)^2$$

とも表される［上の増減表から, $y=f(x)$ のグラフは点 $(1,0)$ で x 軸 $(y=0)$ と接しているので, **12 基本のまとめ** [4][注]を用いることにより, $f(x)$ は $(x-1)^2$ を因数にもつ, つまり, 定数 a, b を用いて,

$$f(x)=(x-1)^2(ax+b)$$

と表される. a, b は, (*) の 3 次の項の係数, 定数項から, それぞれ 1, 5 となる］ので, $y=f(x)$ のグラフは点 $(1,0)$ で x 軸に接し, 点 $(-5,0)$ で x 軸と交わる.

以上から, $y=f(x)$ のグラフは次の図のようになる.

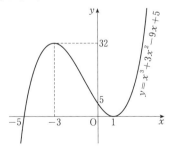

156 解答

(1) $f'(x)=-3x^2+2x+a$

$f'(x)$ は,

$$f'(x)\Big[=-3\Big\{x^2-2\times\frac{1}{3}x+\Big(\frac{1}{3}\Big)^2\Big\}$$
$$+3\times\Big(\frac{1}{3}\Big)^2+a\Big]$$
$$=-3\Big(x-\frac{1}{3}\Big)^2+a+\frac{1}{3}$$

と変形されるので, x のすべての実数値に対して,

$$f'(x)\le a+\frac{1}{3}$$

したがって,

$$a+\frac{1}{3}<0$$

ならば, x のすべての実数値に対して

$$f'(x)<0$$

となり, $f(x)$ の値はすべての実数の範囲で［単調に］減少する.

$a+\frac{1}{3}=0$ のときも, $f(x)$ の増減表は次のようになるので, $f(x)$ の値はすべての実数の範囲で［単調に］減少する.

x	$\cdots$	$\dfrac{1}{3}$	$\cdots$
$f'(x)$	$-$	0	$-$
$f(x)$	↘		↘

一方, $a+\frac{1}{3}>0$ ならば, $y=f'(x)$ のグラフと x 軸 $[y=0]$ の共有点を考えると, $f'(x)=0$ は異なる 2 つの実数解 α, $\beta(\alpha<\beta)$ をもつ. このとき $f(x)$ の増減表は次のようになって, $f(x)$ の値がすべての実数の範囲で［単調に］減少するとは限らない.

x	$\cdots$	α	$\cdots$	β	$\cdots$
$f'(x)$	$-$	0	$+$	0	$-$
$f(x)$	↘	極小	↗	極大	↘

以上から, 求める a の条件は,

$$a+\frac{1}{3}\le0,$$

136

つまり，求める a の値の範囲は，

$$a \le \boxed{-\dfrac{1}{3}} \quad \cdots ア$$

(2) $\quad f'(x)=3x^2+2ax+b \quad \cdots ①$

　2次の係数が正の2次関数 $y=f'(x)$ のグラフと x 軸の位置関係は，次の3つの場合に分けられる.

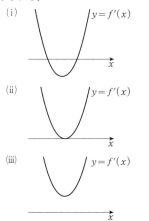

(i)　　　　　　　　　$y=f'(x)$

(ii)　　　　　　　　$y=f'(x)$

(iii)　　　　　　　$y=f'(x)$

　(i) の場合には，$f'(a)=0$ となる a の値であって，その前後で $f'(x)$ の符号が変わるものが（2つ）ある．一方，(ii)，(iii) の場合には，(i) の場合のような a の値はない．したがって，$f(x)$ が極値をもつのは，(i) の場合で，しかもそのときに限る.

　ところが，(i) と，2次方程式

$$f'(x)=0 \quad\quad\quad \cdots ②$$

が異なる2つの実数解をもつことは同じことであり，さらに，この後者は，②の判別式を D とすると，

$$D>0$$

ということである［2 基本のまとめ ① (2)］.
ここで，① によれば，

$$\dfrac{D}{4}=a^2-3b$$

であるから，求める条件は，

$$a^2-3b>0$$

157 〔解答〕

$$f'(x)=3x^2+2ax+b \quad \cdots ①$$

条件から，

$$f(1)=-3, \,\cdots ② \quad\quad f'(1)=0 \,\cdots ③$$

でないといけない.

　$f(1)=a+b+3,\ f'(1)=2a+b+3$ であるから，②，③ より，

$$\begin{cases} a+b+3=-3 \\ 2a+b+3=0 \end{cases}$$

つまり，

$$\begin{cases} b=-a-6 & \cdots ④ \\ b=-2a-3 \end{cases}$$

を得る．b を消去して，

$$-a-6=-2a-3$$

　これを解いて，

$$a=3 \quad\quad\quad \cdots ⑤$$

　④ に代入して，

$$b=-9 \quad\quad\quad \cdots ⑥$$

　⑤，かつ ⑥ 以外では $f(x)$ が $x=1$ で極小値 -3 をとることはない.

　⑤，かつ ⑥ のときは，① より，

$$\begin{aligned} f'(x)&=3x^2+6x-9 \\ &=3(x^2+2x-3) \\ &=3(x+3)(x-1) \end{aligned}$$

であるから，$f(x)$ の増減表は次のようになる.

x	$\cdots$	-3	$\cdots$	1	$\cdots$
$f'(x)$	$+$	0	$-$	0	$+$
$f(x)$	↗	29 極大	↘	-3 極小	↗

　この表から，⑤，かつ ⑥ のとき，$f(x)$ は $x=1$ で極小値 -3 をとっている.

　以上より，求める $a,\ b$ の値は，

$$\boldsymbol{a=3,\ b=-9}$$

158 〔解答〕

$$\begin{aligned} f'(x)&=6x^2-6x-12 \\ &=6(x^2-x-2) \\ &=6(x+1)(x-2) \end{aligned}$$

であるから，$-2 \le x \le 4$ の範囲での $f(x)$ の増減表は次のようになる.

x	-2	$\cdots$	-1	$\cdots$	2	$\cdots$	4
$f'(x)$		$+$	0	$-$	0	$+$	
$f(x)$	-3	↗	8	↘	-19	↗	33

この表から，$-2 \leqq x \leqq 4$ の範囲での $f(x)$ の最大値は，
$$f(4)=\mathbf{33},$$
最小値は，
$$f(2)=\mathbf{-19}$$
である．

159 解答

$$f'(x)=3ax^2-6ax$$
$$=3ax(x-2)$$

条件 $a>0$ …① に注意すると，$-1 \leqq x \leqq 4$ の範囲での $f(x)$ の増減表は次のようになる．

x	-1	$\cdots$	0	$\cdots$	2	$\cdots$	4
$f'(x)$		$+$	0	$-$	0	$+$	
$f(x)$	$b-4a$	↗	b 極大	↘	$b-4a$ 極小	↗	$b+16a$

① より，
$$b<b+16a,$$
つまり，$f(0)<f(4)$ であるから，$f(x)$ の $-1 \leqq x \leqq 4$ の範囲での最大値は，
$$f(4)=b+16a$$
一方，最小値は，
$$f(-1)=f(2)=b-4a$$
したがって，条件より，
$$\begin{cases} b+16a=40 & \cdots② \\ b-4a=-20 & \cdots③ \end{cases}$$
$\frac{1}{20}(②-③)$ より，
$$a=3\ (>0)$$
これを ③ に代入して，
$$b[=4a-20]=-8$$
以上より，求める a と b の値は，
$$a=\boxed{3},\ b=\boxed{-8}\ \cdots ア, イ$$

160 解答

この長方形の横の長さが $2x$ であるから，右の図のような長方形の1つの頂点Pの座標は，
$$(x,\ 8-2x^2)$$
と表される．つまり，この長方形の縦の長さは，
$$8-2x^2 \qquad \cdots①$$
であるから，
$$S=(2x)\times(8-2x^2)=\boxed{16x-4x^3}\ \cdots ア$$
S を微分して，
$$S'=16-12x^2$$
$$=-12\left(x+\frac{2\sqrt{3}}{3}\right)\left(x-\frac{2\sqrt{3}}{3}\right)$$
であり，かつ $\left(\frac{2\sqrt{3}}{3}\right)^2=\frac{4}{3}<4=2^2$ より，
$0<\frac{2\sqrt{3}}{3}<2$ であるから，$0<x<2$ の範囲での S の増減表は次のようになる．

x	0	$\cdots$	$\frac{2\sqrt{3}}{3}$	$\cdots$	2
S'		$+$	0	$-$	
S		↗	極大	↘	

この表から，S が $0<x<2$ の範囲で最大となるのは，$x=\frac{2\sqrt{3}}{3}$ のときである．

以上より，S が最大になる長方形の横の長さは，
$$2x=\boxed{\frac{4\sqrt{3}}{3}}\ \cdots イ$$
さらに，$x=\frac{2\sqrt{3}}{3}$ を ① に代入した値が，このときの縦の長さであり，
$$8-2\left(\frac{2\sqrt{3}}{3}\right)^2=\boxed{\frac{16}{3}}\ \cdots ウ$$

161 解答

$$f(x)=2x^2|x-1|$$

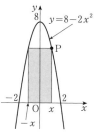

138

とすると,
$$f(x)=\begin{cases} 2x^2(x-1) & (1\leqq x \text{ のとき}) \\ -2x^2(x-1) & (x<1 \text{ のとき}) \end{cases}$$
であり,
$$g(x)=2x^2(x-1)$$
とすると,
$$g(x)=2(x^3-x^2)$$
であるから,
$$g'(x)=2(3x^2-2x)$$
$$=6x\left(x-\frac{2}{3}\right)$$

したがって,

(i) $1<x$ のとき,
$$f'(x)=g'(x)=6x\left(x-\frac{2}{3}\right)$$

(ii) $x<1$ のとき,
$$f'(x)=-g'(x)=-6x\left(x-\frac{2}{3}\right)$$

これから, $f(x)$ の増減表は次のようになる.

x	$\cdots$	0	$\cdots$	$\dfrac{2}{3}$	$\cdots$	1	$\cdots$
$f'(x)$	$-$	0	$+$	0	$-$		$+$
$f(x)$	$\searrow$	0 極小	$\nearrow$	$\dfrac{8}{27}$ 極大	$\searrow$	0 極小	$\nearrow$

以上より, $f(x)$ は,

$x=0$ のとき, 極小値 0 をとり,

$x=\dfrac{2}{3}$ のとき, 極大値 $\dfrac{8}{27}$ をとり,

$x=1$ のとき, 極小値 0 をとる.

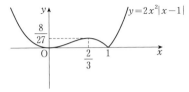

[注] **解答** の(i)を「$1\leqq x$」としなかったのは, $x=1$ での $f(x)$ の微分係数は存在しない（証明は数学Ⅲの範囲）からである.

162 **解答**

(1) $f'(x)=4x^3-6x-2$
$$=2(2x^3-3x-1)$$
$$f'(-1)=2\{2\times(-1)^3-3\times(-1)-1\}=0$$
であるから, 因数定理 [1 基本のまとめ 4
(2)] より, $f'(x)$ は $x+1$ を因数にもつ.

$$\begin{array}{r} 2x^2-2x-1 \\ x+1 \overline{\smash{\big)}\,2x^3-3x-1} \\ \underline{2x^3+2x^2} \\ -2x^2-3x \\ \underline{-2x^2-2x} \\ -x-1 \\ \underline{-x-1} \\ 0 \end{array}$$

割り算を行って,
$$f'(x)=2(x+1)(2x^2-2x-1)$$
したがって, $f'(x)=0$ とは,
$$x+1=0, \text{ または } 2x^2-2x-1=0$$
ということである. これを解いて, $f'(x)=0$ の解は,
$$x=-1, \frac{1\pm\sqrt{3}}{2}$$
$$-1\left(<-\sqrt{\frac{3}{4}}=\frac{0-\sqrt{3}}{2}\right)<\frac{1-\sqrt{3}}{2}<\frac{1+\sqrt{3}}{2}$$
に注意すると, $f'(x)$ の符号は次の表のようになる.

x	$\cdots$	-1	$\cdots$	$\dfrac{1-\sqrt{3}}{2}$	$\cdots$	$\dfrac{1+\sqrt{3}}{2}$	$\cdots$
$f'(x)$	$-$	0	$+$	0	$-$	0	$+$

したがって, [13 基本のまとめ 1 より,] $f(x)$ が増加するような x の範囲は,

$$\boxed{-1}<x<\boxed{\dfrac{1-\sqrt{3}}{2}}, \boxed{\dfrac{1+\sqrt{3}}{2}}<x$$
$$\cdots \text{ア, イ, ウ}$$

[注] この問題では $f'(x)>0$ となる範囲を求めるということで, 問題文のような不等号が用いられているものと思われるが, 条件をみたす範囲はできるだけ広い方がよい. そのように考えると, 不等号のかわりに不等号または等号とした

$$-1\leqq x\leqq\frac{1-\sqrt{3}}{2}, \frac{1+\sqrt{3}}{2}\leqq x$$

と答えてもよい.

(2)
$$g(x)=\frac{1}{4}x^4-\frac{1}{3}x^3-x^2$$

とすると,
$$g'(x)=x^3-x^2-2x\,[=x(x^2-x-2)]$$
$$=x(x+1)(x-2)$$

であるから, $g(x)$ の増減表は次のようになる.

x	$\cdots$	-1	$\cdots$	0	$\cdots$	2	$\cdots$
$g'(x)$	$-$	0	$+$	0	$-$	0	$+$
$g(x)$	$\searrow$	$-\dfrac{5}{12}$ 極小	$\nearrow$	0 極大	$\searrow$	$-\dfrac{8}{3}$ 極小	$\nearrow$

したがって, $g(x)$ は,

$x=-1$ のとき, 極小値 $-\dfrac{5}{12}$ をとり,

$x=0$ のとき, 極大値 0 をとり,

$x=2$ のとき, 極小値 $-\dfrac{8}{3}$ をとる.

また,
$$g(x)=\frac{1}{12}x^2(3x^2-4x-12)$$

とも表されるので, $[g(x)=0$ を解いて, $]$
$y=g(x)$ のグラフ C と x 軸との共有点は原点 O と点 $\left(\dfrac{2\pm2\sqrt{10}}{3},\ 0\right)$ である. さらに, $g'(0)=0$ であるから, C の O での接線の方程式は,
$$y=0$$
となる. つまり, C は O で x 軸と接している.

以上から, C の概形は次のようになる.

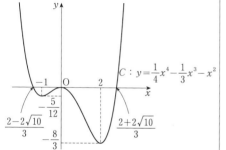

$C: y=\dfrac{1}{4}x^4-\dfrac{1}{3}x^3-x^2$

---

163 （解答）

(1)
$$f(x)=ax^3+bx^2+cx+d$$
とするとき, 図より次の事実が成り立つことがわかる.

(*) ある実数の定数 α, β で $0<\alpha<\beta$ をみたすものがあって, $f(x)$ は $x=\alpha$ だけで極大値をとり, $x=\beta$ だけで極小値をとる.

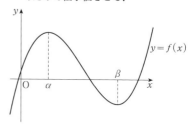

さて, 条件 $a>0$ …① によれば,
$$f'(x)=0,$$
つまり,
$$3ax^2+2bx+c=0 \quad\cdots②$$
は2次方程式であり, (*) によれば, その2つの解は α, β である. ここで, ②の解と係数の関係を用いると,
$$\begin{cases} \alpha+\beta=-\dfrac{2b}{3a} & \cdots③ \\[2mm] \alpha\beta=\dfrac{c}{3a} & \cdots④ \end{cases}$$

$\left(-\dfrac{3a}{2}\right)\times③$, $(3a)\times④$ より,
$$b=-\frac{3a}{2}(\alpha+\beta),$$
$$c=3a\alpha\beta$$

(*) によれば,
$$\alpha+\beta>0,\ \alpha\beta>0$$
であるから, ① とあわせて,
$$-\frac{3a}{2}(\alpha+\beta)<0,\ 3a\alpha\beta>0,$$
つまり $b\boxed{<}0,$ …ア $\quad c\boxed{>}0$ …イ
を得る.

(2)
$$g(x)=ax^4+bx^3+cx^2+dx+e$$
とするとき, 図より次の(i), (ii), (iii), (iv)という事実が成り立つことがわかる.

(i) $g(0)<0$

(ii) $g'(0)<0$

(iii) $y=g(x)$ のグラフと x 軸との交点は
ちょうど4つ

(iv) ある実数の定数 α, β, γ で
$0<\alpha<\beta<\gamma$ をみたすものがあって,
$g(x)$ は $x=\alpha$, γ だけで極小値をとり,
$x=\beta$ だけで極大値をとる.

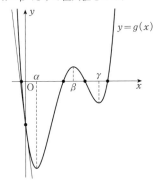

まず, $g(0)=e$ であるから, (i) より,
$$e<0$$
次に, (iii) より, $a\neq0$ でないといけない.
このとき, (iv) によれば, α, β, γ は, 3次
方程式
$$g'(x)=0,$$
つまり, $\quad 4ax^3+3bx^2+2cx+d=0$
の3つの解であるから, 因数定理〔1 基本の
まとめ **4** (2)〕より,
$$g'(x)=4a(x-\alpha)(x-\beta)(x-\gamma)$$
つまり, 等式
$$4ax^3+3bx^2+2cx+d$$
$$=4a(x-\alpha)(x-\beta)(x-\gamma) \cdots⑤$$
は x の恒等式である. この右辺を展開する
と,
$$4ax^3-4a(\alpha+\beta+\gamma)x^2$$
$$+4a(\alpha\beta+\beta\gamma+\gamma\alpha)x-4a\alpha\beta\gamma$$
となるから, ⑤ の2次と1次の項の係数と
定数項を比較して,
$$\begin{cases} 3b=-4a(\alpha+\beta+\gamma) & \cdots⑥ \\ 2c=4a(\alpha\beta+\beta\gamma+\gamma\alpha) & \cdots⑦ \\ d=-4a\alpha\beta\gamma & \cdots⑧ \end{cases}$$

(iv) より $\alpha\beta\gamma>0$ $\cdots⑨$ であるから, と
くに, $\alpha\beta\gamma\neq0$. これに注意して,

$\left(\dfrac{1}{-4\alpha\beta\gamma}\right)\times⑧$ より,
$$a=-\frac{d}{4\alpha\beta\gamma}$$
ここで, $g'(0)=d$ であるから, (ii) より,
$$d<0$$
これと ⑨ から,
$$a>0 \qquad\qquad \cdots⑩$$
$\left(\dfrac{1}{3}\right)\times⑥$, $\left(\dfrac{1}{2}\right)\times⑦$ より,
$$b=-\frac{4}{3}a(\alpha+\beta+\gamma),$$
$$c=2a(\alpha\beta+\beta\gamma+\gamma\alpha)$$
(iv) によれば,
$$\alpha+\beta+\gamma>0, \ \alpha\beta+\beta\gamma+\gamma\alpha>0$$
であるから, ⑩ とあわせて,
$$-\frac{4}{3}a(\alpha+\beta+\gamma)<0, \ 2a(\alpha\beta+\beta\gamma+\gamma\alpha)>0,$$
つまり, $\qquad\qquad b<0, \ c>0$
を得る.

以上, まとめると, a, b, c, d, e の符
号はそれぞれ,
$$\boldsymbol{a>0, \ b<0, \ c>0, \ d<0, \ e<0}$$
であって, その理由は上で記したとおりであ
る.

〔注〕 (1) の (*), (2) の (iv) では図からよみと
ることのできた事実をそのまま記したが, 各
係数の符号を決定する際に用いたのは,
$f'(x)=0$ や $g'(x)=0$ の実数解がいずれも
正であるということだけであって, 極大であ
ることや極小であるといったことは用いてい
ない.

164 〔解答〕

(1) $\quad f'(x)=3x^2-6x+k$
$$[=3(x^2-2\times1x+1^2)-3+k]$$
$$=3(x-1)^2+k-3$$
であるから, $k-3\geqq0$, つまり $k\geqq3$ ならば,
つねに $f'(x)\geqq0$ (等号成立条件は $k=3$ か
つ $x=1$) となって, $f(x)$ は増加関数とな
り, 極値をもつことはない. 一方, $k<3$ な
らば, $f'(x)=0$ は〔放物線 $y=f'(x)$ と x 軸

の共有点を考えて,]2つの実数解をもつ. こ れらを s, t $(s<t)$ とすると,$f(x)$ の増 減表は次のようになる.

x	$\cdots$	s	$\cdots$	t	$\cdots$
$f'(x)$		$+$	0	$-$	0	$+$
$f(x)$		↗	極大	↘	極小	↗

[放物線 $y=f'(x)$ が下に凸であることに注意 すると,$f'(x)$ の符号の変化は増減表のように なる]

したがって,この場合すべての条件が成り 立つ.

以上から,求める k の値の範囲は,

$$k<3$$

(2) [(2)の設定にしたがって,(1)とは違い,s と t の大小関係は定めておかない] $f'(x)=0$ を 解いて,

$$s=\frac{3\mp\sqrt{9-3k}}{3},\quad t=\frac{3\pm\sqrt{9-3k}}{3}$$

であるから,

$$(t-s)^2=\left(\frac{3\pm\sqrt{9-3k}}{3}-\frac{3\mp\sqrt{9-3k}}{3}\right)^2$$

$$=\left(\pm\frac{2}{3}\sqrt{9-3k}\right)^2$$

$$=\frac{4}{9}(9-3k)=\frac{4}{3}(3-k)$$

(以上,複号同順)

(3) [**解答1**] [(2)でなく](1)の状況で考え ると,条件より,

$$f(s)-f(t)=32 \qquad \cdots①$$

一方,[因数分解の公式

$$X^3-Y^3=(X-Y)(X^2+XY+Y^2)$$

も利用して,]

$$f(s)-f(t)$$

$$=(s^3-3s^2+ks+7)-(t^3-3t^2+kt+7)$$

$$=(s^3-t^3)-3(s^2-t^2)+k(s-t)$$

$$=(s-t)(s^2+st+t^2)-3(s-t)(s+t)+k(s-t)$$

$$=(s-t)\{(s^2+t^2+st)-3(s+t)+k\}$$

$$[=(s-t)\{(s+t)^2-2st+st-3(s+t)+k\}]$$

$$=(s-t)\{(s+t)^2-st-3(s+t)+k\}$$

2次方程式 $f'(x)[=3x^2-6x+k]=0$ の解 と係数の関係 [**2 基本のまとめ** ②(1)] より,

$$s+t=\frac{6}{3}=2,\quad st=\frac{k}{3}$$

また,(2)より,

$$s-t\left[=\frac{3-\sqrt{9-3k}}{3}-\frac{3+\sqrt{9-3k}}{3}\right]$$

$$=-\frac{2}{3}\sqrt{9-3k}$$

であるから,

$$f(s)-f(t)$$

$$=-\frac{2}{3}\sqrt{9-3k}\times\left(4-\frac{k}{3}-3\times2+k\right)$$

$$\left[=-\frac{2}{3}\sqrt{9-3k}\left(\frac{2}{3}k-2\right)\right.$$

$$=-\frac{2}{3}\times\frac{2}{3}\sqrt{9-3k}\,(k-3)\right]$$

$$=\frac{4}{9}\sqrt{3}\,(3-k)^{\frac{3}{2}} \qquad \cdots②$$

①,②より,

$$32=\frac{4}{9}\sqrt{3}\,(3-k)^{\frac{3}{2}}$$

両辺を $\dfrac{9}{4\sqrt{3}}$ 倍して,左辺を整理すると,

$$\left(2\sqrt{3}\right)^3=(3-k)^{\frac{3}{2}}$$

両辺を $\dfrac{2}{3}$ 乗して,

$$4\times3=3-k$$

k について解いて,

$$k=-9$$

[**解答2**] [(2)でなく](1)の状況で考える.

s, t は2次方程式 $f'(x)=0$ の2つの解 であるから,$f'(x)=3(x-s)(x-t)$

これを用いると,

$$f(s)-f(t)=\Big[f(u)\Big]_t^s$$

$$=\int_t^s f'(u)\,du$$

$$=3\int_t^s (u-s)(u-t)\,du$$

ところが,

$$(u-s)(u-t)$$

$$[=\{(u-t)+(t-s)\}(u-t)]$$

$$=(u-t)^2+(t-s)(u-t)$$

であるので,

$$f(s)-f(t)$$
$$=3\int_t^s\{(u-t)^2+(t-s)(u-t)\}du$$
$$=3\left[\frac{1}{3}(u-t)^3+(t-s)\times\frac{1}{2}(u-t)^2\right]_t^s$$

［15 基本のまとめ ② ［注］(iii) より］

$$=(s-t)^3+\frac{3}{2}(t-s)(s-t)^2$$

$$=-\frac{1}{2}(s-t)^3$$

$$=\frac{1}{2}(t-s)^3$$

$t-s>0$ であるから，
$$t-s=|t-s|$$
$$=\sqrt{(t-s)^2}=\{(t-s)^2\}^{\frac{1}{2}}$$

したがって，

$$f(s)-f(t)=\frac{1}{2}\{(t-s)^2\}^{\frac{3}{2}}$$

$$=\frac{1}{2}\left\{\frac{4}{3}(3-k)\right\}^{\frac{3}{2}}\quad((2)\,\text{より})$$

これと条件 $f(s)-f(t)=32$ より，

$$\frac{1}{2}\left\{\frac{4}{3}(3-k)^{\frac{3}{2}}\right\}=32,$$

つまり，$\qquad\left\{\frac{4}{3}(3-k)\right\}^{\frac{3}{2}}=2^6$

両辺を $\frac{2}{3}$ 乗して，

$$\frac{4}{3}(3-k)=16$$

k について解いて，

$$\boldsymbol{k=-9}$$

165 　解　答

$$f(x)=ax^3+bx^2+cx+d\quad(a\neq0)$$

の極値を与える x の値を α, $\beta(\beta<0<\alpha)$ とする．

2点 $(\alpha,\ f(\alpha))$, $(\beta,\ f(\beta))$ が原点に関して対称であるので，

$\alpha+\beta=0,$
$f(\alpha)+f(\beta)=0,$
つまり，$\beta=-\alpha$ で，
かつ，

$$f(\alpha)+f(-\alpha)=0\qquad\cdots\text{①}$$

$x=\alpha,\ -\alpha$ は，$f'(x)=0$，つまり，
$$3ax^2+2bx+c=0$$

の2つの解である．

［解答1］　したがって，

$$(f(\alpha)=)\quad3a\alpha^2+2b\alpha+c=0\quad\cdots\text{②}$$
$$(f(-\alpha)=)3a\alpha^2-2b\alpha+c=0\quad\cdots\text{③}$$

$\alpha\neq0$ であるから，

$$(\text{②}-\text{③})\times\frac{1}{4\alpha}:\ b=0$$

また，

$$(\text{②}+\text{③})\times\frac{1}{2}\ \text{より，}\ c=-3a\alpha^2$$

以上を用いると，

$$f(x)=ax^3-3a\alpha^2x+d$$

［解答2］　したがって，因数定理 ［1基本の
まとめ ④］ より，

$$f'(x)=3a(x-\alpha)(x+\alpha)$$
$$=3a(x^2-\alpha^2)$$

積分して，

$$f(x)-d=f(x)-f(0)\Big[=\big[f(t)\big]_0^x\Big]$$

$$=\int_0^x f'(x)\,dt=3a\int_0^x(t^2-\alpha^2)\,dt$$

$$=3a\left[\frac{1}{3}t^3-\alpha^2t\right]_0^x=3a\left(\frac{1}{3}x^3-\alpha^2x\right)$$

$$=ax^3-3a\alpha^2x$$

移項して，

$$f(x)=ax^3-3a\alpha^2x+d$$

以下，［解答1］，［解答2］　共通．

これを用いると，
$$f(\alpha)+f(-\alpha)=(a\alpha^3-3a\alpha^3+d)+(-a\alpha^3+3a\alpha^3+d)$$
$$=2d$$

となるので，① より，

$$2d=0,\ \text{つまり，}\ d=0$$

したがって，

$$f(x)=ax^3-3a\alpha^2x$$

このとき，任意の実数 x に対して，

$$f(-x)=a(-x)^3-3a\alpha^2(-x)$$
$$=-(ax^3-3a\alpha^2x)=-f(x)$$

が成り立つ．これは $y=f(x)$ のグラフが
原点に関して対称であることを示している．

（証明終り）

166 考え方 いくつかの t の値について $y=x(x-3)^2$ $(0\leqq x\leqq t)$ のグラフをかいてみると次のようになる.

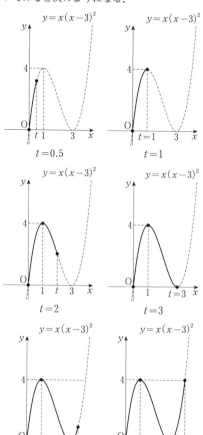

$t=0.5$

$t=1$

$t=2$

$t=3$

$t=3.5$

$t=4$

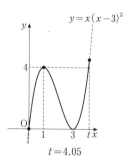

$t=4.05$

これをみると，$x(x-3)^2$ $(0\leqq x\leqq t)$ の最大値は，

$0<t<1$ ならば，$x=t$ のとき，$t(t-3)^2$，

$1\leqq t\leqq 4$ ならば，$x=1$ のとき，$1\times(1-3)^2=4$，

$4<t$ ならば，$x=t$ のとき，$t(t-3)^2$

のようである.

解答

(1)　　　　　$f(x)=x(x-3)^2$

とすると，展開し，整理して，

$$f(x)=x^3-6x^2+9x$$

となるから，

$$\begin{aligned}f'(x)&=3x^2-12x+9\\&=3(x^2-4x+3)\\&=3(x-1)(x-3)\end{aligned}$$

これから，$f(x)$ の増減表は次のようになる.

x	$\cdots$	1	$\cdots$	3	$\cdots$
$f'(x)$	$+$	0	$-$	0	$+$
$f(x)$	↗	4 極大	↘	0 極小	↗

したがって，$f(x)$ は，

$x=\boxed{1}$ …ア のとき極大値 $\boxed{4}$ …イ をとり，

$x=\boxed{3}$ …ウ のとき極小値 $\boxed{0}$ …エ をとる.

(2)　[(1)の増減表から $y=f(x)$ のグラフは次の図Aのようになる.

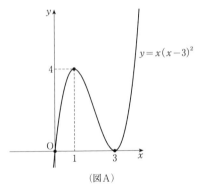

(図A)

後記の(*)以下のような解答をとると、

考え方 の $t=4$ の図のような場合が現れる. この場合の t の値をちゃんと求める必要があるので,]まず,

$$f(x)=4(=f(1)) \quad \cdots ①$$

となる $x=1$ 以外の x の値を求めておく.

① より,

$$x^3-6x^2+9x=4,$$

つまり, $$x^3-6x^2+9x-4=0 \quad \cdots ②$$

[直線 $y=4$ が曲線 $y=f(x)$ に点 $(1, 4)$ で接しているので, ② の左辺は $(x-1)^2$ を因数にもつ(**12 基本のまとめ** 4 [注]). このことと 3 次の項の係数が 1 であることから, k を定数として,

$$x^3-6x^2+9x-4=(x-1)^2(x-k)$$

と表される. 両辺の定数項を比べれば,

$$k=4$$

となるから,] ② の左辺は,

$$(x-1)^2(x-4)$$

と変形されるので, ①, つまり ② の $x=1$ 以外の解は,

$$x=4$$

したがって, $f(x)$ $(0 \leqq x \leqq t)$ の最大値 $M(t)$ は次のようになる.

(*) (i) $0 < t < 1$ のとき.

図1のように, $0 \leqq x \leqq t$ の範囲で $f(x)$ の値は増加するから,

$$M(t)=f(t)$$
$$=t(t-3)^2$$

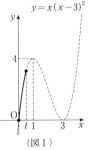

(図1)

(ii) $1 \leqq t \leqq 4$ のとき.

図2のように, $0 \leqq x \leqq t$ の範囲で $f(x)$ の値は増加, 減少(, 増加)し, $x=1$ で最大となる.

つまり,

$$M(t)=f(1)$$
$$=4$$

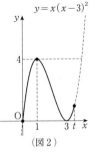

(図2)

(iii) $4 < t$ のとき.

図3のように, $0 \leqq x \leqq t$ の範囲で $f(x)$ の値は増加, 減少, 増加し, $x=t$ で最大となる.

つまり,

$$M(t)=f(t)$$
$$=t(t-3)^2$$

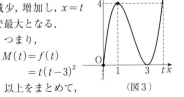

(図3)

以上をまとめて, $f(x)$ $(0 \leqq x \leqq t)$ の最大値は,

$$0 < t < \boxed{1} \quad \cdots オ, または \boxed{4} < t \quad \cdots カ$$
のとき, $t(t-3)^2,$
$$1 \leqq t \leqq 4 のとき, \boxed{4} \quad \cdots キ$$

である.

167 [解答]

(1) $P(p, p^2)$ であるから, [2点間の距離の公式(**4 基本のまとめ** 1 (1)より,]
$$AP^2=(p-3)^2+(p^2-0)^2$$
$$=p^4+p^2-6p+9$$

(2) 一般に, $0 < a$, $0 < b$ のとき, $a^2 < b^2$

ならば $a<b$ である.

いいかえて,

　　「$0<m$, $0<y$ のとき,
　　　$m<y^2$ ならば $\sqrt{m}<y$　…(*)
　　　である.」

ここで, AP>0 であるから, AP^2 の最小値 m があれば, (*) より, AP の最小値は $\sqrt{m}$ である.

したがって, AP^2 の最小値を求めればよい. AP$^2=f(p)$ とすると,

$$f'(p)=4p^3+2p-6$$
$$=2(2p^3+p-3)$$

$f'(1)=2\times(2\times1^3+1-3)=0$ であるから, 因数定理 [1 基本のまとめ 4 (2)] より $f'(p)$ は $p-1$ を因数にもつ.

$$
\begin{array}{r}
2p^2+2p+3 \\
p-1\ \overline{)\ 2p^3\qquad+p-3} \\
\underline{2p^3-2p^2}\qquad\quad \\
2p^2+p\qquad \\
\underline{2p^2-2p}\qquad \\
3p-3 \\
\underline{3p-3} \\
0
\end{array}
$$

割り算を行って,

$$f'(p)=2(p-1)(2p^2+2p+3)$$
$$\left[=2(p-1)\left[2\left\{p^2+2\times\frac{1}{2}p+\left(\frac{1}{2}\right)^2\right\}\right.\right.$$
$$\left.\left.-2\times\left(\frac{1}{2}\right)^2+3\right]\right]$$
$$=2(p-1)\left\{2\left(p+\frac{1}{2}\right)^2+\frac{5}{2}\right\}$$

であるから, $f(p)$ の増減表は次のようになる.

p	$\cdots$	1	$\cdots$
$f'(p)$	$-$	0	$+$
$f(p)$	$\searrow$	極小	$\nearrow$

この表から, $f(p)$ は $p=1$ のとき最小となる. したがって, AP は, $p=1$ のとき, 最小値

$$\sqrt{f(1)}=\sqrt{5}$$

をとる.

168　解答

(1)　条件より,

$$\begin{cases} x+y+z=6 & \cdots① \\ 2(yz+zx+xy)=18, \\ \quad\text{つまり, } yz+zx+xy=9 & \cdots② \end{cases}$$

①より,

$$y+z=6-\boxed{1}x \quad\cdots\text{ア}\quad\cdots③$$

②, ③より,

$$yz=9-x(y+z)$$
$$=9-x(6-x)$$
$$=\boxed{1}x^2-\boxed{6}x+9 \quad\cdots\text{イ, ウ}\quad\cdots④$$

このとき, 求める x のとり得る値の範囲は,

$$x>0, \qquad\cdots⑤$$

かつ,

　　『③ かつ ④ をみたす正の数「y および z」
　　が存在する x の値の範囲』　…⑥

で定まる x の値の範囲である. この ⑥ は,

　　「[$(t-y)(t-z)=0$, つまり,]
$$t^2-(y+z)t+yz=0,$$
　　つまり,
$$t^2-(6-x)t+(x^2-6x+9)=0 \quad\cdots⑦$$
　　（③, ④ より）

　　という t の 2 次方程式が 2 つの正の解
　　（重解の場合も含む）をもつような x の
　　値の範囲」

といいかえられるが, さらに, これは, 2 次方程式 ⑦ の判別式を D とすれば,

「　　　　　　$D\geqq0$, 　　　　　…⑧

かつ, このとき, ⑦ の 2 つの実数解（重解の場合も含む）を α, β とすると,

　　　　$\alpha>0$, かつ $\beta>0$ 　　…⑨」

ということでもある.

ところが,

$$D=(6-x)^2-4(x^2-6x+9)$$
$$[=(x^2-12x+36)-(4x^2-24x+36)]$$
$$=-3x^2+12x$$
$$=-3x(x-4)$$

であるから, ⑧ より,

$$x(x-4)\leqq0,$$

つまり,

$$0\leqq x\leqq4 \qquad\cdots⑩$$

一方，α，β に関する条件 ⑨ は，⑧ のもとで，

$$\alpha+\beta>0，かつ \quad \alpha\beta>0 \qquad \cdots⑪$$

といいかえられる［*24*（**考え方**）を参照］．これは，⑦ の解と係数の関係［**2 基本のまとめ** ②(1)］を用いて，さらに，

$$6-x>0，かつ \quad x^2-6x+9>0，$$

つまり，$x<6$，かつ $(x-3)^2>0$，

つまり，「$x<6$，かつ $x\neq3$ $\cdots⑫$」

ともいいかえられる．

⑤，⑩，かつ ⑫ より，x のとり得る値の範囲は，

$$\boxed{0}<x\leqq\boxed{4} \quad （ただし，x=\boxed{3} を除く）$$
$$\cdots エ，オ，カ \quad \cdots⑬$$

(2)
$$\begin{aligned} V&=x(x^2-6x+9)\\ &=x^3-6x^2+9x \end{aligned}$$

であるから，

$$\begin{aligned} \frac{dV}{dx}&=3x^2-12x+9\\ &=3(x-1)(x-3) \end{aligned}$$

となる．

したがって，⑬ の範囲での x の関数 V の増減表は次のようになる．

x	0	$\cdots$	1	$\cdots$	3	$\cdots$	4
$\dfrac{dV}{dx}$		$+$	0	$-$		$+$	
V		↗	4 極大	↘		↗	4

この表から，V は $x=1$，4 のとき，最大値

$$\boxed{4} \quad \cdots キ$$

をとる．

14 方程式，不等式への応用

169 【解答】

(1)
$$\begin{aligned} y'&=3x^2-3=3(x^2-1)\\ &=3(x+1)(x-1) \end{aligned}$$

であるから，y の増減表は次のようになる．

x	$\cdots$	-1	$\cdots$	1	$\cdots$
y'	$+$	0	$-$	0	$+$
y	↗	-1 極大	↘	-5 極小	↗

したがって，y は，

$x=-1$ のとき，極大値 -1 をとり，

$x=1$ のとき，極小値 -5 をとる．

(2)
$$x^3-3x-3=0 \qquad \cdots①$$

方程式 ① の実数解は，$y=x^3-3x-3$ のグラフ C と x 軸［$y=0$］の共有点の x 座標である．ところが，(1)の増減表と，たとえば $x=3$ のときのこの関数の値が15となって正になっていること［，さらに，C がと切れることなく続いていること］から，C と x 軸の共有点はただ1つである．

以上から，方程式 ① はちょうど**1個**の実数解をもつ．

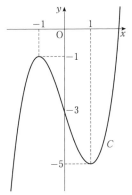

170 【解答】

$$x^3-x=a \qquad \cdots①$$

$f(x)=x^3-x$ とすると，方程式 ① の実数解は $y=f(x)$ のグラフ C と直線 $y=a$ の共有点の x 座標である．

ところが，

$$\begin{aligned} f'(x)&=3x^2-1\\ &=3\left(x+\frac{1}{\sqrt{3}}\right)\left(x-\frac{1}{\sqrt{3}}\right) \end{aligned}$$

であるから，$f(x)$ の増減表と C は次のようになる．

x	$\cdots$	$-\dfrac{1}{\sqrt{3}}$	$\cdots$	$\dfrac{1}{\sqrt{3}}$	$\cdots$
$f'(x)$	$+$	0	$-$	0	$+$
$f(x)$	↗	$\dfrac{2}{9}\sqrt{3}$ 極大	↘	$-\dfrac{2}{9}\sqrt{3}$ 極小	↗

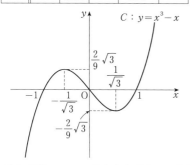

C と直線 $y=a$ の共有点を考えて，方程式 ① の実数解の個数が 2 となる a の値は

$$\pm\dfrac{2}{9}\sqrt{3} \quad \cdots \text{ア}$$

[注] C は原点 O に関して点対称な図形である，つまり，

「C を O に関して点対称移動させた図形も C である」 $\cdots(*_1)$

実際，$(*_1)$ は，

「C 上の点 $\mathrm{P}(x, f(x))$ を O に関して点対称移動させた点を $\mathrm{Q}(-x, -f(x))$ とすると，

(i) Q は C 上にある，

かつ，

(ii) P が C 上をくまなく動くとき，つまり，x がすべての実数値をとって変化するとき，Q のつくる図形は C である」 $\cdots(*_2)$

といいかえられる．

ところが，$f(x)$ について，

$$f(-x)=(-x)^3-(-x)$$
$$=-(x^3-x)=-f(x)$$

が成り立つので，Q の座標は $(-x, f(-x))$ と表される．このことから，(i) の成立はただちにわかる．さらに，x，したがって，$-x$ がすべての実数値をとって変化するとき，

Q のつくる図形が C であること，つまり (ii) の成立もわかる．つまり，$(*_2)$ が得られるからである．

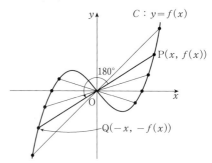

P と Q の関係は P を O を中心として（正の向きに）$180°$ だけ回転して得られる点が Q であるともいい表されるので，C の半平面 $x\geqq0$ にある部分 C_1 がわかれば，この C_1 と，C_1 を O を中心として（正の向きに）$180°$ だけ回転して得られる図形をあわせれば C が得られることになる．したがって，C_1 だけを調べればよい．

171 【解答】
$$f(x)=x^3-3a^2x+2$$
とすると，
$$f'(x)=3x^2-3a^2$$
$$=3(x+a)(x-a)$$

したがって，$f(x)$ の増減表は次のようになる．

(i) $a<0$ のとき．

x	$\cdots$	a	$\cdots$	$-a$	$\cdots$
$f'(x)$	$+$	0	$-$	0	$+$
$f(x)$	↗	極大	↘	極小	↗

(ii) $a=0$ のとき．

x	$\cdots$	0	$\cdots$
$f'(x)$	$+$	0	$+$
$f(x)$	↗		↗

(iii) $a>0$ のとき．

x	$\cdots$	$-a$	$\cdots$	a	$\cdots$
$f'(x)$		$+$	0	$-$	0	$+$
$f(x)$	$\nearrow$	極大	$\searrow$	極小	$\nearrow$

これから，方程式 $f(x)=0$ がどの2つも異なるような3つの実数解をもつ条件，つまり $y=f(x)$ のグラフと x 軸 $[y=0]$ がどの2つも異なるような3つの共有点をもつ条件は，

『「(i)で，かつ $f(-a)<0$，かつ $0<f(a)$，」または，

「(iii)で，かつ $f(a)<0$，かつ $0<f(-a)$」』

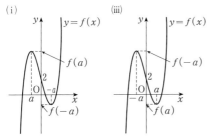

ところが，[因数分解の公式
$$a^3+b^3=(a+b)(a^2-ab+b^2),$$
$$a^3-b^3=(a-b)(a^2+ab+b^2)$$
を用いると，]

$$\begin{aligned}
f(-a)&=2(a^3+1)\\
&=2(a+1)(a^2-a+1)\\
&\left[=2(a+1)\left[\left\{a^2-2\times\frac{1}{2}a+\left(\frac{1}{2}\right)^2\right\}\right.\right.\\
&\left.\left.\quad-\left(\frac{1}{2}\right)^2+1\right]\right]\\
&=2(a+1)\left\{\left(a-\frac{1}{2}\right)^2+\frac{3}{4}\right\},
\end{aligned}$$

$$\begin{aligned}
f(a)&=-2(a^3-1)\\
&=-2(a-1)(a^2+a+1)\\
&\left[=-2(a-1)\left[\left\{a^2+2\times\frac{1}{2}a+\left(\frac{1}{2}\right)^2\right\}\right.\right.\\
&\left.\left.\quad-\left(\frac{1}{2}\right)^2+1\right]\right]\\
&=-2(a-1)\left\{\left(a+\frac{1}{2}\right)^2+\frac{3}{4}\right\}
\end{aligned}$$

であり，a がどのような実数値をとっても，

$$\left(a\pm\frac{1}{2}\right)^2+\frac{3}{4}>0$$

であるから，上の条件は，

『「$a<0$，かつ $a+1<0$，かつ $0<-(a-1)$，」または，

「$a>0$，かつ $-(a-1)<0$，かつ $0<a+1$，」』

つまり，

「$a<-1$，または $1<a$」

といいかえられる．これが求める a の値の範囲である．

172 解答

(1) $\qquad 2x^3-3x^2-12x-p=0 \qquad \cdots①$

左辺の p を右辺に移項して，

$$2x^3-3x^2-12x=p$$

したがって，

$$f(x)=2x^3-3x^2-12x$$

とすると，x の方程式 ① の実数解は，$y=f(x)$ のグラフと直線 $y=p$ の共有点の x 座標である．

ところが，

$$\begin{aligned}
f'(x)&=6x^2-6x-12\\
&=6(x+1)(x-2)
\end{aligned}$$

であるから，$f(x)$ の増減表と，$y=f(x)$ のグラフは次のようになる．

x	$\cdots$	-1	$\cdots$	2	$\cdots$
$f'(x)$	$+$	0	$-$	0	$+$
$f(x)$	$\nearrow$	7 極大	$\searrow$	-20 極小	$\nearrow$

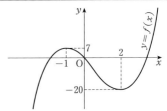

この $y=f(x)$ のグラフと直線 $y=p$ の共有点を考えて，x の方程式 ① がどの2つも異なるような3つの実数解をもつ p の値の範囲は，

$$-20<p<7$$

(2) a を方程式
$$f(x) = -20 (= f(2)) \quad \cdots ②$$
の $x = 2$ の以外の実数解を表すものとし，b を方程式
$$f(x) = 7 (= f(-1)) \quad \cdots ③$$
の $x = -1$ 以外の実数解を表すものとすれば，次の図より，α，β，γ のとり得る値の範囲は，
$$a < \alpha < -1, \ -1 < \beta < 2, \ 2 < \gamma < b \quad \cdots ④$$

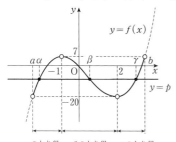

ところが，［②の右辺を移項した
$$f(x) + 20 = 0$$
の左辺は，直線 $y = -20$ が $y = f(x)$ のグラフと点 $(2, -20)$ で接するので，**12 基本のまとめ** ④ ［注］によれば，k を実数の定数として，
$$2x^3 - 3x^2 - 12x + 20 = (x-2)^2(2x-k)$$
が成り立つ．この両辺の定数項を比較して，
$$20 = -4k,$$
つまり，$\qquad k = -5$
　これから，］
$$f(x) + 20 = (x-2)^2(2x+5)$$
と因数分解されるので，②，つまり $f(x) + 20 = 0$ を解くと，
$$x = 2（重解）, \ -\frac{5}{2}$$
a の定め方から，
$$a = -\frac{5}{2} \qquad \cdots ⑤$$
また，［③の右辺を移項した
$$f(x) - 7 = 0$$
の左辺は，直線 $y = 7$ が $y = f(x)$ のグラフと点 $(-1, 7)$ で接するので，**12 基本のまとめ** ④ ［注］によれば，

$$2x^3 - 3x^2 - 12x - 7 = (x+1)^2(2x-l)$$
が成り立つ，この両辺の定数項を比較して，
$$-7 = -l,$$
つまり，$\qquad l = 7$
　これから，］
$$f(x) - 7 = (x+1)^2(2x-7)$$
と因数分解されるので，③，つまり $f(x) - 7 = 0$ を解くと，
$$x = -1, \ \frac{7}{2}$$
　b の定め方から，
$$b = \frac{7}{2} \qquad \cdots ⑥$$
　⑤，⑥ を ④ に用いて，求める α，β，γ の値の範囲は，
$$-\frac{5}{2} < \alpha < -1, \ -1 < \beta < 2, \ 2 < \gamma < \frac{7}{2}$$

173 〔解答〕
$$f(x) = x^3 - 4x^2 + 3x$$
とする．
　「3次関数のグラフでは，接線1本と接点［の x 座標］1つが1対1に対応する」$\cdots (*_1)$ ので，
　「点 $(0, p)$ から $y = f(x)$ のグラフへのどの2本も異なるような3本の接線がひける」ということは，
　「$y = f(x)$ のグラフ上にどの2つも異なるような3点があり，その各点での $y = f(x)$ のグラフの接線が点 $(0, p)$ を通る」$\qquad \cdots (*_2)$
といいかえることができる．

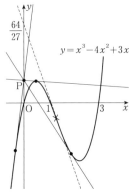

$$y = x^3 - 4x^2 + 3x$$

一方，$y=f(x)$ のグラフ上の点 $(a, f(a))$ での $y=f(x)$ のグラフの接線 l の方程式は，

$$f'(x) = 3x^2 - 8x + 3$$

であるから，

$$y - (a^3 - 4a^2 + 3a) = (3a^2 - 8a + 3)(x - a),$$

つまり，

$$y = (3a^2 - 8a + 3)x - 2a^3 + 4a^2$$

したがって，l が点 $(0, p)$ を通るときの a の値は，この x, y にそれぞれ，0，p を代入して得られる a の方程式

$$p = (3a^2 - 8a + 3) \times 0 - 2a^3 + 4a^2,$$

つまり，　$-2a^3 + 4a^2 = p$ 　　…①

の実数解である．($*_1$) より，($*_2$) は，

「a の3次方程式 ① がどの2つも異なるような3つの実数解をもつ」　…($*_3$)

といいかえることができる．

さらに，

$$g(a) = -2a^3 + 4a^2$$

とすると，($*_3$) は，

「ab 平面で，$b=g(a)$ のグラフと直線 $b=p$ がどの2つも異なるような3つの共有点をもつ」　　　…($*_4$)

といいかえることができる．

以下では，($*_4$) について調べる．

$$g'(a) = -6a^2 + 8a$$
$$= -6a\left(a - \frac{4}{3}\right)$$

であるから，$g(a)$ の増減表と，$b=g(a)$ のグラフは次のようになる．

a	$\cdots$	0	$\cdots$	$\dfrac{4}{3}$	$\cdots$
$g'(a)$	$-$	0	$+$	0	$-$
$g(a)$	$\searrow$	0 極小	$\nearrow$	$\dfrac{64}{27}$ 極大	$\searrow$

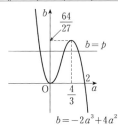

$$b = -2a^3 + 4a^2$$

この $b=g(a)$ のグラフと直線 $b=p$ の共有点を考えて，条件 ($*_4$) が成り立つような p の値の範囲，つまり求める p の値の範囲は，

$$\boxed{0 < p < \frac{64}{27}} \quad \cdots ア$$

解説 　3次関数 $y=f(x)$ のグラフでは，以下にみるように，接線1本と接点（の x 座標）1つが1対1に対応するのであるが，このことは他の関数では必ずしも成立するとは限らない．たとえば，4次関数のグラフでは，

というような，接線1本と接点2つが対応することもあるのである．

　3次関数 $y=f(x)$ のグラフでは，接線1本と接点（の x 座標）1つが1対1に対応することは，次のように証明できる．

　3次関数 $y=f(x)$ のグラフについて，1本の接線 $y=mx+n$ が2つ以上の接点をもったとし，そのうちの2つの座標を

$(\alpha, f(\alpha))$, $(\beta, f(\beta))(\alpha \neq \beta)$ とする. このとき, 12 基本のまとめ $\boxed{4}$ [注] の接点 P が, 点 $(\alpha, f(\alpha))$ と点 $(\beta, f(\beta))$ の場合を考えると, x についての恒等式

$$f(x) - (mx + n) = (x - \alpha)^2 (x - \beta)^2 h(x)$$

($h(x)$ は整式. ただし, 恒等的に 0 となることはない) を得る. ところが, これは, 左辺の次数は 3 次なのに対し, 右辺の次数は 4 次以上となるので不合理である. したがって, 3 次関数のグラフについては, 接線 1 本と接点 (の x 座標) 1 つが 1 対 1 に対応する.

(証明終り)

174 解答

(1) $ab > 0$ に注意すると,

$$\begin{aligned} f'(x) &= 3x^2 - 3ab \\ &= 3(x + \sqrt{ab})(x - \sqrt{ab}) \end{aligned}$$

であるから, $f(x)$ の $x > 0$ の範囲での増減表は次のようになる.

x	0	$\cdots$	$\sqrt{ab}$	$\cdots$
$f'(x)$		$-$	0	$+$
$f(x)$		$\searrow$	極小	$\nearrow$

したがって, $f(x)$ は,

$$x = \sqrt{ab} \qquad \cdots ①$$

のとき極小値

$$\begin{aligned} f(\sqrt{ab}) &= (\sqrt{ab})^3 - 3ab\sqrt{ab} + a^3 + b^3 \\ &= a^3 - 2ab\sqrt{ab} + b^3 \\ &= (\sqrt{a^3})^2 - 2\sqrt{a^3}\sqrt{b^3} + (\sqrt{b^3})^2 \\ &= (\sqrt{a^3} - \sqrt{b^3})^2 \qquad \cdots ② \end{aligned}$$

をとる.

(2) (1) の増減表より, $x > 0$ の範囲での $f(x)$ の最小値も $f(\sqrt{ab})$ であるが, ② より,

$$f(\sqrt{ab}) = (\sqrt{a^3} - \sqrt{b^3})^2 \geqq 0$$

であるので, 正の数 x に対して,

$$f(x) \geqq f(\sqrt{ab}) \geqq 0,$$

つまり, $\qquad f(x) \geqq 0 \qquad \cdots ③$

が成り立つ. 等号成立条件は, ① で, かつ

$$(\sqrt{a^3} - \sqrt{b^3})^2 = 0 \qquad \cdots ④$$

であるが, ④ は, $\quad \sqrt{a^3} - \sqrt{b^3} = 0,$

つまり, $\qquad \sqrt{a^3} = \sqrt{b^3},$

両辺を平方して, $a^3 = b^3,$

両辺の 3 乗根を考えて, $\sqrt[3]{a^3} = \sqrt[3]{b^3},$

つまり, $\qquad a = b \qquad \cdots ⑤$

といいかえられる.

いま, $c > 0$ であるから, x に c を代入しても ③ は成り立つ. つまり,

$$f(c) = c^3 - 3ab \cdot c + a^3 + b^3 \geqq 0$$

この $3abc$ を移項して, 証明すべき不等式

$$a^3 + b^3 + c^3 \geqq 3abc$$

を得る. 等号成立条件は, 上で示したことから,

$$c = \sqrt{ab}, \quad \cdots ⑥ \quad かつ \quad ⑤$$

であるが, ⑤ かつ ⑥ ならば,

$$\begin{aligned} c &= \sqrt{a^2} \\ &= a \quad (a > 0 \text{ より}) \end{aligned}$$

より,

$$a = b = c \qquad \cdots ⑦$$

逆に, ⑦ ならば,

$$\begin{aligned} c &= a \\ &= \sqrt{a^2} \quad (a > 0) \\ &= \sqrt{ab} \quad (⑦) \end{aligned}$$

より, ⑤ かつ ⑥ であるから, 等号成立条件は, ⑦, つまり,

$$a = b = c$$

である.

(証明終り)

175 解答

$$f(x) = x^4 - 4p^3 x + 12$$

とすると,

$$\begin{aligned} f'(x) &= 4x^3 - 4p^3 = 4(x^3 - p^3) \\ &= 4(x - p)(x^2 + px + p^2) \\ &\left[= 4(x - p)\left[\left\{ x^2 + 2 \times \frac{p}{2} x + \left(\frac{p}{2} \right)^2 \right\} - \left(\frac{p}{2} \right)^2 + p^2 \right] \right] \\ &= 4(x - p)\left\{ \left(x + \frac{p}{2} \right)^2 + \frac{3}{4} p^2 \right\} \end{aligned}$$

$\left(x + \dfrac{p}{2} \right)^2$, $\dfrac{3}{4} p^2$ に対し,

$$\left(x+\frac{p}{2}\right)^2 \geqq 0, \quad \frac{3}{4}p^2 \geqq 0$$

であるから，その和 $\left(x+\dfrac{p}{2}\right)^2 + \dfrac{3}{4}p^2$ について，

$$\left(x+\frac{p}{2}\right)^2 + \frac{3}{4}p^2 \geqq 0$$

が成り立つ．

　等号成立条件は，

$$x+\frac{p}{2}=0, \quad \text{かつ} \quad p=0,$$

つまり，

「$p=0$ のとき，$x=0$」 ……①

　①も考慮すると，$f(x)$ の増減表は次のようになる．

x	$\cdots$	p	$\cdots$
$f'(x)$	$-$	0	$+$
$f(x)$	$\searrow$	$12-3p^4$	$\nearrow$

　この表によれば，x のすべての実数値に対して，

$$f(x) \geqq f(p),$$

つまり，　　$f(x) \geqq 12-3p^4$

が成り立つ．

　したがって，[$12-3p^4 > 0$ ならば，x のすべての実数値に対して，$f(x)(\geqq f(p))>0$ が成り立ち，$12-3p^4 \leqq 0$ ならば，$f(p) \leqq 0$ であるから，x のすべての実数値に対して，$f(x)>0$ が成り立つわけではない．つまり，] x のすべての実数値に対して，つねに $f(x)>0$ が成り立つための条件は，

$$12-3p^4 > 0,$$

つまり，　　$p^4-4<0$ ……②

　この左辺は，

$$(p^2-2)(p^2+2)$$
$$=(p+\sqrt{2})(p-\sqrt{2})(p^2+2)$$

と因数分解され，しかも $p^2+2>0$ であるから，②は，

$$\left(\frac{1}{p^2+2}\right)\times ② : (p+\sqrt{2})(p-\sqrt{2})<0 \quad \cdots③$$

と同値である．

　③を解いて，求める p の値の範囲は，

$$-\sqrt{2} < p < \sqrt{2}$$

15　不定積分と定積分

176　解答

(1) $\displaystyle\int (x-2)(2x+1)\,dx$

$$=\int (2x^2-3x-2)\,dx$$

$$\left[=2\int x^2 dx -3\int x dx -2\int 1 dx\right.$$

$$\left.=2\times\frac{1}{3}x^3 -3\times\frac{1}{2}x^2 -2x+C\right]$$

$$=\frac{2}{3}x^3 -\frac{3}{2}x^2 -2x+C \quad (C \text{ は積分定数})$$

(2) $f(x)$ は $2x-3$ の1つの原始関数である．

　ところが，

$$\int (2x-3)\,dx$$

$$\left[=2\int x dx -3\int 1 dx\right]$$

$$=x^2-3x+C \quad (C \text{ は積分定数})$$

この x に5を代入すると，

$$25-15+C=10+C$$

条件 $f(5)=5$ から，

$$10+C=5,$$

つまり，

$$C=-5$$

したがって，

$$f(x)=\boxed{x^2-3x-5} \quad \cdots\text{ア}$$

(3) 曲線 $y=f(x)$ は点 $\mathrm{A}(2,1)$ を通るので，

$$1=f(2) \quad \cdots①$$

いま，

$$f'(x)=3x-2$$

であるので，$f(x)$ は $3x-2$ の1つの原始関数である．

ところが，

$$\int (3x-2)\,dx$$

$$\left[=3\int x dx -2\int 1 dx\right]$$

$$=\frac{3}{2}x^2 -2x+C \quad (C \text{ は積分定数})$$

この x に2を代入すると，

$$6-4+C=2+C$$

① より，

$$1=2+C,$$

つまり，

$$C=-1$$

したがって，求める曲線の方程式は，

$$y=\frac{3}{2}x^2-2x-1$$

177 〔解答〕

(1)
$$\int_{-1}^{1}dx=[x]_{-1}^{1}=1-(-1)$$
$$=2$$

(2)
$$\int_{-3}^{1}(x+1)(x-3)dx$$
$$=\int_{-3}^{1}(x^2-2x-3)dx$$
$$=\left[\frac{1}{3}x^3-x^2-3x\right]_{-3}^{1}$$
$$=\frac{1}{3}\{1^3-(-3)^3\}-\{1^2-(-3)^2\}$$
$$\qquad\qquad -3\{1-(-3)\}$$

〔このように項ごとに上端，下端の値を代
入し計算すると楽になる場合が多い〕

$$=\frac{16}{3}$$

(3)
$$\int_{0}^{3}(x^3-4x+3)dx$$
$$=\left[\frac{1}{4}x^4-2x^2+3x\right]_{0}^{3}$$
$$=\frac{1}{4}\times3^4-2\times3^2+3\times3$$
$$=\frac{45}{4}$$

(4) 〔解答1〕

$$|x|=\begin{cases}-x & (-2\leqq x\leqq0)\\ x & (0\leqq x\leqq2)\end{cases}$$

であるから，

$$\int_{-2}^{2}|x|dx$$
$$=\int_{-2}^{0}|x|dx+\int_{0}^{2}|x|dx$$
$$=\int_{-2}^{0}(-x)dx+\int_{0}^{2}xdx$$

$$=\left[-\frac{1}{2}x^2\right]_{-2}^{0}+\left[\frac{1}{2}x^2\right]_{0}^{2}$$
$$=\left[0-\left\{-\frac{1}{2}\times(-2)^2\right\}\right]+\left(\frac{1}{2}\times2^2-0\right)$$
$$=4$$

〔解答2〕

$y=|x|$（$-2\leqq x\leqq2$）のグラフを考えると，
次のようになる．

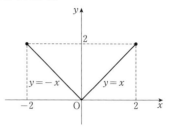

このとき，$\int_{-2}^{2}|x|dx$ は，次の図の縦線の
部分の面積と考えることができる．

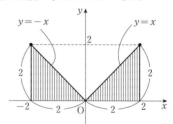

つまり

$$\int_{-2}^{2}|x|dx$$

は2つの三角形

の面積の和であり，

$$\int_{-2}^{2}|x|dx$$
$$=\frac{1}{2}\times2\times2+\frac{1}{2}\times2\times2$$
$$=4$$

(5) $\qquad\qquad x^2-4x+3$

は,
$$[(x^2-2\times2x+2^2)-2^2+3=]$$
$$(x-2)^2-1$$
と変形でき，また，
$$(x-1)(x-3)$$
と因数分解できるので，
$$y=|x^2-4x+3| \quad (0\leqq x\leqq2)$$
のグラフは次のようになる．

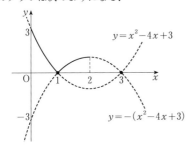

このとき，$\displaystyle\int_0^2|x^2-4x+3|\,dx$ は，次の図の縦線の部分の面積と考えることができる．

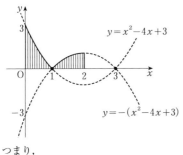

つまり，
$$\int_0^2|x^2-4x+3|\,dx$$
$$=\int_0^1(x^2-4x+3)\,dx$$
$$+\int_1^2\{-(x^2-4x+3)\}\,dx$$
$$=\left[\frac{1}{3}x^3-2x^2+3x\right]_0^1-\left[\frac{1}{3}x^3-2x^2+3x\right]_1^2$$
$$=\left(\frac{1}{3}\times1^3-2\times1^2+3\times1\right)$$
$$-\left(\frac{1}{3}\times2^3-2\times2^2+3\times2\right)$$
$$+\left(\frac{1}{3}\times1^3-2\times1^2+3\times1\right)$$

$$=2$$

[注] $F(x)$ を関数 $f(x)$ の原始関数とするとき，
$$\int_a^b|f(x)|\,dx=\Big[\,|F(x)|\,\Big]_a^b \quad \cdots(*)$$
は一般には成り立たない．

実際，本問(4)の場合ですら，
$$\int_{-2}^2|x|\,dx=4,$$
$$\left[\left|\frac{1}{2}x^2\right|\right]_{-2}^2=\frac{1}{2}\times2^2-\frac{1}{2}\times(-2)^2$$
$$=0$$
となって，(*) は成り立っていない．

178 解答
$$\int_0^1(x^2+ax+a^2)\,dx$$
$$=\left[\frac{1}{3}x^3+\frac{a}{2}x^2+a^2x\right]_0^1$$
$$=\frac{1}{3}+\frac{a}{2}+a^2$$
であるから，a がすべての実数値をとって変わるときの，
$$f(a)=a^2+\frac{a}{2}+\frac{1}{3}$$
の最小値を求めればよい．

ところが，
$$f(a)\Big[=\Big\{a^2+2\times\frac{1}{4}a+\Big(\frac{1}{4}\Big)^2\Big\}-\Big(\frac{1}{4}\Big)^2+\frac{1}{3}\Big]$$
$$=\Big(a+\frac{1}{4}\Big)^2+\frac{13}{48}$$
と変形されるので，求める最小値は，
$$f\Big(-\frac{1}{4}\Big)=\frac{13}{48}$$

179 考え方 (2) $f(x)$ は未知であるが，定積分 $\displaystyle\int_{-1}^1 f(t)\,dt$ の下端 (-1)，上端 (1) がともに定数であるので，この定積分はある定数である．これを a とおくことにする．つまり，
$$\int_{-1}^1 f(t)\,dt=a \qquad \cdots Ⓐ$$
このとき，与えられた関数式は，

$$f(x)=3x^2+a,$$

あるいは、文字 x のかわりに文字 t を用いて、

$$f(t)=3t^2+a \qquad \cdots ⑧$$

と表されるので、

$$f(2)=12+a$$

となる.

したがって、まず、a を求めればよいことになるが、⑧ を ④ の左辺に代入すると、

$$a=\int_{-1}^{1}(3t^2+a)\,dt$$

が得られ、(1) と同趣旨の問題となる.

解答

(1)
$$\int_{-1}^{2}(t^2+2at)\,dt$$
$$=\left[\frac{1}{3}t^3+at^2\right]_{-1}^{2}$$
$$=\frac{1}{3}\{2^3-(-1)^3\}+a\{2^2-(-1)^2\}$$
$$=3+3a$$

であるから、与えられた等式は、

$$3+3a=6$$

となる. これを解いて、

$$a=\boxed{1} \quad \cdots ア$$

(2)
$$\int_{-1}^{1}f(t)\,dt=a \qquad \cdots ①$$

とおくと、

$$f(x)=3x^2+a \qquad \cdots ②$$

と表される. したがって、とくに、

$$f(2)=3\times 2^2+a=a+12 \qquad \cdots ③$$

である.

② [の文字 x のかわりに文字 t を用いたもの] を ① に代入して、

$$\int_{-1}^{1}(3t^2+a)\,dt=a$$

[15 基本のまとめ ④ (6) を用いて、] 左辺を変形すると、

$$2\int_{0}^{1}(3t^2+a)\,dt=a \qquad \cdots ④$$

ところが、

$$2\int_{0}^{1}(3t^2+a)\,dt=2\left[t^3+at\right]_{0}^{1}$$
$$=2+2a$$

であるから、④ より、

$$2+2a=a,$$

つまり、

$$a=-2$$

これを ③ に代入して、

$$f(2)=-2+12=\mathbf{10}$$

180 　**解答**

(1)
$$\int_{a}^{x}f(t)\,dt=x^2-1 \qquad \cdots ①$$

① の両辺を x で微分して、

$$\frac{d}{dx}\int_{a}^{x}f(t)\,dt=2x$$

微分と積分の関係 [15 基本のまとめ ⑤] より、

$$\frac{d}{dx}\int_{a}^{x}f(t)\,dt=f(x)$$

であるから、

$$f(x)=2x \qquad \cdots ②$$

でないといけない.

また、一般に $\int_{a}^{a}f(t)\,dt=0$ であるから、① の両辺の x に a を代入すると、

$$0=a^2-1$$

因数分解し、$(a+1)(a-1)=0$

これを解き、

$$a=\pm 1 \qquad \cdots ③$$

② かつ ③ のとき、

$$\left[\int_{a}^{x}f(t)\,dt=\int_{a}^{x}2t\,dt=\left[t^2\right]_{a}^{x}=x^2-a^2=x^2-1\right.$$

であるから、$\Big]$ たしかに ① は成立する.

以上より、求める $f(x)$ と a の値は、

$$f(x)=2x, \quad a=\pm 1$$

(2)
$$f'(x)=\frac{d}{dx}\int_{-4}^{x}(t^2+3t-4)\,dt$$
$$=x^2+3x-4$$
$$\qquad\qquad [15 基本のまとめ ⑤]$$
$$=(x+4)(x-1)$$

したがって、$f(x)$ の増減表は次のようになる.

x	$\cdots$	-4	$\cdots$	1	$\cdots$
$f'(x)$	$+$	0	$-$	0	$+$
$f(x)$	↗	極大	↘	極小	↗

この表から $f(x)$ は，$x=-4$ のとき，
極大値
$$f(-4)=\int_{-4}^{-4}(t^2+3t-4)\,dt=0$$
をとり，$x=1$ のとき，**極小値**
$$f(1)=\int_{-4}^{1}(t^2+3t-4)\,dt$$
$$=\left[\frac{1}{3}t^3+\frac{3}{2}t^2-4t\right]_{-4}^{1}$$
$$=\frac{1}{3}\{1^3-(-4)^3\}+\frac{3}{2}\{1^2-(-4)^2\}$$
$$\quad-4\{1-(-4)\}$$
$$=-\frac{125}{6}$$
をとる．

181 解答

(1)
$$(x-\alpha)(x-\beta)$$
$$=(x-\alpha)\{(x-\alpha)+(\alpha-\beta)\}$$
$$=(x-\alpha)^2+(\alpha-\beta)(x-\alpha)$$
と変形されるので，[15 基本のまとめ 2 [注]
(iii) も用いると，]
$$\int_{\alpha}^{\beta}(x-\alpha)(x-\beta)\,dx$$
$$=\int_{\alpha}^{\beta}\{(x-\alpha)^2+(\alpha-\beta)(x-\alpha)\}\,dx$$
$$=\left[\frac{1}{3}(x-\alpha)^3+(\alpha-\beta)\frac{1}{2}(x-\alpha)^2\right]_{\alpha}^{\beta}$$
$$=\frac{1}{3}(\beta-\alpha)^3+(\alpha-\beta)\frac{1}{2}(\beta-\alpha)^2$$
$$=\left(\frac{1}{3}-\frac{1}{2}\right)(\beta-\alpha)^3$$
$$=\boxed{-\frac{1}{6}(\beta-\alpha)^3}\quad\cdots\text{ア}$$

(2) $\displaystyle\int_{3}^{2}(x^2-5x+6)\,dx=\int_{3}^{2}(x-3)(x-2)\,dx$ が
成り立つ．

これは(1)の α，β として，それぞれ 3，2
ととった場合であるので，
$$\int_{3}^{2}(x^2-5x+6)\,dx=-\frac{1}{6}(2-3)^3$$
$$=\boxed{\frac{1}{6}}\quad\cdots\text{イ}$$

(3)
$$(x-a)^2(b-x)$$
$$=-(x-a)^2(x-b)$$
$$=-(x-a)^2\{(x-a)+(a-b)\}$$
$$=-\{(x-a)^3+(a-b)(x-a)^2\}$$
と変形されるので，[15 基本のまとめ 2 [注]
(iii) も用いると，]
$$\int_{a}^{b}(x-a)^2(b-x)\,dx$$
$$=-\int_{a}^{b}\{(x-a)^3+(a-b)(x-a)^2\}\,dx$$
$$=-\left[\frac{1}{4}(x-a)^4+(a-b)\frac{1}{3}(x-a)^3\right]_{a}^{b}$$
$$=-\left\{\frac{1}{4}(b-a)^4+(a-b)\frac{1}{3}(b-a)^3\right\}$$
$$=\left(\frac{1}{3}-\frac{1}{4}\right)(b-a)^4$$
$$=\frac{1}{12}l^4$$

[注] (1)，(3)について，積分される関数に
ついての変形，たとえば，(3)の場合で，
$$(x-a)^2(b-x)=-(x-a)^3+(b-a)(x-a)^2$$
$$\cdots\text{Ⓐ}$$
は，**1**(3)と同様な
$$(x-a)^2(b-x)$$
$$=-(x-a)^3+p(x-a)^2+q(x-a)+r$$
$$\cdots\text{Ⓑ}$$
が x についての恒等式となるように p，q，
r を（a，b を用いて）定める問題の結果と
もみることができる．（Ⓑの $(x-a)^3$ の係
数が -1 なのは，Ⓑの両辺の 3 次の項の係
数を比較した結果である．）

実際，**1**(3)のように Ⓑ で，$x-a=t$ と
おき，x の恒等式 Ⓑ を t の恒等式
$$t^2(b-a-t)=-t^3+pt^2+qt+r$$
とみれば，左辺が $-t^3+(b-a)t^2$ となるの
で，係数比較を行い，
$$p=b-a,\quad q=r=0$$
が得られる．

182 解答

$$\left[\int_0^1 (ax+b)^2 dx - \left\{\int_0^1 (ax+b)\,dx\right\}^2 \right.$$ の符号を

調べる.$\Big]$

$$\int_0^1 (ax+b)^2 dx$$
$$= \int_0^1 (a^2x^2 + 2abx + b^2)\,dx$$
$$= \left[\frac{a^2}{3}x^3 + abx^2 + b^2 x\right]_0^1$$
$$= \frac{a^2}{3} + ab + b^2 \qquad \cdots ①$$

一方

$$\int_0^1 (ax+b)\,dx$$
$$= \left[\frac{a}{2}x^2 + bx\right]_0^1$$
$$= \frac{a}{2} + b$$

であるから,

$$\left\{\int_0^1 (ax+b)\,dx\right\}^2$$
$$= \left(\frac{a}{2} + b\right)^2 \qquad \cdots ②$$
$$= \frac{a^2}{4} + ab + b^2$$

①$-$② より,

$$\int_0^1 (ax+b)^2 dx - \left\{\int_0^1 (ax+b)\,dx\right\}^2$$
$$= \left(\frac{a^2}{3} + ab + b^2\right) - \left(\frac{a^2}{4} + ab + b^2\right)$$
$$= \frac{a^2}{12}$$

a は実数の定数であったから,つねに,

$$\frac{a^2}{12} \geqq 0$$

となるので,等号成立条件は $a=0$ である.

したがって,$\int_0^1 (ax+b)^2 dx$ と

$\left\{\int_0^1 (ax+b)\,dx\right\}^2$ の大小関係は次のように

なる:

$a \neq 0$ のとき,

$$\int_0^1 (ax+b)^2 dx - \left\{\int_0^1 (ax+b)\,dx\right\}^2 > 0$$

であるから,

$$\int_0^1 (ax+b)^2 dx > \left\{\int_0^1 (ax+b)\,dx\right\}^2$$

$a=0$ のとき,

$$\int_0^1 (ax+b)^2 dx - \left\{\int_0^1 (ax+b)\,dx\right\}^2 = 0$$

であるから,

$$\int_0^1 (ax+b)^2 dx = \left\{\int_0^1 (ax+b)\,dx\right\}^2$$

183 解答

[積分の際は,a は定数である]
$$f(x) = |x(x-a)|$$
とすると,[$0 \leqq a \leqq 1$ に注意すれば,]
$$f(x) = \begin{cases} -x(x-a) & (0 \leqq x \leqq a) \\ x(x-a) & (a \leqq x \leqq 1) \end{cases}$$
であるから,
$$y = f(x) \quad (0 \leqq x \leqq 1)$$
のグラフの形状は,次のようになる.

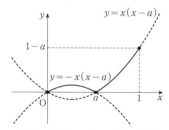

このとき,$I(a)$ は次のように計算される.
$$I(a) = \int_0^a f(x)\,dx + \int_a^1 f(x)\,dx$$
$$= \int_0^a \{-x(x-a)\}\,dx + \int_a^1 x(x-a)\,dx$$
$$= -\int_0^a (x^2 - ax)\,dx + \int_a^1 (x^2 - ax)\,dx$$
$$= -\left[\frac{1}{3}x^3 - \frac{a}{2}x^2\right]_0^a + \left[\frac{1}{3}x^3 - \frac{a}{2}x^2\right]_a^1$$
$$= -\left(\frac{1}{3}a^3 - \frac{a}{2} \times a^2\right)$$
$$\qquad + \left\{\frac{1}{3}(1^3 - a^3) - \frac{a}{2}(1^2 - a^2)\right\}$$

$$= \boxed{\dfrac{1}{3}} a^3 + \boxed{0}\, a^2 + \left(\boxed{-\dfrac{1}{2}}\right)a + \boxed{\dfrac{1}{3}}$$

$$\cdots ア, イ, ウ, エ$$

[$a=0$ のとき，$f(x)=|x^2|=x^2$ であるから，$y=f(x)$ $(0 \leqq x \leqq 1)$ のグラフの形状は次のようになる．

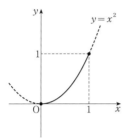

したがって，

$$I(0)=\int_0^1 x^2 dx$$

となるが，これは，

$$\int_0^0 (-x^2)\,dx + \int_0^1 x^2 dx$$

とも表され，前記の $I(a)$ の $a=0$ の場合にあたっていることがわかる．

これからは，a を変数としてとり扱う]

$I(a)$ を微分して，

$$I'(a)=a^2-\dfrac{1}{2}$$
$$=\left(a+\dfrac{1}{\sqrt{2}}\right)\left(a-\dfrac{1}{\sqrt{2}}\right)$$

であるので，$0 \leqq a \leqq 1$ の範囲での $I(a)$ の増減表は次のようになる．

a	0	$\cdots$	$\dfrac{1}{\sqrt{2}}$	$\cdots$	1
$I'(a)$		$-$	0	$+$	
$I(a)$	$\dfrac{1}{3}$	$\searrow$	$\dfrac{2-\sqrt{2}}{6}$ 極小	$\nearrow$	$\dfrac{1}{6}$

したがって，$I(a)$ $(0 \leqq a \leqq 1)$ の

最大値は $I(0)=\boxed{\dfrac{1}{3}}$，$\cdots$オ

最小値は $I\left(\dfrac{1}{\sqrt{2}}\right)=\boxed{\dfrac{2-\sqrt{2}}{6}}$ $\cdots$カ

184 【解 答】

$$f(x)=1+x\int_0^1 f(t)\,dt - \int_0^1 tf(t)\,dt$$

と変形できるので，

$$\int_0^1 f(t)\,dt=a, \qquad \cdots ①$$

$$\int_0^1 tf(t)\,dt=b \qquad \cdots ②$$

とおくと，

$$f(x)=1+ax-b$$
$$=ax+1-b \qquad \cdots ③$$

となる．

③ [の文字 x のかわりに文字 t を用いたもの] を ① に代入して，

$$\int_0^1 (at+1-b)\,dt=a \qquad \cdots ④$$

③ を ② に代入して，

$$\int_0^1 \{at^2+(1-b)t\}\,dt=b \qquad \cdots ⑤$$

ところが，

$$\int_0^1 (at+1-b)\,dt$$
$$=\left[\dfrac{a}{2}t^2+(1-b)t\right]_0^1$$
$$=\dfrac{a}{2}+1-b, \qquad \cdots ⑥$$

$$\int_0^1 \{at^2+(1-b)t\}\,dt$$
$$=\left[\dfrac{a}{3}t^3+\dfrac{1-b}{2}t^2\right]_0^1$$
$$=\dfrac{a}{3}+\dfrac{1-b}{2} \qquad \cdots ⑦$$

であるから，④，⑥ より，

$$\dfrac{a}{2}+1-b=a,$$

a について解いて，

$$a=2-2b, \qquad \cdots ⑧$$

⑤，⑦ より，

$$\dfrac{a}{3}+\dfrac{1-b}{2}=b,$$

a について解いて，

$$a=\dfrac{9}{2}b-\dfrac{3}{2} \qquad \cdots ⑨$$

をそれぞれ得る．

⑧，⑨ より，

$$2-2b=\frac{9}{2}b-\frac{3}{2}$$

これを解いて,

$$b=\frac{7}{13} \qquad \cdots ⑩$$

⑧ に代入して,

$$a=\frac{12}{13} \qquad \cdots ⑪$$

⑩, ⑪ を ③ に代入して,

$$f(x)=\frac{12}{13}x+1-\frac{7}{13}$$
$$=\boxed{\frac{12}{13}x+\frac{6}{13}} \quad \cdots ア$$

16 面 積

185 解答

(1) $$x^2+1>0$$

であるから, 放物線 $y=x^2+1$, 2 直線 $x=1$, $x=3$, および x 軸で囲まれた図形は次の図の縦線の部分となる. ただし, 境界を含む.

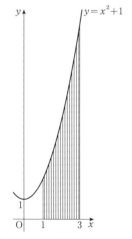

以上より, 求める面積 S は,

$$S=\int_1^3 (x^2+1)\,dx$$
$$=\left[\frac{1}{3}x^3+x\right]_1^3$$
$$=\frac{1}{3}(3^3-1^3)+(3-1)$$
$$=\frac{32}{3}$$

(2) $$3x^2-8x-3=(3x+1)(x-3)$$

と因数分解されるので, $3x^2-8x-3$ の符号は次の表のようになる.

x	$\cdots$	$-\dfrac{1}{3}$	$\cdots$	3	$\cdots$
$3x^2-8x-3$	$+$	0	$-$	0	$+$

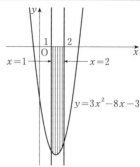

この表より, 求める面積 S は,

$$S=\int_1^2 \{-(3x^2-8x-3)\}\,dx$$
$$=\int_1^2 (-3x^2+8x+3)\,dx$$
$$=\left[-x^3+4x^2+3x\right]_1^2$$
$$=-(2^3-1^3)+4(2^2-1^2)+3(2-1)$$
$$=8$$

186 解答

(1) $$-x^2-2x+8$$
$$=-(x+4)(x-2)$$

と因数分解されるので, $-x^2-2x+8$ の符号は次の表のようになる.

x	$\cdots$	-4	$\cdots$	2	$\cdots$
$-x^2-2x+8$	$-$	0	$+$	0	$-$

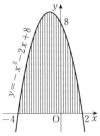

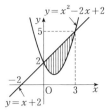

この表より, 求める面積 S は,

$$S = \int_{-4}^{2} (-x^2 - 2x + 8)\, dx$$

$$= \left[-\frac{1}{3}x^3 - x^2 + 8x \right]_{-4}^{2}$$

$$= -\frac{1}{3}\{2^3 - (-4)^3\}$$
$$\quad - \{2^2 - (-4)^2\} + 8\{2 - (-4)\}$$

$$= 36$$

(2) (i) 放物線 ① と直線 ② の交点の x 座標は, ①, ② から y を消去して得られる 2 次方程式

$$x^2 - 2x + 2 = x + 2 \qquad \cdots ③$$

の実数解である. この右辺を移項すると, 左辺は,

$$(x^2 - 2x + 2) - (x + 2) = x^2 - 3x$$
$$= x(x - 3) \cdots ④$$

と変形されるので, ③ を解いて,

$$x = 0, \ 3$$

したがって, ② より, 求める交点の座標は,

$$(0, 2), \ (3, 5)$$

(ii) ④ より, $(x^2 - 2x + 2) - (x + 2)$ の符号は次の表のようになる.

x		$\cdots$	0	$\cdots$	3	$\cdots$
$(x^2 - 2x + 2) - (x + 2)$		$+$	0	$-$	0	$+$

この表より, 求める面積 S は,

$$S = \int_{0}^{3} \{(x + 2) - (x^2 - 2x + 2)\}\, dx$$

$$= \int_{0}^{3} (-x^2 + 3x)\, dx$$

$$= \left[-\frac{1}{3}x^3 + \frac{3}{2}x^2 \right]_{0}^{3}$$

$$= -\frac{1}{3} \times 3^3 + \frac{3}{2} \times 3^2$$

$$= \frac{9}{2}$$

(3) 放物線 $C_1 : y = x^2$ $\cdots ⑤$ と放物線 $C_2 : y = -x^2 + 4x$ $\cdots ⑥$ の交点の x 座標は, ⑤, ⑥ から y を消去して得られる 2 次方程式

$$x^2 = -x^2 + 4x \qquad \cdots ⑦$$

の実数解である. この右辺を移項すると, 左辺は,

$$x^2 - (-x^2 + 4x) = 2x^2 - 4x$$
$$= 2x(x - 2) \cdots ⑧$$

と変形されるので, ⑦ を解いて,

$$x = 0, \ 2$$

したがって, ⑤ より, C_1 と C_2 の交点の座標は,

$$(0, 0), \ (\boxed{2}, \boxed{4}) \quad \cdots ア, イ$$

である.

さらに ⑧ より, $x^2 - (-x^2 + 4x)$ の符号は次の表のようになる.

x		$\cdots$	0	$\cdots$	2	$\cdots$
$x^2 - (-x^2 + 4x)$		$+$	0	$-$	0	$+$

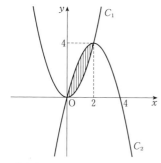

この表より,

$$S=\int_0^2 \{(-x^2+4x)-x^2\}dx$$

$$=\int_0^2(-2x^2+4x)\,dx$$

$$=\left[-\frac{2}{3}x^3+2x^2\right]_0^2$$

$$=-\frac{2}{3}\times 2^3+2\times 2^2$$

$$=\boxed{\frac{8}{3}}\quad\cdots\text{ウ}$$

187 〔解答〕

放物線 $y^2=6x$, つまり $x=\dfrac{y^2}{6}$ と直線 $y=9$, および y 軸で囲まれた図形は次の横線の部分である. ただし, 境界を含む.

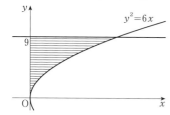

したがって,

$$S=\int_0^{\boxed{9}} x\,dy\quad\cdots\text{ア}$$

$$=\int_0^9 \frac{y^2}{6}\,dy$$

$$=\left[\frac{1}{18}y^3\right]_0^9=\frac{9^3}{18}$$

$$=\boxed{\frac{81}{2}}\quad\cdots\text{イ}$$

188 〔解答〕

放物線 $P:y=ax^2+bx+c$ と x 軸で囲まれる部分が生じているので P は x 軸と異なる 2 点で交わっている. その x 座標をそれぞれ $\alpha,\ \beta\,(\alpha<\beta)$ とすると, これらは,

$$ax^2+bx+c=0 \qquad\cdots\text{①}$$

の 2 つの解であるから, 因数定理[1 基本のまとめ 4 (2)]より,

$$ax^2+bx+c=a(x-\alpha)(x-\beta)$$

したがって, ax^2+bx+c の符号は次の表のようになる.

(i) $a>0$ のとき

x		$\cdots$	α	$\cdots$	β	$\cdots$
ax^2+bx+c		$+$	0	$-$	0	$+$

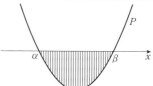

(ii) $a<0$ のとき

x		$\cdots$	α	$\cdots$	β	$\cdots$
ax^2+bx+c		$-$	0	$+$	0	$-$

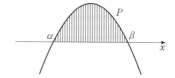

(i)のとき, この表から,

$$S=\int_\alpha^\beta \{-(ax^2+bx+c)\}\,dx$$

$$=-a\int_\alpha^\beta(x-\alpha)(x-\beta)\,dx$$

となる. 積分される関数について,

$$(x-\alpha)(x-\beta)$$

$$=(x-\alpha)\{(x-\alpha)+(\alpha-\beta)\}$$

$$=(x-\alpha)^2+(\alpha-\beta)(x-\alpha)$$

と変形されるので, [15 基本のまとめ 2 [注] (iii)を用いて,]

$$S=-a\int_\alpha^\beta\{(x-\alpha)^2+(\alpha-\beta)(x-\alpha)\}\,dx$$

$$= -a\left[\frac{1}{3}(x-\alpha)^3 + (\alpha-\beta)\frac{1}{2}(x-\alpha)^2\right]_\alpha^\beta$$

$$= -a\left\{\frac{1}{3}(\beta-\alpha)^3 + (\alpha-\beta)\frac{1}{2}(\beta-\alpha)^2\right\} 』$$

『…』については後記の [解 説] (ii)を参照]

$$= -a\left\{-\frac{1}{6}(\beta-\alpha)^3\right\}$$

$$= \frac{a}{6}(\beta-\alpha)^3$$

$a > 0$ より，① の判別式を D とすると，

$$\beta = \frac{-b+\sqrt{D}}{2a}, \quad \alpha = \frac{-b-\sqrt{D}}{2a}$$

となることも用いると，

$$a^2 S = \frac{a^3}{6}\left(\frac{-b+\sqrt{D}}{2a} - \frac{-b-\sqrt{D}}{2a}\right)^3$$

$$= \frac{a^3}{6}\cdot\frac{D^{\frac{3}{2}}}{a^3}$$

$$= \frac{1}{6}D^{\frac{3}{2}}$$

(ii)のとき，上の表と，(i)の計算も利用し，

$$S = \int_\alpha^\beta (ax^2+bx+c)\,dx$$

$$= a\int_\alpha^\beta (x-\alpha)(x-\beta)\,dx$$

$$= -\frac{a}{6}(\beta-\alpha)^3$$

$a < 0$ より，

$$\beta = \frac{-b-\sqrt{D}}{2a}, \quad \alpha = \frac{-b+\sqrt{D}}{2a}$$

であるから，

$$a^2 S = -\frac{a^3}{6}\left(\frac{-b-\sqrt{D}}{2a} - \frac{-b+\sqrt{D}}{2a}\right)^3$$

$$= -\frac{a^3}{6}\left(-\frac{\sqrt{D}}{a}\right)^3$$

$$= \frac{1}{6}D^{\frac{3}{2}}$$

(i)，(ii)をまとめて，

$ax^2+bx+c=0$ の判別式を D とすると，

$$a^2 S = \frac{1}{6}D^{\frac{3}{2}}$$

である．

[注] 答については，いきなり，

$$a^2 S = \frac{1}{6}D^{\frac{3}{2}}$$

でも，まず問題になることはないと思われる．しかし，採点者ならだれもが，D と書けば判別式と理解してくれるのか多少不安が残るので，一応，「$ax^2+bx+c=0$ の判別式を D とするとき」とことわったうえの方がよい．

[解 説] (i) この問題と同様にすると **16 基本のまとめ 1** [注] (1)，(2)の結果は次のように表すことができる．

(A) **16 基本のまとめ 1** [注] (1)について．

$$ax^2+bx+c=mx+n,$$

つまり，$ax^2+(b-m)x+c-n=0$

の判別式を D とすると，この放物線と直線で囲まれた図形の面積 S_1 は，$a>0$ のとき，

$$S_1\left(=\frac{|a|}{6}(\beta-\alpha)^3\right)$$

$$= \frac{a}{6}(\beta-\alpha)^3$$

$$= \frac{a}{6}\left(\frac{-b+\sqrt{D}}{2a} - \frac{-b-\sqrt{D}}{2a}\right)^3$$

$$= \frac{a}{6}\cdot\frac{D^{\frac{3}{2}}}{a^3}$$

$$= \frac{1}{6a^2}D^{\frac{3}{2}}$$

$a < 0$ のとき，

$$S_1\left(=\frac{|a|}{6}(\beta-\alpha)^3\right)$$

$$= -\frac{a}{6}(\beta-\alpha)^3$$

$$= -\frac{a}{6}\left(\frac{-b-\sqrt{D}}{2a} - \frac{-b+\sqrt{D}}{2a}\right)^3$$

$$= -\frac{a}{6}\left(-\frac{\sqrt{D}}{a}\right)^3$$

$$= \frac{1}{6a^2}D^{\frac{3}{2}}$$

まとめて，

$$S_1 = \frac{1}{6a^2}D^{\frac{3}{2}}$$

(B) **16 基本のまとめ 1** [注] (2)について．

$$ax^2+bx^2+c=a'x^2+b'x+c'$$

つまり，

$$(a'-a)x^2+(b'-b)x+(c'-c)=0$$

の判別式を D とすると，この 2 つの放物線で囲まれた図形の面積 S_2 も，(A) の場合と同様に，

$$S_2 = \frac{1}{6(a'-a)^2}D^{\frac{3}{2}}$$

となる．

(ii)　「$\frac{1}{6}$ 公式」

$$\int_\alpha^\beta (x-\alpha)(x-\beta)\,dx = -\frac{1}{6}(\beta-\alpha)^3$$

の利用について．

　空欄補充式で自由に用いてもよいことはいうまでもないが，記述式のケースでは注意を要する．この公式の教科書での扱いは，「研究」，「参考」程度である．**181**(1) のような出題もあることでもあり，証明なしに用いてよいのかどうか見方が分かれる．否定的な見解の大学もあるようなので，解答 の『…』部分や，以下の「$\frac{1}{6}$ 公式」を用いる問題の解答 の『…』の部分は，本当はこうした式の変形を経て『…』の次にある式にいたったのではないのであるが，書いておくのがよい．

(iii)　この囲まれた図形の面積と，放物線と直線または放物線との交点の x 座標がみたす 2 次方程式の判別式の関係は，判別式の定め方を考えると理解しやすい．

　16 基本のまとめ1 [注] (1), (2) でも同様であるが，たとえば，この問題のケースで考えると，囲まれた図形の面積は，解答 のように，上記 (ii) の「$\frac{1}{6}$ 公式」を用い，

$$\frac{|a|}{6}(\beta-\alpha)^3 \qquad \cdots(*)$$

のように表される．

　さて，判別式であるが，これが何を判別するのかというと，実数係数の 2 次方程式が実数解をもつか否かを判別するものというのは副次的であって，本来は，重解をもつかどうかを判別するものなのである．ということで，たとえば，係数 a, b, c は複素数の定数

（実数でなくてもよい）とするような 2 次方程式

$$ax^2 + bx + c = 0 \quad (a \neq 0)$$

の判別式 D としては，その 2 つの解（重解の場合もある）α, β が一致するときにたとえば，0 になるような式として定めることにしよう．いろいろ候補はあるが，そのうちで扱い勝手のよい

$$a^2(\beta-\alpha)^2 \qquad \cdots(**)$$

で定めることにする．これに，(a, b, c は実数でないこともあるので，2 次方程式の解の公式の使用はできないから，）解と係数の関係（**2 基本のまとめ**2）を用いれば，

$$\begin{aligned}
&a^2(\beta-\alpha)^2\\
&= a^2\{(\alpha+\beta)^2 - 4\alpha\beta\}\\
&= a^2\left\{\left(-\frac{b}{a}\right)^2 - 4\cdot\frac{c}{a}\right\}\\
&= a^2\cdot\frac{b^2-4ac}{a^2}\\
&= b^2-4ac
\end{aligned}$$

となり，

$$D = b^2 - 4ac$$

という，いつもの表現になる．

　この定義の際の (**) と，上記の面積の式 (*) を比べれば，面積が D でこの問題のように表されることはごく自然である．

189　解答

　α, β ($\alpha < \beta$) は，

$$\begin{aligned}
y &= x^2, &\cdots\text{①}\\
y &= x+1 &\cdots\text{②}
\end{aligned}$$

から y を消去して得られる 2 次方程式

$$x^2 = x+1,$$

つまり，

$$x^2 - (x+1) = 0,$$

つまり，

$$x^2 - x - 1 = 0 \qquad \cdots\text{③}$$

の 2 つの実数解であるから，

$$\alpha = \frac{1-\sqrt{5}}{2}, \quad \beta = \frac{1+\sqrt{5}}{2}$$

したがって，

$$\begin{aligned}
\alpha+\beta &= \frac{1-\sqrt{5}}{2} + \frac{1+\sqrt{5}}{2}\\
&= \boxed{1}, \qquad \cdots\text{ア}
\end{aligned}$$

$$\alpha\beta = \frac{1-\sqrt{5}}{2} \times \frac{1+\sqrt{5}}{2}$$

$$\left[= \frac{1-5}{4}\right]$$

$$= \boxed{-1}, \qquad \cdots イ$$

$$\beta - \alpha = \frac{1+\sqrt{5}}{2} - \frac{1-\sqrt{5}}{2}$$

$$= \sqrt{\boxed{5}} \qquad \cdots ウ \cdots ④$$

α, β は ③ の 2 つの解であるから,

$$x^2 - x - 1 = (x - \alpha)(x - \beta)$$

これから, $x^2 - (x+1)$ の符号は次の表のようになる.

x	$\cdots$	α	$\cdots$	β	$\cdots$
$x^2-(x+1)$	+	0	−	0	+

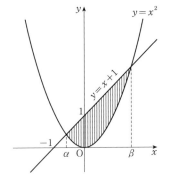

この表より, 求める面積 S は,

$$S = \int_\alpha^\beta \{(x+1) - x^2\}dx$$

$$= -\int_\alpha^\beta (x-\alpha)(x-\beta)dx$$

『となる. ところが,

$$(x-\alpha)(x-\beta)$$
$$= (x-\alpha)\{(x-\alpha) + (\alpha-\beta)\}$$
$$= (x-\alpha)^2 + (\alpha-\beta)(x-\alpha)$$

と変形されるので, [15 基本のまとめ ②[注]
(iii) を用いて,]

$$S = -\int_\alpha^\beta \{(x-\alpha)^2 + (\alpha-\beta)(x-\alpha)\}dx$$

$$= -\left[\frac{1}{3}(x-\alpha)^3 + (\alpha-\beta)\frac{1}{2}(x-\alpha)^2\right]_\alpha^\beta$$

$$= -\left\{\frac{1}{3}(\beta-\alpha)^3 + (\alpha-\beta)\frac{1}{2}(\beta-\alpha)^2\right\}』$$

[『$\cdots$』については **188** の (解 説)(ii)を参照]

$$= -\left\{-\frac{1}{6}(\beta-\alpha)^3\right\}$$

$$= \frac{1}{6}(\beta-\alpha)^3 = \frac{1}{6}\left(\sqrt{5}\right)^3 \quad (④ より)$$

$$= \frac{5}{\boxed{6}}\sqrt{\boxed{5}} \quad \cdots エ, オ$$

[注] (解 答) のように, 問題文の 2 つの曲線で囲まれた図形の面積を求める場合, $\alpha + \beta$, $\alpha\beta$ の値は不要である.

190 (解 答)

(1) $$f(x) = x^3 - 3x + 2$$

とすると,

$$f(1) = 1^3 - 3 \times 1 + 2 = 0$$

であるから, 因数定理 [1 基本のまとめ ④
(2)] より, $f(x)$ は $x-1$ を因数にもつ.

$$\begin{array}{r} x^2 + x - 2 \\ x-1 \overline{\smash{\big)}\ x^3 -3x+2} \\ \underline{x^3 - x^2} \\ x^2 - 3x \\ \underline{x^2 - x} \\ -2x+2 \\ \underline{-2x+2} \\ 0 \end{array}$$

割り算を行って,

$$f(x) = (x-1)(x^2 + x - 2)$$

さらに, 因数分解して,

$$f(x) = (x-1)^2(x+2)$$

となるから, $f(x)$ の符号は次の表のようになる.

x	$\cdots$	-2	$\cdots$	1	$\cdots$
$f(x)$	−	0	+	0	+

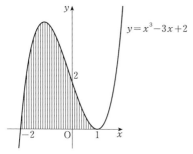

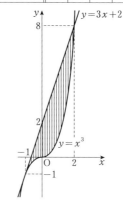

x	$\cdots$	-1	$\cdots$	2	$\cdots$
$x^3-(3x+2)$	$-$	0	$-$	0	$+$

この表より，求める面積 S は，

$$S=\int_{-2}^{1}(x^3-3x+2)\,dx$$

$$=\left[\frac{1}{4}x^4-\frac{3}{2}x^2+2x\right]_{-2}^{1}$$

$$=\frac{1}{4}\{1^4-(-2)^4\}-\frac{3}{2}\{1^2-(-2)^2\}$$
$$+2\{1-(-2)\}$$

$$=\frac{27}{4}$$

(2)(i) $\qquad g(x)=x^3$

とすると，

$$g'(x)=3x^2$$

であるから，

$$g'(-1)=3$$

したがって，l の方程式は，

$$y-(-1)=3\{x-(-1)\},$$

つまり， $\qquad \boldsymbol{y=3x+2}$ $\qquad$ …①

(ii) 曲線

$$y=x^3 \qquad\qquad …②$$

と l の共有点の x 座標は，①と②から y を消去して得られる3次方程式

$$x^3=3x+2,$$

つまり， $\qquad x^3-(3x+2)=0$ $\qquad$ …③

の実数解である．〔l が曲線 $y=x^3$ の点 $(-1,-1)$ での接線であるので，③の左辺は $(x+1)^2$ を因数にもっている（**12 基本のまとめ** ④〔注〕参照）．これから，③の左辺は，

$$(x+1)^2(x-2) \qquad …④$$

と因数分解されるから，③を解いて，

$$x=-1（重解），2$$

さらに，④より，$x^3-(3x+2)$ の符号は次の表のようになる．

この表より，求める面積 S は，

$$S=\int_{-1}^{2}\{(3x+2)-x^3\}\,dx$$

$$=\left[\frac{3}{2}x^2+2x-\frac{1}{4}x^4\right]_{-1}^{2}$$

$$=\frac{3}{2}\{2^2-(-1)^2\}+2\{2-(-1)\}$$
$$-\frac{1}{4}\{2^4-(-1)^4\}$$

$$=\frac{27}{4}$$

191 解答
$$f(x)=x^2-2x$$

とすると，

$$f(x)=x(x-2)$$

であるから，

$$|x^2-2x|=\begin{cases} f(x) & (x<0,\,2<x) \\ -f(x) & (0\le x\le 2) \end{cases}$$

である．

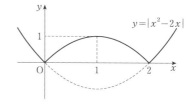

曲線 $y=|f(x)|$ と直線 $y=x$ の共有点は以下のようになる.

$x<0$ のとき, $|f(x)|\geqq0$. 一方, $x<0$ であるから, $x<0\leqq|f(x)|$ となって, 両者が共有点をもつことはない.

$x\geqq0$ のとき,
$$|f(x)|=|x|\cdot|x-2|$$
$$=x|x-2|$$
であるから, 共有点の x 座標は, 方程式
$$x|x-2|=x, \qquad \cdots\text{①}$$
つまり, $\qquad x\{|x-2|-1\}=0$
の解である.
$$|x-2|-1=0,$$
つまり, $\qquad |x-2|=1,$
つまり, $\qquad x-2=\pm1$
より,
$$x=1,\ 3$$
が得られるので, ① の解は,
$$x=0,\ 1,\ 3$$
であり, 共有点の座標は,
$$(0,0),\ (1,1),\ (3,3)$$
である.

さらに, $0<x<1$ のとき, とくに, $x-2<-1$ であるから, [数直線上で原点と点 $x-2$ の距離 $|x-2|$ は 1 より大となり,]
$$|x-2|>1, \qquad \cdots\text{②}$$
$1<x<3$ のとき, $-1<x-2<1$ であるから,
$$(0\leqq)|x-2|<1,$$
$3<x$ のとき, $1<x-2$ であるから,
$$|x-2|>1 \qquad \cdots\text{②}'$$
である. これから, $0<x<1$, $3<x$ のときは, ②, ②′ の両辺に $x[>0]$ をかけて,
$$x|x-2|>x,$$
つまり, $\qquad |f(x)|>x,$
同様に, $1<x<3$ のときは,
$$|f(x)|<x$$
である.

以上から, $|f(x)|-x$ の符号は次の表のようになる.

x	$\cdots$	0	$\cdots$	1	$\cdots$	3	$\cdots$
$\lvert f(x)\rvert-x$	$+$	0	$+$	0	$-$	0	$+$

したがって, 曲線 $y=|f(x)|$ と直線 $y=x$ で囲まれた 2 つの図形は次の図の縦線の部分となる. ただし, 境界を含む.

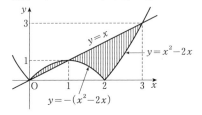

以上より, 求める面積 S は,
$$S=\int_0^1\{-(x^2-2x)-x\}dx$$
$$+\int_1^2[x-\{-(x^2-2x)\}]dx$$
$$+\int_2^3\{x-(x^2-2x)\}dx$$
$$=\int_0^1(-x^2+x)dx$$
$$+\int_1^2(x^2-x)dx+\int_2^3(-x^2+3x)dx$$
$$=\left[-\frac{1}{3}x^3+\frac{1}{2}x^2\right]_0^1+\left[\frac{1}{3}x^3-\frac{1}{2}x^2\right]_1^2$$
$$+\left[-\frac{1}{3}x^3+\frac{3}{2}x^2\right]_2^3$$
$$=\left(-\frac{1}{3}+\frac{1}{2}\right)$$
$$+\left\{\frac{1}{3}(2^3-1^3)-\frac{1}{2}(2^2-1^2)\right\}$$
$$+\left\{-\frac{1}{3}(3^3-2^3)+\frac{3}{2}(3^2-2^2)\right\}$$
$$=\frac{13}{6}$$

192 解答

(1) 点 $(1,2)$ を通り, 傾き m の直線 l の方程式は,
$$y-2=m(x-1),$$
つまり, $\qquad \boldsymbol{y=mx-m+2} \qquad \cdots\text{①}$
(2) l と放物線

$$C : y = x^2 \qquad \cdots ②$$

の交点があれば，その x 座標 α, β は，① と ② から y を消去して得られる 2 次方程式

$$x^2 = mx - m + 2,$$

つまり， $\quad x^2 - (mx - m + 2) = 0,$

つまり， $\quad x^2 - mx + m - 2 = 0 \qquad \cdots ③$

の 2 つの実数解である．③ の判別式を D とすると，

$$D = m^2 - 4(m - 2) \qquad \cdots ④$$
$$= m^2 - 4m + 8 \qquad \cdots ⑤$$
$$[= (m^2 - 2 \times 2m + 2^2) - 2^2 + 8]$$
$$= (m - 2)^2 + 4 \qquad \cdots ⑥$$

となり，「つねに正であるから，C と l は 2 点で交わっている」[**2 基本のまとめ** ① (2)．

188 [**解 説**](iii) でみたとおり，放物線と直線で囲まれた図形の面積と，両者の交点の x 座標がみたす 2 次方程式の判別式は密接な関係にある．であるから，あらかじめ判別式を導入したまでであり，図をかけばすぐにわかる「…」はその副産物にすぎない．]

このとき，③ を解いて，

$$x = \frac{m \pm \sqrt{D}}{2}$$

$\alpha < \beta$ であったので，

$$\alpha = \frac{m - \sqrt{D}}{2}, \ \beta = \frac{m + \sqrt{D}}{2},$$

したがって，

$$\alpha + \beta = \frac{m - \sqrt{D}}{2} + \frac{m + \sqrt{D}}{2}$$
$$= m,$$
$$\alpha\beta = \frac{m - \sqrt{D}}{2} \times \frac{m + \sqrt{D}}{2}$$
$$= \frac{m^2 - D}{4}$$
$$= \frac{m^2 - \{m^2 - 4(m - 2)\}}{4} \quad (④ \text{ より})$$
$$= m - 2,$$
$$\beta - \alpha = \frac{m + \sqrt{D}}{2} - \frac{m - \sqrt{D}}{2}$$
$$= \sqrt{D} \qquad \cdots ⑦$$
$$= \sqrt{m^2 - 4m + 8} \quad (⑤ \text{ より})$$

(3) 2 次方程式 ③ は α, β を 2 つの解にも

つので，

$$x^2 - (mx - m + 2) = (x - \alpha)(x - \beta) \qquad \cdots ⑧$$

これから，$x^2 - (mx - m + 2)$ の符号は次の表のようになる．

x	$\cdots$	α	$\cdots$	β	$\cdots$
$x^2 - (mx - m + 2)$	$+$	0	$-$	0	$+$

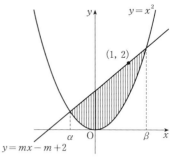

この表より，

$$S = \int_\alpha^\beta \{(mx - m + 2) - x^2\} dx.$$

⑧ を用いて，

$$S = -\int_\alpha^\beta (x - \alpha)(x - \beta) dx$$

『ところが，

$$(x - \alpha)(x - \beta)$$
$$= (x - \alpha)\{(x - \alpha) + (\alpha - \beta)\}$$
$$= (x - \alpha)^2 + (\alpha - \beta)(x - \alpha)$$

と変形されるので，[**15 基本のまとめ** ②[注] (iii) を用いて，]

$$S = -\int_\alpha^\beta \{(x - \alpha)^2 + (\alpha - \beta)(x - \alpha)\} dx$$
$$= -\left[\frac{1}{3}(x - \alpha)^3 + (\alpha - \beta)\frac{1}{2}(x - \alpha)^2\right]_\alpha^\beta$$
$$= -\left\{\frac{1}{3}(\beta - \alpha)^3 + (\alpha - \beta)\frac{1}{2}(\beta - \alpha)^2\right\}』$$

[『…』については **188** [**解 説**](ii) を参照]

$$= \frac{1}{6}(\beta - \alpha)^3$$

⑦ を用いて，

$$S = \frac{1}{6}D^{\frac{3}{2}}$$

⑤，⑥ を用いて，

$$S = \frac{1}{6}(m^2 - 4m + 8)^{\frac{3}{2}}$$

$$=\frac{1}{6}\{(m-2)^2+4\}^{\frac{3}{2}}$$

以上から,「S は,

$$m=2$$

のとき最小」…(*) となる. [(*) については下記の[注]を参照]

[注] 数学 II の範囲では次のようにして,(*) が示される.

$m \neq 2$ ならば,

$$4=(2-2)^2+4<(m-2)^2+4$$

8 基本のまとめ 4 を用いると,

$$4^3<\{(m-2)^2+4\}^3,$$

つまり,

$$(4^{\frac{3}{2}})^2<[\{(m-2)^2+4\}^{\frac{3}{2}}]^2$$

もう 1 度, **8 基本のまとめ 4** を用いて,

$$4^{\frac{3}{2}}<\{(m-2)^2+4\}^{\frac{3}{2}},$$

つまり,

$$\frac{1}{6}\{(2-2)^2+4\}^{\frac{3}{2}}<\frac{1}{6}\{(m-2)^2+4\}^{\frac{3}{2}}$$

したがって, (*) が成り立つ.

193 解答

(1)
$$f(x)=x^3-3x^2$$

とすると,

$$f'(x)=3x^2-6x$$
$$=3x(x-2)$$

であるから, $f(x)$ の増減表は次のようになる.

x	$\cdots$	0	$\cdots$	2	$\cdots$
$f'(x)$	$+$	0	$-$	0	$+$
$f(x)$	$\nearrow$	0 極大	$\searrow$	-4 極小	$\nearrow$

この表から $y=f(x)$ は,

$x=0$ で極大値 0 をとり,

$x=2$ で極小値 -4 をとる.

さらに, $y=f(x)$ のグラフ C は原点で x 軸に接している. また, $f(x)=x^2(x-3)$ より, 点 $(3, 0)$ で x 軸と交わっている. 以上より, C の概形は次のようになる.

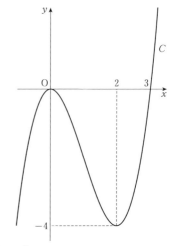

(2) C を

x 軸方向に $2h$,

y 軸方向に $2h^3$

だけ平行移動して得られる図形 C' の方程式は,

$$y-2h^3=f(x-2h)$$

移項して, $y=f(x-2h)+2h^3$

この右辺を $g(x)$ とすると, C と C' の共有点の x 座標は, $y=f(x)$ と $y=g(x)$ から y を消去して得られる x の方程式

$$f(x)=g(x), \quad つまり \quad g(x)-f(x)=0 \quad \cdots\text{①}$$

の実数解である.

$g(x)-f(x)$ を変形すると,

$$\{(x-2h)^3-3(x-2h)^2+2h^3\}-(x^3-3x^2)$$
$$=\{(x-2h)^3-x^3\}-3\{(x-2h)^2-x^2\}+2h^3$$
$$=\{x^3-3(2h)x^2+3(2h)^2x-(2h)^3-x^3\}$$
$$\qquad -3(x^2-4hx+4h^2-x^2)+2h^3$$
$$\Big[\qquad ((x-2h)^3, (x-2h)^2 を展開)$$
$$=-3(2h)(x^2-2hx)-8h^3$$
$$\qquad -3(-4hx+4h^2)+2h^3\Big]$$
$$=-(6h)\{x^2-(2h+2)x+h(h+2)\}$$
$$=-(6h)(x-h)\{x-(h+2)\} \quad \cdots\text{②}$$

となるから, ① を解いて,

$$x=h, \quad h+2$$

$h>0$ に注意すると, ② より,

$g(x)-f(x)$ の符号は, 次の表のようにな

る.

x	$\cdots$	h	$\cdots$	$h+2$	$\cdots$
$g(x)-f(x)$	$-$	0	$+$	0	$-$

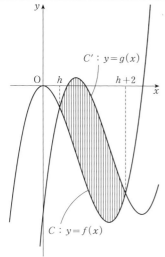

この表から,求める面積 S は,

$$S=\int_h^{h+2}\{g(x)-f(x)\}\,dx$$

$$=(-6h)\int_h^{h+2}(x-h)(x-h-2)\,dx$$

『となる.ところが,

$$(x-h)(x-h-2)$$
$$=(x-h)\{(x-h)-2\}$$
$$=(x-h)^2-2(x-h)$$

と変形されるので,[**15 基本のまとめ** ②[注] ⅲ) を用いると,]

$$S=(-6h)\int_h^{h+2}\{(x-h)^2-2(x-h)\}\,dx$$

$$=(-6h)\left[\frac{1}{3}(x-h)^3-(x-h)^2\right]_h^{h+2}$$ 』

[『…』については **188** [**解　説**]ⅱ) を参照]

$$=(-6h)\left(-\frac{1}{6}\right)\{(h+2)-h\}^3$$

$$=8h$$

---

194 [**解　答**]

(1) 曲線 $y=x(x-a)(x-1)$ と x 軸で囲まれた 2 つの図形は次の図の縦線の部分である.ただし,境界を含む.

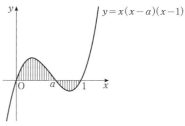

したがって,

$$S(a)=\int_0^a x(x-a)(x-1)\,dx$$

$$+\int_a^1\{-x(x-a)(x-1)\}\,dx$$

ここで,$x(x-a)(x-1)$ を展開すると,

$$x^3-(a+1)x^2+ax$$

となるので,

$$S(a)=\int_0^a\{x^3-(a+1)x^2+ax\}\,dx$$

$$-\int_a^1\{x^3-(a+1)x^2+ax\}\,dx$$

$$=\left[\frac{1}{4}x^4-\frac{a+1}{3}x^3+\frac{a}{2}x^2\right]_0^a$$

$$-\left[\frac{1}{4}x^4-\frac{a+1}{3}x^3+\frac{a}{2}x^2\right]_a^1$$

$$=\left\{\frac{1}{4}a^4-\frac{1}{3}(a+1)a^3+\frac{1}{2}a^3\right\}$$

$$-\left[\left\{\frac{1}{4}-\frac{1}{3}(a+1)+\frac{1}{2}a\right\}\right.$$

$$\left.-\left\{\frac{1}{4}a^4-\frac{1}{3}(a+1)a^3+\frac{1}{2}a^3\right\}\right]$$

$$=\boxed{-\frac{1}{6}a^4+\frac{1}{3}a^3-\frac{1}{6}a+\frac{1}{12}}\quad\cdots\text{ア}$$

(2) $S'(a)=-\frac{2}{3}a^3+a^2-\frac{1}{6}$

$$=-\frac{1}{6}(4a^3-6a^2+1)$$

ここで,

$$S'\left(\frac{1}{2}\right)=-\frac{1}{6}\left\{4\times\left(\frac{1}{2}\right)^3-6\times\left(\frac{1}{2}\right)^2+1\right\}$$

$$=-\frac{1}{6}\left(\frac{1}{2}-\frac{3}{2}+1\right)=0$$

170

であるから，因数定理［1 基本のまとめ④
(2)］より，$S'(a)$ は $a-\dfrac{1}{2}$ を因数にもつ．

$$
\begin{array}{r}
4a^2-4a-2 \\[-2pt]
a-\dfrac{1}{2}\,)\overline{\,4a^3-6a^2\qquad+1\,} \\
\underline{4a^3-2a^2\qquad\quad} \\
-4a^2\qquad\quad \\
\underline{-4a^2+2a\qquad} \\
-2a+1 \\
\underline{-2a+1} \\
0
\end{array}
$$

割り算を行って，

$$
\begin{aligned}
S'(a)&=-\frac{1}{6}\Big(a-\frac{1}{2}\Big)(4a^2-4a-2) \\
&=-\frac{1}{3}\Big(a-\frac{1}{2}\Big)(2a^2-2a-1)
\end{aligned}
$$

ここで，

$$
2a^2-2a-1=0
$$

を解くと，

$$
a=\frac{1\pm\sqrt{3}}{2}
$$

が得られるが，

$$
\frac{1-\sqrt{3}}{2}<0,\quad 1\Big(=\frac{1+1}{2}\Big)<\frac{1+\sqrt{3}}{2}
$$

であるので，これらはいずれも $0<a<1$ の範囲にない．

以上から，$0<a<1$ の範囲での $S(a)$ の増減表は次のようになる．

a	0	$\cdots$	$\dfrac{1}{2}$	$\cdots$	1
$S'(a)$		$-$	0	$+$	
$S(a)$		↘	極小	↗	

この表から，$S(a)$ $(0<a<1)$ は $a=\boxed{\dfrac{1}{2}}$
…イ のとき最小値

$$
\begin{aligned}
S\Big(\frac{1}{2}\Big)&=-\frac{1}{6}\times\Big(\frac{1}{2}\Big)^4+\frac{1}{3}\times\Big(\frac{1}{2}\Big)^3-\frac{1}{6}\times\frac{1}{2}+\frac{1}{12} \\
&=\boxed{\dfrac{1}{32}}\quad\cdots\text{ウ}
\end{aligned}
$$

をとる．

195 解 答

(1) 放物線

$$C:y=2x-x^2 \quad\cdots\text{①}$$

と x 軸の交点の x 座標は，2次方程式

$$2x-x^2=0,$$

つまり，

$$-x(x-2)=0$$

の実数解である．これを解いて，

$$x=0,\ 2$$

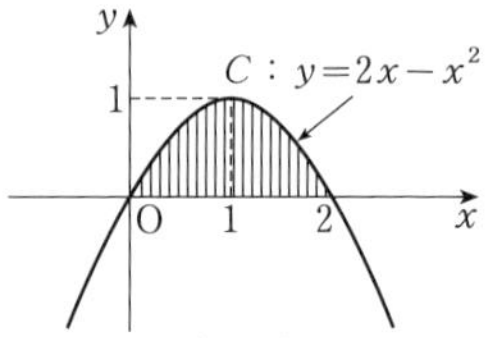

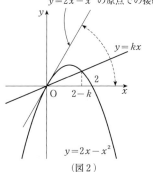

（図1）

$0\leqq x\leqq 2$ の範囲では，$y=2x-x^2\geqq0$ であるから，求める面積 S は，

$$
\begin{aligned}
S&=\int_0^2(2x-x^2)\,dx \\
&=\Big[x^2-\frac{1}{3}x^3\Big]_0^2 \\
&=\frac{4}{3}\qquad\qquad\cdots\text{②}
\end{aligned}
$$

(2) C と直線 $l:y=kx$ …③ の共有点の x 座標は，① と ③ から y を消去して得られる2次方程式

$$2x-x^2=kx,$$

つまり，

$$x^2-(2-k)x=0,$$

つまり，

$$x\{x-(2-k)\}=0$$

の実数解である．これを解いて，

$$x=0,\ 2-k$$

$y=2x-x^2$ の原点での接線

$y=kx$

$y=2x-x^2$

（図2）

l が，C と x 軸で囲まれた図形 D［図1の縦線の部分（境界を含む）］の面積を2等分するためには，まず，l が D を2つの部分に分けないといけない．その条件は，図2［の x 座標に着目すること］より，

$$0<2-k<2,$$

つまり，　　　　　$0<k<2$　　　…④

このとき，求める条件は，S が，次の図の縦線の部分（境界を含む）の面積の2倍に等しいことである．

いいかえると，S が次の図の2つの縦線の部分（境界を含む）の面積の和の2倍に等しいことである．

つまり，

$$S=2\left\{\frac{1}{2}(2-k)\cdot k(2-k)\right.$$
$$\left.+\int_{2-k}^{2}(2x-x^2)\,dx\right\}\quad\cdots⑤$$

ここで，⑤の右辺は，

$$k(2-k)^2+2\left[x^2-\frac{1}{3}x^3\right]_{2-k}^{2}$$
$$=k(2-k)^2+2\left[\left(2^2-\frac{1}{3}\times2^3\right)\right.$$
$$\left.-\left\{(2-k)^2-\frac{1}{3}(2-k)^3\right\}\right]$$
$$\left[=(k-2)(2-k)^2+8-\frac{16}{3}+\frac{2}{3}(2-k)^3\right.$$
$$\left.=-(2-k)^3+\frac{2}{3}(2-k)^3+\frac{8}{3}\right]$$
$$=-\frac{1}{3}(2-k)^3+\frac{8}{3}$$

となる．これと②を⑤に代入して，

$$\frac{4}{3}=-\frac{1}{3}(2-k)^3+\frac{8}{3},$$

整理して，

$$(2-k)^3=4$$

これは，方程式

$$t^3=4$$

の実数解が $2-k$ ということである．ところが，実数の範囲での4の3乗根はただ1つしかないという事実から，

$$2-k=\sqrt[3]{4}$$

したがって，

$$k=2-\sqrt[3]{4}$$
$$0<\sqrt[3]{8}-\sqrt[3]{4}=2-\sqrt[3]{4}<2$$

であるから，このとき，④も成り立つ．
以上から，求める k の値は，

$$2-\sqrt[3]{4}$$

196 〔解 答〕

P，Q の x 座標をそれぞれ α，β とする．以下では，$\alpha<\beta$ のときを考える．$\alpha>\beta$ のときも同様である．直線 PQ の方程式は，

$$y-\alpha^2=\frac{\beta^2-\alpha^2}{\beta-\alpha}(x-\alpha)$$

ところが，

$$\frac{\beta^2-\alpha^2}{\beta-\alpha}=\frac{(\beta-\alpha)(\beta+\alpha)}{\beta-\alpha}=\alpha+\beta$$

であるから，

$$y=(\alpha+\beta)(x-\alpha)+\alpha^2,$$

つまり，　　　$y=(\alpha+\beta)x-\alpha\beta$　　　…①

このとき，

$$x^2-\{(\alpha+\beta)x-\alpha\beta\}$$
$$=x^2-(\alpha+\beta)x+\alpha\beta$$
$$=(x-\alpha)(x-\beta)$$

であるから，$x^2-\{(\alpha+\beta)x-\alpha\beta\}$ の符号は次の表のようになる．

x	$\cdots$	α	$\cdots$	β	$\cdots$
$x^2-\{(\alpha+\beta)x-\alpha\beta\}$	$+$	0	$-$	0	$+$

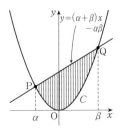

この表より, C と直線 PQ で囲まれた図形の面積を S とすると,

$$S = \int_\alpha^\beta [\{(\alpha+\beta)x - \alpha\beta\} - x^2] dx$$
$$= -\int_\alpha^\beta (x-\alpha)(x-\beta) dx$$

『ところが,
$$(x-\alpha)(x-\beta)$$
$$= (x-\alpha)\{(x-\alpha) + (\alpha-\beta)\}$$
$$= (x-\alpha)^2 + (\alpha-\beta)(x-\alpha)$$

と変形されるので, [15 基本のまとめ ② [注] (iii) を用いて,]

$$S = -\int_\alpha^\beta \{(x-\alpha)^2 + (\alpha-\beta)(x-\alpha)\} dx$$
$$= -\left[\frac{1}{3}(x-\alpha)^3 + (\alpha-\beta)\frac{1}{2}(x-\alpha)^2\right]_\alpha^\beta$$
$$= -\left\{\frac{1}{3}(\beta-\alpha)^3 + (\alpha-\beta)\frac{1}{2}(\beta-\alpha)^2\right\}』$$

[『…』については **188 解 説** (ii) を参照]

$$= \frac{1}{6}(\beta-\alpha)^3 \qquad \cdots ②$$

一方, $y = x^2$ を微分すると,
$$y' = 2x$$

であるから, P での C の接線 l の方程式は,
$$y - \alpha^2 = 2\alpha(x-\alpha),$$

つまり, $\qquad y = 2\alpha x - \alpha^2 \qquad \cdots ③$

と表され, 同様に, Q での C の接線 m の方程式は,

$$y = 2\beta x - \beta^2 \qquad \cdots ④$$

と表される.

したがって, l と m の交点 R の x 座標は, ③, ④ から y を消去して得られる x の方程式

$$2\alpha x - \alpha^2 = 2\beta x - \beta^2 \qquad \cdots ⑤$$

の解である. ⑤ は,

$$2(\beta-\alpha)x = \beta^2 - \alpha^2,$$

つまり,
$$2(\beta-\alpha)x = (\beta-\alpha)(\beta+\alpha)$$

と変形される.

この両辺を $2(\beta-\alpha)$ で割ることにより, ⑤ の解は,

$$x = \frac{\alpha+\beta}{2}$$

これを ③ に代入して,

$$y = 2\alpha \cdot \frac{\alpha+\beta}{2} - \alpha^2$$
$$= \alpha^2 + \alpha\beta - \alpha^2$$
$$= \alpha\beta$$

以上より, R の座標は,

$$\left(\frac{\alpha+\beta}{2}, \ \alpha\beta\right)$$

さらに, 直線 $x = \dfrac{\alpha+\beta}{2}$ $\cdots ⑥$ と直線 PQ の交点を T とすると, その y 座標は, ⑥ を ① に代入することにより,

$$y = (\alpha+\beta)\frac{\alpha+\beta}{2} - \alpha\beta$$
$$\left[= \frac{(\alpha+\beta)^2 - 2\alpha\beta}{2}\right.$$
$$\left.= \frac{(\alpha^2 + 2\alpha\beta + \beta^2) - 2\alpha\beta}{2}\right]$$
$$= \frac{\alpha^2 + \beta^2}{2}$$

つまり, T の座標は,

$$\left(\frac{\alpha+\beta}{2}, \ \frac{\alpha^2+\beta^2}{2}\right)$$

以上のとき, l, m, 線分 RT (と C) の位置関係は次のようになる.

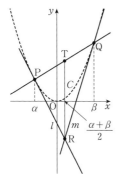

とくに，$\triangle$PQR［三角形 PQR の面積をこのように表す］は，$\triangle$PTR と $\triangle$QTR の和に等しい．ここで，P と直線 RT の距離を d，Q と直線 RT の距離を d' とすれば，

$$\triangle\text{PTR}=\frac{1}{2}\text{RT}\times d,$$

$$\triangle\text{QTR}=\frac{1}{2}\text{RT}\times d'$$

であるから，

$$\triangle\text{PQR}=\frac{1}{2}\text{RT}\times(d+d')$$

ところが，上の P，Q，直線 RT の位置関係から，

$$d=\frac{\alpha+\beta}{2}-\alpha,$$

$$d'=\beta-\frac{\alpha+\beta}{2}$$

したがって，

$$d+d'\left[=\left(\frac{\alpha+\beta}{2}-\alpha\right)+\left(\beta-\frac{\alpha+\beta}{2}\right)\right]$$
$$=\beta-\alpha$$

一方，

$$\text{RT}=\left|\frac{\alpha^2+\beta^2}{2}-\alpha\beta\right|$$
$$=\left|\frac{\alpha^2-2\alpha\beta+\beta^2}{2}\right|$$
$$=\frac{(\beta-\alpha)^2}{2}$$

であるから，

$$\triangle\text{PQR}=\frac{1}{2}\times\frac{(\beta-\alpha)^2}{2}\times(\beta-\alpha)$$
$$=\frac{1}{4}(\beta-\alpha)^3$$

これと ② から，

$$S:\triangle\text{PQR}=\frac{1}{6}(\beta-\alpha)^3:\frac{1}{4}(\beta-\alpha)^3$$

$$\left[=\frac{1}{6}:\frac{1}{4}=\frac{12}{6}:\frac{12}{4}\right]$$

$$=2:3$$

となって，線分 PQ と放物線 $y=x^2$ で囲まれた図形の面積と三角形 PQR の面積の比は P，Q の位置に関係なく一定である．

（証明終り）

197　解答

(1)　$f(x)=x^2$，$g(x)=x^2-4x+8$
とすると，

$$f'(x)=2x, \qquad \cdots①$$
$$g'(x)=2x-4 \qquad \cdots②$$

2 つの放物線

$$y=f(x), \qquad \cdots③$$
$$y=g(x) \qquad \cdots④$$

と l の接点をそれぞれ P，Q とし，P，Q の x 座標をそれぞれ a，b とする．

l を放物線 ③ の P での接線と考えると，① より，その方程式は，

$$y-a^2=2a(x-a),$$
つまり，　　　$y=2ax-a^2$ 　　　$\cdots⑤$

l を放物線 ④ の Q での接線と考えると，② より，その方程式は，

$$y-(b^2-4b+8)=(2b-4)(x-b),$$
つまり，　$y=(2b-4)x-b^2+8$ 　$\cdots⑥$

⑤，⑥ がともに l の方程式を表しているので，［$2ax-a^2=(2b-4)x-b^2+8$ は x についての恒等式であるから，**1 基本のまとめ 1**(2)(i) より，］⑤ と ⑥ の x の係数と定数項は一致する．

つまり，

$$\begin{cases} 2a=2b-4 & \cdots⑦ \\ -a^2=-b^2+8 & \cdots⑧ \end{cases}$$

⑦ より，

$$a=b-2 \qquad \cdots⑨$$

⑧ に代入して，

$$-(b-2)^2=-b^2+8$$

左辺を展開して，

174

$$-(b^2-4b+4)=-b^2+8$$

これを解いて，

$$b=3 \qquad \cdots ⑩$$

⑨に代入して，

$$a=1 \qquad \cdots ⑪$$

⑤に代入して，求める l の方程式は，

$$\boldsymbol{y=2x-1}$$

(2) 2つの放物線③，④の共有点の x 座標は，

$$y=x^2, \ y=x^2-4x+8$$

から y を消去して得られる方程式

$$x^2=x^2-4x+8$$

の解である．これを解いて，

$$x=2 \qquad \cdots ⑫$$

⑩，⑪，⑫も用いると，l と2つの放物線③，④で囲まれた図形は次の図の縦線の部分となる．ただし，境界を含む．

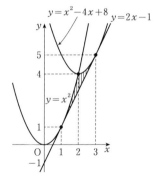

以上から，求める面積 S は，［15 基本のまとめ ②［注］⑴を用いて，］

$$S=\int_1^2\{x^2-(2x-1)\}dx$$

$$+\int_2^3\{(x^2-4x+8)-(2x-1)\}dx$$

$$=\int_1^2(x^2-2x+1)dx$$

$$+\int_2^3(x^2-6x+9)dx$$

$$=\int_1^2(x-1)^2dx+\int_2^3(x-3)^2dx$$

$$=\left[\frac{1}{3}(x-1)^3\right]_1^2+\left[\frac{1}{3}(x-3)^3\right]_2^3$$

$$=\frac{1}{3}-\frac{1}{3}(-1)^3$$

$$=\frac{2}{3}$$

［注］ 解答 の積分計算の際の

$$x^2-(2x-1)=(x-1)^2$$

や

$$(x^2-4x+8)-(2x-1)=(x-3)^2$$

となることは，12 基本のまとめ ④［注］を用いたとみることもできる．